重庆市高职高专规划教材

应用高等数学系列

■总主编 曾乐辉

■总主审 龙 辉

应用高等数学

GAODENG SHUXUE

YINGYONG

主 编■胡先富 彭光辉

副主编■刘家英 胡春健 周昌芹

重庆大学出版社

内容提要

本教材是以教育部最新制定的《高职高专教育高等数学课程教学基本要求》为依据，以重庆市重点教改研究课题《基于学分制的高职高等数学适应性教学改革研究与实践》为理论指导，并结合文经管类专业对数学的要求编写而成的.

本教材是重庆市高职高专规划教材，内容包括经济中常用的函数、极限与连续、一元函数的导数与微分及其应用、一元函数的积分及其应用、矩阵代数、简单的线性规划、概率论初步、数理统计基础. 每章末有MATLAB应用案例、数学实践、数学人文知识. 书后附有初等数学常用公式、积分表及各种概率统计表.

本教材可作高职高专、专科层次的各类成人教育文经管类专业的数学教材，也可作为文经管类专业从业人员的数学参考资料.

图书在版编目(CIP)数据

应用高等数学：文经管类/胡先富，彭光辉主编.
—重庆：重庆大学出版社，2012.6(2016.1重印)
重庆市高职高专规划教材.应用高等数学系列
ISBN 978-7-5624-6689-5

Ⅰ.①应… Ⅱ.①胡… ②彭… Ⅲ.①高等数学—高等职业教育—教材 Ⅳ.①013

中国版本图书馆CIP数据核字(2012)第080270号

重庆市高职高专规划教材
应用高等数学系列
应用高等数学
(文经管类)
主　编　胡先富　彭光辉
副主编　刘家英　胡春健　周昌芹
责任编辑：范春青　刘颖果　版式设计：范春青
责任校对：邹　忌　责任印制：赵　晟
*
重庆大学出版社出版发行
出版人：易树平
社址：重庆市沙坪坝区大学城西路21号
邮编：401331
电话：(023) 88617190　88617185(中小学)
传真：(023) 88617186　88617166
网址：http://www.cqup.com.cn
邮箱：fxk@cqup.com.cn (营销中心)
全国新华书店经销
重庆市国丰印务有限公司印刷
*
开本：787×1092　1/16　印张：16.75　字数：418千
2012年6月第1版　2016年1月第4次印刷
印数：11 001—13 000
ISBN 978-7-5624-6689-5　定价：32.00元

前言

当前,我国的高职高专教育正在进入一个长足发展的时期,从规模到质量都在不断迈上新的台阶,教材建设作为高职高专教育的一个重要组成部分也要与时俱进,适应新形势的需要.

本教材根据教育部制定的《高职高专教育专业人才培养目标及规格》和《高职高专教育高等数学课程教学基本要求》精神,由一批富有高职高专教育经验的专家、教授编写而成.本教材编写组认真总结了国家示范高职院校《高等数学》和《应用高等数学》教材编写和使用的经验,研究了高职高专教育面临的新形势和新问题,统一了编写指导思想:在进一步把握“必需,够用”的尺度,继续加强数学应用性的基础上,充分体现因材施教、以人为本的理念.

本教材具有以下特点:

1.高职数学教学要为学生后续专业课程的学习服务,为专业课程提供理论支撑与计算方法,使学生能够用数学理论知识、思想方法解决专业实际问题.我们坚持“以应用为目的,以必需、够用为度”的原则设置教材内容,体现高等数学的工具性与现实应用性.

2.本教材同时充分考虑高等数学的文化属性与素质教育功能,力求突出基础性、工具性、文化性、应用性、实用性于一体.通过数学的学习为学习者专业发展提供支撑,并有效提升学习者的数学素质与创新能力.

3.教材编写做到“两个面向”:“面向专业”,以应用为目的,与专业课程对数学的需求相适应;“面向学生”,内容设置具有一定的弹性,适应于学生的个体差异,与全人发展理念相适应. 在编写过程中既体现服务于专业又高于专业,充分考虑学生的可持续发展,体现数学的发展性、潜在性功能.内容设置分为基础要求与较高要求,习题设置为A,B两个层次,以满足不同层次的学生对高等数学的个性需求.

4.教材按模式化体系构建,优化知识结构,以“必需、够用”及“两个面向”为原则,对高等数学、线性代数、线性规划及概率与数理统计学科性的知识体系进行解构与重构,以能力为本位,重构“服务型”课程模块体系.根据学生后续专业课程的学习、社会对职业岗位的要求以及适应科技进步的要求,将为学生提供“支持一生发展的‘文化数学’、为从业服务的‘实用数学’、为专业服务的‘工具数学’”构建到模块体系中.

本教材分为基础模块与专业应用模块,内容包括经济中常用的函

数、极限与连续、一元函数的导数与微分及其应用、一元函数的积分及其应用、矩阵代数、简单的线性规划、概率论初步、数理统计基础.

本教材由重庆城市管理职业学院胡先富与重庆工贸职业技术学院彭光辉任主编,重庆医药高等专科学校刘家英、重庆财经职业学院胡春健、重庆旅游职业学院周昌芹任副主编.

第1章由重庆电子工程职业学院冯国锋编写;第2章由重庆旅游职业学院张国丽、周昌芹编写;第3章由重庆医药高等专科学校张鸣、李亨蓉、姜理华、刘家英编写;第4章由重庆城市管理职业学院游诗远、李华平编写;第5章由重庆城市管理职业学院胡先富、薛颖编写;第6章由重庆工程职业技术学院燕长轩、陈善全编写;第7章由重庆工贸职业技术学院陈国栋、彭光辉编写;第8章由重庆财经职业学院胡春健编写.

本教材适用于高职高专、专科层次的各类成人教育文经管类专业,也可作为专升本教材.为了便于学生巩固所学知识,本教材配套的习题册也已同步出版.

本教材在编写过程中得到了重庆市数学学会高职高专专委会的指导,得到了在渝主要高职高专院校以及一些举办了高职高专教育的各级各类学校领导和教师的大力支持和帮助,在此表示诚挚的感谢.

由于本教材的编写具有创新模式的尝试,且编者水平有限,难免有缺点和错误,恳请读者批评指正.

《应用高等数学系列教材》编审委员会

2012年3月

目录

基础模块

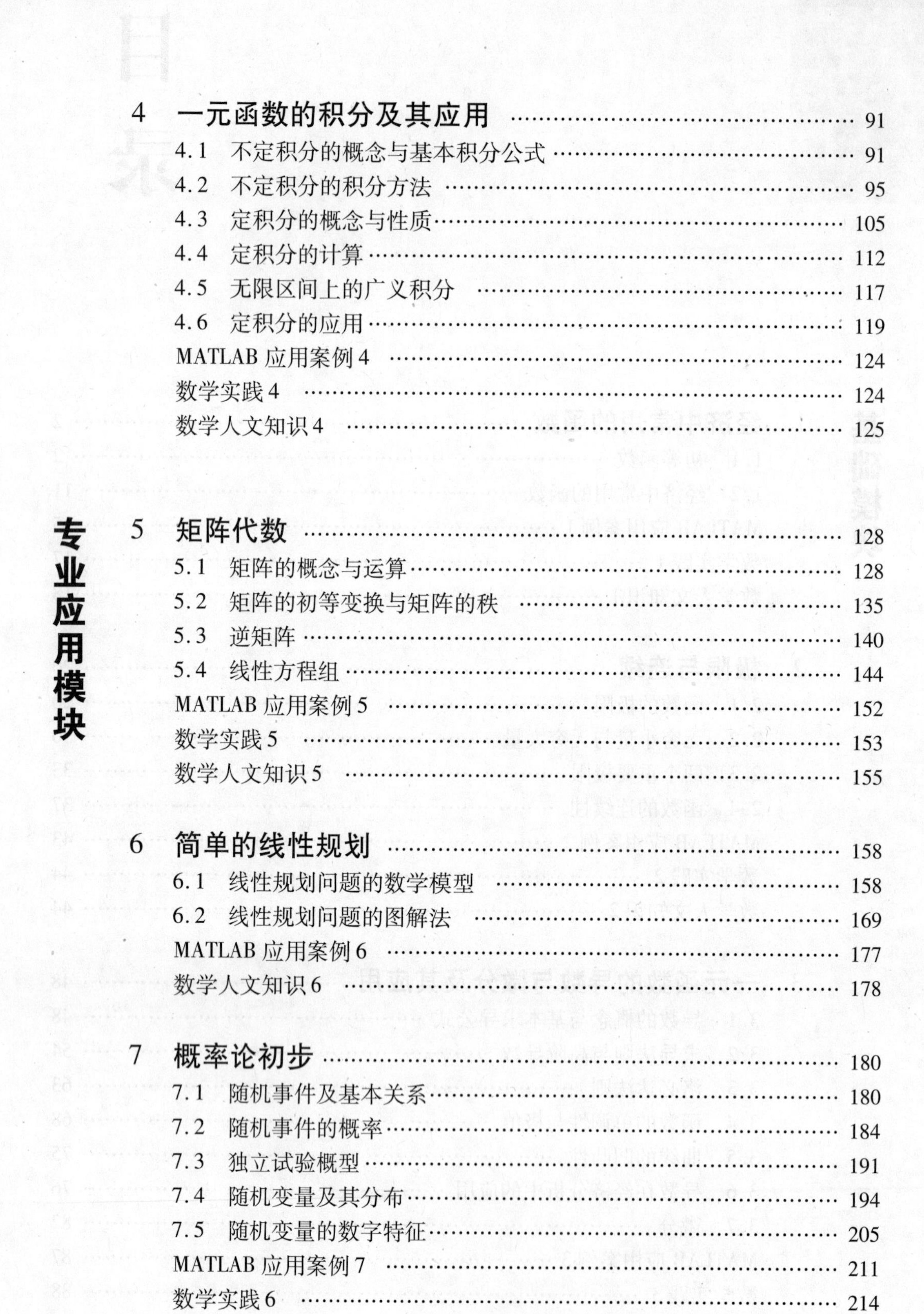

专业应用模块

JICHU MOKUAI

经济中常用的函数

函数是数学中最重要的基本概念之一，是现实世界中量与量之间的依存关系在数学中的反映，也是经济数学的主要研究对象. 本章在中学已有函数知识的基础上，进一步阐明函数的一般定义，总结了中学已学过的一些函数，并介绍经济学中的常用函数.

1.1 初等函数

1.1.1 函数的概念与基本性质

1)函数的定义

人们在观察某一现象的变化过程时，常常会遇到各种不同的量，其中有的量在过程中不起变化，称之为常量；有的量在过程中是变化的，也就是可以取不同的数值，称之为变量.

定义 1.1 如果当变量 x 在其变化范围 D 内任意取定一个数值时，变量 y 按照一定的法则 f 总有唯一确定的数值与它对应，则称 y 是 x 的函数，记作

$$y=f(x)$$

其中，变量 x 的变化范围 D 称为函数的定义域，x 称为自变量，y 称为函数值(或因变量)，函数值的全体组成的集合 Z 称为函数的值域.

构成一个函数的要素为定义域与对应关系. 即两个函数的定义域和对应关系完全一致时，称两个函数相等，与变量用什么符号表示无关. 例如，$y=|x|$ 与 $z=\sqrt{v^2}$，就是相同的函数.

函数的表示法主要有三种，即表格法、图像法、公式法.

【例 1.1】 据股市行情报导，个股“深宝安”某月上旬前 5 天的收盘价如下表所示.

时间/天	1	2	3	4	5
收盘价/元	5.34	4.97	4.44	4.21	3.85

按照上表，每一天都对应一个唯一的收盘价. 若设时间为 t，收盘价为 R，对照函数的概念，R 就是 t 的函数. 收盘价 R 与时间 t 的对应关系是靠表格来完成的，这就是函数的表格法.

【例 1.2】 有时人们可能会想，汽车开得快耗油量大，还是开得慢耗油量大？图 1.1 是公共汽车的耗油量图，横坐标表示车速(单位:km/h)，纵坐标表示耗油量(单位:L/100 km).

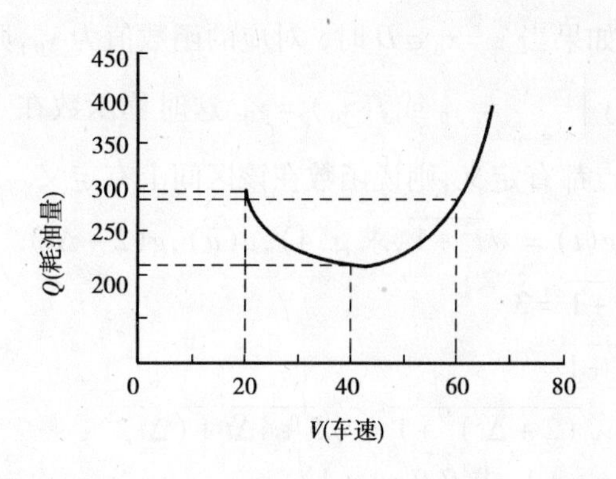

图 1.1

按照图 1.1 所示耗油量曲线图，对每一个车速 V，都可以对应一个唯一的耗油量 Q. 因此耗油量 Q 是车速 V 的函数. 这里 V 与 Q 的对应关系是靠图像来完成的，这就是函数的图像法.

自变量与函数的对应关系如果是靠公式来完成的，称为函数的公式法表示. 用公式法表示的函数也称为函数的解析式.

函数的本质是指对应规则 f. 例如，$f(x)=x^3+4x^2-10$ 就是一个特定的函数，f 确定的对应规则为 $f(\quad)=(\quad)^3+4(\quad)^2-10$. 就是一个函数.

【例 1.3】　生产成本是产量的函数. 某化肥厂生产氮肥的成本函数为

$$C(x)=1.5+2x-2x^2+x^3\text{（千元）}$$

其中 x 为产量，单位为 t. 求此函数的定义域.

由常理可知，产量 x 不可能为负数，因此 x 的取值范围为 $x\geqslant 0$ 的一切实数，函数定义域 D 为 $[0,+\infty)$.

由此可知，生产和生活实际中的函数，其定义域由问题的具体意义来决定.

【例 1.4】　求函数 $y=\dfrac{3}{\sqrt{1-x^2}}$ 的定义域.

【解】　这是一个没有赋予实际意义的数学式子表示的函数，显然 $1-x^2>0$. 因此，函数定义域 D 为 $(-1,1)$.

由此可知，由数学式子表示的函数，其定义域是使得函数式有意义的 x 的取值范围.

【例 1.5】　求下列函数的定义域.

(1) $f(x)=\sqrt{x+5}-\dfrac{4}{3-x}$　　　　(2) $f(x)=\ln(x^2-9)$

【解】　(1) 要使函数式有意义，则

$$\begin{cases}x+5\geqslant 0\\3-x\neq 0\end{cases}\text{，解之得}\begin{cases}x\geqslant -5\\x\neq 3\end{cases}$$

所以，函数的定义域 D 为 $[-5,3)\cup(3,+\infty)$.

(2) 要使函数式有意义，对数的真数部分必须大于 0，即 $x^2-9>0$，解之得 $x<-3$ 或 $x>3$.

所以，函数的定义域 D 为 $(-\infty,-3)\cup(3,+\infty)$.

对于函数 $y=f(x)$,如果当 $x=x_0\in D$ 时,对应的函数值为 y_0,则称 y_0 为函数 $f(x)$ 在点 $x=x_0$ 处的函数值. 记作 $y\Big|_{x=x_0}=y_0$ 或 $f(x_0)=y_0$. 这时称函数在点 $x=x_0$ 处有定义. 如果函数在某个区间上每一点都有定义,则说函数在该区间上有定义.

【例 1.6】 设函数 $g(t)=\sqrt{t^2+1}$,求 $g(4),g(a),g(2+\Delta t)$.

【解】 $g(4)=\sqrt{4^2+1}=3$

$$g(a)=\sqrt{a^2+1}$$

$$g(2+\Delta t)=\sqrt{(2+\Delta t)^2+1}=\sqrt{5+4\Delta t+(\Delta t)^2}$$

【例 1.7】 设 $f(x)=x+1$,求 $f(f(x)+1)$.

【解】 因为 $f(x)+1=x+1+1=x+2$

所以 $f(f(x)+1)=f(x+2)=x+2+1=x+3$

在自变量的不同取值范围内,用不同的式子表示的函数称为分段函数. 例如

$$f(x)=\begin{cases}x+1 & x<0\\ x^2 & 0\leqslant x<2\\ \ln x & 2\leqslant x\leqslant 5\end{cases}$$

就是一个定义在区间 $(-\infty,5]$ 上的分段函数.

【例 1.8】 设有分段函数 $f(x)=\begin{cases}x+1 & -1\leqslant x<0\\ 1-x & 0\leqslant x\leqslant 2\end{cases}$,求函数 $f(x)$ 的定义域,并求 $f(-0.5)$ 和 $f(1)$.

【解】 函数 $f(x)$ 的定义域即是自变量 x 各个不同取值范围的并集,因此函数的定义域 D 为 $[-1,2]$.

$f(-0.5)=-0.5+1=0.5, f(1)=1-1=0$.

2)函数的几种基本性质

• 函数的有界性

定义 1.2 设函数 $f(x)$ 在区间 I 上有定义,如果对于所有的 $x\in I$,恒有 $|f(x)|\leqslant M$ 成立,其中 M 是一个与 x 无关的正数,那么称 $f(x)$ 在区间 I 上有界,否则称为无界.

一个函数在区间 I 上有界是指其所有的函数值都能夹在两个常数之间.

• 函数的单调性

定义 1.3 设函数 $f(x)$ 在区间 (a,b) 内有定义,对于 (a,b) 内的任意两点 x_1 及 x_2,如果当 $x_1<x_2$ 时,有 $f(x_1)<f(x_2)$,则称函数 $f(x)$ 在区间 (a,b) 内单调增加,区间 (a,b) 称为函数的单调增加区间;如果当 $x_1<x_2$ 时,有 $f(x_1)>f(x_2)$,则称函数 $f(x)$ 在区间 (a,b) 内单调减少,区间 (a,b) 称为函数的单调减少区间.

函数的单调性与其定义区间的范围密切相关,它具有局部性.

• 函数的奇偶性

定义 1.4 设函数 $f(x)$ 的定义域为 D,对任意 $x\in D$,且 $-x\in D$. 如果 $f(-x)=f(x)$,则称 $f(x)$ 为偶函数,偶函数的图形关于 y 轴对称;如果 $f(-x)=-f(x)$,则称 $f(x)$ 为奇函数,奇函数的图形关于原点对称. 既不是奇函数也不是偶函数的函数称为非奇非偶的函数.

• 函数的周期性

定义 1.5 设函数 $f(x)$ 的定义域为 D,如果存在一个不为零的常数 T,使得对任意的 $x\in D$,恒有 $f(x+T)=f(x)$ 成立,则称函数 $f(x)$ 为 D 上周期函数,称常数 T 为函数 $f(x)$ 的一个周期.周期函数的周期通常是指最小正周期.

【例 1.9】 判断下列函数的奇偶性.

(1) $f(x)=x\sin x$ (2) $f(x)=\sin x-\cos x$ (3) $f(x)=\ln(x+\sqrt{x^2+1})$

【解】 (1)因为 $f(-x)=-x\sin(-x)=x\sin x=f(x)$,所以 $f(x)=x\sin x$ 是偶函数.

(2)因为 $f(-x)=\sin(-x)-\cos(-x)=-\sin x-\cos x$,所以 $f(x)=\sin x-\cos x$ 既不是奇函数也不是偶函数.

(3)因为

$$\begin{aligned} f(-x)&=\ln(-x+\sqrt{x^2+1})\\ &=\ln\left[(\sqrt{x^2+1}-x)\frac{x+\sqrt{x^2+1}}{x+\sqrt{x^2+1}}\right]\\ &=\ln\frac{1}{x+\sqrt{x^2+1}}=-f(x)\end{aligned}$$

所以 $f(x)=\ln(x+\sqrt{x^2+1})$ 是奇函数.

【例 1.10】 确定函数 $f(x)=3\sin(4x+\frac{\pi}{3})$ 的周期.

【解】 周期 $T=\frac{2\pi}{4}=\frac{\pi}{2}$.

3)反函数

定义 1.6 设函数 $y=f(x)$,$x\in D$,$y\in \mathbf{Z}$.若变量 y 在函数的值域 $\mathbf{Z}$ 内任取一个值 y_0 时,变量 x 在函数的定义域 D 内必有唯一的值 x_0 与之对应,即 $y_0=f(x_0)$,那么变量 x 是变量 y 的函数,称为函数 $y=f(x)$ 的反函数,记作

$$x=f^{-1}(y)$$

习惯上,把函数 $y=f(x)$ 的反函数记作 $y=f^{-1}(x)$,其定义域为 Z,值域为 D.

关于反函数,有以下结论:

(1)在区间 (a,b) 内严格单调的函数一定存在反函数,其反函数的单调性与已知函数一致.

(2)函数 $y=f(x)$ 与其反函数 $y=f^{-1}(x)$ 的图形关于直线 $y=x$ 对称.

(3)若 $y=f(x)$,$x\in D$,$y\in Z$,则 $y=f^{-1}(x)$,$x\in Z$,$y\in D$.

从定义可知,求反函数的过程可以分为两步:第一步,从 $y=f(x)$ 中解出 $x=f^{-1}(y)$;第二步,交换字母 x 和 y,得 $y=f^{-1}(x)$.

【例 1.11】 求 $y=\frac{2x-3}{3x+2}$ 的反函数.

【解】 由 $y=\frac{2x-3}{3x+2}$,得 $x=-\frac{2y+3}{3y-2}$.所以反函数为 $y=-\frac{2x+3}{3x-2}$.

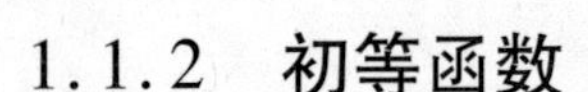

1.1.2 初等函数

1）基本初等函数

高等数学研究的对象主要就是初等数学中学习过的幂函数、指数函数、对数函数、三角函数和反三角函数以及它们的组合. 为了后续课程能顺利进行，有必要把上述 5 类函数系统地整理在一起. 这 5 类函数统称为基本初等函数.

基本初等函数的图形与性质如下表所示：

<table>
<tr><td colspan="2">1. 幂函数 $y=x^\alpha$</td></tr>
<tr><td>（1）$y=x^3$（指数 $\alpha=3$）
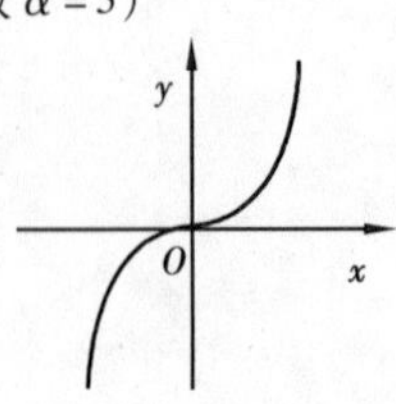
定义域：$(-\infty,+\infty)$，值域：$(-\infty,+\infty)$
奇函数
单调增加</td><td>（2）$y=\sqrt{x}=x^{\frac{1}{2}}$（指数 $\alpha=\frac{1}{2}$）
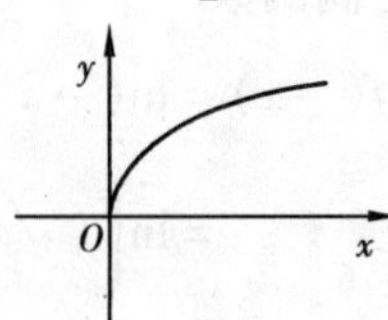
定义域：$[0,+\infty)$，值域：$[0,+\infty)$
非奇非偶函数
单调增加</td></tr>
<tr><td>（3）$y=\frac{1}{x}=x^{-1}$（指数 $\alpha=-1$）
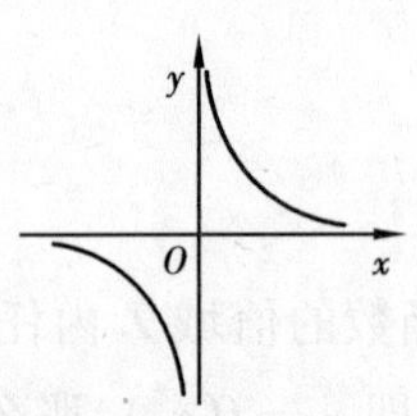
定义域：$(-\infty,0)\cup(0,+\infty)$
值域$(-\infty,0)\cup(0,+\infty)$
奇函数
在$(-\infty,0)$与$(0,+\infty)$内均单调减少</td><td>（4）$y=\frac{1}{x^2}=x^{-2}$（指数 $\alpha=-2$）
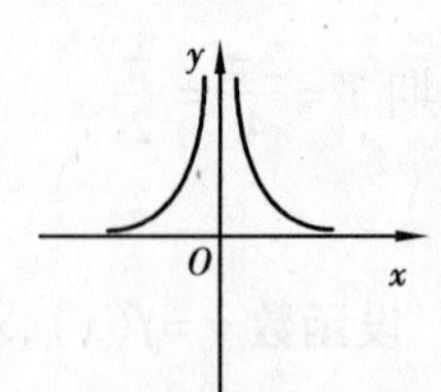
定义域：$(-\infty,0)\cup(0,+\infty)$
值域$(0,+\infty)$
偶函数
在$(0,+\infty)$内单调减少，在$(-\infty,0)$内单调增加</td></tr>
<tr><td colspan="2">2. 指数函数 $y=a^x(a>0,a\neq1)$</td></tr>
<tr><td>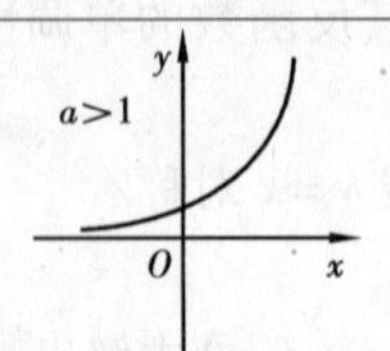
（如 $y=2^x,y=10^x,y=e^x$）
定义域：$(-\infty,+\infty)$，值域：$(0,+\infty)$
单调增加
图像过$(0,1)$点</td><td>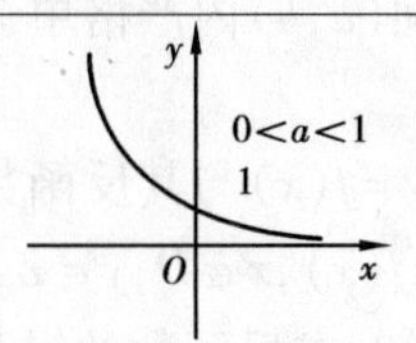
（如 $y=\left(\frac{1}{2}\right)^x,y=\left(\frac{1}{10}\right)^x,y=e^{-x}$）
定义域：$(-\infty,+\infty)$，值域：$(0,+\infty)$
单调减少
图像过$(0,1)$点</td></tr>
</table>

续表

<table>
<tr><td colspan="2">3. 对数函数 $y=\log_a x(a>0,a\neq 1)$</td></tr>
<tr><td>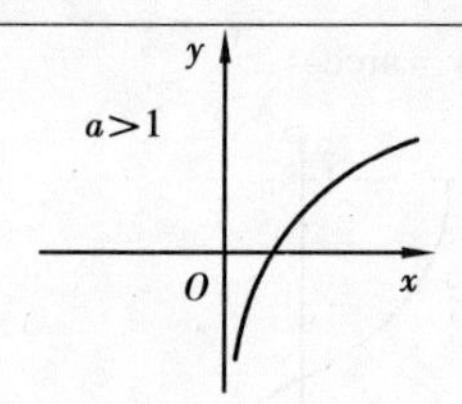
(如 $y=\log_2 x, y=\lg x, y=\ln x$)
定义域:$(0,+\infty)$,值域:$(-\infty,+\infty)$
单调增加
图像过(1,0)点</td><td>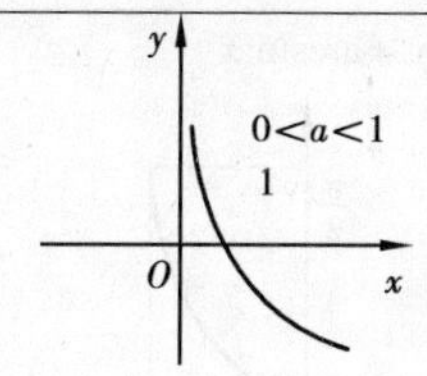
(如 $y=\log_{\frac{1}{2}} x, y=\log_{\frac{1}{10}} x$)
定义域:$(0,+\infty)$,值域:$(-\infty,+\infty)$
单调减少
图像过(1,0)点</td></tr>
<tr><td colspan="2">4. 三角函数</td></tr>
<tr><td>(1)正弦函数 $y=\sin x$
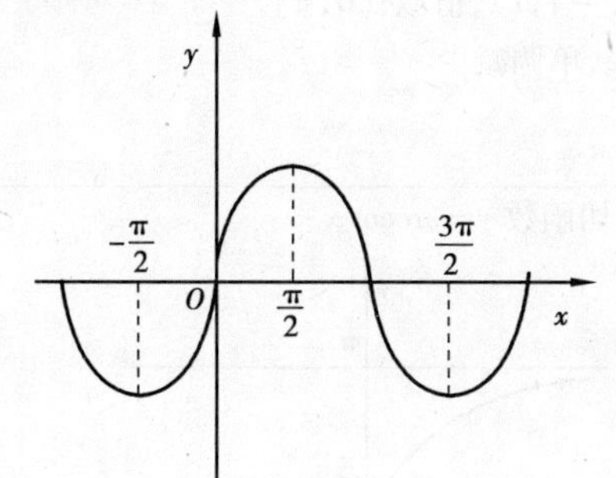
定义域:$(-\infty,+\infty)$,值域:$[-1,1]$
奇函数,周期为 2π
在 $\left(2k\pi-\frac{\pi}{2},2k\pi+\frac{\pi}{2}\right)$ 内单调增加
在 $\left(2k\pi+\frac{\pi}{2},2k\pi+\frac{3\pi}{2}\right)$ 内单调减少</td><td>(2)余弦函数 $y=\cos x$
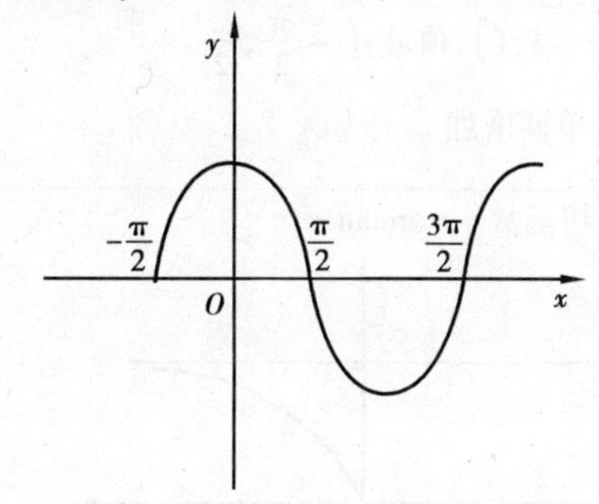
定义域:$(-\infty,+\infty)$,值域:$[-1,1]$
偶函数,周期为 2π
在 $(2k\pi-\pi,2k\pi)$ 内单调增加
在 $(2k\pi,2k\pi+\pi)$ 内单调减少</td></tr>
<tr><td>(3)正切函数 $y=\tan x$
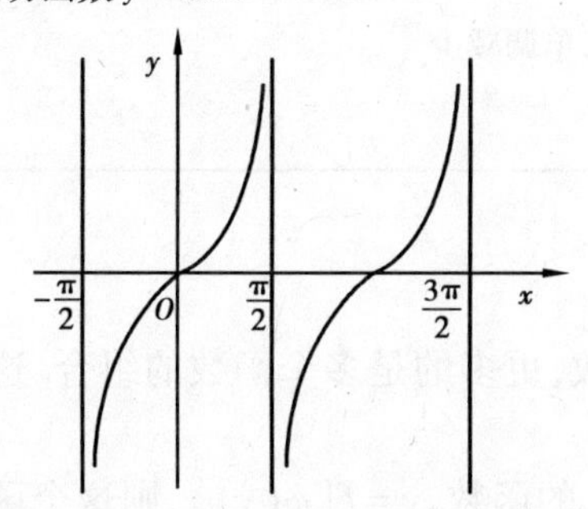
定义域:$x\neq k\pi+\frac{\pi}{2},k\in Z$
值域:$(-\infty,+\infty)$
奇函数,周期为 π,单调增加</td><td>(4)余切函数 $y=\cot x$
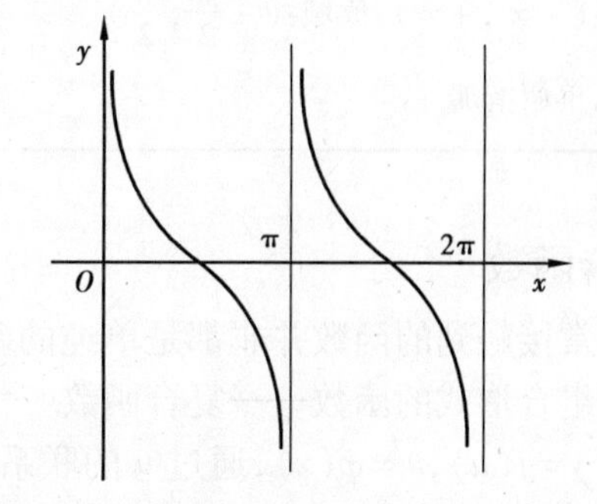
定义域:$x\neq k\pi,k\in Z$
值域:$(-\infty,+\infty)$
奇函数,周期为 π,单调减少</td></tr>
</table>

续表

5. 反三角函数	
(1)反正弦函数 $y=\arcsin x$ 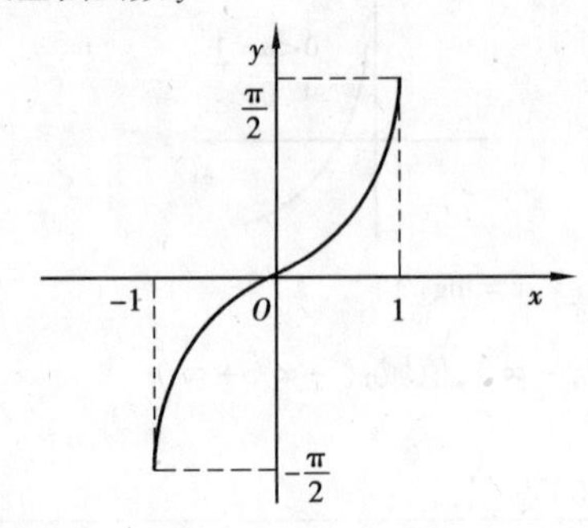 正弦函数 $y=\sin x$ 在$\left[-\frac{\pi}{2},\frac{\pi}{2}\right]$上的反函数 定义域:$[-1,1]$,值域:$\left[-\frac{\pi}{2},\frac{\pi}{2}\right]$ 奇函数, 单调增加	(2)反余弦函数 $y=\arccos x$ 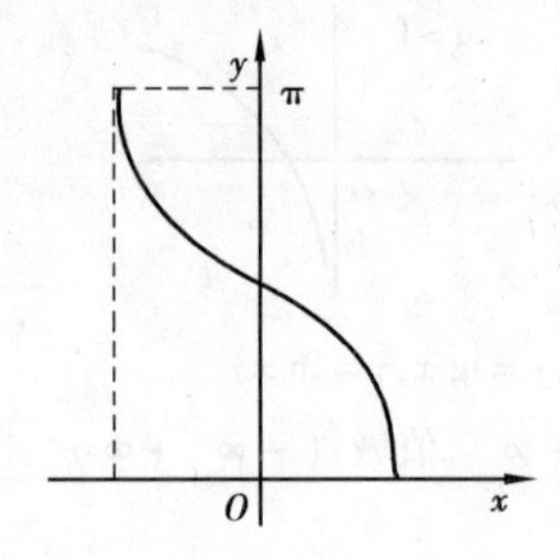 余弦函数 $y=\cos x$ 在$[0,\pi]$上的反函数 定义域:$[-1,1]$,值域:$[0,\pi]$ 非奇非偶,单调减少
(3)反正切函数 $y=\arctan x$ 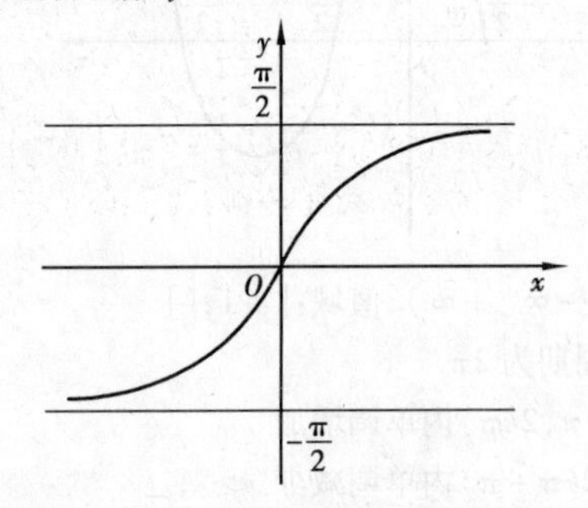 正切函数 $y=\tan x$ 在$\left(-\frac{\pi}{2},\frac{\pi}{2}\right)$上的反函数 定义域:$(-\infty,+\infty)$,值域:$\left(-\frac{\pi}{2},\frac{\pi}{2}\right)$ 奇函数,单调增加	(4)反余切函数 $y=\text{arccot}\, x$ 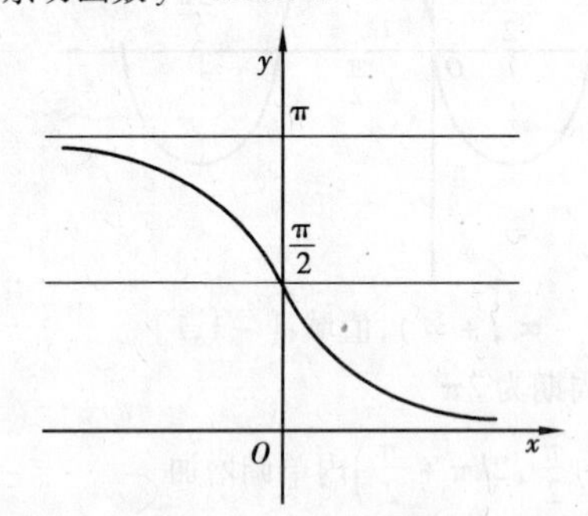 余切函数 $y=\cot x$ 在$(0,\pi)$上的反函数 定义域:$(-\infty,+\infty)$,值域:$(0,\pi)$ 非奇非偶,单调减少

2)复合函数

通常接触到的函数并非都是单纯的基本初等函数,更多的是多个函数的组合. 这里介绍一种组合形式的函数——复合函数.

设 $y=f(u)$, $u=\varphi(x)$,通过 u 的联系,如果 y 是 x 的函数, $y=f[\varphi(x)]$,则这个函数称为由 $y=f(u)$ 和 $u=\varphi(x)$ 复合而成的函数,简称复合函数,其中 u 称为中间变量.

【例 1.12】 将下列复合函数分解成基本初等函数或简单函数.

(1) $y=\sin^2\dfrac{1}{\sqrt{x^2+1}}$　　　　(2) $y=\ln(\tan e^{x^2+2\sin x})$

(3) $y=3^{\tan^2 x}$　　　　(4) $y=\sqrt[3]{(1+2x)^2}$

【解】 (1) y 由 $y=u^2, u=\sin v, v=w^{-\frac{1}{2}}, w=x^2+1$ 组成.

(2) y 由 $y=\ln u, u=\tan v, v=e^t, t=x^2+2\sin x$ 组成.

(3) y 由 $y=3^u, u=v^2, v=\tan x$ 组成.

(4) y 由 $y=u^{\frac{2}{3}}, u=1+2x$ 组成.

3) 初等函数

一般地，由基本初等函数和常数经有限次四则运算或有限次复合过程所构成的，能用一个式子表示的函数称为初等函数. 例如：$y=3x^2-2x+1$，$y=(\sec 3x+\cot 2x)^2$，$y=\dfrac{3\ln x}{\sqrt{1+\sin^2 x}}$等都是初等函数.

【例 1.13】 求函数 $y=\dfrac{\ln(x-1)}{\sqrt{2-x}}$的定义域.

【解】 因为$\begin{cases}x-1>0\\2-x>0\end{cases}$，所以 $1<x<2$. 即函数的定义域为 $D=(1,2)$.

习题 1.1

A 组

1. 下列各题中，$f(x)$ 与 $g(x)$ 是否表示同一函数？

(1) $f(x)=|x|, g(x)=\sqrt{x^2}$　　　　(2) $f(x)=\dfrac{x^2-1}{x-1}$与 $g(x)=x+1$

2. 求下列函数的定义域.

(1) $y=2x-5+\dfrac{3x^2}{x+4}$　　　　(2) $y=\dfrac{1}{2x-1}+\sqrt{2x+3}$

(3) $y=\dfrac{x^4-3x}{\sqrt{x^2-9x-10}}$　　　　(4) $y=7\ln(\ln x)$

3. 设函数 $f(x)=\dfrac{1}{2\sqrt{x}}-\dfrac{1}{x^2}$，求函数值 $f(4)$，$f\left(\dfrac{1}{2}\right)$，$f(x_0)$，$f\left(\dfrac{1}{a}\right)$.

4. 设函数 $f(x)=\log_a x$，求 $f(x_0)$，$f(x_0+\Delta x)$ 及 $f(x_0+\Delta x)-f(x_0)$.

5. 设有分段函数如下：

$$f(x)=\begin{cases}x & 0\leqslant x<3\\3 & 3\leqslant x<5\\8-x & 5\leqslant x\leqslant 8\end{cases}$$

(1) 求定义域；(2) 求函数值 $f(0)$，$f(2.5)$，$f\left(\dfrac{7}{2}\right)$，$f(6)$.

6. 判断下列函数的奇偶性.

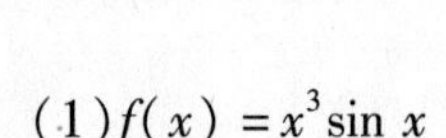

(1) $f(x)=x^3\sin x$　(2) $f(x)=x^3+1$　(3) $f(x)=a^x-a^{-x}$

(4) $f(x)=x^2\sin x$　(5) $y=1+\sin x$　(6) $y=\sin x-\cos x+1$

7. 指出下列复合函数的复合过程.

(1) $y=2^{2x+1}$　(2) $y=(\cos x)^3$　(3) $y=\cot 3x$

(4) $y=\lg\sqrt{1+\tan x}$　(5) $y=\dfrac{1}{(2x^3+4x-1)^2}$　(6) $y=3+5e^{-2x}$

8. 若 $h(x)=x^3+1, g(x)=\sqrt{x}$，求 $g[h(x)], h[g(x)], h[h(x)]$.

9. 某学校利用单位课时费来宏观调控教师上课的课时量. 规定周课时≤12 时，每课时按 22 元付酬；20≥周课时>12 时，超过 12 课时部分每课时按 25 元付酬；周课时>20 时，超过 20 课时部分每课时按 18 元付酬. 请建立周课时与课时酬金之间的函数关系式.

应用与提高

【例 1.14】　已知 $f(x+1)=x^2-x+4$，求 $f(x^2)$.

【解】　令 $x+1=t$，则 $x=t-1$.

因为　$f(t)=(t-1)^2-(t-1)+4=t^2-3t+6$

所以　$f(x)=x^2-3x+6$

因此　$f(x^2)=x^4-3x^2+6$

【例 1.15】　求函数 $y=\dfrac{2x^2+1}{x^3-3x+2}$的定义域.

【解】　由题意可知 $x^3-3x+2\neq 0$.

因为　$x^3-3x+2=(x^3-x)-2(x-1)$

$$=x(x+1)(x-1)-2(x-1)$$

$$=(x-1)^2(x+2)$$

所以　$x^3-3x+2\neq 0\Rightarrow(x-1)^2(x+2)\neq 0\Rightarrow x\neq -2$ 且 $x\neq 1$

因此，函数的定义域为 $D=(-\infty,-2)\cup(-2,1)\cup(1,+\infty)$.

B　组

1. 设 $y=f(x), x\in[0,4]$，求 $f(x^2)$和 $f(x+5)+f(x-5)$的定义域.

2. 求下列函数的定义域.

(1) $y=\dfrac{\sqrt[3]{x+3}}{x^2-7x-8}$　(2) $y=e^{\sqrt{2x-1}}$

(3) $y=\ln(1-x^2)-\dfrac{x^3-x-1}{5x}$　(4) $y=\arcsin(3x+1)+\sqrt{|x|-4}$

3. 已知 $f(\ln x)=x^2+2x-1$，求 $f(x)$.

4. 判定函数 $f(x)=\dfrac{e^x-e^{-x}}{2}$的奇偶性.

5. 求 $y=1+\ln(x+2)$ 的反函数.

6. 写出下列复合函数的复合过程.

(1) $y=\sqrt{1-2\sin^2 x}$　　　(2) $y=\dfrac{1}{2}\log_2(2+\cos 2x)$

(3) $y=3^{\sqrt{3x-1}}$　　　(4) $y=5-\arcsin 2^{4x}$

7. 室内有一靠墙的矩形橱柜,高 4 m,宽 3 m,一架梯子越过橱柜,并一头靠在墙上,一头靠在地上,如图 1.2 所示. 请建立梯子长度与梯子与地面的夹角之间的函数关系式.

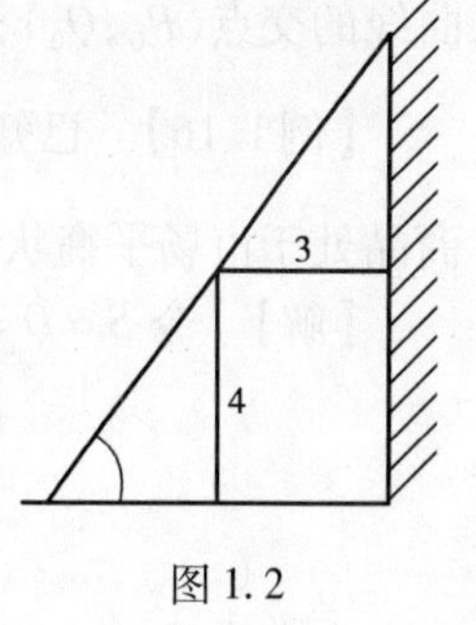

图 1.2

1.2 经济中常用的函数

经济分析中,常常要用数学方法来分析经济变量之间的关系,即要先建立变量间的函数关系,然后用高等数学等知识分析这些经济函数的特性.

1.2.1 需求函数与供给函数

1)需求函数

"需求"指在一定价格条件下,消费者愿意购买并且有支付能力购买的商品量. 一种商品的市场需求量与该商品的价格密切相关. 商品价格是影响需求的一个主要因素,但还有许多其他因素. 例如,消费者收入,消费个体数量,人们的习性、季节、其他代用品的价格等都会影响需求. 现在不考虑其他因素对需求的影响,来研究需求与价格的关系.

设 P 表示商品的价格,Q 表示需求量,那么 $Q=f(P)$ 称为需求函数.

通常商品价格越低,需求量越大;商品价格越高,需求量越小. 因此,一般需求函数 $Q=f(P)$ 是 P 的单调减函数.

需求函数 $Q=f(P)$ 的反函数 $P=f^{-1}(Q)$,称为价格函数,它也反映商品与价格的关系,也称为需求函数.

根据市场统计资料,常见的需求函数有以下几种类型:

线性需求函数:　$Q=b-aP$　　$(a>0,b>0)$

二次需求函数:　$Q=a-bP-cP^2$　　$(a>0,b>0,c>0)$

指数需求函数:　$Q=ae^{-bP}$　　$(a>0,b>0)$

2)供给函数

"供给"指在一定价格条件下,生产者愿意出售并且有可供出售的商品量. 供给也是由多种因素决定的,这里也略去价格以外的其他因素,只讨论供给与价格的关系.

设 P 表示商品价格,S 表示供给量,那么有 $S=f(P)$,称为供给函数. 通常,商品价格越低,生产者不愿生产,供给量就越少;商品价格越高,刺激生产者生产,供给量就越多. 因此,一般供给函数是价格的单调增加函数. 其反函数 $P=f^{-1}(S)$,也称为供给函数.

常见的供给函数有线性函数、二次函数、幂函数、指数函数等.

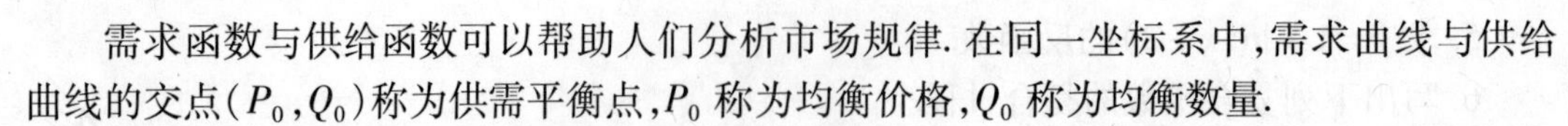

需求函数与供给函数可以帮助人们分析市场规律. 在同一坐标系中,需求曲线与供给曲线的交点(P_0,Q_0)称为供需平衡点,P_0 称为均衡价格,Q_0 称为均衡数量.

【例1.16】 已知某商品的供给函数是$S=\frac{5}{3}P-35$,需求函数是$Q=100-\frac{4}{3}P$,试求该商品处于市场平衡状态下的均衡价格和均衡数量.

【解】 令$S=Q=Q_0,P=P_0$,解方程组

$$\begin{cases} Q_0=100-\frac{4}{3}P_0 \\ Q_0=\frac{5}{3}P_0-35 \end{cases}$$

得$Q_0=40,P_0=45$.

所以均衡价格为$P_0=45$,均衡数量为$Q_0=40$.

1.2.2 总成本函数、总收入函数和总利润函数

在生产和产品的经营活动中，人们总希望尽可能降低成本，提高收入和利润. 而成本、收入和利润，这些经济变量都与产量或销量 Q 密切相关，它们都可以看成是 Q 的函数.

1)总成本函数

某产品的总成本是指生产一定数量的产品所需的全部经济资源投入(劳动力、原料、设备等)的价格或费用总额. 它由固定成本 C_1 与可变成本 $C_2(Q)$两部分组成，即

$$C(Q)=C_1+C_2(Q)$$

一般地,$C(Q)$是 Q 的单调增函数. 只用总成本不能评价企业生产的好坏. 为了评价企业的生产状况，需要计算产品的平均成本，用$\overline{C}(Q)$表示. 平均成本是生产一定量产品，平均每单位产品的成本. 生产 Q 件产品的平均成本为$\overline{C}(Q)=\frac{C(Q)}{Q}$.

【例1.17】 某工厂生产某产品，每天最多生产 200 单位. 每天固定成本为 130 元,生产一个单位产品的可变成本为 6 元. 求该厂每天的总成本函数及平均单位成本函数.

【解】 设每天总成本为 $C(Q)$，平均单位成本为$\overline{C}(Q)$，Q 为每天的产量.

则 $C(Q)=130+6Q,\overline{C}(Q)=\frac{C(Q)}{Q}=\frac{130}{Q}+6,0<Q\leqslant 200$

2)总收入函数及总利润函数

总收入是指生产者出售一定量的产品所获得的全部收入. 生产者生产并销售 Q 单位产品所得的收入为 $R=PQ$. 其中 P 为商品价格.

商品价格 P 依赖于需求量(即商品的销售量) Q ,即价格 P 是销售量 Q 的函数，记作 $P=P(Q)$. 因此,总收入函数为

$$R(Q)=P(Q)\cdot Q$$

总收入与总成本之差称为总利润，记为 $L(Q)$. 即 $L(Q)=R(Q)-C(Q)$,称为总利润函数.

【例1.18】 已知某产品的需求函数为$P=100-\frac{Q}{5}$,Q 为销售量. 固定成本为 500 元，每

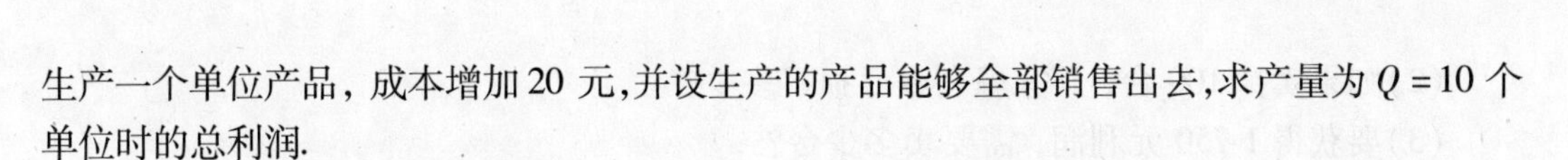

生产一个单位产品，成本增加 20 元,并设生产的产品能够全部销售出去,求产量为 $Q=10$ 个单位时的总利润.

【解】 总成本函数为 $C(Q)=500+20Q$,总收入函数为

$$R(Q)=PQ=\left(100-\frac{Q}{5}\right)Q$$

所以总利润函数为

$$L(Q)=R(Q)-C(Q)=-\frac{Q^2}{5}+80Q-500$$

当 $Q=10$ 时,$L(10)=-\frac{10^2}{5}+80\times10-500=280.$

因此产量为 10 个单位时的总利润为 280 元.

【例 1.19】 某工厂生产某产品年产量为若干台,每台售价为 300 元,当年产量超过 600 台时,超过部分只能打 8 折出售,这样可出售 200 台,如果再多生产,则本年就销售不出去了,试写出本年的收入函数模型.

【解】 设某产品年产量为 x 台,收入函数为 $y(x)$. 因为产量超过 600 台时,售价要打 8 折,而超过 800 台时,多余部分本年销售不出去,从而没有收入. 因此有

$$y(x)=\begin{cases}300x & 0\leqslant x\leqslant600\\300\times600+0.8\times300(x-600) & 600<x\leqslant800\\300\times600+0.8\times300\times200 & x>800\end{cases}$$

即收入函数模型为

$$y(x)=\begin{cases}300x & 0\leqslant x\leqslant600\\180\ 000+240(x-600) & 600<x\leqslant800\\228\ 000 & x>800\end{cases}$$

习题 1.2

A 组

1. 某厂生产录音机的成本为每台 50 元，预计当以每台 x 元的价格卖出时,消费者每月购买量为$(200-x)$台，请将该厂的月利润表达为价格 x 的函数.

2. 当某商品价格为 P 时,消费者对该商品的月需求量为 $Q(P)=12\ 000-200P$,将月销售额(即消费者购买此商品的支出) 表达为价格 P 的函数.

3. 某报纸的发行量以一定的速度增加，3 个月前发行量为 32 000 份，现在为 44 000份.

(1)写出发行量依赖于时间的函数关系；

(2)2 个月后的发行量是多少?

4. 某厂生产的手掌游戏机每台可卖 110 元,固定成本为 7 500 元,可变成本为每台 60 元.

(1)要卖多少台手掌机，厂家才可保本(收回投资)?

(2)如果卖掉100台，厂家赢利或亏损了多少？

(3)要获得1 250元利润，需要卖多少台？

5. 已知生产某种商品 Q 单位时的总成本(单位:万元)为 $C(Q)=10+6Q+\frac{1}{10}Q^2$,如果该商品的销售单价为9万元,试求:

(1)该商品的利润函数;

(2)生产10单位商品时的总利润.

6. 设某商品的需求函数与供给函数分别为 $Q(P)=\frac{5\,600}{P}$ 和 $S(P)=P-10$,找出均衡价格,并求此时的供给量与需求量.

7. 生产某种产品的固定成本为1万元,每生产一件该产品所需费用为20元,若该产品出售的单价为30元,试求:

(1)生产 x 件该种产品的总成本和平均成本;

(2)售出 x 件该种产品的总收入;

(3)若生产的产品都能够售出,则生产 x 件该种产品的利润是多少?

应用与提高——利润与盈亏问题

利润函数 $L(Q)$ 的3种情况:

(1) $L(Q)=R(Q)-C(Q)>0$ 时,称为有盈余生产,即生产处于有利润状态;

(2) $L(Q)=R(Q)-C(Q)<0$ 时,称为亏损生产,即生产处于亏损状态,利润为负;

(3) $L(Q)=R(Q)-C(Q)=0$ 时,称为无盈亏生产,把无盈亏生产时的产量记为 Q_0,称为无盈亏点.

无盈亏分析常用于企业经营管理和经济中分析各种定价和生产决策.

【例1.20】 已知某商品的成本函数为 $C(Q)=Q^2+30Q+1\,200$,若销售单价定为110元/单位,试求:

(1)该商品经营活动中的无盈亏点;

(2)若每天销售100单位该商品,为了不亏本,销售单价应定为多少才合适?

【解】 (1)收入函数为 $R(Q)=110Q$,利润函数为

$$L(Q)=R(Q)-C(Q)=-Q^2+80Q-1\,200$$

由 $L(Q)=0$,即 $-Q^2+80Q-1200=0$,得两个无盈亏点 $Q_1=20$ 和 $Q_2=60$.

由 $L(Q)=-(Q-20)(Q-60)$,可以看出,当 $Q<20$ 或 $Q>60$ 时,$L(Q)<0$,这时生产经营是亏损的;当 $20<Q<60$ 时,$L(Q)>0$,这时生产经营是盈利的.

因此,$Q=20$ 单位与 $Q=60$ 单位是盈利的最低产量和最高产量.

(2)设定价为 P 元/单位,则利润函数为

$$L(Q)=PQ-(Q^2+30Q+1\,200)$$

为了使生产经营不亏本,须有 $L(100)\geqslant 0$,即 $100P-14\,200\geqslant 0$,也就是 $P\geqslant 142$.

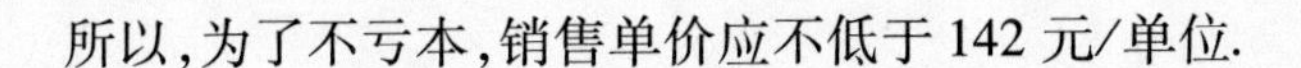

所以,为了不亏本,销售单价应不低于142元/单位.

B 组

1. 某化肥厂生产某产品1 000 t,定价为130元/t,销售量在700 t以内时,按原价出售;超过700 t时,超过的部分打9折出售.请将销售总收入与总销售量的函数关系用数学表达式表示出.

2. 某饭店现有高级客房60套,目前租金每天每套200元,则基本客满;若提高租金,预计每套租金每提高10元均有一套房间会空出来.试问租金定为多少时,饭店房租收入最大?收入多少元?这时饭店将空出多少套高级客房?

3. 鸡蛋的收购价为4.6元/kg,某收购站每月能收购5 000 kg;若收购价每千克降低0.1元,则收购量减少500 kg,求鸡蛋的线性供给函数.

4. 某厂生产一种电子产品,设计能力为日产120件.每日的固定成本为200元,每件的平均可变成本为10元.

(1)若每件销价15元,试写出总收入函数.

(2)试写出利润函数,并求无盈亏点.

MATLAB应用案例1

1)实验目的

应用MATLAB求函数值及作函数的图像.

2)实验举例

• 求函数值

【例1.21】　设$f(x)=\dfrac{1}{2+\lg(1+x)}$,求$f(9)$,$f(-0.9)$.

输入命令:

```
x = 9;
>> f1 = 1/(2 + log 10(1 + x))
```

结果

```
f1 =
    0.3333
```

再输入命令:

```
x = -0.9;
>> f2 = 1/(2 + log 10(1 + x))
```

结果

```
f2 =
    1
```

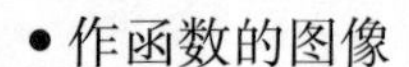
• 作函数的图像

MATLAB 作图是通过描点、连线来实现的,所以在画曲线图形之前,必须先取得该图形上的一系列的点坐标(即横坐标和纵坐标),然后将该点集的坐标传给 MATLAB 函数画图.

命令 1:plot(X,Y)——画实线

【例 1.22】 作函数 $y=x^3-2x+5$ 的图像.

(1)输入命令行(%后面是对该条命令的解释)

x = -4:0.01:4;　　　　% 自变量 x 取值从 -4 开始,间隔 0.01 取一个值,直到 4.

y = x.^3 - 2 * x + 5;　　% 对每一个 x 算对应的 y 值. 乘号用" * "表示,3 次方用".^3"表示.

plot(x,y)　　　　　　% 对上面每一对 x,y 值描点,就形成了图像.

(2)结果可得函数的图像. 如图 1.3 所示.

(3)在图像窗口中插入坐标轴和标注,即得函数的图像. 如图 1.4 所示.

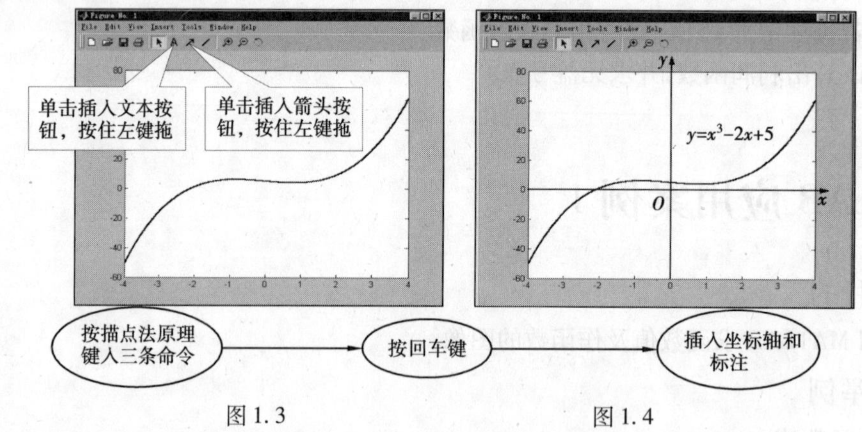

图 1.3　　　　　　图 1.4

命令 2:ezplot('f(x)',[a,b])——在 $a<x<b$ 绘制显函数 $f=f(x)$ 的函数图.

【例 1.23】 在$[0,\pi]$上画 $y=\cos x$ 的图形.

输入命令:

ezplot('sin(x)',[0,pi]),得函数 $y=\cos x$ 的图形,如图 1.5 所示.

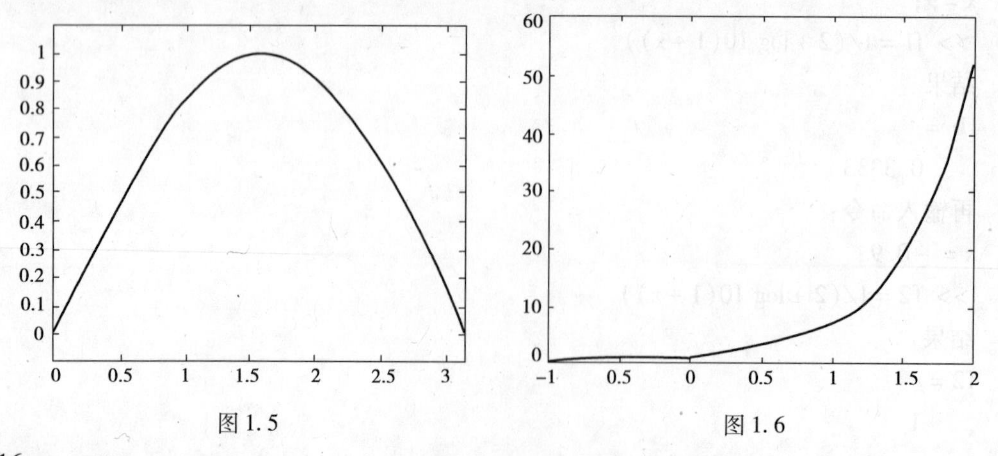

图 1.5　　　　　　图 1.6

命令3:fplot('fun',lim s)——绘制字符串fun指定的函数在lim s = [$x_{\min}$,$x_{\max}$]的图形.

【例1.24】 在[-1,2]上画$y=e^{2x}+\sin(3x^2)$的图形.

先建M文件myfun1.m:

```
function  Y = myfun1(x)
Y = exp(2 * x) + sin(3 * x.^2)
```

再输入命令:

```
fplot('myfun1',[-1,2])
```

得函数$y=e^{2x}+\sin(3x^2)$的图形,如图1.6所示.

数学实践1——函数在实际问题中的应用

【问题提出】 某地防汛部门为做好当年的防汛工作,根据本地往年汛期特点和当年气象信息分析,利用当地一水库的水量调节功能.根据水库的最大蓄水量为200万m^3,制订当年的防汛计划:从6月10日零时起,开启水库1号入水闸蓄水,每天经过1号入水闸流入水库的水量为6万m^3;从6月15日零时起,打开水库的泄水闸泄水,每天经水库流出的水量为4万m^3;从6月20日零时起,再开启2号入水闸,每天经过2号入水闸流入水库的水为3万m^3;到6月30日零时,入水闸和泄水闸全部关闭,根据测量,6月10日零时,该水库的蓄水量为96万m^3.

【思考问题】

(1)从6月10日至20日10天内1号入水闸进了多少水?

(2)6月20日后每天进水多少?

(3)从6月15日零时起到6月20日零时止,泄水多少天?

(4)6月20日起,开启2号入水闸后,关闭泄水闸没有?

(5)假设开启2号入水闸5天,水库一共进水多少万m^3,流出多少万m^3的水?

【解决问题】

(1)写出开启2号入水闸后水库蓄水量(万m^3)与时间之间的函数关系.

(2)根据水库的最大蓄水量写出蓄水量与时间之间的函数关系的定义域.

【问题解决】

(1)从6月10日至20日10天间1号入水闸进了6×10万m^3,6月20日后每天进水是(6+3)=9万m^3(每天经过1号入水闸和2号入水闸流进的总水量),从6月15日零时起到6月20日零时止,泄水5天,则开启2号入水闸后第x天时流出$4(x+5)$万m^3.因此,只要用该水库6月10日零时的蓄水量96万m^3加上从6月10日至20日10天间1号入水闸进了6×10万m^3,再加上6月20后每天经过1号入水闸和2号入水闸流进的总水量$(6+3)(x-1)$万m^3,减去开启2号入水闸后的第x天时流出的水量,可得到开启2号入水闸后水库蓄水量y(万m^3)与时间x(天)之间的函数关系式:

$$y=96+6\times10+(6+3)(x-1)-4(x-1+5)$$

即

$$y=131+5x \qquad 1\leqslant x\leqslant 10$$

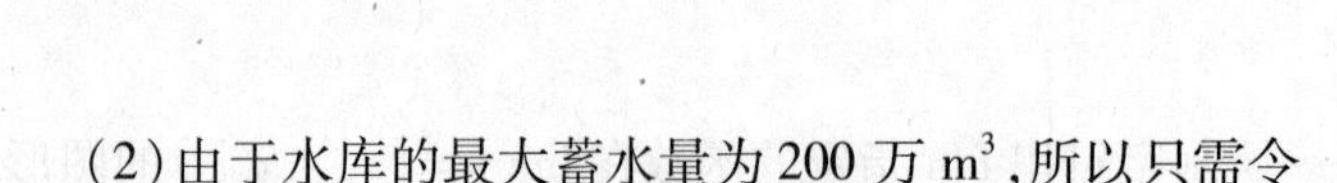

(2)由于水库的最大蓄水量为200万m^3,所以只需令

$$y=96+6\times10+(6+3)(x-1)-4(x-1+5)\text{中的}y\leqslant200$$

即可得到x的范围,从而得出该地防汛部门的当年防汛计划能保证水库是否安全的结论.由$(131+5x)\leqslant200$,解得$x\leqslant13.8$,于是根据水库的最大蓄水量可得蓄水量与时间之间的函数$y=131+5x$的定义域$1\leqslant x\leqslant13.8$.

数学人文知识1——函数概念发展的历史

"函数"是数学中一个重要而基本的概念,自从笛卡尔引入变数以后,变量和函数等概念就日益渗透到数学的各个分支领域中.在数学的发展史中,函数概念不断扩展,函数定义不断演变.

1)早期函数概念——几何观念下的函数

17世纪,伽俐略(G. Galileo,意,1564—1642)在《两门新科学》一书中,几乎从头到尾包含着函数或称为变量的关系这一概念,用文字和比例的语言表达函数的关系.1673年前后笛卡尔(Descartes,法,1596—1650)在他的解析几何中,已经注意到了一个变量对于另一个变量的依赖关系.但由于当时尚未意识到需要提炼一般的函数概念,因此,直到17世纪后期牛顿、莱布尼兹建立微积分的时候,数学家还没有明确函数的一般意义,绝大部分函数是被当作曲线来研究的.

2)18世纪函数概念——代数观念下的函数

1718年,约翰·贝努利(Bernoulli. Johann,瑞,1667—1748)在莱布尼兹函数概念的基础上,对函数概念进行了明确定义:由任一变量和常数的任一形式所构成的量.贝努利把变量x和常量按任何方式构成的量称为"x的函数",其在函数概念中所说的任一形式,包括代数式子和超越式子.

18世纪中叶,欧拉(L. Euler,瑞,1707—1783)就给出了非常形象的,一直沿用至今的函数符号.欧拉给出的定义是:一个变量的函数是由这个变量和一些常数以任何方式组成的解析表达式.他把约翰·贝努利给出的函数定义称为解析函数,并进一步把它区分为代数函数(只有自变量间的代数运算)和超越函数(三角函数、对数函数以及变量的无理数幂所表示的函数),还考虑了"随意函数"(表示任意画出曲线的函数).不难看出,欧拉给出的函数定义比约翰·贝努利的定义更普遍、更具有广泛意义.

3)19世纪函数概念——对应关系下的函数

1822年,傅立叶(Fourier,法,1768—1830)发现某些函数可用曲线表示,也可用一个式子表示,或用多个式子表示,从而结束了函数概念是否以唯一一个式子表示的争论,把对函数的认识又推进了一个新的层次.

1823年,柯西(Cauchy,法,1789—1857)从定义变量开始给出了函数的定义,同时指出,虽然无穷级数是规定函数的一种有效方法,但是对函数来说不一定要有解析表达式.不

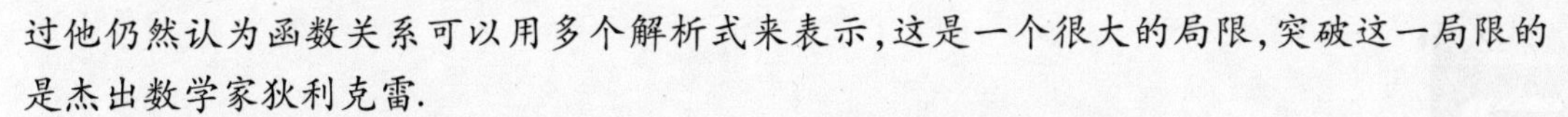

过他仍然认为函数关系可以用多个解析式来表示，这是一个很大的局限，突破这一局限的是杰出数学家狄利克雷.

1837 年，狄利克雷(Dirichlet，德，1805—1859)认为怎样去建立 x 与 y 之间的关系无关紧要，他拓广了函数概念，指出："对于在某区间上的每一个确定的 x 值，y 都有一个或多个确定的值，那么 y 叫做 x 的函数."狄利克雷的函数定义，出色地避免了以往函数定义中所有的关于依赖关系的描述，简明精确，以完全清晰的方式为所有数学家无条件地接受. 至此，已可以说，函数概念、函数的本质定义已经形成，这就是人们常说的经典函数定义. 等到康托尔(Cantor，德，1845—1918)创立的集合论在数学中占有重要地位之后，维布伦(Veblen，美，1880—1960)用"集合"和"对应"的概念给出了近代函数定义，通过集合概念，把函数的对应关系、定义域及值域进一步具体化了，且打破了"变量是数"的局限，变量可以是数，也可以是其他对象(点、线、面、体、向量、矩阵等).

4)现代函数概念——集合论下的函数

1914 年，豪斯道夫(F. Hausdorff)在《集合论纲要》中用"序偶"来定义函数. 其优点是避开了意义不明确的"变量""对应"概念，其不足之处是又引入了不明确的概念"序偶". 库拉托夫斯基(Kuratowski)于 1921 年用集合概念来定义"序偶"，即序偶 (a,b) 为集合 $\{\{a\},\{b\}\}$，这样就使豪斯道夫的定义很严谨了. 1930 年新的现代函数定义为：若对集合 M 的任意元素 x，总有集合 N 确定的元素 y 与之对应，则称在集合 M 上定义一个函数，记为 $y=f(x)$. 元素 x 称为自变元，元素 y 称为因变元.

函数概念的定义经过 300 多年的锤炼、变革，形成了函数的现代定义形式，但这并不意味着函数概念发展的历史终结，随着以数学为基础的其他学科的发展，函数的概念还会继续扩展.

极限与连续

极限理论是高等数学的基础,也是本门课程的基本推理工具,将要学习的导数和积分就是两种不同类型的极限. 本章首先在引入极限概念的基础上,介绍求极限的方法,从而实现用极限的思想与方法去解决生活中常见的问题.

2.1 函数的极限

追溯数学发展的历史,极限理论的研究源远流长. 极限的概念最初产生于求曲边梯形的面积与求曲线在某一点的切线斜率这两个基本问题,它是微积分最基本的概念. 我国古代刘徽利用圆的内接正多边形来推算圆面积的方法,也就是所谓的割圆术,便是极限思想的应用. 极限思想是数学史上一颗璀璨的明珠,它是整个微积分的基础,有着重要的应用.

2.1.1 数列的极限

以前学习过数列的概念,现在来考察当项数 n 无限增大时,无穷数列$\{x_n\}$的变化趋势.

观察下面两个无穷数列当 n 无限增大时的变化趋势:

(1)$x_n=\dfrac{1}{2^n}$,当 n 无限增大时,数列 $x_n=\dfrac{1}{2^n}$无限趋近于数 0.

(2)$x_n=\dfrac{n-1}{n+1}$,当 n 的取值从 1,2,3,4,5,…并无限增大时,数列 $x_n=\dfrac{n-1}{n+1}$的取值为 0,$\dfrac{1}{3}$,$\dfrac{2}{4}$,$\dfrac{3}{5}$,$\dfrac{4}{6}$,…并无限趋近于数 1.

上述数列的变化趋势具有共同的特性:当 n 无限增大时,数列 x_n 无限地趋近于某个常数 A.

定义 2.1 对于数列$\{x_n\}$,若当 n 无限增大时,x_n 无限趋近于一个确定的常数 A,则称当 n 趋向于无穷大时,数列$\{x_n\}$以 A 为极限,记为

$$\lim_{n\to\infty}x_n=A \text{ 或 } x_n\to A(n\to\infty)$$

此时也称当 $n\to\infty$ 时,数列$\{x_n\}$收敛于 A. 当 $n\to\infty$ 时,若数列$\{x_n\}$不趋近于一个确定的常数,则称数列$\{x_n\}$发散.

由定义 2.1 可知,对于数列$\left\{\dfrac{1}{2^n}\right\}$与$\left\{\dfrac{n-1}{n+1}\right\}$分别有$\lim\limits_{n\to\infty}\dfrac{1}{2^n}=0$,$\lim\limits_{n\to\infty}\dfrac{n-1}{n+1}=1$.

【例 2.1】 观察下面数列是否有极限,如果有,请写出它的极限.

(1)$1, -\frac{1}{2}, \frac{1}{3}, -\frac{1}{4}, \cdots, (-1)^{n-1}\frac{1}{n}, \cdots$　　(2)$-1, -1, -1, -1, \cdots, -1, \cdots$.

【解】 (1)当 n 无限增大时，$x_n = (-1)^{n-1}\frac{1}{n}$ 无限趋近于数0，即 $\lim\limits_{n\to\infty}(-1)^{n-1}\frac{1}{n} = 0$.

(2)这个数列是常数数列，$x_n = -1$，数列的极限是 -1，即 $\lim\limits_{n\to\infty}(-1) = -1$.

【例2.2】 求下列数列的极限.

(1)$\lim\limits_{n\to\infty}\frac{2n-1}{n+3}$　　(2)$\lim\limits_{n\to\infty}\frac{3n^3-2n+1}{n^3+n^2}$　　(3)$\lim\limits_{n\to\infty}(2n-1)$

【解】 (1)$\lim\limits_{n\to\infty}\frac{2n-1}{n+3} = \lim\limits_{n\to\infty}\frac{2-\frac{1}{n}}{1+\frac{3}{n}} = 2$

(2)$\lim\limits_{n\to\infty}\frac{3n^3-2n+1}{n^3+n^2} = \lim\limits_{n\to\infty}\frac{3-\frac{2}{n^2}+\frac{1}{n^3}}{1+\frac{1}{n}} = 3$

(3)当 $n\to\infty$ 时，$2n-1$ 的值也无限地增大，即 $\lim\limits_{n\to\infty}(2n-1)$ 不存在，但可以记为 $\lim\limits_{n\to\infty}(2n-1) = \infty$

当 n 无限增大时，$\{x_n\}$ 也无限地增大，此时数列没有极限，称为无穷大，记作 $\lim\limits_{n\to\infty} x_n = \infty$.

常用数列极限结论：

$\lim\limits_{n\to\infty} C = C$　(C 为常数)

$\lim\limits_{n\to\infty} q^n = 0(|q|<1)$

$\lim\limits_{n\to\infty}\sqrt[n]{a} = 1(a>0)$

$\lim\limits_{n\to\infty}\sqrt[n]{n} = 1$

$\lim\limits_{n\to\infty}\frac{a}{n^p} = 0$　(a 为常数，$p>0$).

【例2.3】 判断下列数列是否有极限，如果有，写出它的极限.

(1)$\{x_n\}$，其中 $x_n = (-1)^n\frac{n-1}{n+1}$　　(2)$0, 2, 0, 2, \cdots, 1+(-1)^n, \cdots$

【解】 (1)可以看出当 n 无限增大时，$\frac{n-1}{n+1}$ 无限地趋近于1. 但是，当 n 取偶数无限增大时，x_n 无限地趋近于1；当 n 取奇数无限增大时，x_n 无限地趋近于 -1. 即当 n 无限增大时，x_n 不趋近于一个确定的常数，因此这个数列没有极限，是发散数列.

(2)当 n 无限增大时，数列的项 $1+(-1)^n$ 始终在0与2之间跳动，所以这个数列为发散数列.

【例2.4】 求下列极限.

(1)$\lim\limits_{n\to\infty}\left(\frac{1}{n^2}+\frac{2}{n^2}+\cdots+\frac{n}{n^2}\right)$　　(2)$\lim\limits_{n\to\infty}\sqrt[n]{2n^2}$

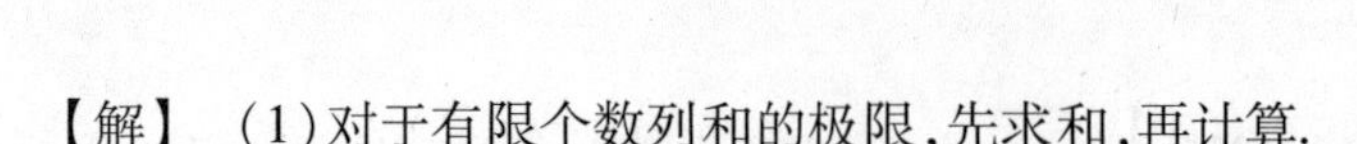

【解】 (1)对于有限个数列和的极限,先求和,再计算.

$$\lim_{n\to\infty}\left(\frac{1}{n^2}+\frac{2}{n^2}+\cdots+\frac{n}{n^2}\right)=\lim_{n\to\infty}\frac{1+2+\cdots+n}{n^2}$$

$$=\lim_{n\to\infty}\frac{n(n+1)}{2n^2}=\frac{1}{2}$$

(2) $\lim\limits_{n\to\infty}\sqrt[n]{2n^2}=\lim\limits_{n\to\infty}(\sqrt[n]{2}\cdot\sqrt[n]{n}\cdot\sqrt[n]{n})=1\times1\times1=1$

2.1.2 函数的极限与性质

数列$\{x_n\}$可以看作是项数$n(n\in N)$的函数,即$x_n=f(n)$.因此,数列的极限也可以看作是函数极限的特殊情形.下面讨论一般函数$y=f(x)$的极限.

关于函数$y=f(x)(x\in D)$的极限,现在关注自变量x按照一定的方式无限变化时,函数值$f(x)$的变化趋势.关于自变量x无限取值的变化趋势有下列6种情形:

(1)自变量x从某一时刻起总取正数而无限增大,记为:$x\to+\infty$;

(2)自变量x从某一时刻起总取负数其绝对值无限增大,记为:$x\to-\infty$;

(3)自变量x可取正数或负数但其绝对值无限增大,记为:$x\to\infty$;

(4)自变量x在点x_0的左右邻近取值变化而无限趋近于x_0,记为:$x\to x_0$;

(5)自变量x在点x_0的右侧邻近取值变化而无限趋近于x_0,记为:$x\to x_0^+$;

(6)自变量x在点x_0的左侧邻近取值变化而无限趋近于x_0,记为:$x\to x_0^-$.

【引例】 将一盆80 ℃的热水放在一间室温恒为20 ℃的房间里,随着时间的推移,水温会如何变化?

【数学描述】 设x表示时间,y表示水温,当$x\to+\infty$,y会如何变化?

【结论】 随着时间的推移,水温会逐渐接近房间的温度,也就是当$x\to+\infty$时,$y\to20$.

1)当$x\to\infty$时,函数$f(x)$的极限

观察下表中函数图像的变化趋势.

函 数	图 示	变化趋势
(1) $y=\frac{x}{x+1}$	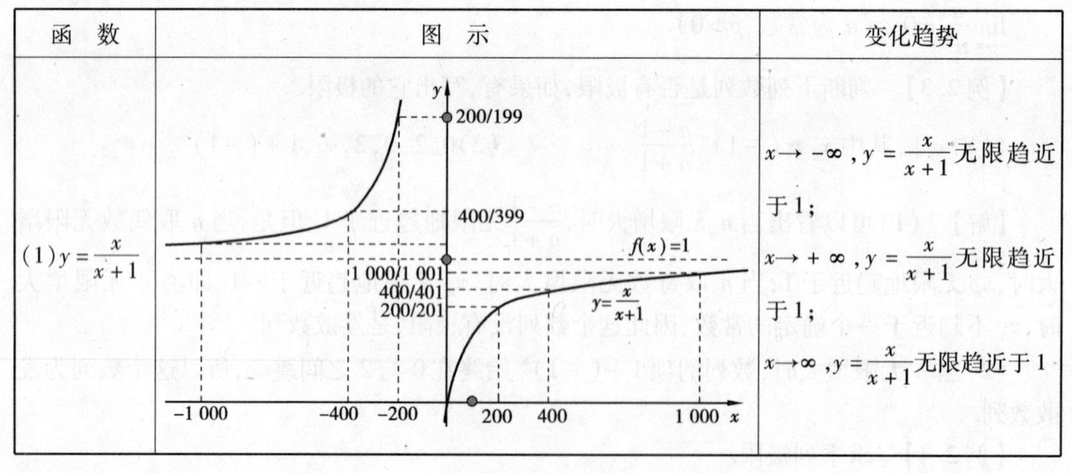	$x\to-\infty$, $y=\frac{x}{x+1}$无限趋近于1; $x\to+\infty$, $y=\frac{x}{x+1}$无限趋近于1; $x\to\infty$, $y=\frac{x}{x+1}$无限趋近于1

续表

函　数	图　示	变化趋势
(2) $y=\frac{1}{x^2}$	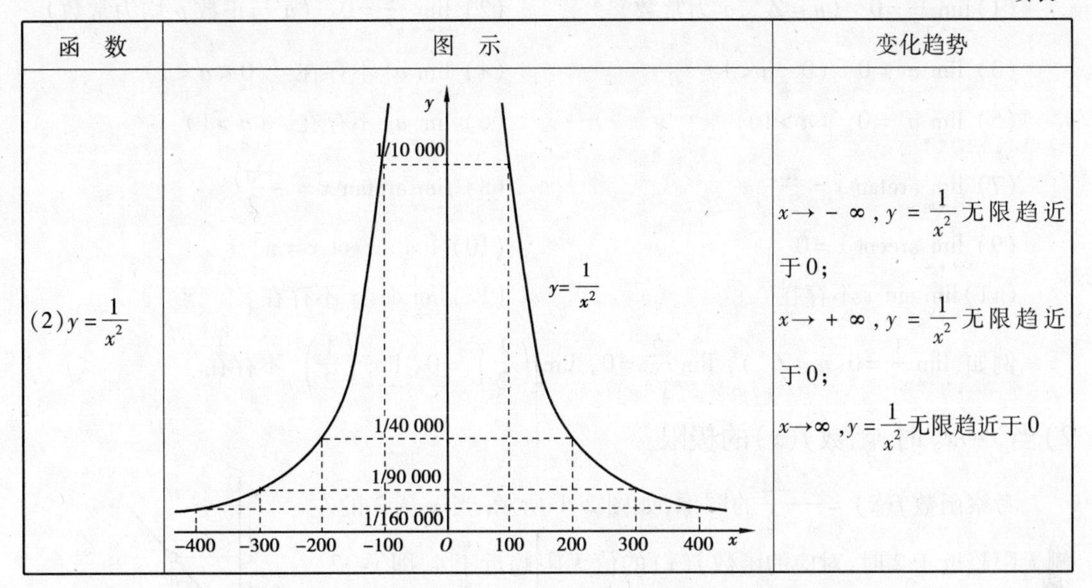	$x\to-\infty$，$y=\frac{1}{x^2}$无限趋近于0； $x\to+\infty$，$y=\frac{1}{x^2}$无限趋近于0； $x\to\infty$，$y=\frac{1}{x^2}$无限趋近于0

定义 2.2　当自变量 x 取正值并无限增大时，函数 $f(x)$ 的值无限趋近于一个确定的常数 A，则称常数 A 为函数 $f(x)$ 当 $x\to+\infty$ 时的极限，记作

$$\lim_{x\to+\infty} f(x)) = A \quad 或 \quad f(x)\to A(x\to+\infty)$$

例如，$\lim\limits_{x\to+\infty}\arctan x=\frac{\pi}{2}$，$\lim\limits_{x\to+\infty}\operatorname{arccot} x=0$，$\lim\limits_{x\to+\infty}e^{-x}=0$.

定义 2.3　当自变量 x 取负值并且它的绝对值无限增大时，函数 $f(x)$ 的值无限趋近于一个确定的常数 A，则称常数 A 为函数 $f(x)$ 当 $x\to-\infty$ 时的极限，记作

$$\lim_{x\to-\infty} f(x) = A \quad 或 \quad f(x)\to A(x\to-\infty)$$

例如，$\lim\limits_{x\to-\infty}\arctan x=-\frac{\pi}{2}$，$\lim\limits_{x\to-\infty}\operatorname{arccot} x=\pi$，$\lim\limits_{x\to-\infty}e^{x}=0$.

定义 2.4　当自变量 x 的绝对值无限增大时，函数 $f(x)$ 的值无限趋近于一个确定的常数 A，则称常数 A 为函数 $f(x)$ 当 $x\to\infty$ 时的极限，记作

$$\lim_{x\to\infty} f(x) = A \quad 或 \quad f(x)\to A(x\to\infty)$$

例如，$\lim\limits_{x\to\infty}\frac{x}{x+1}=1$，$\lim\limits_{x\to\infty}\frac{1}{x^2}=0$，$\lim\limits_{x\to\infty}(1+\frac{1}{x})=1$.

结论：　$\lim\limits_{x\to\infty}f(x)=A\Leftrightarrow\lim\limits_{x\to-\infty}f(x)=\lim\limits_{x\to+\infty}f(x)=A$

例如：(1) 因为 $\lim\limits_{x\to+\infty}\frac{x}{1+x}=\lim\limits_{x\to-\infty}\frac{x}{1+x}=1$，所以 $\lim\limits_{x\to\infty}\frac{x}{1+x}=1$；

(2) 因为 $\lim\limits_{x\to+\infty}\arctan x=\frac{\pi}{2}$，$\lim\limits_{x\to-\infty}\arctan x=-\frac{\pi}{2}$，所以 $\lim\limits_{x\to\infty}\arctan x$ 不存在；

(3) 因为 $\lim\limits_{x\to-\infty}e^{x}=0$，而 $\lim\limits_{x\to+\infty}e^{x}$ 不存在，所以 $\lim\limits_{x\to\infty}e^{x}$ 不存在.

根据以上极限定义，可以建立起一些常用的已知极限.

(1) $\lim\limits_{x\to\infty}\dfrac{a}{x^n}=0$ （$n\in\mathbf{Z}^+$，a 为常数）　　(2) $\lim\limits_{x\to+\infty}\dfrac{a}{x^p}=0$ （a 与正数 p 均为常数）

(3) $\lim\limits_{x\to+\infty}a^x=0$ （$0<a<1$）　　(4) $\lim\limits_{x\to-\infty}a^x$ 不存在 （$0<a<1$）

(5) $\lim\limits_{x\to-\infty}a^x=0$ （$a>1$）　　(6) $\lim\limits_{x\to+\infty}a^x$ 不存在 （$a>1$）

(7) $\lim\limits_{x\to+\infty}\arctan x=\dfrac{\pi}{2}$　　(8) $\lim\limits_{x\to-\infty}\arctan x=-\dfrac{\pi}{2}$

(9) $\lim\limits_{x\to+\infty}\operatorname{arccot} x=0$　　(10) $\lim\limits_{x\to-\infty}\operatorname{arccot} x=\pi$

(11) $\lim\limits_{x\to\infty}\sin x$ 不存在　　(12) $\lim\limits_{x\to\infty}\cos x$ 不存在

例如，$\lim\limits_{x\to\infty}\dfrac{3}{x^n}=0(n\in\mathbf{Z}^+)$，$\lim\limits_{x\to+\infty}\dfrac{2}{x^{\frac{1}{2}}}=0$，$\lim\limits_{x\to+\infty}\left(\dfrac{1}{2}\right)^x=0$，$\lim\limits_{x\to-\infty}\left(\dfrac{1}{2}\right)^x$ 不存在.

2）当 $x\to x_0$ 时，函数 $f(x)$ 的极限

考察函数 $f(x)=\dfrac{x^2-4}{x-2}$ 的图像，如图 2.1 所示. 当 x 从 2 的左侧无限趋近于 2 时，对应的函数 $f(x)$ 的值无限趋近于 4，即 $x\to2^-$ 时，$f(x)\to4$；当 x 从 2 的右侧无限趋近于 2 时，对应的函数 $f(x)$ 的值无限趋近于 4，即 $x\to2^+$ 时，$f(x)\to4$.

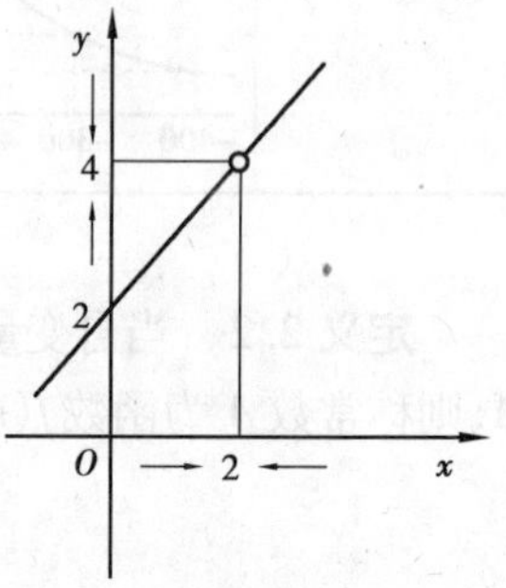

图 2.1

因此，当 x 无限趋近于 $2(x\to2)$ 时，$f(x)$ 的值无限趋近于 $4(f(x)\to4)$. 称当 $x\to2$ 时，函数 $f(x)$ 以 4 为极限.

定义 2.5　设函数 $y=f(x)$ 在点 x_0 的左右附近有定义，如果当自变量 x 无限趋近于 $x_0(x\neq x_0)$ 时，函数 $f(x)$ 的值无限趋近于一个确定的常数 A，则称常数 A 为函数 $f(x)$ 当 $x\to x_0$ 时的极限，记作

$$\lim_{x\to x_0}f(x)=A \quad 或 \quad f(x)\to A\ (x\to x_0)$$

例如：$\lim\limits_{x\to0}\sin x=0$；$\lim\limits_{x\to0}\tan x=0$；$\lim\limits_{x\to0}\cos x=1$；$\lim\limits_{x\to a}x^n=a^n$；$\lim\limits_{x\to1}\dfrac{x^2-1}{x-1}=2$；$\lim\limits_{x\to-1}\dfrac{1}{x+1}$ 不存在.

注 意

函数在一点的极限是否存在仅与它在该点附近的变化有关，而与函数本身在该点处有无定义无关.

【例 2.5】　求极限 $\lim\limits_{x\to-1}(x^2-2x+3)$.

【解】　$\lim\limits_{x\to-1}(x^2-2x+3)=(-1)^2-2(-1)+3=6$

定义 2.6　设函数 $y=f(x)$ 在点 x_0 的左侧附近有定义，如果当自变量 x 从 x_0 左侧无限趋近于 x_0 时，函数 $f(x)$ 的值无限趋近于一个确定的常数 A，则称常数 A 为函数 $f(x)$ 在 x_0 处的左极限，记作

$$\lim_{x\to x_0^-}f(x)=A \text{ 或 } f(x)\to A(x\to x_0^-)$$

定义 2.7 设函数 $y=f(x)$ 在点 x_0 的右侧附近有定义，如果当自变量 x 从 x_0 右侧无限趋近于 x_0 时，函数 $f(x)$ 的值无限趋近于一个确定的常数 A，则称常数 A 为函数 $f(x)$ 在 x_0 处的右极限，记作

$$\lim_{x\to x_0^+} f(x)=A \quad 或 \quad f(x)\to A(x\to x_0^+)$$

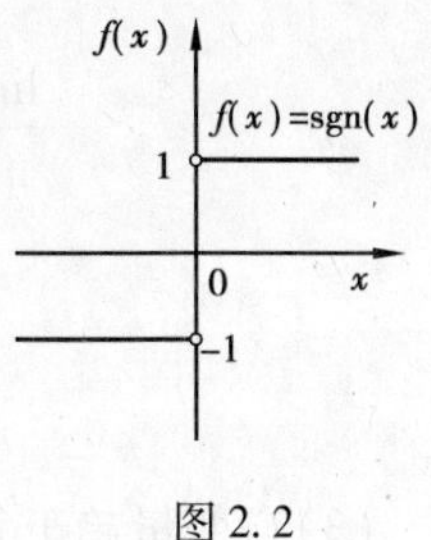

图 2.2

例如，符号函数

$$f(x)=\operatorname{sgn}(x)=\begin{cases}1 & x>0\\ 0 & x=0\\ -1 & x<0\end{cases}$$，如图 2.2 所示.

有 $\lim\limits_{x\to 0^-} f(x)=\lim\limits_{x\to 0^-}(-1)=-1$，$\lim\limits_{x\to 0^+} f(x)=\lim\limits_{x\to 0^+}1=1$.

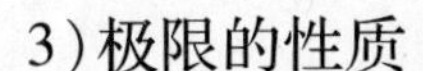

3）极限的性质

（1）唯一性：若函数（数列）的极限存在，则它的极限唯一.

（2）极限的四则运算法则：设 $\lim f(x)$ 与 $\lim g(x)$ 都存在，则

①$\lim[f(x)\pm g(x)]=\lim f(x)\pm\lim g(x)$.

②$\lim f(x)g(x)=\lim f(x)\lim g(x)$.

特例 $\lim Cf(x)=C\lim f(x)$（C 为常数）；$\lim[f(x)]^n=[\lim f(x)]^n$（$n$ 为正整数）.

③当 $\lim g(x)\neq 0$ 时，$\lim\dfrac{f(x)}{g(x)}=\dfrac{\lim f(x)}{\lim g(x)}$.

注 意

（1）①和②两条性质还可推广到任何有限的形式.

（2）以上性质对数列极限也成立.

（3）$\lim f(x)$ 下面没有标明自变量的变化过程，是指对 $x\to x_0$ 及 $x\to\infty$ 均适用.

（3）$\lim\limits_{x\to x_0} f(x)=A \Leftrightarrow \lim\limits_{x\to x_0^-} f(x)=\lim\limits_{x\to x_0^+} f(x)=A$.

4）极限的几种常见类型

（1）$y=f(x)$ 在 $x=x_0$ 有定义，则 $\lim\limits_{x\to x_0} f(x)=f(x_0)$.

【例 2.6】 求极限 $\lim\limits_{x\to 1}(2x^3+x^2-2)$.

【解】 $\lim\limits_{x\to 1}(2x^3+x^2-2)=2\times 1^3+1^2-2=1$

（2）分子、分母的极限值均为零，即“$\dfrac{0}{0}$”型极限.

【例 2.7】 求极限 $\lim\limits_{x\to 0}\dfrac{\sqrt{1+x}-1}{x}$.

【解】 当 $x\to 0$ 时，分子、分母极限均为零，不能直接用商的极限法则，这时可先对分子有理化，然后再求极限.

$$\lim_{x\to 0}\frac{\sqrt{1+x}-1}{x}=\lim_{x\to 0}\frac{(\sqrt{1+x}-1)(\sqrt{1+x}+1)}{x(\sqrt{1+x}+1)}$$

$$=\lim_{x\to 0}\frac{x}{x(\sqrt{1+x}+1)}$$

$$=\lim_{x\to 0}\frac{1}{\sqrt{1+x}+1}=\frac{1}{2}$$

(3)自变量趋于无穷大,有理分式的极限.

【例2.8】 求极限$\lim\limits_{x\to\infty}\frac{4x^3+2x+1}{2x^3-3}$.

【解】 当$x\to\infty$时,分子、分母都是无穷大,没有极限,并将这种极限记作“$\frac{\infty}{\infty}$”型,不能直接使用法则,先将有理分式恒等变形后,再求极限.

$$\lim_{x\to\infty}\frac{4x^3+2x+1}{2x^3-3}=\lim_{x\to\infty}\frac{4+\frac{2}{x^2}+\frac{1}{x^3}}{2-\frac{3}{x^3}}=2$$

(4)“$\infty-\infty$”型极限.

【例2.9】 求极限$\lim\limits_{x\to 1}\left[\frac{1}{1-x}-\frac{3}{1-x^3}\right]$.

【解】 当$x\to 1$时,上式两项极限均不存在(呈现“$\infty-\infty$”型),可以先通分再求极限.

$$\lim_{x\to 1}\left(\frac{1}{1-x}-\frac{3}{1-x^3}\right)=\lim_{x\to 1}\frac{1+x+x^2-3}{1-x^3}$$

$$=\lim_{x\to 1}\frac{(2+x)(x-1)}{(1-x)(1+x+x^2)}$$

$$=-\lim_{x\to 1}\frac{2+x}{1+x+x^2}=-1.$$

(5)分段函数的极限.

【例2.10】 已知$f(x)=\begin{cases}2^x+1 & x\leqslant 0\\ 2+\sin^2x & x>0\end{cases}$,求$\lim\limits_{x\to 0}f(x)$.

【解】 因为 $\lim\limits_{x\to 0^+}f(x)=\lim\limits_{x\to 0^+}(2+\sin^2x)=2$

又因为 $\lim\limits_{x\to 0^-}f(x)=\lim\limits_{x\to 0^-}(2^x+1)=2$

所以 $\lim\limits_{x\to 0}f(x)=2$

【例2.11】 讨论极限$\lim\limits_{x\to -2}\frac{x+2}{|x+2|}$.

【解】 因为 $\lim\limits_{x\to -2^-}\frac{x+2}{|x+2|}=\lim\limits_{x\to -2^-}\frac{x+2}{-(x+2)}=-1$

又 $\lim\limits_{x\to -2^+}\frac{x+2}{|x+2|}=\lim\limits_{x\to -2^+}\frac{x+2}{x+2}=1$

所以$\lim\limits_{x\to -2}\frac{x+2}{|x+2|}$不存在.

习题 2.1

A 组

1. 判断下列数列是否有极限,如果有,写出它们的极限.

(1) $x_n=\frac{n+(-1)^n}{n}$　　(2) $x_n=4-\frac{1}{n}$

(3) $x_n=\frac{(-1)^n+1}{n}(0,1,0,\frac{1}{2},\cdots)$　　(4) $x_n=\frac{1}{2^n}$

2. 求下列极限.

(1) $\lim\limits_{n\to\infty}\frac{2n+3}{n}$　　(2) $\lim\limits_{n\to\infty}\frac{2}{\sqrt{n}}$

(3) $\lim\limits_{n\to\infty}\left(1+\frac{(-1)^n}{n}\right)$　　(4) $\lim\limits_{n\to\infty}\frac{3^n+1}{3^n}$

3. 已知 $\lim\limits_{n\to\infty}x_n=5$, $\lim\limits_{n\to\infty}y_n=3$,求 $\lim\limits_{n\to\infty}(3x_n-4y_n)$.

4. 求下列极限.

(1) $\lim\limits_{n\to\infty}\frac{1+2+3+\cdots+n}{(n+3)(n+4)}$　　(2) $\lim\limits_{n\to\infty}\left[\frac{1}{1\times3}+\frac{1}{3\times5}+\cdots+\frac{1}{(2n-1)(2n+1)}\right]$

5. 判断下列数列是收敛数列,还是发散数列?

(1) $3,2\frac{1}{4},2\frac{1}{9},2\frac{1}{25},2\frac{1}{36},2\frac{1}{49},\cdots$　　(2) $-1,2,-3,4,-5,6,-7,\cdots$

6. 举出发散数列的例子.

7. 求下列函数的极限.

(1) $\lim\limits_{x\to1}\frac{x^2-1}{x-1}$　　(2) $\lim\limits_{x\to2}(3x^2-2x+3)$

(3) $\lim\limits_{x\to\infty}\frac{x-1}{x+1}$　　(4) $\lim\limits_{x\to\infty}\frac{2x+3}{6x-1}$

(5) 设 $f(x)=\sqrt{x}$,求 $\lim\limits_{h\to0}\frac{f(x+h)-f(x)}{h}$　　(6) $\lim\limits_{x\to1}\frac{x^3-1}{x^2-4x+3}$

(7) $\lim\limits_{x\to1}\left(\frac{x}{x-1}-\frac{1}{x^2-x}\right)$　　(8) $\lim\limits_{x\to0}\frac{\sqrt{x^2+1}-1}{x^2}$

(9) $\lim\limits_{x\to0}\frac{x^2}{\sqrt{x^2+9}-3}$　　(10) $\lim\limits_{x\to\infty}\frac{2x^2+x-2}{x^2+3x+1}$

(11) $\lim\limits_{x\to\infty}\frac{x^2+x+3}{3x^3-2x^2+2}$　　(12) $\lim\limits_{x\to\infty}\frac{x^3+3x-1}{2x^2+x+1}$

(13) $\lim\limits_{x\to\infty}\left(1-\frac{2}{x}+\frac{3}{x^2}\right)$　　(14) $\lim\limits_{x\to+\infty}\frac{\sqrt{x^2+2}}{2x}$

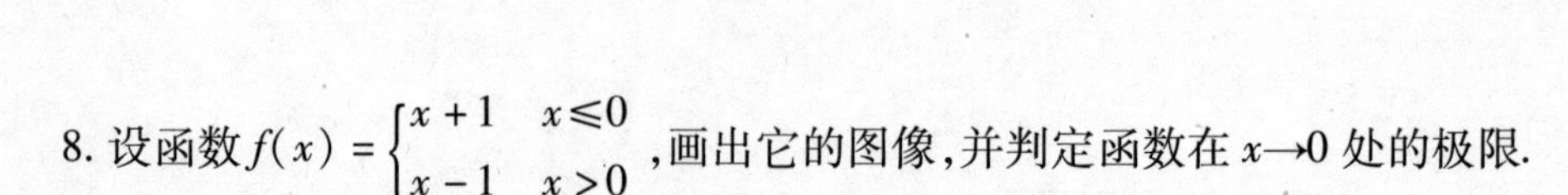

8. 设函数 $f(x)=\begin{cases}x+1 & x\leqslant 0\\ x-1 & x>0\end{cases}$，画出它的图像，并判定函数在 $x\to 0$ 处的极限.

9. 已知函数 $f(x)=\begin{cases}x-1 & x>1\\ 5 & x=1\\ -x+1 & x<1\end{cases}$，求 $\lim\limits_{x\to 1}f(x)$ 及 $f(1)$.

10. 已知函数 $f(x)=\begin{cases}x+2 & x>0\\ 0 & x=0\\ x-2 & x<0\end{cases}$，求 $\lim\limits_{x\to 0}f(x)$ 及 $f(0)$.

应用与提高

1）数列极限的“$\varepsilon-M$”定义

定义 2.8 设有一数列 $\{x_n\}$，如果存在常数 a，对于任意给定的正数 ε（不论多么小），总存在正整数 M，使得当 $n>M$ 时，不等式 $|x_n-a|<\varepsilon$ 恒成立，那么就称常数 a 是数列 $\{x_n\}$ 的极限，或者称数列 $\{x_n\}$ 收敛于 a，记为

$$\lim_{n\to\infty}x_n=a \quad 或 \quad x_n\to a(n\to\infty)$$

如果不存在这样的常数 a，就说数列 $\{x_n\}$ 没有极限，或者说数列 $\{x_n\}$ 是发散的，习惯上也说 $\lim\limits_{n\to\infty}x_n$ 不存在.

数列 $\{x_n\}$ 的极限为 a 的几何解释：将常数 a 及数列 $x_1,x_2,x_3,\cdots,x_n,\cdots$ 在数轴上用它们的对应点表示出来，再在数轴上作点 a 为中心的开区间 $(a-\varepsilon,a+\varepsilon)$. 因不等式 $|x_n-a|<\varepsilon$ 与不等式 $a-\varepsilon<x_n<a+\varepsilon$ 等价，所以当 $n>M$ 时，所有的点 x_n 都落在开区间 $(a-\varepsilon,a+\varepsilon)$ 内，而只有有限个点（至多只有 M 个）在这区间以外. 数轴表示如图 2.3 所示.

2ε

x_1 x_2 $a-\varepsilon$ x_{M+1} x_{M+2} a x_{M+3} $a+\varepsilon$ x_3 x

图 2.3

【例 2.12】 证明 $\lim\limits_{n\to\infty}\dfrac{1}{n}=0$.

【证】 对于任意给定的 $\varepsilon>0$，要证存在 $M>0$，当 $n>M$ 时，不等式 $\left|\dfrac{1}{n}-0\right|<\varepsilon$ 恒成立. 解这个不等式，得 $\dfrac{1}{n}<\varepsilon$，即 $n>\dfrac{1}{\varepsilon}$，由此可知，如果取 $M=\left[\dfrac{1}{\varepsilon}\right]$，那么当 $n>M=\left[\dfrac{1}{\varepsilon}\right]$ 时，不等式 $\left|\dfrac{1}{n}-0\right|<\varepsilon$ 成立，即证明 $\lim\limits_{n\to\infty}\dfrac{1}{n}=0$.

注 意

上面正数 ε 是可以任意给定的，因为只有这样，不等式 $|x_n-a|<\varepsilon$ 才能表达出 x_n 与 a 无限接近的意思. 此外，还应注意到定义中的正整数 M 是与任意给定的正数 ε 有关的，它

随着 ε 的给定而选定.

2)函数极限的“$\varepsilon-\delta$”定义

定义 2.9 设函数 $f(x)$ 在点 x_0 的左右附近有定义,如果存在常数 A,对于任意给定的正数 ε(不论多么小),总存在正数 δ,使得当 x 满足不等式 $0<|x-x_0|<\varepsilon$ 时,对应的函数值都满足不等式 $|f(x)-A|<\varepsilon$,那么常数 A 是函数 $f(x)$ 当 $x\to x_0$ 时的极限,记为

$$\lim_{x\to x_0}f(x)=A \quad 或 \quad f(x)\to A(x\to x_0)$$

函数 $f(x)$ 以常数 A 为极限的几何解释:任意给定一正数 ε,作平行于 x 轴的两条直线 $y=A+\varepsilon$ 和 $y=A-\varepsilon$,介于这两条直线之间是一横条的区域. 根据定义对于给定的 ε,存在以点 x_0 为中心,以正数 δ 为半径的开区间 $(x_0-\delta,x_0+\delta)$,当 $y=f(x)$ 的图形上的点的横坐标 x 在区间 $(x_0-\delta,x_0+\delta)$ 内,但 $x\neq x_0$ 时,这些点的纵坐标 $f(x)$ 满足不等式 $|f(x)-A|<\varepsilon$ 或 $A-\varepsilon<f(x)<A+\varepsilon$. 图 2.4 和图 2.5 分别为函数趋于有限和无限的图像情况.

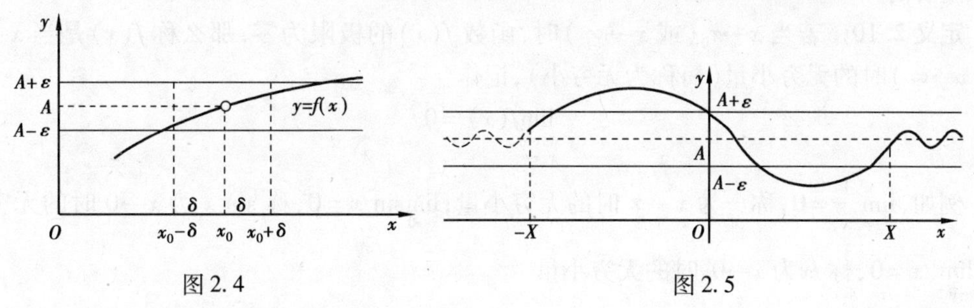

图 2.4　　　　图 2.5

【例 2.13】 证明 $\lim\limits_{x\to 1}(2x-1)=1$.

【证】 由于 $|f(x)-A|=|(2x-1)-1|=2|x-1|$,为了使 $|f(x)-A|<\varepsilon$,只要 $|x-1|<\dfrac{\varepsilon}{2}$. 所以,对于任意给定的 $\varepsilon>0$,可取 $\delta=\dfrac{\varepsilon}{2}$,则当 x 适合不等式 $0<|x-1|<\delta$ 时,对应的函数值 $f(x)$ 就满足不等式 $|f(x)-1|=|(2x-1)-1|<\varepsilon$,从而 $\lim\limits_{x\to 1}(2x-1)=1$.

B 组

1. 用极限的定义证明.

(1) $\lim\limits_{x\to x_0}c=c$　　(2) $\lim\limits_{x\to 1}\dfrac{x^2-1}{x-1}=2$

2. 解答下列各题.

(1) 设 $\lim\limits_{x\to 3}\dfrac{x^2+2x+C}{x-3}=8$,求常数 C 的值.

(2) 设 $\lim\limits_{x\to 1}\dfrac{x^2+ax+b}{x-1}=3$,求常数 a 与 b 的值.

(3) 设 $\lim\limits_{x\to\infty}\left(\dfrac{x^2+1}{x+1}-ax-b\right)=0$,求常数 a 与 b 的值.

2.2 无穷小量与无穷大量

2.2.1 无穷小量

【引例】 在日常生活中,经常用樟脑丸来保护收藏的衣物,但我们发现随着时间推移,樟脑丸会变得越来越小,最后樟脑丸的质量将会如何变化呢?

【数学描述】 设 x 表示收藏衣物的时间,y 表示樟脑丸的质量,问当 $x\to+\infty$ 时,y 会如何变化?

【结论】 随着时间的无限增加,樟脑丸的质量渐渐变小,最后接近于0.用数学符号来描述:

$$当\ x\to+\infty\ 时,y\to 0$$

在讨论数列和函数的极限时,经常会遇到以0为极限的变量,它在理论上和应用上都是很重要的.

定义 2.10 若当 $x\to x_0$(或 $x\to\infty$)时,函数 $f(x)$ 的极限为零,那么称 $f(x)$ 是当 $x\to x_0$(或 $x\to\infty$)时的无穷小量(简称为无穷小),记作

$$\lim_{\substack{x\to x_0\\ x\to\infty}} f(x)=0$$

例如,$\lim\limits_{x\to\infty}\frac{1}{x}=0$,称 $\frac{1}{x}$ 为 $x\to\infty$ 时的无穷小量;$\lim\limits_{x\to 0}\sin x=0$,称 $\sin x$ 为 $x\to 0$ 时的无穷小量;$\lim\limits_{x\to 0^+}\sqrt{x}=0$,称 $\sqrt{x}$ 为 $x\to 0^+$ 时的无穷小量.

注 意

(1)无穷小量是一个变量,而不是一个很小的数,但是零可以看成是无穷小量,$\lim\limits_{\substack{x\to x_0\\ x\to\infty}}0=0$.

(2)无穷小量和自变量的变化趋势是密切相关的.例如,函数 $f(x)=\frac{1}{x}$,当 $x\to\infty$ 时,$\frac{1}{x}$ 为无穷小量;当 $x\to 1$ 时,$\frac{1}{x}$ 就不是无穷小量.

无穷小的性质:

(1)有限个无穷小量的和、差、积仍是无穷小量;

(2)有界函数与无穷小量的积仍是无穷小量.

【例 2.14】 求下列极限.

(1)$\lim\limits_{x\to\infty}\frac{\sin 2x}{x}$ (2)$\lim\limits_{x\to 0}(\sin x+\tan x)$

【解】 (1)因为 $\lim\limits_{x\to\infty}\frac{1}{x}=0$, $|\sin 2x|\leqslant 1$

所以 $\lim\limits_{x\to\infty}\dfrac{\sin 2x}{x}=0$

(2)因为 $\lim\limits_{x\to 0}\sin x=0,\lim\limits_{x\to 0}\tan x=0$

所以 $\lim\limits_{x\to 0}(\sin x+\tan x)=0$

2.2.2 无穷大量

【引例】 小张有本金 A 元,银行存款的年利率为 r,不考虑个人所得税,按照复利计算,小张第一年末的本利和为 $A(1+r)$,第二年末的本利和为 $A(1+r)^2,\cdots$,第 n 年末的本利和为 $A(1+r)^n$,那么,随着存款时间推移,本利和会如何变化?

【数学描述】 设 x 表示存款时间,y 表示本利和,当 $n\to+\infty$,y 将如何变化?

【结论】 当 $n\to+\infty$,y 将趋于无限大的值. 用数学符号来描述:

$$\text{当 } n\to+\infty \text{ 时},y\to+\infty$$

定义 2.11 若当 $x\to x_0$(或 $x\to\infty$)时,函数 $f(x)$ 的绝对值无限增大,那么称 $f(x)$ 是当 $x\to x_0$(或 $x\to\infty$)时的无穷大量(简称为无穷大),记作

$$\lim_{\substack{x\to x_0\\ x\to\infty}} f(x)=\infty$$

例如,$\lim\limits_{x\to 0^-}\dfrac{1}{x}=-\infty$,$\lim\limits_{x\to\infty}x^2=+\infty$.

注意

(1)切不可把绝对值很大的常数认为是无穷大量;

(2)无穷大量与自变量 x 的变化趋势有关;

(3)无穷大量实际上是极限不存在的一种形式.

由无穷大量的定义可知,有限个无穷大量的积仍是无穷大量,同时,可以得到无穷大量与无穷小量的关系.

定理 2.1(无穷大与无穷小的关系) 在自变量的同一变化过程中,若 $f(x)$ 为无穷大量,那么 $\dfrac{1}{f(x)}$ 为无穷小量;反之,如果 $f(x)$ 为无穷小量,且 $f(x)\neq 0$,那么 $\dfrac{1}{f(x)}$ 为无穷大量.

定理 2.2(函数极限与无穷小的关系) 函数 $f(x)$ 以常数 A 为极限的充要条件是函数 $f(x)$ 可以表示为常数 A 与一个无穷小量之和,即

$$\lim_{\substack{x\to x_0\\ x\to\infty}} f(x)=A\Leftrightarrow f(x)=A+\alpha\left(\lim_{\substack{x\to x_0\\ x\to\infty}}\alpha=0\right)$$

两个无穷小量的和、差、积仍是无穷小量,那么两个无穷小量的商是否仍是无穷小量呢? 回答是否定的. 因为同一变化过程中的两个无穷小量趋近于零的“速度”并不一定相同. 为了进一步区分无穷小量之间在性能上的差异和深化对无穷小量的认识,有必要将同一变化过程中的两个无穷小量加以比较,通过它们的“比值”的极限情况来评价其趋于零

的变化快慢程度.为此,给出无穷小量的阶的定义.

定义 1.12 设 α 与 $\beta(\beta\neq0)$ 是同一变化过程中的两个无穷小量,如果有:

$\lim\frac{\alpha}{\beta}=0$,则称 α 是较 β 高阶的无穷小量,记为 $\alpha=o(\beta)$;

$\lim\frac{\alpha}{\beta}=\infty$,则称 α 是较 β 低阶的无穷小量;

$\lim\frac{\alpha}{\beta}=C(\neq0)$,则称 α 是较 β 同阶的无穷小量.特别地,当 $C=1$ 时,称 α 与 β 是等价的无穷小量,记作 $\alpha\sim\beta$.

此处,记号 $o(\beta)$ 表示一个无穷小量,并且是一个较 β 高阶的无穷小量.

【例 2.15】 试比较下列无穷小量的阶.

(1)当 $x\to3$ 时,x^2-9 与 $x-3$　　(2)当 $x\to0$ 时,$x\sin x$ 与 x^2+x.

【解】 (1)因为 $\lim\limits_{x\to3}\frac{x^2-9}{x-3}=\lim\limits_{x\to3}(x+3)=6$

所以当 $x\to3$ 时,x^2-9 与 $x-3$ 是同阶的无穷小量.

(2)因为 $\lim\limits_{x\to0}\frac{x\sin x}{x^2+x}=\lim\limits_{x\to0}\frac{\sin x}{x+1}=0$

所以当 $x\to0$ 时,$x\sin x$ 是比 x^2+x 高阶的无穷小量.

习题 2.2

A 组

1. 下列变量是否为无穷小量或无穷大量?

(1) $\frac{100}{x}(x\to\infty)$　　(2) $\sin x(x\to0)$

(3) $\cos x(x\to0)$　　(4) $\frac{1}{x^2}(x\to0)$

(5) $\frac{1}{1-10^x}(x\to0)$　　(6) $\ln x(x\to1)$

2. 下列函数在自变量怎样的变化过程中是无穷小量或无穷大量?

(1) $y=\frac{1}{x^2}$　　(2) $y=\tan x$

(3) $y=\frac{1+(-1)^n}{2}$　　(4) $y=2^x$

3. 当 $x\to0$ 时,比较无穷小 $x,x-x^2,x^2-x^3$ 的阶.

应用与提高——等价无穷小量的代换

定理 2.3 设 $\alpha,\beta,\alpha',\beta'$ 是自变量在同一变化过程中的无穷小量,且 $\alpha\sim\alpha',\beta\sim\beta'$,

$\lim\frac{\beta'}{\alpha'},\lim\frac{\beta}{\alpha'},\lim\frac{\beta'}{\alpha}$都存在,则

$$\lim\frac{\beta}{\alpha}=\lim\frac{\beta'}{\alpha}=\lim\frac{\beta}{\alpha'}=\lim\frac{\beta'}{\alpha'}$$

定理2.3表明,求两个无穷小量之比的极限时,分子或分母都可用其等价无穷小量来代换.

等价无穷小量代换是求极限的一个有效方法,它把一个复杂的无穷小量换成与之等价的基本无穷小量,大大简化了极限的运算.因此,牢记一些常用的等价无穷小量是非常必要的.但要注意只能在乘积因子中代换,不能在和(差)项中代换.

常见的等价无穷小量:当$x\to0$时,$\sin x\sim x,\tan x\sim x,\arcsin x\sim x$, $\arctan x\sim x,e^x-1\sim x$, $1-\cos x\sim\frac{1}{2}x^2,a^x-1\sim x\ln a,\ln(1+x)\sim x,(1+x)^{\alpha}-1\sim\alpha x$.

B 组

1. 利用等价无穷小量的代换性质,求下列极限.

(1)$\lim\limits_{x\to0}\frac{\tan 3x}{2x}$ (2)$\lim\limits_{x\to0}\frac{\tan 3x}{\sin 2x}$ (3)$\lim\limits_{x\to0}\frac{(1+x^2)^{\frac{1}{3}}-1}{\cos x-1}$ (4)$\lim\limits_{x\to0}\frac{\tan x-\sin x}{\sin^3 2x}$

2. 指出下列变量在什么变化条件下是无穷大量,又在什么变化条件下是无穷小量?

(1)$y=\ln x$ (2)$y=2^{\frac{1}{x-1}}$

3. 解答下列问题.

(1)试确定a与b的值,使变量$y=\frac{ax^3+(b+1)x^2+1}{x^2-3}$当$x\to\infty$时为无穷小(大)量.

(2)若$\frac{1}{ax^2+bx+c}=o\left(\frac{1}{x+1}\right)(x\to\infty)$,试求常数$a,b,c$的值.

(3)若$\frac{1}{ax^2+bx+c}\sim\frac{1}{x+1}(x\to\infty)$,试求常数$a,b,c$的值.

2.3 两个重要极限

1)重要极限$\lim\limits_{x\to0}\frac{\sin x}{x}=1$

观察函数$f(x)=\frac{\sin x}{x}$的图像,如图2.6所示.容易看出,当$x\to0$时,函数$f(x)=\frac{\sin x}{x}$无限接近于1,即$\lim\limits_{x\to0}\frac{\sin x}{x}=1$.

公式$\lim\limits_{x\to0}\frac{\sin x}{x}=1$的特征、运用理念与方法:

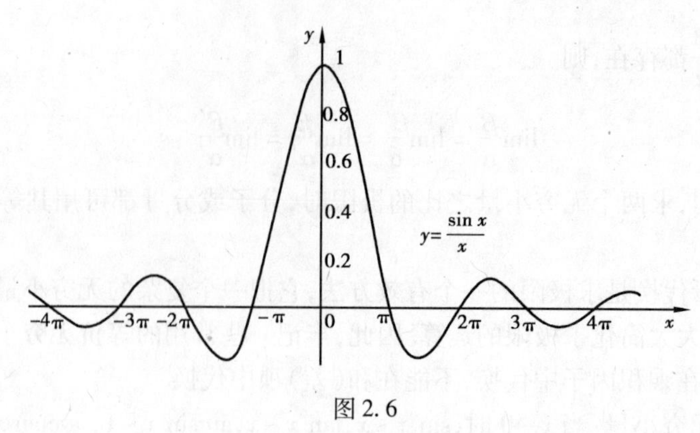

图 2.6

(1)公式$\lim\limits_{x\to 0}\frac{\sin x}{x}=1$ 的特征:分子、分母的极限值均为 0,即"$\frac{0}{0}$"型极限.

(2)适用极限对象:主要解决含有三角函数、反三角函数和其他初等函数相结合并具有特征"$\frac{0}{0}$"型的极限问题.

(3)公式的变化形式:$\lim\limits_{x\to 0}\frac{x}{\sin x}=1$.

(4)公式的隐蔽模式:$\lim\limits_{u\to 0}\frac{\sin u}{u}=1$ 或$\lim\limits_{u\to 0}\frac{u}{\sin u}=1$,其中的 u 可以是 x,也可以是 x 的函数.

(5)区别形式:$\lim\limits_{x\to\infty}\frac{\sin x}{x}=0$.

【例 2.16】 求下列函数的极限.

(1)$\lim\limits_{x\to 0}\frac{\sin 5x}{2x}$ (2)$\lim\limits_{x\to 0}\frac{\tan x}{x}$ (3)$\lim\limits_{x\to 0}\frac{\sin 2x}{\sin 5x}$

【解】 (1)$\lim\limits_{x\to 0}\frac{\sin 5x}{2x}=\frac{5}{2}\lim\limits_{x\to 0}\frac{\sin 5x}{5x}=\frac{5}{2}$

(2)$\lim\limits_{x\to 0}\frac{\tan x}{x}=\lim\limits_{x\to 0}\frac{\sin x}{\cos x}\cdot\frac{1}{x}=\lim\limits_{x\to 0}\frac{\sin x}{x}\cdot\lim\limits_{x\to 0}\frac{1}{\cos x}=1\cdot\frac{1}{\cos 0}=1$

(3)$\lim\limits_{x\to 0}\frac{\sin 2x}{\sin 5x}=\lim\limits_{x\to 0}\left(\frac{\sin 2x}{2x}\cdot\frac{5x}{\sin 5x}\cdot\frac{2}{5}\right)=1\times 1\times\frac{2}{5}=\frac{2}{5}$

【例 2.17】 求下列函数的极限.

(1)$\lim\limits_{x\to 0}\frac{\sin^2\frac{x}{4}}{x^2}$ (2)$\lim\limits_{x\to 0}\frac{1-\cos x}{x^2}$ (3)$\lim\limits_{x\to\infty}x\sin\frac{1}{x}$

【解】 (1) $\lim\limits_{x\to 0}\frac{\sin^2\frac{x}{4}}{x^2}=\lim\limits_{x\to 0}\frac{\sin^2\frac{x}{4}}{\left(\frac{x}{4}\right)^2\times 16}=\frac{1}{16}\lim\limits_{x\to 0}\left(\frac{\sin\frac{x}{4}}{\frac{x}{4}}\right)^2=\frac{1}{16}\times 1=\frac{1}{16}$

(2)$\lim\limits_{x\to 0}\frac{1-\cos x}{x^2}=\lim\limits_{x\to 0}\left(\frac{\sin^2 x}{x^2}\cdot\frac{1-\cos x}{\sin^2 x}\right)=\lim\limits_{x\to 0}\left[\left(\frac{\sin x}{x}\right)^2\frac{1-\cos x}{1-\cos^2 x}\right]$

$$=\lim\limits_{x\to 0}\left[\left(\frac{\sin x}{x}\right)^2\frac{1}{1+\cos x}\right]=1^2\times\frac{1}{1+\cos 0}=\frac{1}{2}$$

或者 $\lim\limits_{x\to0}\dfrac{1-\cos x}{x^2}=\lim\limits_{x\to0}\dfrac{2\sin^2\dfrac{x}{2}}{x^2}=\lim\limits_{x\to0}\dfrac{\sin^2\dfrac{x}{2}}{\left(\dfrac{x}{2}\right)^2}\cdot\dfrac{2}{4}=1^2\times\dfrac{1}{2}=\dfrac{1}{2}$

(3) $\lim\limits_{x\to\infty}x\sin\dfrac{1}{x}=\lim\limits_{x\to\infty}\dfrac{\sin\dfrac{1}{x}}{\dfrac{1}{x}}=1$

2) 重要极限 $\lim\limits_{x\to\infty}\left(1+\dfrac{1}{x}\right)^x=\mathrm{e}$(无理数 $\mathrm{e}=2.718\ 281\ 828\ 45\cdots$)

观察函数 $f(x)=\left(1+\dfrac{1}{x}\right)^x$ 的图像,如图 2.7 所示. 容易看出,当 $|x|$ 无限增大时,函数 $\left(1+\dfrac{1}{x}\right)^x$ 的值无限趋近于无理数 e,即 $\lim\limits_{x\to\infty}\left(1+\dfrac{1}{x}\right)^x=\mathrm{e}$.

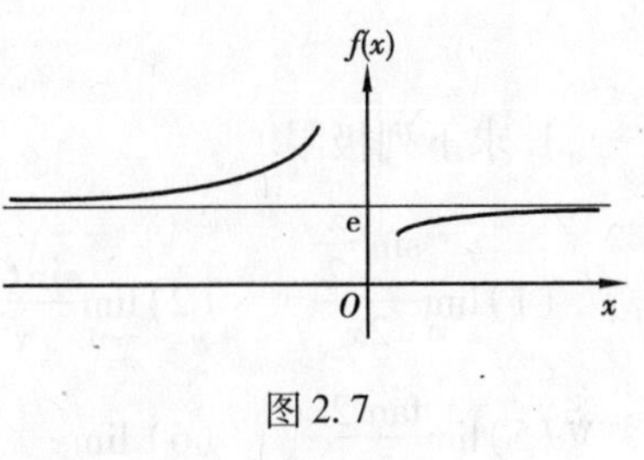

图 2.7

公式 $\lim\limits_{x\to\infty}\left(1+\dfrac{1}{x}\right)^x=\mathrm{e}$ 的特征、运用理念与方法:

(1) 公式 $\lim\limits_{x\to\infty}\left(1+\dfrac{1}{x}\right)^x=\mathrm{e}$ 的特征:"1^∞"型极限.

(2) 适用极限对象:用于求解幂指函数"$[f(x)]^{g(x)}$",并具有变化特征为"1^∞"型的极限问题.

(3) 公式的变化形式:$\lim\limits_{n\to\infty}\left(1+\dfrac{1}{n}\right)^n=\mathrm{e}$,$\lim\limits_{x\to0}(1+x)^{\frac{1}{x}}=\mathrm{e}$.

(4) 公式的隐蔽模式:$\lim\limits_{u\to0}(1+u)^{\frac{1}{u}}=\mathrm{e}$ 或 $\lim\limits_{u\to\infty}\left(1+\dfrac{1}{u}\right)^u=\mathrm{e}$,其中的 u 可以是 x,也可以是 x 的函数.

(5) 区别形式:$\lim\limits_{x\to2}(1+x)^{\frac{1}{x}}=\sqrt{3}$,$\lim\limits_{x\to+\infty}(1+x)^x=\infty$,等等.

【例 2.18】 求下列极限.

(1) $\lim\limits_{x\to\infty}\left(1+\dfrac{1}{x}\right)^{3x}$ (2) $\lim\limits_{x\to\infty}\left(1-\dfrac{3}{x}\right)^{2x}$ (3) $\lim\limits_{x\to0}(1+3x)^{\frac{2}{x}}$ (4) $\lim\limits_{x\to1}(1+\ln x)^{\frac{2}{\ln x}}$

【解】 (1) $\lim\limits_{x\to\infty}\left(1+\dfrac{1}{x}\right)^{3x}=\lim\limits_{x\to\infty}\left[\left(1+\dfrac{1}{x}\right)^x\right]^3=\left[\lim\limits_{x\to\infty}\left(1+\dfrac{1}{x}\right)^x\right]^3=\mathrm{e}^3$

(2) $\lim\limits_{x\to\infty}\left(1-\dfrac{3}{x}\right)^{2x}=\lim\limits_{x\to\infty}\left(1-\dfrac{3}{x}\right)^{-\frac{x}{3}\cdot(-6)}=\lim\limits_{x\to\infty}\left[\left(1-\dfrac{3}{x}\right)^{-\frac{x}{3}}\right]^{-6}=\mathrm{e}^{-6}$

(3) $\lim\limits_{x\to0}(1+3x)^{\frac{2}{x}}=\lim\limits_{x\to0}(1+3x)^{\frac{1}{3x}\cdot6}=\lim\limits_{x\to0}[(1+3x)^{\frac{1}{3x}}]^6=\mathrm{e}^6$

(4) $\lim\limits_{x\to1}(1+\ln x)^{\frac{2}{\ln x}}=\lim\limits_{x\to1}[(1+\ln x)^{\frac{1}{\ln x}}]^2=\mathrm{e}^2$

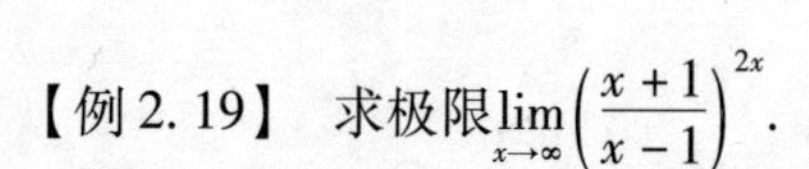

【例 2.19】 求极限$\lim\limits_{x\to\infty}\left(\dfrac{x+1}{x-1}\right)^{2x}$.

【解】 $\lim\limits_{x\to\infty}\left(\dfrac{x+1}{x-1}\right)^{2x}=\lim\limits_{x\to\infty}\left(\dfrac{1+\dfrac{1}{x}}{1-\dfrac{1}{x}}\right)^{2x}=\lim\limits_{x\to\infty}\dfrac{\left(1+\dfrac{1}{x}\right)^{2x}}{\left(1-\dfrac{1}{x}\right)^{2x}}=\dfrac{e^2}{e^{-2}}=e^4$

习题 2.3

A 组

1. 求下列极限.

(1) $\lim\limits_{x\to0}\dfrac{\sin\dfrac{x}{2}}{2x}$ (2) $\lim\limits_{x\to1}\dfrac{\sin(x-1)}{x^2-1}$ (3) $\lim\limits_{x\to\infty}x\sin\dfrac{3}{x}$ (4) $\lim\limits_{x\to0}\dfrac{\sin 2x}{\sin 3x}$

(5) $\lim\limits_{x\to0}\dfrac{\tan 2x}{x}$ (6) $\lim\limits_{x\to-1}\dfrac{x^3+1}{\sin(x+1)}$ (7) $\lim\limits_{x\to0}\dfrac{\sin^2 2x}{x^2}$ (8) $\lim\limits_{x\to0^+}\dfrac{x}{\sqrt{1-\cos x}}$

2. 求下列极限.

(1) $\lim\limits_{x\to0}(1+2x)^{\frac{1}{x}}$ (2) $\lim\limits_{x\to\infty}\left(1+\dfrac{1}{x-1}\right)^{x}$ (3) $\lim\limits_{x\to\infty}\left(1+\dfrac{2}{x}\right)^{2x}$

3. 求下列极限.

(1) $\lim\limits_{x\to\frac{\pi}{2}}(1+\cos x)^{5\sec x}$ (2) $\lim\limits_{x\to0}(1+\tan x)^{\cot x}$ (3) $\lim\limits_{x\to0}(1-x)^{\frac{2}{x}}$

4. 求下列极限.

(1) $\lim\limits_{x\to0}(1-5x)^{\frac{2}{x}}$ (2) $\lim\limits_{x\to\infty}\left(1+\dfrac{2}{x}\right)^{x}$ (3) $\lim\limits_{x\to\infty}\left(\dfrac{x+2}{x+1}\right)^{2x}$

应用与提高——判断极限存在的两个准则

准则 1 若数列$\{x_n\}$、$\{y_n\}$及$\{z_n\}$满足下列条件:

(1) $y_n\leqslant x_n\leqslant z_n\ (n=1,2,3,\cdots)$

(2) $\lim\limits_{n\to\infty}y_n=a,\ \lim\limits_{n\to\infty}z_n=a$

那么数列$\{x_n\}$的极限存在,且$\lim\limits_{n\to\infty}x_n=a$.

数列极限存在准则可以推广到函数的极限:

准则 1′ 对于函数$f(x)$,如果存在函数$g(x)$和$h(x)$,满足下列条件:

(1) 在一定条件下,有$g(x)\leqslant f(x)\leqslant h(x)$

(2) $\lim\limits_{\substack{x\to x_0\\(x\to\infty)}}g(x)=A,\ \lim\limits_{\substack{x\to x_0\\(x\to\infty)}}h(x)=A$

则
$$\lim_{\substack{x \to x_0 \\ (x \to \infty)}} f(x) = A$$

准则 1 和准则 1′称为夹逼法则.

利用夹逼法则证明$\lim\limits_{x \to 0}\dfrac{\sin x}{x}=1$.

不妨设 $x>0$. 如图 2.8 所示,令圆心角 $\angle AOC = x$ $(0<x<\dfrac{\pi}{2})$. 则 $\triangle AOB$ 的面积 < 扇形 $\triangle AOB$ 的面积 < $\triangle AOC$的面积, 从而有$\dfrac{1}{2}\sin x<\dfrac{x}{2}<\dfrac{1}{2}\tan x$. 于是

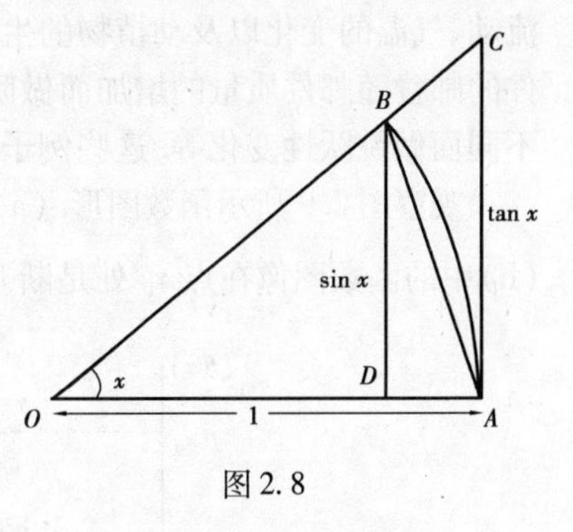

图 2.8

$1<\dfrac{x}{\sin x}<\dfrac{1}{\cos x}$,故 $\cos x<\dfrac{\sin x}{x}<1$. 由于$\lim\limits_{x \to 0}\cos x=1$,$\lim\limits_{x \to 0}1=1$. 因此根据夹逼法则可推得

$$\lim_{x \to 0}\frac{\sin x}{x}=1$$

准则 2 单调有界数列必有极限.

如果数列$\{x_n\}$满足条件 $x_1 \leqslant x_2 \leqslant x_3 \leqslant \cdots \leqslant x_n \leqslant x_{n+1} \leqslant \cdots$就称数列$\{x_n\}$是单调增加的;如果数列$\{x_n\}$满足条件 $x_1 \geqslant x_2 \geqslant x_3 \geqslant \cdots \geqslant x_n \geqslant x_{n+1} \geqslant \cdots$就称数列$\{x_n\}$是单调减少的. 准则 2 表明若数列不仅有界,并且是单调的,那么这数列的极限必定存在,也就是数列一定收敛. 单调有界是数列收敛的充分条件.

准则 2′ 设函数$f(x)$在点 x_0 的某一左侧(右侧)附近内单调并且有界,则$f(x)$在 x_0 处的左(右)极限必定存在.

B 组

1. 利用极限存在准则证明.

(1) $\lim\limits_{n \to \infty}\sqrt{1+\dfrac{1}{n}}=1$　　(2) $\lim\limits_{x \to 0}x\left[\dfrac{1}{x}\right]=1$

2. 求极限$\lim\limits_{n \to \infty}\left(\dfrac{1}{\sqrt{n^2+1}}+\dfrac{1}{\sqrt{n^2+2}}+\cdots+\dfrac{1}{\sqrt{n^2+n}}\right)$.

3. 求下列极限.

(1) $\lim\limits_{x \to \infty}\left(\dfrac{1+2x}{2x-1}\right)^{x+1}$　　(2) $\lim\limits_{x \to \infty}\left(1+\dfrac{1}{2x}\right)^{4x+3}$

2.4 函数的连续性

2.4.1 函数的连续性定义

连续性是自然界中各种物态连续变化的数学体现,如空气和水的流动、气温的变化及动植物的生长等都是连续不断的进程. 这种变化反映在数学上就是函数的连续性,它是微积分的一个重要概念. 在日常生活中,往往会遇到以下两种变化情况:一种如液体与气体的

流动、气温的变化以及动植物的生长等，都是随着时间而连续不断地变化；另一种如邮寄信件的邮费随邮件质量的增加而做阶梯式的增加、人寿保险的保险费率随着投保人年龄段的不同而做跳跃性变化等. 这些例子反映到数学上就是函数的连续性问题.

观察图 2.9 所示函数图形. (a)中的函数图像在点 x_0 处是连续的，满足 $\lim\limits_{x\to x_0}f(x)=f(x_0)$；(b)中的函数图像在点 x_0 处是断开的，在此处不连续，且 $\lim\limits_{x\to x_0}f(x)\neq f(x_0)$.

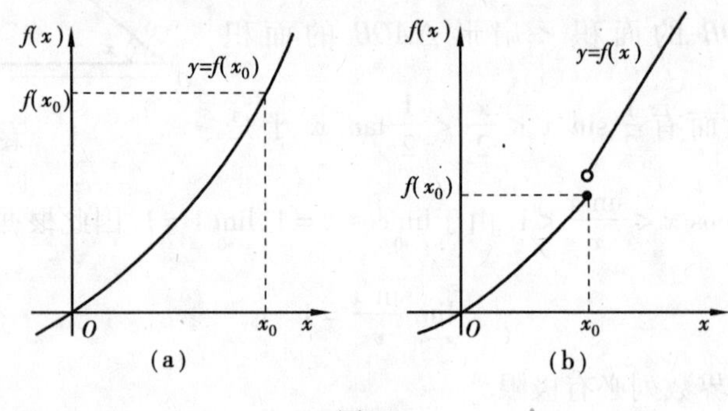

图 2.9

定义 2.13 设函数 $y=f(x)$ 在点 x_0 处及其左右附近有定义，若 $\lim\limits_{x\to x_0}f(x)=f(x_0)$，则称函数在点 x_0 处连续，x_0 称为函数 $f(x)$ 的连续点.

定义 2.14 设函数 $y=f(x)$，当自变量由初值 x_0 变成终值 x_1 时，把 x_1-x_0 称为自变量的增量（或改变量），记作 Δx，即 $\Delta x=x_1-x_0$. 相应地，函数值由 $f(x_0)$ 变化到 $f(x_0+\Delta x)$，把函数值的差值 $f(x_0+\Delta x)-f(x_0)$ 叫函数的增量（或改变量），记作 $\Delta y=f(x_0+\Delta x)-f(x_0)$.

如图 2.10 所示，若函数 $y=f(x)$ 在点 x_0 处连续，那么当自变量 x 在点 x_0 处取得极其微小的改变量 Δx 时，函数 $y=f(x)$ 相应的改变量处 Δy 也极其微小，即 $\lim\limits_{\Delta x\to 0}\Delta y=0$.

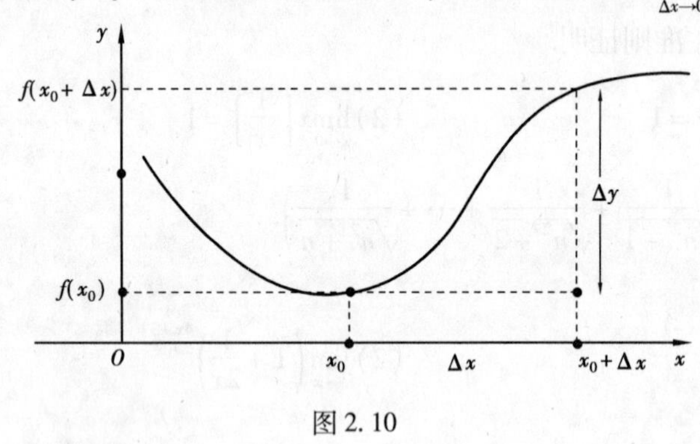

图 2.10

于是，可得下面的等价定义：

定义 2.15 设函数 $y=f(x)$ 在点 x_0 处及其左右附近有定义，如果当自变量的改变量 Δx 趋近于 0 时，相应函数的改变量 Δy 也趋近于 0，即 $\lim\limits_{\Delta x\to 0}\Delta y=0$，则称函数 $f(x)$ 在点 x_0 处连续.

定理 2.4（连续与极限的关系） 若函数 $y=f(x)$ 在点 x_0 处连续，则 $f(x)$ 在点 x_0 处的极限一定存在；反之，不一定成立.

例如，函数 $y=\frac{x^2-1}{x-1}$ 在 $x=1$ 处的极限存在，但在 $x=1$ 处不连续.

定理 2.5（函数在区间连续的条件） 若函数 $y=f(x)$ 在区间 (a,b) 内任何一点处都连续，则称函数 $f(x)$ 在区间 (a,b) 内连续. 若函数 $y=f(x)$ 在区间 (a,b) 内连续，且

$$\lim_{x \to a^+} f(x)=f(a),\ \lim_{x \to b^-} f(x)=f(b)$$

则称函数 $f(x)$ 在闭区间 $[a,b]$ 上连续.

在几何上，连续函数的图像是一条连续不间断的曲线.

【例 2.20】 设函数 $f(x)=\begin{cases}\frac{\sin x}{x} & x>0 \\ 1-x & x \leqslant 0\end{cases}$，讨论 $f(x)$ 在点 $x=0$ 处的连续性.

【解】 因为 $\lim_{x \to 0^-} f(x)=\lim_{x \to 0^-}(1-x)=1$，$\lim_{x \to 0^+} f(x)=\lim_{x \to 0^+}\frac{\sin x}{x}=1$

所以 $\lim_{x \to 0} f(x)=1$

而 $f(0)=1$

所以 $\lim_{x \to 0} f(x)=f(0)$

因此 $f(x)$ 在点 $x=0$ 处连续.

【例 2.21】 设 $f(x)=\begin{cases}\frac{\sin 3x}{x} & x<0 \\ 2x+k & 0 \leqslant x<1 \\ \frac{4}{x} & 1 \leqslant x\end{cases}$，试讨论：

(1) k 为何值时，函数在点 $x=0$ 处连续？

(2) 当函数在点 $x=0$ 处连续时，在点 $x=1$ 处是否连续？

【解】 (1) 因为 $f(0)=k$，$\lim_{x \to 0^-} f(x)=\lim_{x \to 0^-}\frac{\sin 3x}{x}=3$，$\lim_{x \to 0^+} f(x)=\lim_{x \to 0^+}(2x+k)=k$，

又函数在点 $x=0$ 处连续，所以 $\lim_{x \to 0^-} f(x)=\lim_{x \to 0^+} f(x)=f(0)$，即 $k=3$.

(2) 因为函数在点 $x=0$ 处连续，所以 $k=3$.

函数在 $x=1$ 处有定义，且 $f(1)=4$.

因为 $\lim_{x \to 1^-} f(x)=\lim_{x \to 1^-}(2x+3)=5$，$\lim_{x \to 1^+} f(x)=\lim_{x \to 1^+}\frac{4}{x}=4$，所以 $\lim_{x \to 1} f(x)$ 不存在.

即函数在点 $x=1$ 处不连续.

2.4.2 连续函数的性质

性质 1 若函数 $f(x)$ 与 $g(x)$ 在点 x_0 处连续，那么它们的和、差、积、商（分母在 x_0 处的极限值不等于 0）也都在 x_0 处连续.

性质 2 若函数 $u=\varphi(x)$ 在点 x_0 处连续，且 $\varphi(x_0)=u_0$，而函数 $y=f(u)$ 在点 u_0 处连续，那么复合函数 $y=f[\varphi(x)]$ 在点 x_0 处也连续，并有

$$\lim_{x \to x_0} f[\varphi(x)]=f[\lim_{x \to x_0}\varphi(x)]=f[\varphi(x_0)]$$

注 意

求复合函数$f[g(x)]$的极限$\lim\limits_{x \to x_0} f[\varphi(x)]$时,函数符号$f$与极限号符号lim可以交换次序.

特殊地,若函数$y=f(u)$在点u_0处连续,且$\lim\limits_{x \to x_0}\varphi(x)=u_0$,则

$$\lim_{x \to x_0} f[\varphi(x)] = f[\lim_{x \to x_0}\varphi(x)] = f(u_0)$$

性质3 一切基本初等函数在定义域内都是连续的;一切初等函数在其定义区间内都是连续的.

性质4(最大值最小值定理) 如果函数$f(x)$在闭区间$[a,b]$上连续,则$f(x)$在$[a,b]$上有界,并且存在最大值与最小值.

【例2.22】 求极限$\lim\limits_{x \to \frac{\pi}{2}} \dfrac{\ln(1+\cos x)}{\sin x}$.

【解】 因为函数$f(x)=\dfrac{\ln(1+\cos x)}{\sin x}$是初等函数,而$x=\dfrac{\pi}{2}$属于其定义区间内的一点.

所以
$$\lim_{x \to \frac{\pi}{2}} \frac{\ln(1+\cos x)}{\sin x} = \frac{\ln(1+\cos\frac{\pi}{2})}{\sin\frac{\pi}{2}} = 0$$

【例2.23】 设$f(x)=\begin{cases}\dfrac{\sin 2x}{x} & x<0 \\ 3x^2-2x+k & x \geqslant 0\end{cases}$ (其中k为常数),问当k为何值时,函数$f(x)$在其定义域内连续.

【解】 当$x \in (-\infty, 0)$时,$f(x)=\dfrac{\sin 2x}{x}$连续;

当$x \in (0,+\infty)$时,$f(x)=3x^2-2x+k$连续.

因为$\lim\limits_{x \to 0^-} f(x) = \lim\limits_{x \to 0^-} \dfrac{\sin 2x}{x} = 2$, $\lim\limits_{x \to 0^+} f(x) = \lim\limits_{x \to 0^+}(3x^2-2x+k)=k$, $f(0)=k$.

所以当$k=2$时,$\lim\limits_{x \to 0} f(x) = 2 = f(0)$,即$f(x)$在点$x=0$处连续.

【例2.24】 求极限$\lim\limits_{x \to 0} \dfrac{\ln(1+x)}{x}$.

【解】 $\lim\limits_{x \to 0} \dfrac{\ln(1+x)}{x} = \lim\limits_{x \to 0} \ln(1+x)^{\frac{1}{x}} = \ln[\lim\limits_{x \to 0}(1+x)^{\frac{1}{x}}] = \ln e = 1$

2.4.3 间断点

由定义可知,函数$f(x)$在点x_0处连续应同时具备3个条件:

(1)函数在点x_0处及其附近有定义;

(2)极限$\lim\limits_{x \to x_0} f(x)$存在;

(3) $\lim\limits_{x \to x_0} f(x) = f(x_0)$.

如果函数 $f(x)$ 在点 x_0 处不满足连续的条件,则称函数 $f(x)$ 在点 x_0 处不连续(或说间断),又称这个点 x_0 是函数的一个不连续点或间断点.

函数在一点处连续的几何特性是函数曲线上对应点处不间断.

识别函数间断点的方法:

(1)使函数无定义的点;

(2)即使函数在 x_0 处有定义,但极限 $\lim\limits_{x \to x_0} f(x)$ 不存在的点;

(3)即使函数在 x_0 处有定义且极限 $\lim\limits_{x \to x_0} f(x)$ 存在,但 $\lim\limits_{x \to x_0} f(x) \neq f(x_0)$ 的点.

以上 3 种情况的点都是函数的间断点.

【例 2.25】 讨论函数 $f(x) = \begin{cases} x+2 & x \geqslant 0 \\ x-2 & x < 0 \end{cases}$ 的间断点.

【解】 因为 $\lim\limits_{x \to 0^+} f(x) = \lim\limits_{x \to 0^+} (x+2) = 2$, $\lim\limits_{x \to 0^-} f(x) = \lim\limits_{x \to 0^-} (x-2) = -2$.

所以 $\lim\limits_{x \to 0^+} f(x) \neq \lim\limits_{x \to 0^-} f(x)$, 即 $\lim\limits_{x \to 0} f(x)$ 不存在. 因此, $x=0$ 为函数的间断点.

【例 2.26】 求下列函数的间断点.

(1) $f(x) = \dfrac{x^2-1}{x^2-3x+2}$ (2) $f(x) = \dfrac{\sin x}{x}$

【解】 (1) $f(x) = \dfrac{x^2-1}{x^2-3x+2} = \dfrac{x^2-1}{(x-2)(x-1)}$

在 $x_1=1, x_2=2$ 处, $f(x)$ 没有定义,所以 $x_1=1, x_2=2$ 是函数 $f(x) = \dfrac{x^2-1}{x^2-3x+2}$ 的间断点.

(2)在 $x_0=0$ 处,函数 $f(x) = \dfrac{\sin x}{x}$ 没有定义,所以点 $x_0=0$ 是 $f(x) = \dfrac{\sin x}{x}$ 的间断点.

初等函数的间断点就是函数无定义的点。

习题 2.4

A 组

1. 若函数 $f(x)$ 在 x_0 处极限存在,则 $f(x)$ 在 x_0 处一定连续吗? 试举例说明.

2. 设函数 $f(x) = \begin{cases} \dfrac{\sin x}{x} & x > 0 \\ 1-x & x \leqslant 0 \end{cases}$,讨论函数 $f(x)$ 在点 $x=0$ 处的连续性.

3. 求下列函数的间断点.

(1) $y = \dfrac{2}{(x+2)^2}$ (2) $y = \begin{cases} \dfrac{1-x^2}{1+x} & x \neq -1 \\ 0 & x = -1 \end{cases}$

(3) $y = \begin{cases} x+1 & 0 < x \leqslant 1 \\ 1-x & 1 < x \leqslant 3 \end{cases}$ (4) $y = \dfrac{x}{\cos x}$

4. 求下列函数的极限.

(1) $\lim\limits_{x\to 0}\arctan\dfrac{\sin x}{x}$　(2) $\lim\limits_{x\to\frac{\pi}{2}}\dfrac{\ln(1+\cos^2 x)}{\sin x}$　(3) $\lim\limits_{x\to 0}\dfrac{\ln(1+2x)}{x}$

5. 设 $f(x)=\begin{cases}\dfrac{1}{x}\sin x & x<0\\ k & x=0\\ x\sin\dfrac{1}{x}+1 & x>0\end{cases}$(其中 k 为常数),问当 k 为何值时,函数 $f(x)$ 在其定义域连续?为什么?

应用与提高

性质 5(根的存在定理)　若函数 $f(x)$ 在闭区间 $[a,b]$ 上连续,且 $f(a)$ 与 $f(b)$ 异号,则至少存在一点 $\xi\in(a,b)$,使得 $f(\xi)=0$. 即 $x=\xi$ 是方程 $f(x)=0$ 的根.

性质 6(介值定理)　若函数 $y=f(x)$ 在闭区间 $[a,b]$ 上连续,且 $f(a)\neq f(b)$. μ 为介于 $f(a)$ 与 $f(b)$ 之间的任意一个数,则至少存在一点 $\xi\in(a,b)$,使得 $f(\xi)=\mu$. 如图 2.11 所示.

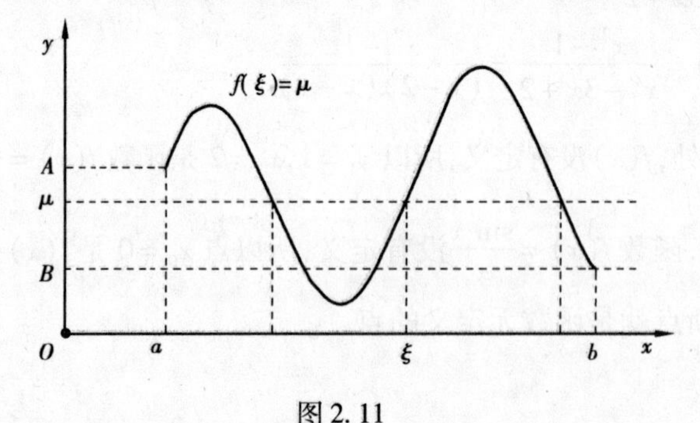

图 2.11

【例 2.27】　证明方程 $x^3-4x^2+1=0$ 在 $(0;1)$ 内至少有一个实根.

【证】　设 $f(x)=x^3-4x^2+1$,则 $f(x)$ 在闭区间上 $[0,1]$ 连续,且 $f(0)=1>0$, $f(1)=-2<0$,根据根的存在定理,至少存在一点 $\xi\in(0,1)$,使 $f(\xi)=0$,即

$$\xi^3-4\xi^2+1=0(0<\xi<1)$$

这个等式说明方程 $x^3-4x^2+1=0$ 在 $(0,1)$ 至少有一个实根 $x=\xi$.

B　组

1. 证明曲线 $y=x^4-3x^2+7x-10$ 在 $x=1$ 与 $x=2$ 之间至少与 x 轴有一个交点.
2. 证明方程 $x^3-3x+1=0$ 在 $(0,1)$ 内至少存在一个根.
3. 证明方程 $\cos x-x+1=0$ 在 0 与 π 之间有实根.
4. 设 $f(x)=e^x-2$,求证在区间 $(0,2)$ 内至少有一点 x_0,使 $e^{x_0}-2=x_0$.

5. 设函数 $f(x)=\begin{cases}\dfrac{\ln(1+2x)}{x} & x<0\\ 2 & x=0\\ 1+\dfrac{x}{\sin x} & 0<x\end{cases}$，试问函数在点 $x=0$ 处是否连续?

MATLAB 应用案例 2

1)实验目的

(1)能用 MATLAB 熟练地求数列与函数的极限;

(2)解非线性方程(求函数零点).

2)主要命令

(1)limit(s):求表达式 s 默认当自变量趋向于 0 时的极限;

(2)limit(s,x,a):求表达式 s 在 x 趋向于 a(a 可以为∞)时的极限;

(3)limit(s,a):求表达式 s 默认当自变量趋向于 a(a 可以为∞)时的极限;

(4)limit(s,x,a,'left'):求表达式 s 在 x 趋向于 a 条件下的左极限;

(5)limit(s,x,a,'right'):求表达式 s 在 x 趋向于 a 条件下的右极限;

(6)fzero(s,x0):求一元函数 $s(x)$ 在 x_0 附近的零点(近似根)

3)实验举例

【例 2.28】 求极限 $\lim\limits_{x\to 0^+}2^{\frac{1}{x}}$，$\lim\limits_{x\to\infty}\left(1+\dfrac{2}{x}\right)^{x+2}$.

输入命令

```
>> clear
>> syms x;
>> limit(2^(1/x),x,0,'right')
```

结果

```
ans =
   Inf
```

输入命令

```
>>limit((1+2/x)^(x+2),x,inf)
```

结果

```
Ans =
        exp(2)
```

【例 2.29】 求方程 $x-\mathrm{e}^{-x}=0$ 在(0,1)内一个根.

输入命令

```
>> clear;
```

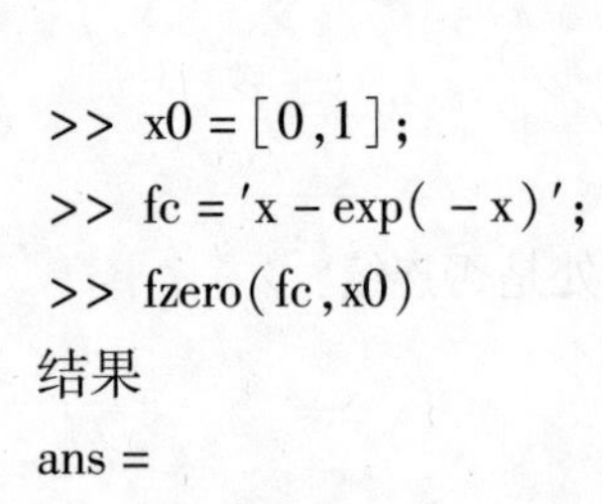

```
>> x0 = [0,1];
>> fc = 'x - exp( - x)';
>> fzero(fc,x0)
结果
ans =
    0.5671
```

数学实践 2——极限法在实际问题中的应用

【问题提出】 洗衣机的洗衣过程为以下几次循环：加水—漂洗—脱水，假设洗衣机每次加水量为 C kg，衣物的污物质量为 A kg，衣服脱水后含水量为 m kg，那么当 $n\to\infty$ 次循环时，衣物的污物浓度为多少？能否 100% 地清除污物？

【问题解决】 各次运行时，污物的浓度为：

$$\rho_1=\frac{A}{C+A},\rho_2=\frac{\rho_1 m}{C+m},\rho_3=\frac{\rho_2 m}{C+m},\cdots\rho_n=\frac{\rho_{n-1}m}{C+m}\cdots$$

n 次循环后，衣物的污物浓度为：

$$\rho_n=\frac{Am^{n-1}}{(C+A)(C+m)^{n-1}}$$

因为 $\frac{C}{m}>1$

所以 $\lim\limits_{n\to\infty}\rho_n=\lim\limits_{n\to\infty}\frac{Am^{n-1}}{(C+A)(C+m)^{n-1}}=\frac{A}{C+A}\lim\limits_{n\to\infty}\frac{1}{\left(\frac{c}{m}+1\right)^{n-1}}=0$

当洗涤次数很大时，衣物的污物浓度会很小，随着洗涤次数的无限增大，留在衣物上的污物浓度接近 0，但永远不为 0. 因此，要 100% 地清除污物是不可能的.

数学人文知识 2——无穷小量与第二次数学危机

第二次数学危机发生在牛顿创立微积分的 17 世纪. 第一次数学危机是由毕达哥拉斯学派内部提出的，第二次数学危机则是由牛顿学派的外部、贝克莱大主教提出的，是对牛顿“无穷小量”说法的质疑引起的.

1)危机的引发

(1)牛顿的“无穷小”

牛顿的微积分是一项划时代的科学成就，蕴含着巨大的智慧和创新，但也有逻辑上的问题. 来看一个例子——微积分的一个来源，是想求运动物体在某一时刻的瞬时速度. 在牛顿之前,只能求一段时间内的平均速度,无法求某一时刻的瞬时速度.

例如,设自由落体在时间 t 下落的距离为 $s(t)$,有公式 $s(t)=\frac{1}{2}gt^2$,其中 g 是重力加速度. 要求物体在 t_0 的瞬时速度,先求 $\frac{\Delta s}{\Delta t}$.

$$\begin{aligned}\Delta s &= s(t_1)-s(t_0)=\frac{1}{2}gt_1^2-\frac{1}{2}gt_0^2\\ &=\frac{1}{2}g[(t_0+\Delta t)^2-t_0^2]=\frac{1}{2}g[2t_0\Delta t+(\Delta t)^2]\end{aligned}$$

所以 $\frac{\Delta s}{\Delta t}=gt_0+\frac{1}{2}g(\Delta t)$ (*)

当 Δt 变成无穷小时,右端的 $\frac{1}{2}g(\Delta t)$ 也变成无穷小,因而上式右端就可以认为是 gt_0,这就是物体在 t_0 时的瞬时速度,它是两个无穷小之比. 牛顿的这一方法很好用,解决了大量过去无法解决的科技问题. 但是逻辑上不严格,遭到责难.

(2)贝克莱的发难

英国的贝克莱大主教发表文章猛烈攻击牛顿的理论. 贝克莱问道:"无穷小"作为一个量,究竟是不是"0"?

$$\frac{\Delta s}{\Delta t}=gt_0+\frac{1}{2}g(\Delta t) \qquad (*)$$

如果是"0",上式左端当 Δt 成无穷小后分母为 0,就没有意义了. 如果不是 0,上式右端的 $\frac{1}{2}g(\Delta t)$ 就不能任意去掉. 在推出上式时,假定了 $\Delta t\neq 0$ 才能做除法,所以上式的成立是以 $\Delta t\neq 0$ 为前提的. 那么,为什么又可以让 $\Delta t=0$ 而求得瞬时速度呢? 因此,牛顿的这一套运算方法就如同从 $5\times 0=3\times 0$ 出发,两端同除以 0,得出 $5=3$ 一样的荒谬. 贝克莱还讽刺挖苦说:既然 Δt 和 Δs 都变成"无穷小"了,而无穷小作为一个量,既不是"0",又不是非"0",那它一定是"量的鬼魂"了,这就是著名的"贝克莱悖论". 对牛顿微积分的这一责难并不是由数学家提出的,但是贝克莱的质问是击中要害的. 数学家在将近 200 年的时间里,不能彻底反驳贝克莱的责难. 直至柯西创立极限理论,才较好地反驳了贝克莱的责难,直至魏尔斯特拉斯创立"ε-δ"语言,才彻底地反驳了贝克莱的责难.

(3)实践是检验真理的唯一标准

应当承认,贝克莱的责难是有道理的. "无穷小"的方法在概念上和逻辑上都缺乏基础,牛顿和当时的其他数学家并不能在逻辑上严格说清"无穷小"的方法. 数学家们相信它,只是由于它使用起来方便有效,并且得出的结果总是对的. 特别是像海王星的发现那样鼓舞人心的例子,显示出牛顿的理论和方法的巨大威力. 所以,人们不大理会贝克莱的指责. 这表明,在大多数人的脑海里"实践是检验真理的唯一标准".

2)危机的实质

第一次数学危机的实质是"$\sqrt{2}$"不是有理数,而是无理数. 那么第二次数学危机的实质是什么? 应该说,是极限的概念不清楚,极限的理论基础不牢固. 也就是说,微积分理论缺

乏逻辑基础. 其实,在牛顿把瞬时速度说成“物体所走的无穷小距离与所用的无穷小时间之比”的时候,这种说法本身就是不明确的,是含糊的. 当然,牛顿也曾在他的著作中说明,所谓“最终的比”,就是分子、分母要成为“0”、还不是“0”时的比——例如(*)式中的gt,它不是“最终的量的比”,而是“比所趋近的极限”. 他这里虽然提出和使用了“极限”这个词,但并没有明确说清这个词的意思. 德国的莱布尼茨虽然也同时发明了微积分,但是也没有明确给出极限的定义. 正因为如此,此后近二百年间的数学家,都不能满意地解释贝克莱提出的悖论. 所以,由“无穷小”引发的第二次数学危机,实质上是缺少严密的极限概念和极限理论作为微积分学的基础.

3)危机的解决

(1)必要性

微积分虽然在发展,但微积分的逻辑基础上存在的问题是那样明显,这毕竟是数学家的一块心病. 而且,随着时间的推移,研究范围的扩大,类似的悖论日益增多. 数学家在研究无穷级数的时候,做出许多错误的证明,并由此得到许多错误的结论. 由于没有严格的极限理论作为基础. 因此,进入 19 世纪时,一方面微积分取得的成就超出人们的预料;另一方面,大量的数学理论没有正确、牢固的逻辑基础,因此不能保证数学结论是正确无误的,历史要求为微积分学说奠基.

(2)严格的极限理论的建立

到 19 世纪,一批杰出数学家辛勤、创新的工作,终于逐步建立了严格的极限理论,并把它作为微积分的基础. 应该指出,严格的极限理论的建立是逐步的、漫长的. ①在 18 世纪时,人们已经建立了极限理论,但那是初步的、粗糙的. ②达朗贝尔在 1754 年指出,必须用可靠的理论去代替当时使用的粗糙的极限理论,但他本人未能提供这样的理论. ③19 世纪初,捷克数学家波尔查诺开始将严格的论证引入数学分析,他写的《无穷的悖论》一书中包含许多真知灼见. ④而做出决定性工作、可称为分析学的奠基人的是法国数学家柯西(A. L. Cauchy,1789—1857). 在 1821—1823 年出版的《分析教程》和《无穷小计算讲义》是数学史上划时代的著作. 他对极限给出比较精确的定义,然后用它定义连续、导数、微分、定积分和无穷级数的收敛性,已与我们现在教科书上的差得不太多了.

(3)魏尔斯特拉斯的贡献

德国数学家魏尔斯特拉斯(Karl Weierstrass,1815—1897)的努力,终于使分析学从完全依靠运动学、直观理解和几何概念中解放出来. 他的成功产生了深远的影响,主要表现在两方面:一方面是建立了实数系;另一方面是创造了精确的“ε-δ”语言. 他成功给出极限的准确描述,消除了历史上各种模糊的用语,诸如“最终比”“无限地趋近于”等. 这样一来分析中的所有基本概念都可以通过实数和它们的基本运算和关系精确地表述出来.

(4)“贝克莱悖论”的消除

回到牛顿的(*)式:

$$\frac{\Delta s}{\Delta t}=gt_0+\frac{1}{2}g(\Delta t)\quad(\Delta t\neq 0)\quad(*)$$

这是在 $\Delta t\neq 0$(即 $t_1\neq t_0$)条件下得到的等式,它表明 Δt 时间内物体的平均速度为

$gt_0+\frac{1}{2}g(\Delta t)$,(＊)式两边都是$\Delta t$的函数. 然后,把物体的瞬时速度定义为:上述平均速度当Δt趋于0时的极限,即物体在t_0时刻的瞬时速度$v=\lim\limits_{\Delta t\to 0}\frac{\Delta s}{\Delta t}$. 下边对(＊)式的等号两边同时取极限,且$\Delta t\to 0$,根据"两个相等的函数取极限后仍相等",得瞬时速度为$v=\lim\limits_{\Delta t\to 0}\left(gt_0+\frac{1}{2}g(\Delta t)\right)$,再根据"两个函数和的极限等于极限的和",得$\lim\limits_{\Delta t\to 0}\left(gt_0+\frac{1}{2}g(\Delta t)\right)=\lim\limits_{\Delta t\to 0}gt_0+\lim\limits_{\Delta t\to 0}\frac{1}{2}g(\Delta t)$,然后再求极限得$v=gt_0+0=gt_0$.

上述过程所得结论与牛顿原先的结论是一样的,但每一步都有了严格的逻辑基础. "贝克莱悖论"的焦点"无穷小量是不是0?"在这里给出了明确的回答,这里也没有"最终比"或"无限趋近于"那样含糊不清的说法.

总之,第二次数学危机的核心是微积分的基础不稳固,柯西的贡献在于将微积分建立在极限论的基础上. 魏尔斯特拉斯的贡献在于逻辑地构造了实数系,建立了严格的实数理论,使之成为极限理论的基础. 所以建立数学分析(或者说微积分)基础的"逻辑顺序"是:实数理论—极限理论—微积分. 而"历史顺序"则正好相反,知识的逻辑顺序与历史顺序有时是不同的.

一元函数的导数与微分及其应用

微分学是微积分学研究的重要内容之一，它的基本概念是导数与微分，其中导数反映函数相对于自变量的变化快慢的程度，而微分则指明当自变量有微小变化时，函数大体上变化多少. 一元函数的导数与微分主要讨论导数和微分的概念以及它们的计算方法.

3.1 导数的概念与基本求导公式

3.1.1 导数的概念

1）引例

为引出导数的概念，先看以下三个问题.

(1)切线的斜率问题：求曲线 $y=f(x)$ 在点 $P_0(x_0,y_0)$ 处的切线的斜率.

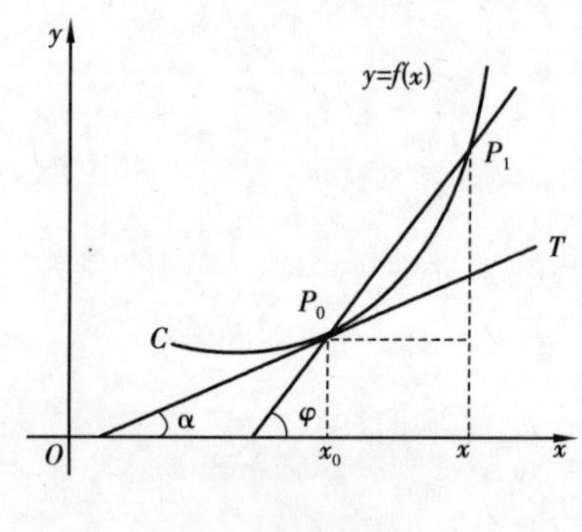

图 3.1

如图 3.1 所示，在曲线 $y=f(x)$ 上点 $P_0(x_0,y_0)$ 的附近另取一点 $P_1(x,y)$，连接 P_1 和 P_0 得割线 P_0P_1，当点 P_1 沿曲线无限地趋近于点 P_0 时，割线 P_0P_1 的极限位置 P_0T 称为曲线在点 P_0 处的切线. 令 $x=x_0+\Delta x$，$y=y_0+\Delta y$，则 P_0P_1 的斜率为$\dfrac{\Delta y}{\Delta x}$，如果极限

$$\lim_{\Delta x\to 0}\frac{\Delta y}{\Delta x}=\lim_{\Delta x\to 0}\frac{f(x_0+\Delta x)-f(x_0)}{\Delta x}$$

存在，则此极限值就是曲线在点 $P_0(x_0,y_0)$ 的切线的斜率.

设切线的倾斜角为 α，则 $\tan\alpha=\lim\limits_{\Delta x\to 0}\dfrac{f(x_0+\Delta x)-f(x_0)}{\Delta x}$.

从另一角度，$\dfrac{\Delta y}{\Delta x}$表示 $y=f(x)$ 在区间 $[x_0,x_0+\Delta x]$（或 $[x_0+\Delta x,x_0]$）上的平均变化率. 因此，极限$\lim\limits_{\Delta x\to 0}\dfrac{\Delta y}{\Delta x}$称为函数 $f(x)$ 在点 x_0 处的变化率.

(2)变速直线运动瞬时速度问题：物体产生的位移 s 是时间 t 的函数，设物体的运动方程为 $s=s(t)$，求物体在 t_0 时刻的瞬时速度.

物体在时间间隔$[t_0,t_0+\Delta t]$内的平均速度

$$\bar{v}=\frac{\Delta s}{\Delta t}=\frac{s(t_0+\Delta t)-s(t_0)}{\Delta t}$$

因此,物体在 t_0 时刻的瞬时速度

$$v(t_0)=\lim_{\Delta t\to 0}\frac{\Delta s}{\Delta t}=\lim_{\Delta t\to 0}\frac{s(t_0+\Delta t)-s(t_0)}{\Delta t}$$

(3)边际成本模型问题:边际成本是指在一定产量水平下,增加或减少一个单位产量所引起成本总额的变动数.边际成本用以判断增减产量在经济上是否合算,它是管理会计和经营决策中常用的名词.

例如,生产某种产品100个单位时,总成本为5 000元,单位产品成本为50元.若生产101个单位时,其总成本5 040元,则所增加一个产品的成本为40元,即边际成本为40元.

设某企业生产 Q 件产品时总成本为 TC,边际成本为 MC,那么当产量增加 ΔQ 时,总成本增加 ΔTC,边际成本 $MC=\frac{\Delta TC}{\Delta Q}$.若 $\Delta Q\to 0$,则

$$MC=\lim_{\Delta Q\to 0}\frac{\Delta TC}{\Delta Q}=\frac{\mathrm{d}TC}{\mathrm{d}Q}$$

2)导数的定义

上面三个例子虽然所表达的实际意义并不相同,但是所得到的数学模式却是相同的,都归结为计算函数的改变量与自变量的改变量之比,当自变量的改变量趋于零时的极限.把这种特定的极限称为函数的导数.在自然科学、经济管理、工程技术等领域内,还有许多实际问题都具有这样的数学模式.通过数学的抽象,撇开这些量的具体意义,抓住它们在数量关系上的共性,便得到导数的定义.

定义3.1 设函数 $y=f(x)$ 在点 x_0 及其附近有定义,当自变量 x 从 x_0 变到 $x_0+\Delta x$ 时,函数值取得相应的增量 $\Delta y=f(x_0+\Delta x)-f(x_0)$,如果极限

$$\lim_{\Delta x\to 0}\frac{\Delta y}{\Delta x}=\lim_{\Delta x\to 0}\frac{f(x_0+\Delta x)-f(x_0)}{\Delta x}$$

存在,则称函数 $y=f(x)$ 在点 x_0 处可导,并称此极限值为函数 $f(x)$ 在点 x_0 处的导数,记作

$$f'(x_0)\quad 或\quad y'(x_0),y'\big|_{x=x_0},\frac{\mathrm{d}y}{\mathrm{d}x}\bigg|_{x=x_0},\frac{\mathrm{d}f(x)}{\mathrm{d}x}\bigg|_{x=x_0}$$

即

$$f'(x_0)=\lim_{\Delta x\to 0}\frac{\Delta y}{\Delta x}=\lim_{\Delta x\to 0}\frac{f(x_0+\Delta x)-f(x_0)}{\Delta x}$$

如果记 $x_0+\Delta x=x$,则

$$f'(x_0)=\lim_{x\to x_0}\frac{f(x)-f(x_0)}{x-x_0}$$

或记 $h=\Delta x$,则

$$f'(x_0)=\lim_{h\to 0}\frac{f(x_0+h)-f(x_0)}{h}$$

如果上述极限不存在,则称函数 $f(x)$ 在点 x_0 处不可导.

如果$\lim\limits_{\Delta x\to 0^-}\dfrac{\Delta y}{\Delta x}$存在，则称此极限值为$y=f(x)$在点$x_0$处的左导数，记作$f'_-(x_0)$；如果$\lim\limits_{\Delta x\to 0^+}\dfrac{\Delta y}{\Delta x}$存在，则称此极限值为$y=f(x)$在点$x_0$处的右导数，记作$f'_+(x_0)$.

显然，函数$f(x)$在点x_0处可导的充分必要条件是函数$f(x)$在点x_0处的左导数$f'_-(x_0)$和右导数$f'_+(x_0)$都存在且相等.

如果函数$f(x)$在区间(a,b)内每一点的导数都存在，则称函数$y=f(x)$在区间(a,b)内可导. 对于任意的$x\in(a,b)$，都对应着唯一确定的导数值$f'(x)$，即导数$f'(x)$是x的函数，称为关于x的导函数，简称导数. 记为$f'(x)$或y'，$\dfrac{dy}{dx}$，$\dfrac{df}{dx}$，即

$$y'=f'(x)=\lim_{\Delta x\to 0}\frac{\Delta y}{\Delta x}=\lim_{\Delta x\to 0}\frac{f(x+\Delta x)-f(x)}{\Delta x}\quad (x\in(a,b))$$

显然，函数$f(x)$在点x_0处的导数正是其导数$f'(x)$在点x_0处的函数值$f'(x_0)$，即

$$f'(x_0)=f'(x)\big|_{x=x_0}$$

如果函数$f(x)$在开区间(a,b)内可导，且$f'_+(a)$与$f'_-(b)$都存在，则称$f(x)$在闭区间$[a,b]$上可导.

用导数的定义求函数$f(x)$在点x处的导数，可分三步进行：

(1)求增量$\Delta y=f(x+\Delta x)-f(x)$；

(2)求比值$\dfrac{\Delta y}{\Delta x}=\dfrac{f=(x+\Delta x)-f(x)}{\Delta x}$；

(3)求极限$\lim\limits_{\Delta x\to 0}\dfrac{\Delta y}{\Delta x}$.

【例 3.1】 求函数$y=x^n$(n为正整数)的导数.

【解】 $\Delta y=(x+\Delta x)^n-x^n$(应用二项式定理)

$$=x^n+nx^{n-1}\Delta x+\frac{n(n-1)}{2!}x^{n-2}(\Delta x)^2+\cdots+(\Delta x)^n-x^n$$

$$=nx^{x-1}\Delta x+\frac{n(n-1)}{2!}x^{n-2}(\Delta x)^2+\cdots+(\Delta x)^n$$

$$\frac{\Delta y}{\Delta x}=nx^{n-1}+\frac{n(n-1)}{2!}x^{n-2}\Delta x+\cdots+(\Delta x)^{n-1}$$

所以 $\lim\limits_{\Delta x\to 0}\dfrac{\Delta y}{\Delta x}=nx^{n-1}$，即$(x^n)'=nx^{n-1}$.

一般地，有$(x^\alpha)'=\alpha x^{\alpha-1}$($\alpha$为任意实数).

【例 3.2】 求函数$f(x)=\sin x$的导数.

【解】 $\Delta y=f(x+\Delta x)-f(x)=\sin(x+\Delta x)-\sin x$

所以 $f'(x)=\lim\limits_{\Delta x\to 0}\dfrac{\Delta y}{\Delta x}=\lim\limits_{\Delta x\to 0}\dfrac{\sin(x+\Delta x)-\sin x}{\Delta x}$

$$=\lim_{\Delta x\to 0}\frac{2\sin\frac{\Delta x}{2}\cos\left(x+\frac{\Delta x}{2}\right)}{\Delta x}$$

$$= \lim_{\Delta x \to 0} \cos\left(x + \frac{\Delta x}{2}\right) \lim_{\Delta x \to 0} \frac{\sin \frac{\Delta x}{2}}{\frac{\Delta x}{2}} = \cos x$$

即 $(\sin x)' = \cos x$

用类似的方法,可求得$(\cos x)' = -\sin x$.

【例 3.3】 求函数$f(x) = a^x (a > 0, a \neq 1)$的导数.

【解】 $f'(x) = \lim\limits_{h \to 0} \dfrac{f(x+h) - f(x)}{h} = \lim\limits_{h \to 0} \dfrac{a^{x+h} - a^x}{h}$

$$= a^x \lim_{h \to 0} \frac{a^h - 1}{h} \xlongequal[h = \log_a(1+t)]{\text{令 } a^h - 1 = t} a^x \lim_{t \to 0} \frac{t}{\log_a(1+t)}$$

$$= a^x \cdot \frac{1}{\lim\limits_{t \to 0} \frac{1}{t} \log_a(1+t)} = a^x \cdot \frac{1}{\log_a e} = a^x \ln a$$

即$(a^x)' = a^x \ln a$. 特别地$(e^x)' = e^x$.

3)导数的几何意义

如图 3.2 所示,函数$y = f(x)$在点x处的导数$f'(x)$是曲线$y = f(x)$在点x处切线的斜率.

因此,曲线$y = f(x)$在点(x_0, y_0)处的切线方程为

$$y - y_0 = f'(x_0)(x - x_0)$$

法线方程为

$$y - y_0 = \frac{-1}{f'(x_0)}(x - x_0)$$

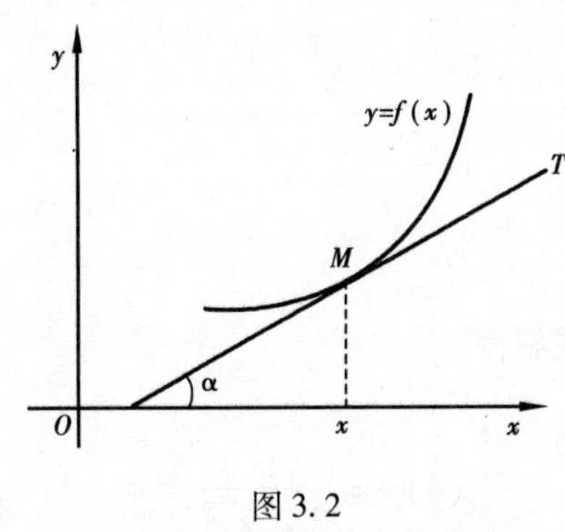

图 3.2

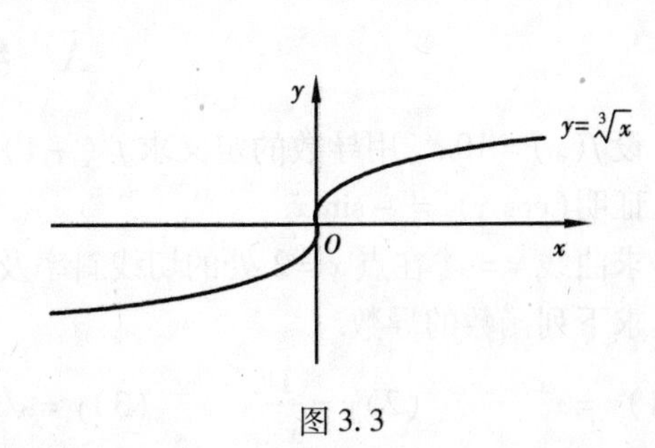

图 3.3

4)函数的可导性与连续性的关系

设函数$y = f(x)$在点x处可导,即有$f'(x) = \lim\limits_{\Delta x \to 0} \dfrac{\Delta y}{\Delta x}$,则$\dfrac{\Delta y}{\Delta x} = f'(x) + \alpha$,其中,$\alpha$为$\Delta x \to 0$时无穷小.

上式两边同乘以Δx,得$\Delta y = f'(x)\Delta x + \alpha \Delta x$.

所以,当$\Delta x \to 0$时,有$\Delta y \to 0$,即$f(x)$在x处连续.

定理 3.1 如果函数$y = f(x)$在点x处可导,则$y = f(x)$在点x处一定连续. 但此定理

的逆命题不成立.

例如,函数 $y=f(x)=\sqrt[3]{x}$ 在 $x=0$ 处连续,如图3.3所示.但在 $x=0$ 处的导数 $f'(0)=\lim\limits_{x\to0}\dfrac{f(x)-f(0)}{x-0}=\lim\limits_{x\to0}\dfrac{\sqrt[3]{x}}{x}=\infty$(不存在),即函数 $f(x)$ 在 $x=0$ 处不可导.

3.1.2 基本求导公式(基本初等函数的求导公式)

利用导数的定义及将要学习的导数求导法则可以求出基本初等函数的导数.

(1) $c'=0$ (c 为常数) (2) $(x^\alpha)'=\alpha x^{\alpha-1}$ (α 为常数)

(3) $(a^x)'=a^x\ln a$ ($a>0,a\neq1$) (4) $(e^x)'=e^x$

(5) $(\log_a x)'=\dfrac{1}{x\ln a}$ ($a>0,a\neq1$) (6) $(\ln x)'=\dfrac{1}{x}$

(7) $(\sin x)'=\cos x$ (8) $(\cos x)'=-\sin x$

(9) $(\tan x)'=\sec^2x$ (10) $(\cot x)'=-\csc^2x$

(11) $(\sec x)'=\sec x\tan x$ (12) $(\csc x)'=-\csc x\cot x$

(13) $(\arcsin x)'=\dfrac{1}{\sqrt{1-x^2}}$ ($-1<x<1$) (14) $(\arccos x)'=-\dfrac{1}{\sqrt{1-x^2}}$ ($-1<x<1$)

(15) $(\arctan x)'=\dfrac{1}{1+x^2}$ (16) $(\text{arccot}\, x)'=-\dfrac{1}{1+x^2}$

例如,由 $(x^\alpha)'=\alpha x^{\alpha-1}$,可得 $(\sqrt{x})'=\dfrac{1}{2\sqrt{x}}$,$\left(\dfrac{1}{x}\right)'=-\dfrac{1}{x^2}$,$(x)'=1$,$(\sqrt[4]{x^3})'=\dfrac{3}{4\sqrt[4]{x}}$.

习题 3.1

A 组

1. 设 $f(x)=10x^2$,用导数的定义求 $f'(-1)$.
2. 证明 $(\cos x)'=-\sin x$.
3. 求曲线 $y=x^2$ 在点 $x=2$ 处的切线斜率及法线斜率.
4. 求下列函数的导数.

(1) $y=x^4$ (2) $y=\dfrac{1}{x^2}$ (3) $y=\sqrt[3]{x^2}$ (4) $y=\dfrac{1}{x^2\cdot\sqrt[3]{x^2}}$

应用与提高——其他学科领域内的变化率问题

几乎所有的学科领域都有变化率问题,都能够找到导数概念的原型.导数概念具有很强的实际问题背景,在实际问题中总是能够遇到大量的需要应用导数概念来加以刻画的概念,甚至可以说,导数的概念构成一种思路.

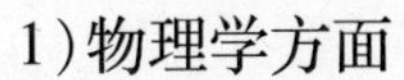

1)物理学方面

在物理学方面,需要大量地应用导数的概念来刻画属于变化率、增长率、强度、通量、流量等一大类的物理量. 速度、加速度、角速度、电流强度、热容、线密度、压缩系数、功率、热流率、温度梯度以及核物理中放射性物质的衰变率等都是用导数来刻画的.

例如,作变速直线运动的物体,其路程 s 是时间 t 的函数 $s=f(t)$. 则 $s'(t)$ 为 t 时刻时的瞬时速度 $v(t)$,而 $v'(t)$ 为 t 时刻时的瞬时加速度.

又如,设 t 时刻通过导体横截面的电量为 $Q(t)$,是时间 t 的函数,则 $Q'(t)$ 为 t 时刻通过导体横截面的电流强度.

【例3.4】 设物体绕定轴旋转,在时间间隔$[0,t]$内转过角度 θ 是 t 的函数:$\theta=\theta(t)$. 如果旋转是匀速的,那么称 $\omega=\dfrac{\theta}{t}$为该物体的角速度. 如果旋转是非匀速的,应怎样确定该物体在时刻 t_0 的角速度?

【解】 首先,取时刻 t_0 到 t 这样一个时间间隔,在这段时间内,物体从 $\theta_0=\theta(t_0)$ 移动到 $\theta=\theta(t)$. 这时,$\dfrac{\Delta\theta}{\Delta t}=\dfrac{\theta(t)-\theta(t_0)}{t-t_0}$. 令 $t\to t_0$,取极限,得物体在 t_0 时刻的角速度为

$$\omega(t_0)=\lim_{t\to t_0}\frac{\theta(t)-\theta(t_0)}{t-t_0}=\theta'(t_0)$$

2)经济学方面

在经济学方面,为了描述一个经济变量 y 对另一个经济变量 x 的变化关系,常常要用到"边际函数"和"弹性函数"两个概念.

边际函数就是函数的变化率. 设函数 $f(x)$ 在点 x 处可导,则导数 $f'(x)$ 称为函数 $f(x)$ 的边际函数,反映了 $f(x)$ 在 x 处的变化速度. 而 $f'(x_0)$ 称为 $x=x_0$ 边际函数值,意思是在点 x_0 处,当 x 产生一个单位的改变时,y(近似)改变了 $f'(x_0)$ 个单位.

用边际函数来分析经济量的变化,称为边际分析. 边际表示经济量 y 相对于经济量 x 的微小变化所作的反应. 边际函数主要有边际成本、边际需求、边际收入、边际利润等.

弹性函数也称为函数的相对变化率. 设函数 $f(x)$ 在点 x 处可导,则 $\eta=\dfrac{x}{y}y'$ 称为函数 $f(x)$ 的弹性函数,反映了随 x 的变化,$f(x)$ 变化幅度的大小,也就是 $f(x)$ 对 x 变化反应的强烈程度或灵敏度. 而 $\eta|_{x=x_0}=\dfrac{x_0}{y_0}f'(x_0)$ 称为 $x=x_0$ 时函数 $f(x)$ 的弹性,意思是在点 x_0 处,当 x 产生 1% 的改变时,$f(x)$(近似)改变了 $\dfrac{x_0}{y_0}f'(x_0)\%$.

用弹性函数来分析经济量的变化,称为弹性分析. 弹性表示经济量 y 相对于经济量 x 的变化的反应程度. 弹性函数主要有需求弹性、供给弹性等.

3)化学方面

在化学方面,设有化学反应:$A+B\to C$,反应物 A,B 与生成物 C 在 t 时刻的浓度分别为 x_A,x_B,x_C. 则此化学反应的反应速度为 $x_C'(t)$,且有 $x_C'(t)=-x_A'(t)=-x_B'(t)$,负号表示反

应物的浓度在反应中逐渐减小.

地质学研究中希望知道浸入的融岩通过向周围的岩石进行热量传导而冷却的速度;城市管理需要了解城市人口密度关于到市中心距离的变化率;气象学中关心大气压力关于高度的变化率;心理学中关心学习成绩随时间的提高率;社会学中用导数来分析信息传播、新方法的推广、服饰新款的流行等问题.

以上列举了一些学科中变化率的例子,它们都是导数概念的各种具体表现形式.因此,对导数知识的学习和研究不仅仅是数学本身的需要,也是各门学科共同的需要.在实际问题中,应该善于提取复杂现象当中所蕴涵的导数概念.

B 组

1. 在抛物线 $y=x^2$ 上取横坐标为 $x_1=1$ 及 $x_2=3$ 的两点,作过这两点的割线.问该抛物线上哪一点的切线平行于这条割线?

2. 若一呈长方形的某物其长宽可以任意调整,其长 a 以 3 cm/s 的速度减小,宽 b 以 3 cm/s的速度增长,若其初始长 $a=10$ cm,宽 $b=5$ cm,求:

(1)此物面积的变化率;

(2)周长的变化率.

3. 讨论函数 $y=f(x)=|x|$,在点 $x=0$ 处的连续性与可导性.

3.2 求导法则与高阶导数

前面根据导数的定义,求出了一些简单函数的导数.但是,对于比较复杂的函数,若直接根据定义来求它的导数,则相当烦琐,甚至非常困难.因此,需要掌握函数求导的基本法则和公式.

3.2.1 导数的四则运算法则

设函数 $u=u(x)$,$v=v(x)$ 在区间 D 上是可导函数,则 $u\pm v, uv, \frac{u}{v}(v\neq 0)$ 在区间 D 上也是可导函数,并且满足:

(1)$(u\pm v)'=u'\pm v'$;

(2)$(uv)'=u'v+uv'$,特别地 $(C\cdot u)'=C\cdot u'$;

(3)$\left(\frac{u}{v}\right)'=\frac{u'v-uv'}{v^2}$,特别地 $\left(\frac{1}{v}\right)'=-\frac{v'}{v^2}$.

称它们为导数的四则运算法则,其中法则(1)、(2)可以推广到有限个函数的情形.

例如,设 $u(x),v(x),w(x)$ 为三个可导函数,则其乘积的导数为:

$$(u\cdot v\cdot w)'=u'\cdot v\cdot w+u\cdot v'\cdot w+u\cdot v\cdot w'$$

法则(1)与(2)相结合有 $(k_1u_1+k_2u_2+\cdots+k_nu_n)'=k_1u_1'+k_2u_2'+\cdots+k_nu_n'$.

【例3.5】 已知 $y=\cos x-x^3+\log_2 x+e^2$,求 y'.

【解】 $y' = (\cos x - x^3 + \log_2 x + e^2)'$

$= (\cos x)' - (x^3)' + (\log_2 x)' + (e^2)'$

$= -\sin x - 3x^2 + \dfrac{1}{x\ln 2}$

【例 3.6】 已知 $y = (1 - x^2)\ln x$,求 y'.

【解】 $y' = [(1 - x^2)\ln x]' = (1 - x^2)'\ln x + (1 - x^2)(\ln x)'$

$= -2x \cdot \ln x + (1 - x^2) \cdot \dfrac{1}{x}$

$= -2x \cdot \ln x - x + \dfrac{1}{x}$

【例 3.7】 已知 $y = e^x(\sin x + \cos x)$. 求 y' 及 $y'|_{x=\frac{\pi}{2}}$.

【解】 $y' = (e^x)'(\sin x + \cos x) + e^x(\sin x + \cos x)'$

$= e^x(\sin x + \cos x) + e^x(\cos x - \sin x) = 2e^x \cos x$

所以 $y'|_{x=\frac{\pi}{2}} = 2e^{\frac{\pi}{2}}\cos\dfrac{\pi}{2} = 0$

【例 3.8】 已知 $y = \dfrac{5x^4 - 3x^2 + 4}{\sqrt{x}}$,求$\dfrac{dy}{dx}$.

【解】 $\dfrac{dy}{dx} = (5x^{\frac{7}{2}} - 3x^{\frac{3}{2}} + 4x^{-\frac{1}{2}})' = \dfrac{35}{2}x^{\frac{5}{2}} - \dfrac{9}{2}x^{\frac{1}{2}} - 2x^{-\frac{3}{2}}$

【例 3.9】 已知 $y = \tan x$,求 y'.

【解】 $y' = (\tan x)' = \left(\dfrac{\sin x}{\cos x}\right)'$

$= \dfrac{(\sin x)'\cos x - \sin x(\cos x)'}{\cos^2 x}$

$= \dfrac{\sin^2 x + \cos^2 x}{\cos^2 x} = \sec^2 x$

即 $(\tan x)' = \sec^2 x$

类似可求得 $(\cot x)' = -\csc^2 x$.

【例 3.10】 已知$f(t) = \dfrac{\sin t}{1 + \cos t}$,求$f'\left(\dfrac{\pi}{4}\right)$.

【解】 $f'(t) = \dfrac{(\sin t)'(1 + \cos t) - \sin t \cdot (1 + \cos t)'}{(1 + \cos t)^2}$

$= \dfrac{\cos t(1 + \cos t) - \sin t(-\sin t)}{(1 + \cos t)^2}$

$= \dfrac{1}{1 + \cos t}$

所以 $f'(\dfrac{\pi}{4}) = \dfrac{1}{1 + \cos\dfrac{\pi}{4}} = 2 - \sqrt{2}$

【例 3.11】 人体对一定剂量药物的反应有时可用方程 $R = M^2\left(\dfrac{C}{2} - \dfrac{M}{3}\right)$来刻画,其中:

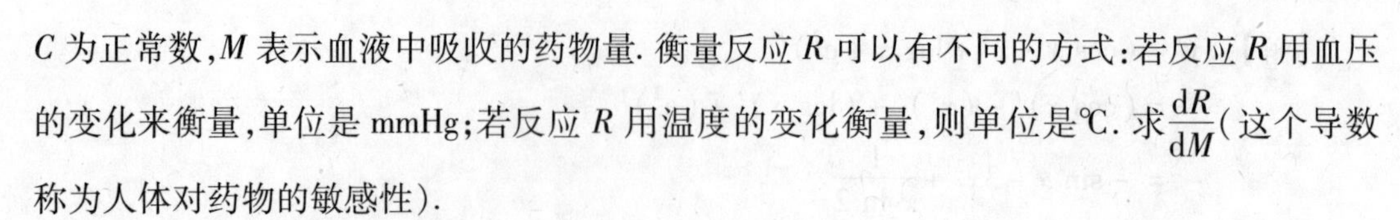

C 为正常数,M 表示血液中吸收的药物量. 衡量反应 R 可以有不同的方式:若反应 R 用血压的变化来衡量,单位是 mmHg;若反应 R 用温度的变化衡量,则单位是℃. 求$\frac{dR}{dM}$(这个导数称为人体对药物的敏感性).

【解】 因为 $R=M^2\left(\frac{C}{2}-\frac{M}{3}\right)$

所以 $\frac{dR}{dM}=2M\left(\frac{C}{2}-\frac{M}{3}\right)+M^2\left(-\frac{1}{3}\right)=MC-M^2$

3.2.2 复合函数的求导法则

由$(\sin x)'=\cos x$,能否得到$(\sin 2x)'=\cos 2x$呢? 回答是否定的. 因为$(\sin 2x)'=(2\sin x\cos x)'=2(\cos^2 x-\sin^2 x)=2\cos 2x\neq\cos 2x$,其原因在于 $y=\sin 2x$ 不是基本初等函数,而是 x 的复合函数. 下面建立复合函数的求导法则.

定理 3.2 如果函数 $u=\varphi(x)$在点 x 处可导,而函数 $y=f(u)$在对应点 u 处可导,则复合函数 $y=f[\varphi(x)]$在点 x 处可导,并且有

$$\frac{dy}{dx}=\frac{dy}{du}\frac{du}{dx}$$

或记为

$$y_x'=y_u'\cdot u_x' \quad 或 \quad y'=f'(u)\cdot u'$$

记号 y'表示函数 y 对自变量 x 求导,即$\frac{dy}{dx}$,也可表示为 y_x';记号 $f'(u)$表示函数 y 对中间变量 u 求导,即$\frac{dy}{du}$,也可表示为 y_u'.

设 u 为 x 的函数,则由复合函数的求导法则容易得到:

$(u^\alpha)'=\alpha u^{\alpha-1}u'$ $\quad(\sqrt{u})'=\frac{1}{2\sqrt{u}}u'$ $\quad\left(\frac{1}{u}\right)'=-\frac{1}{u^2}u'$

$(a^u)'=a^u\ln a\cdot u'$ $\quad(e^u)'=e^u u'$ $\quad(\log_a u)'=\frac{1}{u\ln a}u'$

$(\ln u)'=\frac{1}{u}u'$ $\quad(\sin u)'=\cos u\cdot u'$ $\quad(\cos u)'=-\sin u\cdot u'$

$(\tan u)'=\sec^2 u\cdot u'$ $\quad(\cot u)'=-\csc^2 u\cdot u'$ $\quad(\sec u)'=\sec u\tan u\cdot u'$

$(\csc u)'=-\csc u\cot u\cdot u'$ $\quad(\arcsin u)'=\frac{1}{\sqrt{1-u^2}}u'$ $\quad(\arctan u)'=\frac{1}{1+u^2}u'$

说明

复合函数的求导法则可以推广到多个中间变量的情形. 例如,设 $y=f(u)$,$u=\varphi(v)$,$v=\phi(x)$,则由它们复合而成的复合函数 $y=f\{\varphi[\phi(x)]\}$的导数为:

$$\frac{dy}{dx}=\frac{dy}{du}\cdot\frac{du}{dv}\cdot\frac{dv}{dx} \quad 或简写成 \quad y_x'=y_u'\cdot u_v'\cdot v_x'$$

【例 3.12】 已知 $y=\sin 2x$,求$\frac{dy}{dx}$.

【解】 因为 $y=\sin 2x$ 由 $y=\sin u$ 与 $u=2x$ 复合而成,则 $y_u'=\cos u, u_x'=2$. 所以

$$\frac{dy}{dx}=\frac{dy}{du}\cdot\frac{du}{dx}=2\cos u=2\cos 2x$$

【例 3.13】 已知 $y=\cos^2 x$,求 y'.

【解】 令 $u=\cos x$,则 $y=u^2$. 因为 $y_u'=2u, u_x'=-\sin x$. 所以

$$\frac{dy}{dx}=y_u'\cdot u_x'=-2\cos x\sin x=-\sin 2x$$

【例 3.14】 已知 $y=\ln(1+x^2)$,求$\frac{dy}{dx}$.

【解】 令 $u=1+x^2$,则 $y=\ln u$. 所以

$$y_x'=y_u' u_x'=\frac{1}{u}2x=\frac{2x}{1+x^2}$$

对复合函数的求导熟练之后,就不必再写出中间变量.

【例 3.15】 已知 $y=\ln\sin x$,求$\frac{dy}{dx}$.

【解】 $\frac{dy}{dx}=(\ln\sin x)'=\frac{1}{\sin x}(\sin x)'=\frac{\cos x}{\sin x}=\cot x$

【例 3.16】 已知 $y=\sin\frac{x}{x+1}$,求$\frac{dy}{dx}$.

【解】 $\frac{dy}{dx}=\left(\sin\frac{x}{x+1}\right)'=\cos\frac{x}{x+1}\left(\frac{x}{x+1}\right)'$

$$=\cos\frac{x}{x+1}\cdot\frac{(x+1)-x}{(x+1)^2}$$

$$=\frac{1}{(x+1)^2}\cos\frac{x}{x+1}$$

【例 3.17】 已知 $y=\tan^2\frac{x}{2}$,求$\frac{dy}{dx}$.

【解】 $\frac{dy}{dx}=\left[\left(\tan\frac{x}{2}\right)^2\right]'=2\tan\frac{x}{2}\left(\tan\frac{x}{2}\right)'$

$$=2\tan\frac{x}{2}\sec^2\frac{x}{2}\left(\frac{x}{2}\right)'$$

$$=\tan\frac{x}{2}\sec^2\frac{x}{2}$$

【例 3.18】 求下列函数的导数.

(1)$y=(x+\sin^2 x)^3$ (2)$y=e^{2x+1}(1-2x)^2$

【解】 (1)$y'=[(x+\sin^2 x)^3]'=3(x+\sin^2 x)^2(x+\sin^2 x)'$

$$=3(x+\sin^2 x)^2[1+2\sin x\cdot(\sin x)']=3(x+\sin^2 x)^2(1+\sin 2x)$$

(2)$y'=(e^{2x+1})'(1-2x)^2+e^{2x+1}[(1-2x)^2]'$

$$=e^{2x+1}(2x+1)'(1-2x)^2+e^{2x+1}\cdot 2(1-2x)(1-2x)'$$

$$=2e^{2x+1}(1-2x)^2-4(1-2x)e^{2x+1}$$
$$=2(1-2x)e^{2x+1}(-1-2x)$$

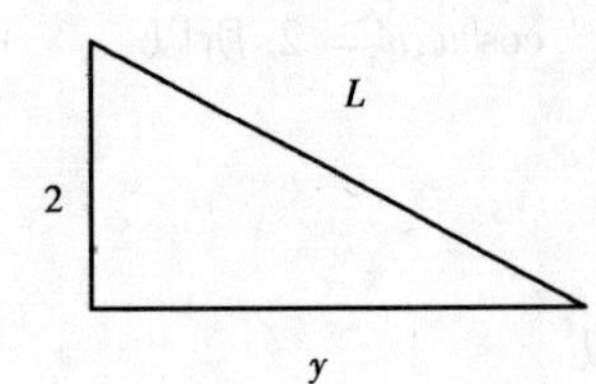

图 3.4

【例 3.19】 在码头一位船工以 0.5 m/s 的速度用缆绳将一条船往回拉，他的手高于船面 2 m，当缆绳还剩 4 m 长时，求此时船的速度.

【解】 如图 3.4 所示，设 L 是船与人之间的绳长，y 是船与人所站的码头的水平距离.

所以 $y=\sqrt{L^2-4}$

因此 $y'=\dfrac{dy}{dt}=\dfrac{dy}{dL}\cdot\dfrac{dL}{dt}=\dfrac{L}{\sqrt{L^2-4}}L'$

$v=y'|_{L=4}=\dfrac{4\times 0.5}{\sqrt{4^2-4}}$ m/s ≈ 0.577 m/s

注 意

题 3.19 中，人拉绳的速度并不等于船行走的速度，因为两者存在一个夹角.

3.2.3 隐函数求导法

y 与 x 的函数关系由方程 $F(x,y)=0$ 所确定，称为隐函数. 对于由方程 $F(x,y)=0$ 所确定的 y 与 x 的函数关系，有些可以从中求出 $y=f(x)$，成为显函数，有些则不容易求出，或者没有必要求出.

隐函数的求导方法是：

(1)将方程 $F(x,y)=0$ 两边同时对 x 求导. 值得注意的是，遇到 y 时，由于 y 是 x 的函数，应当用复合函数的求导法则，先对 y 求导，再乘以 y 对 x 的导数 y'.

例如，$(y^2)'=2y\cdot y'$；$(e^y)'=e^y\cdot y'$；$(\ln y)'=\dfrac{1}{y}\cdot y'$.

(2)由(1)得到一个关于 y' 的方程，从方程中解出 y' 即可. 在 y' 的表达式中，允许含有字母 y.

【例 3.20】 求由方程 $e^y=x^2y$ 所确定的函数的导数 $\dfrac{dy}{dx}$.

【解】 将方程的两边同时对 x 求导，得

$$(e^y)'\cdot y'=(x^2)'\cdot y+x^2\cdot y'$$
$$e^y\cdot y'=2xy+x^2y'$$

所以 $$\frac{dy}{dx}=y'=\frac{2xy}{e^y-x^2}$$

【例 3.21】 求椭圆 $\dfrac{x^2}{16}+\dfrac{y^2}{9}=1$ 在点 $\left(2,\dfrac{3}{2}\sqrt{3}\right)$ 处的切线方程.

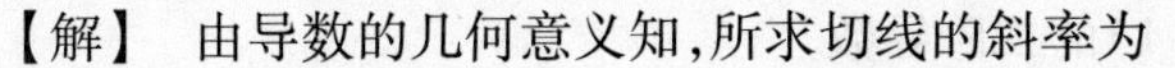

【解】 由导数的几何意义知,所求切线的斜率为

$$k=\left.\frac{\mathrm{d}y}{\mathrm{d}x}\right|_{x=2}$$

将椭圆方程的两边同时对 x 求导,得

$$\frac{x}{8}+\frac{2y}{9}\cdot\frac{\mathrm{d}y}{\mathrm{d}x}=0$$

所以
$$\frac{\mathrm{d}y}{\mathrm{d}x}=-\frac{9x}{16y}$$

将 $x=2, y=\frac{3}{2}\sqrt{3}$ 代入上式,得

$$k=\left.\frac{\mathrm{d}y}{\mathrm{d}x}\right|_{\substack{x=2\\ y=\frac{3}{2}\sqrt{3}}}=-\frac{\sqrt{3}}{4}$$

因此,所求切线方程为 $y-\frac{3}{2}\sqrt{3}=-\frac{\sqrt{3}}{4}(x-2)$

即
$$\sqrt{3}x+4y-8\sqrt{3}=0$$

【例 3.22】 已知 $xy^2-\mathrm{e}^x+\cos y=0$,求 $\frac{\mathrm{d}y}{\mathrm{d}x}$ 及 $\frac{\mathrm{d}x}{\mathrm{d}y}$.

【解】 将方程的两边同时对 x 求导,得

$$y^2+2xy\cdot y'-\mathrm{e}^x-\sin y\cdot y'=0$$

所以
$$\frac{\mathrm{d}y}{\mathrm{d}x}=y'=\frac{\mathrm{e}^x-y^2}{2xy-\sin y}$$

将方程两边同时对 y 求导,得

$$y^2\cdot x'+2xy-\mathrm{e}^x\cdot x'-\sin y=0$$

所以
$$\frac{\mathrm{d}x}{\mathrm{d}y}=x'=\frac{2xy-\sin y}{\mathrm{e}^x-y^2}$$

3.2.4 高阶导数

1)高阶导数的概念

一般来说,函数 $y=f(x)$ 的导数 $y'=f'(x)$ 仍是 x 的函数,如果导数 $f'(x)$ 在点 x 处仍然可导,则称 $f'(x)$ 在点 x 处的导数为函数 $y=f(x)$ 在点 x 处的二阶导数,记为

$$y'' \text{ 或 } f''(x) \text{ 或 } \frac{\mathrm{d}^2y}{\mathrm{d}x^2}, \text{即 } y''=(y')' \text{ 或 } \frac{\mathrm{d}^2y}{\mathrm{d}x^2}=\frac{\mathrm{d}}{\mathrm{d}x}\left(\frac{\mathrm{d}y}{\mathrm{d}x}\right)$$

同时称 $f(x)$ 二阶可导. 相应地,把 $y'=f'(x)$ 称为 $y=f(x)$ 的一阶导数.

类似地,把 $y=f(x)$ 的二阶导数 y'' 的导数称为函数 $y=f(x)$ 的三阶导数,记为

$$y''' \text{ 或 } f'''(x) \text{ 或 } \frac{\mathrm{d}^3y}{\mathrm{d}x^3}, \text{即 } y'''=(y'')'$$

一般地,把 $y=f(x)$ 的 $(n-1)$ 阶导数 $y^{(n-1)}$ 的导数称为函数 $y=f(x)$ 的 n 阶导数,记为

$$y^{(n)}, f^{(n)}(x) \text{ 或 } \frac{\mathrm{d}^ny}{\mathrm{d}x^n}, \text{即 } y^{(n)}=[(y^{(n-1)})]'$$

函数的二阶及二阶以上的导数统称为函数的高阶导数.

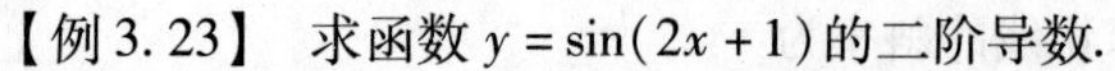

【例 3.23】 求函数 $y=\sin(2x+1)$ 的二阶导数.

【解】 $y'=[\sin(2x+1)]'=2\cos(2x+1)$

$$y''=[2\cos(2x+1)]'=-4\sin(2x+1)$$

【例 3.24】 已知 $y=\sin x$，求 $y^{(n)}$.

【解】 $y'=\cos x=\sin\left(x+\dfrac{\pi}{2}\right)$

$$y''=\left[\sin\left(x+\frac{\pi}{2}\right)\right]'=\cos\left(x+\frac{\pi}{2}\right)=\sin\left(x+\frac{\pi}{2}+\frac{\pi}{2}\right)=\sin\left(x+\frac{2\pi}{2}\right)$$

$$y'''=\left[\sin\left(x+\frac{2\pi}{2}\right)\right]'=\cos\left(x+\frac{2\pi}{2}\right)=\sin\left(x+\frac{2\pi}{2}+\frac{\pi}{2}\right)=\sin\left(x+\frac{3\pi}{2}\right)$$

设 $n=k$ 时，$y^{(k)}=\sin\left(x+\dfrac{k\pi}{2}\right)$ 成立. 则，当 $n=k+1$ 时有

$$y^{(k+1)}=\sin\left(x+\frac{k\pi}{2}\right)'=\cos\left(x+\frac{k\pi}{2}\right)$$

$$=\sin\left(x+\frac{k\pi}{2}+\frac{\pi}{2}\right)=\sin\left(x+\frac{k+1}{\pi}\right)$$

用数学归纳法可得 $y^{(n)}=\sin\left(x+\dfrac{n\pi}{2}\right)$

同理可得 $\cos^{(n)}x=\cos\left(x+\dfrac{n\pi}{2}\right)$

2）二阶导数的力学意义

设物体作变速直线运动，其运动方程为 $S=S(t)$，则物体运动的速度是路程 S 对时间 t 的一阶导数，即 $v=S'(t)$；如果速度 v 仍可对时间 t 求导，即 $a=v'=S''(t)$. 在力学中，a 称为物体运动的加速度，也即是说，物体运动的加速度是路程 S 对时间 t 的二阶导数.

【例 3.25】 已知物体的运动方程为 $S=A\cos(\omega t+\varphi)$，其中 A,ω,φ 是常数，求物体运动的速度及加速度.

【解】 由 $S=A\cos(\omega t+\varphi)$，得

$$v=S'=-\omega A\sin(\omega t+\varphi)$$

所以 $$\alpha=S''=-\omega A\cos(\omega t+\varphi)\omega=-\omega^2A\cos(\omega t+\varphi)$$

习题 3.2

A 组

1. 求下列函数的导数.

(1) $y=3x^3+4x^2-2$　　(2) $y=6\sin x+\cos x$　　(3) $y=\sqrt{x}+\dfrac{1}{\sqrt{x}}-\dfrac{1}{x}$

(4) $y=x^\alpha+a^x+a^a$　　(5) $y=\ln x+3e^3$　　(6) $y=\ln x\sin x$

(7) $y=\sqrt{\sqrt{x\sqrt{x}}}$　　(8) $y=\dfrac{2^x}{x^2}$　　(9) $y=\dfrac{\sin x}{1+\cos x}$

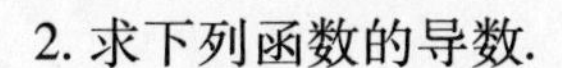

2. 求下列函数的导数.

(1) $y=(2x+3)^2$　　(2) $y=\ln\sin x$　　(3) $y=\ln(3x+\sqrt{x^2+1})$

(4) $y=\sin^2 x+\sin x^2$　　(5) $y=\cos(2x-3)$　　(6) $y=\sqrt{4-x^2}$

(7) $y=\ln\ln x$　　(8) $y=\ln\dfrac{1-x}{1+x}$　　(9) $y=(2x+1)^2(3x-2)^3$

(10) $y=\ln(x-\sqrt{x^2-4})$　　(11) $y=\cos^2(2x-3)$　　(12) $y=\left(\arctan\dfrac{1}{x}\right)^2$

3. 求由下列方程所确定的隐函数的导数.

(1) $y^3-2e^{y^2}+xy=0$　　(2) $y^2+ax^2-y=0$　　(3) $\ln y=\cos(x+y)-x$

(4) $e^y+xy+2=0$　　(5) $\sqrt{x}+\sqrt{y}=4$　　(6) $x^2+y^2-3xy=2$

4. 求椭圆$\dfrac{x^2}{2}+\dfrac{y^2}{4}=1$上点$(1,\sqrt{2})$处的切线方程和法线方程.

5. 求下列函数的高阶导数.

(1) $y=(2x+1)^4$,求$y''(2)$　　(2) $y=x^3\ln x$,求y''

(3) $y=\ln(1+x^2)$,求$y''(0)$　　(4) $y=\ln x$,求$y^{(n)}$

6. 设质点的运动方程为$S=6\cos\dfrac{\pi t}{3}$,求$t=1$时的速度与加速度.

应用与提高

1)取对数求导法

【例3.26】 求函数$y=x^{\sin x}(x>0)$的导数.

【解】 对$y=x^{\sin x}$两边取自然对数,得

$$\ln y=\ln x^{\sin x}=\sin x\ln x$$

由隐函数求导法则,方程两边同时对x求导,得

$$\frac{1}{y}\cdot y'=\cos x\ln x+\frac{\sin x}{x}$$

所以

$$y'=y\left(\cos x\ln x+\frac{\sin x}{x}\right)=x^{\sin x}\left(\cos x\ln x+\frac{\sin x}{x}\right)$$

【例3.27】 求$y=\sqrt{\dfrac{x(x-5)^2}{(x^2+1)^3}}$的导数.

【解】 两边取自然对数,得

$$\ln y=\frac{1}{2}[\ln x+2\ln(x-5)-3\ln(x^2+1)]$$

两边同时对x求导,得

$$\frac{1}{y}\cdot y'=\frac{1}{2}\left[\frac{1}{x}+\frac{2}{x-5}-\frac{6x}{x^2+1}\right]$$

所以
$$y'=\frac{y}{2}\left(\frac{1}{x}+\frac{2}{x-5}-\frac{6x}{x^2+1}\right)$$
$$=\frac{1}{2}\sqrt{\frac{x(x-5)^2}{(x^2+1)^3}}\left(\frac{1}{x}+\frac{2}{x-5}-\frac{6x}{x^2+1}\right)$$

可以看出取对数求导法适合于下列类型函数的求导:

(1)形如$[f(x)]^{g(x)}$的幂指函数;

(2)由若干个初等函数以及幂指函数经过乘方、开方、乘、除等运算组合而成的函数.

2)参数方程求导法

一般来说,参数方程$\begin{cases}x=\varphi(t)\\y=\phi(t)\end{cases}(\alpha\leqslant t\leqslant\beta)$确定了$y$是$x$的函数$y=f(x)$,则$y$对$x$的导数为:$\frac{\mathrm{d}y}{\mathrm{d}x}=\frac{\phi'(t)}{\varphi'(t)}$(假定$x=\varphi(t)$,$y=\phi(t)$都可导,且$\varphi'(t)\neq0$).

【例3.28】 求曲线$\begin{cases}x=a(\theta-\cos\theta)\\y=a(1-\cos\theta)\end{cases}$在$\theta=\frac{\pi}{4}$处切线的斜率.

【解】 因为
$$\frac{\mathrm{d}y}{\mathrm{d}x}=\frac{\frac{\mathrm{d}y}{\mathrm{d}\theta}}{\frac{\mathrm{d}x}{\mathrm{d}\theta}}=\frac{[a(1-\cos\theta)]'}{[a(\theta-\cos\theta)]'}=\frac{\sin\theta}{1+\sin\theta}$$

所以
$$k=\left.\frac{\mathrm{d}y}{\mathrm{d}x}\right|_{\theta=\frac{\pi}{4}}=\frac{\sin\frac{\pi}{4}}{1+\sin\frac{\pi}{4}}=\sqrt{2}-1$$

B 组

1. 若保持某柱体中的气体恒温,其压力P和体积V之间的变化关系可用式子:$P=\frac{nRT}{V-nb}-\frac{an^2}{V^2}$来刻画,其中$a,b,n,R$均为常数,求压力$P$关于体积$V$的变化率.

2. 求下列函数的二阶导数.

(1) $y=2x^2+\ln x$　　(2)$y=(x+1)\mathrm{e}^{x^2}$

3. 下列函数的导数.

(1)$y=(\sqrt{x}-1)(2\sqrt{x}+1)$　　(2)$y=\frac{1}{\sqrt{x}+1}+\frac{1}{\sqrt{x}-1}$

(3)$y=\frac{1+x-x^2}{1-x+x^2}$　　(4)$y=\frac{\sin x+1}{\sin x-1}$

(5)$y=\mathrm{e}^{x^2}\sin^2x$　　(6)$y=\arctan \mathrm{e}^{x^2}$

(7)$y=\sqrt{\sqrt{\sqrt{x^2+1}}}$　　(8)$y=2\sin^2\frac{1}{x^2}$

4. 已知$f(x)$可导,求下列函数的导数.

(1)$y=f(x^2)$　　(2)$y=f(\sin x^2+\cos^2x)$

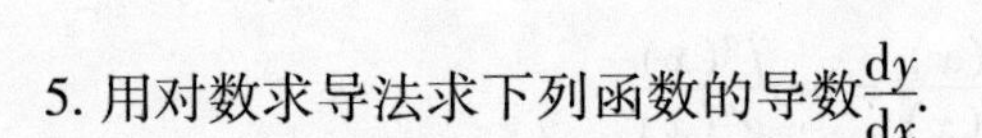

5. 用对数求导法求下列函数的导数$\frac{dy}{dx}$.

(1) $y=\left(1+\frac{1}{x}\right)^{x}$　　(2) $y=(1+x^{2})^{\tan x}$　　(3) $y=\frac{\sqrt{2x+1}}{(x^{2}+1)^{2}e^{\sqrt{x}}}$

6. 求由下列参数方程所确定的函数 $y=f(x)$ 的导数$\frac{dy}{dx}$.

(1) $\begin{cases}x=e^{2t}\sin t\\ y=e^{2t}\cos t\end{cases}$　　(2) $\begin{cases}x=\sin^{2}t\\ y=\cos^{2}t\end{cases}$

3.3　洛必达法则

如果当 $x\to x_0$ 或 $x\to\infty$ 时,两个函数 $f(x)$ 与 $g(x)$ 都趋于零或都趋于无穷大,那么极限 $\lim\limits_{\substack{x\to x_0\\(x\to\infty)}}\frac{f(x)}{g(x)}$可能存在,也可能不存在. 通常把这种极限称为"未定式",并分别简记为$\frac{0}{0}$或$\frac{\infty}{\infty}$. 对于未定式的极限,下面给出一种以导数为工具的计算方法——洛必达法则.

洛必达法则 1　若函数 $f(x)$ 和 $g(x)$ 满足条件:

(1) $\lim\limits_{x\to x_0}f(x)=\lim\limits_{x\to x_0}g(x)=0$;

(2) 在点 x_0 的附近(点 x_0 可以除外)可导,且 $g'(x)\neq 0$;

(3) $\lim\limits_{x\to x_0}\frac{f'(x)}{g'(x)}$存在或为$\infty$.

则

$$\lim_{x\to x_0}\frac{f(x)}{g(x)}=\lim_{x\to x_0}\frac{f'(x)}{g'(x)}$$

洛必达法则 2　若函数 $f(x)$ 和 $g(x)$ 满足条件:

(1) $\lim\limits_{x\to x_0}f(x)=\lim\limits_{x\to x_0}g(x)=\infty$;

(2) 在点 x_0 的附近(点 x_0 除外)可导,且 $g'(x)\neq 0$;

(3) $\lim\limits_{x\to x_0}\frac{f'(x)}{g'(x)}$存在或为$\infty$.

则

$$\lim_{x\to x_0}\frac{f(x)}{g(x)}=\lim_{x\to x_0}\frac{f'(x)}{g'(x)}$$

说　明

(1) 对于法则 1 与法则 2,若当 $|x|$ 足够大时,$f'(x)$ 与 $g'(x)$ 都存在,且 $g'(x)\neq 0$,则当 $x\to\infty$ 时,结论仍然成立.

(2) 若$\lim\limits_{x\to x_0}\frac{f'(x)}{g'(x)}\left(\text{或}\lim\limits_{x\to\infty}\frac{f'(x)}{g'(x)}\right)$仍是$\frac{0}{0}$或$\frac{\infty}{\infty}$型,且 $f'(x)$ 与 $g'(x)$ 满足法则的条件,则可以连续使用法则,即有

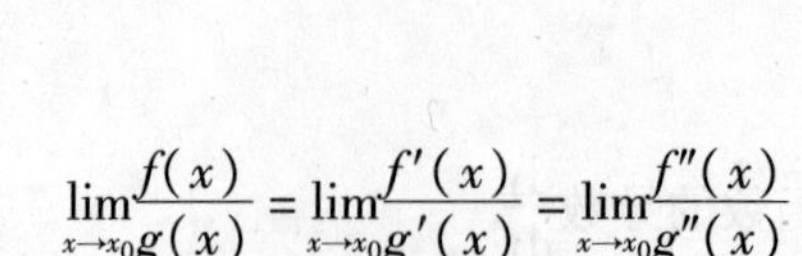

$$\lim_{x \to x_0}\frac{f(x)}{g(x)} = \lim_{x \to x_0}\frac{f'(x)}{g'(x)} = \lim_{x \to x_0}\frac{f''(x)}{g''(x)}$$

(3)使用洛必达法则前，必须检验是否属于$\frac{0}{0}$或$\frac{\infty}{\infty}$型未定式. 因为洛必达法则只能用于求$\frac{0}{0}$或$\frac{\infty}{\infty}$型未定式的极限.

【例 3.29】 求$\lim\limits_{x \to 1}\frac{x^3-3x+2}{x^3-x^2-x+1}$.

【解】 $\lim\limits_{x \to 1}\frac{x^3-3x+2}{x^3-x^2-x+1} \overset{\frac{0}{0}}{=\!=} \lim\limits_{x \to 1}\frac{3x^2-3}{3x^2-2x-1} \overset{\frac{0}{0}}{=\!=} \lim\limits_{x \to 1}\frac{6x}{6x-2} = \frac{3}{2}$

【例 3.30】 求$\lim\limits_{x \to 0}\frac{\ln(1+x)}{2x^2}$.

【解】 因为 $\lim\limits_{x \to 0}\frac{2x^2}{\ln(1+x)} \overset{\frac{0}{0}}{=\!=} \lim\limits_{x \to 0}\frac{4x}{\frac{1}{1+x}} = \lim\limits_{x \to 0}4x(1+x) = 0$

所以 $\lim\limits_{x \to 0}\frac{\ln(1+x)}{2x^2} = \infty$

【例 3.31】 求$\lim\limits_{x \to 0}\frac{e^x-e^{-x}-2x}{x-\sin x}$.

【解】
$$\lim_{x \to 0}\frac{e^x-e^{-x}-2x}{x-\sin x} = \lim_{x \to 0}\frac{e^x+e^{-x}-2}{1-\cos x}$$
$$= \lim_{x \to 0}\frac{e^x-e^{-x}}{\sin x}$$
$$= \lim_{x \to 0}\frac{e^x+e^{-x}}{\cos x} = 2$$

【例 3.32】 求$\lim\limits_{x \to +\infty}\frac{\frac{\pi}{2}-\arctan x}{\frac{1}{x}}$.

【解】
$$\lim_{x \to +\infty}\frac{\frac{\pi}{2}-\arctan x}{\frac{1}{x}} = \lim_{x \to +\infty}\frac{-\frac{1}{1+x^2}}{-\frac{1}{x^2}}$$
$$= \lim_{x \to +\infty}\frac{x^2}{1+x^2} = 1$$

【例 3.33】 求$\lim\limits_{x \to 0}\frac{x^2\sin\frac{1}{x}}{\sin x}$.

【解】 $\lim\limits_{x\to 0}\dfrac{x^2\sin\dfrac{1}{x}}{\sin x}$是$\dfrac{0}{0}$型未定式的极限问题，如果使用洛必达法则，分子与分母分别求导数后，将转化为

$$\lim_{x\to 0}\frac{x^2\sin\dfrac{1}{x}}{\sin x}=\lim_{x\to 0}\frac{2x\sin\dfrac{1}{x}-\cos\dfrac{1}{x}}{\cos x}$$

其中的 $\cos\dfrac{1}{x}$，当 $x\to 0$ 时，振荡无极限，因此洛必达法则失效.

但是原极限是存在的，可用以下方法求得：

$$\lim_{x\to 0}\frac{x^2\sin\dfrac{1}{x}}{\sin x}=\lim_{x\to 0}\left(\frac{x}{\sin x}\cdot x\sin\frac{1}{x}\right)=1\times 0=0$$

注 意

当洛必达法则失效时，并不能断定极限 $\lim\dfrac{f(x)}{g(x)}$不存在.

【例 3.34】 求 $\lim\limits_{x\to 0^+}\dfrac{\ln\cot x}{\ln x}$.

【解】 $$\lim_{x\to 0^+}\frac{\ln\cot x}{\ln x}\overset{\frac{\infty}{\infty}}{=\!=}\lim_{x\to 0^+}\frac{\dfrac{1}{\cot x}\cdot(-\csc^2 x)}{\dfrac{1}{x}}=-\lim_{x\to 0^+}\frac{x}{\sin x\cos x}=-1$$

【例 3.35】 求$\lim\limits_{x\to\frac{\pi}{2}}\dfrac{\tan x}{\tan 3x}$.

【解】 $$\lim_{x\to\frac{\pi}{2}}\frac{\tan x}{\tan 3x}\overset{\frac{\infty}{\infty}}{=\!=}\lim_{x\to\frac{\pi}{2}}\frac{\sec^2 x}{3\sec^2 3x}=\frac{1}{3}\lim_{x\to\frac{\pi}{2}}\frac{\cos^2 3x}{\cos^2 x}$$

$$\overset{\frac{0}{0}}{=\!=}\frac{1}{3}\lim_{x\to\frac{\pi}{2}}\frac{-6\cos 3x\sin 3x}{-2\cos x\sin x}=\lim_{x\to\frac{\pi}{2}}\frac{\sin 6x}{\sin 2x}$$

$$\overset{\frac{0}{0}}{=\!=}\lim_{x\to\frac{\pi}{2}}\frac{6\cos 6x}{2\cos 2x}=3$$

对于其他类型的未定式，如“$0\cdot\infty$”“$\infty-\infty$”“0^0”“1^∞”“∞^0”等，先将它们转化为“$\dfrac{0}{0}$”与“$\dfrac{\infty}{\infty}$”型的未定式后，再使用洛必达法则.

【例 3.36】 求 $\lim\limits_{x\to 0^+}x\ln x$.

【解】 $\lim\limits_{x\to 0^+} x\ln x \overset{0\cdot\infty}{=\!=\!=} \lim\limits_{x\to 0^+}\dfrac{\ln x}{\frac{1}{x}} \overset{\frac{\infty}{\infty}}{=\!=\!=} \lim\limits_{x\to 0^+}\dfrac{\frac{1}{x}}{-\frac{1}{x^2}} = -\lim\limits_{x\to 0^+} x = 0$

【例 3.37】 求$\lim\limits_{x\to\frac{\pi}{2}}(\sec x-\tan x)$.

【解】

$$\lim_{x\to\frac{\pi}{2}}(\sec x-\tan x) \overset{\infty-\infty}{=\!=\!=\!=} \lim_{x\to\frac{\pi}{2}}\left(\frac{1}{\cos x}-\frac{\sin x}{\cos x}\right)$$

$$=\lim_{x\to\frac{\pi}{2}}\frac{1-\sin x}{\cos x} \overset{\frac{0}{0}}{=\!=\!=} \lim_{x\to\frac{\pi}{2}}\frac{-\cos x}{-\sin x}=0$$

习题 3.3

A 组

1. 求下列极限.

(1) $\lim\limits_{x\to 2}\dfrac{x^2-4}{x^3-x^2-4}$　(2) $\lim\limits_{x\to 0}\dfrac{e^x-e^{-x}}{\sin x}$　(3) $\lim\limits_{x\to a}\dfrac{x^m-a^m}{x^n-a^n}$　$(a\neq 0)$

(4) $\lim\limits_{x\to\infty}x(e^{\frac{1}{x}}-1)$　(5) $\lim\limits_{x\to 0}\dfrac{\tan x-x}{x-\sin x}$　(6) $\lim\limits_{x\to\pi}(\csc x-\cot x)$

(7) $\lim\limits_{x\to+\infty}\dfrac{\ln(1+e^x)}{1+x}$　(8) $\lim\limits_{x\to 1}\left(\dfrac{x}{x-1}-\dfrac{1}{\ln x}\right)$　(9) $\lim\limits_{x\to 0^+}\sin x\cdot\ln x$

2. 求下列极限.

(1) $\lim\limits_{x\to+\infty}\dfrac{e^x+e^{-x}}{e^x-e^{-x}}$　(2) $\lim\limits_{x\to\infty}\dfrac{x+\cos x}{x}$

应用与提高

1) 拉格朗日中值定理

定理 3.3（拉格朗日中值定理） 如果函数 $y=f(x)$ 满足下列条件：

(1) 在闭区间 $[a,b]$ 上连续；

(2) 在开区间 (a,b) 内可导.

那么在 (a,b) 内至少存在一点 $\xi\in(a,b)$，使得

$$f'(\xi)=\frac{f(b)-f(a)}{b-a} \text{或} f(b)-f(a)=f'(\xi)(b-a)$$

几何解释： 如果曲线 $y=f(x)$ 在除端点外的每一点都有不平行于 y 轴的切线，则曲线上至少存在一点 C，该点的切线平行于两端点的连线 AB 弦，如图 3.5 所示.

拉格朗日中值定理表明，函数 $y=f(x)$ 在区间 $[a,b]$ 上的增量 $\Delta y=f(b)-f(a)$ 可用区

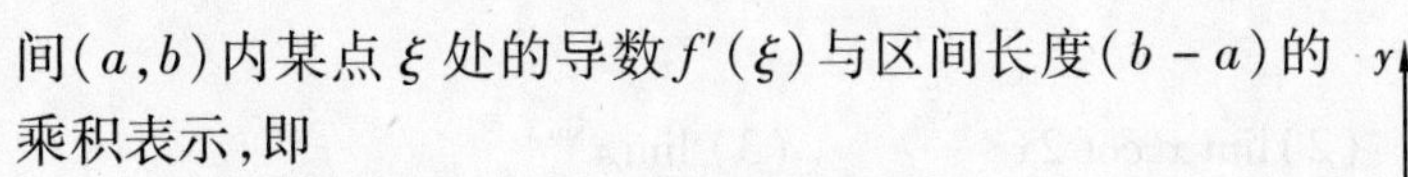

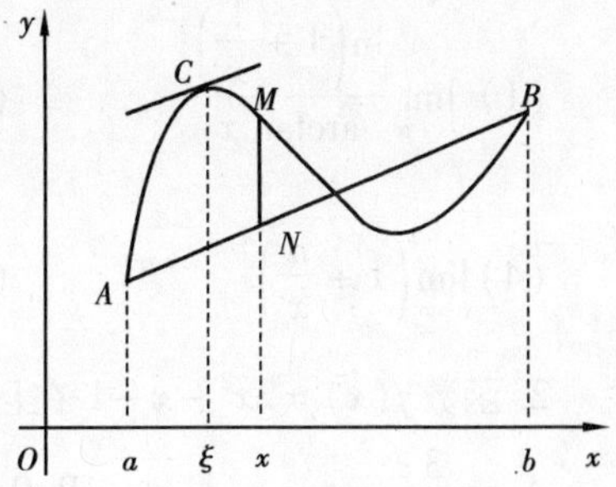

间(a,b)内某点ξ处的导数$f'(\xi)$与区间长度$(b-a)$的乘积表示，即

$$f(b)-f(a)=f'(\xi)(b-a)$$

中值定理的不足之处在于只解决了点ξ的存在问题，点ξ的确切位置还是未知，但不影响其应用.

拉格朗日中值定理是导数应用的理论基础.

图3.5

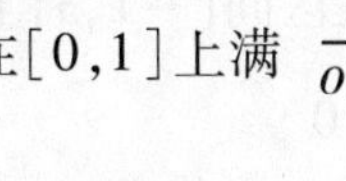

【例3.38】　验证函数$f(x)=\arctan x$在$[0,1]$上满足拉格朗日中值定理，并由结论求ξ的值.

【解】　函数$f(x)=\arctan x$在$[0,1]$上连续，在$(0,1)$内可导，满足拉格朗日中值定理的条件，则$f(1)-f(0)=f'(\xi)(1-0)(0<\xi<1)$.

$$\arctan 1-\arctan 0=\frac{1}{1+x^2}\Big|_{x=\xi}=\frac{1}{1+\xi^2}$$

所以　$\dfrac{1}{1+\xi^2}=\dfrac{\pi}{4}\Rightarrow\xi=\sqrt{\dfrac{4-\pi}{\pi}}(0<\xi<1)$

由拉格朗日中值定理容易得到下面两个结论：

(1)若在(a,b)内的任一点处有$f'(x)=0$，则在(a,b)内$f(x)=c$(c为常数).

(2)若两个函数$f(x)$和$g(x)$在(a,b)内的任一点处有$f'(x)=g'(x)$，则在(a,b)内$f(x)$与$g(x)$相差一个常数，即$f(x)=g(x)+c$(c为常数).

2)未定式的极限举例

【例3.39】　求$\lim\limits_{x\to0}\dfrac{3x-\sin 3x}{\tan^2x\ln(1+x)}$.

【解】　当$x\to0$时，$\tan x\sim x$，$\ln(1+x)\sim x$，所以

$$\lim_{x\to0}\frac{3x-\sin 3x}{\tan^2x\ln(1+x)}=\lim_{x\to0}\frac{3x-\sin 3x}{x^3}\xlongequal{\frac{0}{0}}\lim_{x\to0}\frac{3-3\cos 3x}{3x^2}\xlongequal{\frac{0}{0}}\lim_{x\to0}\frac{3\sin 3x}{2x}=\frac{9}{2}$$

【例3.40】　求$\lim\limits_{x\to0^+}(\cot x)^{\frac{1}{\ln x}}$.

【解】　$\lim\limits_{x\to0^+}(\cot x)^{\frac{1}{\ln x}}$是“$\infty^0$”型未定式极限.

因为　$(\cot x)^{\frac{1}{\ln x}}=e^{\ln(\cot x)^{\frac{1}{\ln x}}}=e^{\frac{\ln\cot x}{\ln x}}$

所以　$\lim\limits_{x\to0^+}(\cot x)^{\frac{1}{\ln x}}=\lim\limits_{x\to0^+}e^{\frac{\ln\cot x}{\ln x}}=e^{\lim\limits_{x\to0^+}\frac{\ln\cot x}{\ln x}}$

因为　$\lim\limits_{x\to0^+}\dfrac{\ln\cot x}{\ln x}\xlongequal{\frac{\infty}{\infty}}\lim\limits_{x\to0^+}\dfrac{-\tan x\csc^2x}{\dfrac{1}{x}}=-\lim\limits_{x\to0^+}\dfrac{1}{\cos x}\cdot\dfrac{x}{\sin x}=-1$

所以　$\lim\limits_{x\to0^+}(\cot x)^{\frac{1}{\ln x}}=e^{-1}$

B　组

1.求下列极限.

(1) $\lim\limits_{x\to+\infty}\dfrac{\ln\left(1+\dfrac{1}{x}\right)}{\arctan x}$　　(2) $\lim\limits_{x\to0}x\cot 2x$　　(3) $\lim\limits_{x\to0^+}x^{\sin x}$

(4) $\lim\limits_{x\to\infty}\left(1+\dfrac{a}{x}\right)^x$　　(5) $\lim\limits_{x\to0}(1+\sin x)^{\frac{1}{x}}$　　(6) $\lim\limits_{x\to\left(\frac{\pi}{2}\right)^+}\dfrac{\ln\left(x-\dfrac{\pi}{2}\right)}{\tan x}$

2. 函数 $f(x)=2x^2-x+1$ 在区间 $[-1,3]$ 上满足拉格朗日中值定理的 $\xi=($　　$)$.

A. $-\dfrac{3}{4}$　　B. 0　　C. $\dfrac{3}{4}$　　D. 1

3. 设函数 $f(x)$ 在 $[a,b]$ 上连续，在 (a,b) 内可导，且 $f(a)=f(b)$，则曲线 $y=f(x)$ 在 (a,b) 内平行于 x 轴的切线(　　).

A. 仅有一条　　B. 至少有一条　　C. 不一定存在　　D. 不存在

3.4　函数的单调性与极值

现在将以导数为工具，研究函数的单调性、极值和最值等问题.

3.4.1　函数的单调性与极值

1)函数的单调性

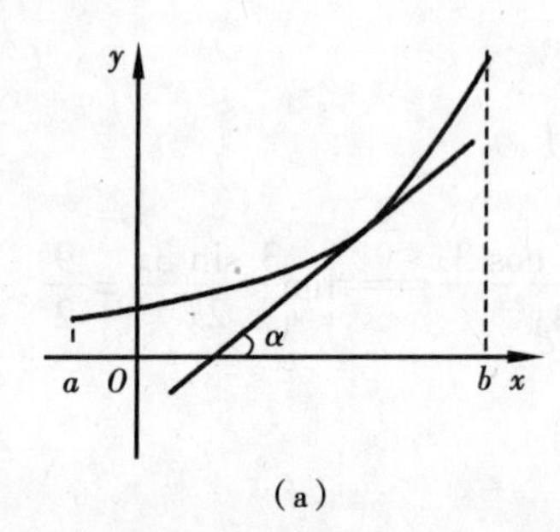

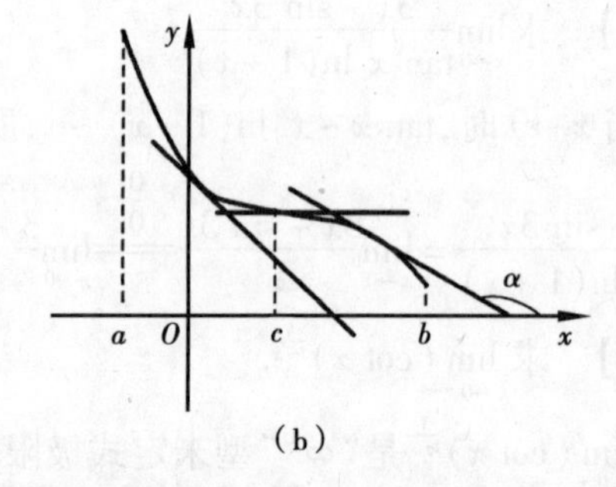

图 3.6

如图 3.6(a)所示，如果在区间 (a,b) 内，曲线上每一点处的切线的倾斜角都是锐角，即切线的斜率都为正值($k=\tan\alpha=f'(x)>0$)，则曲线是上升的，即函数 $f(x)$ 在 (a,b) 内单调增加. 如图 3.6(b)所示，如果在区间 (a,b) 内，曲线上每一点处的切线的斜率都为负值($k=\tan\alpha=f'(x)<0$)，则曲线是下降的，即函数 $f(x)$ 在 (a,b) 内单调减少.

对于上升或下降的曲线，它的切线在个别点处可能平行于 x 轴(即导数等于零)，如图 3.6(b)中的点 c.

一般地，有下面的定理:

定理 3.4　设函数 $f(x)$ 在 $[a,b]$ 上连续，在 (a,b) 内可导，对任意的 $x\in(a,b)$，有

(1)函数 $f(x)$ 在 (a,b) 内单调增加的充分必要条件是 $f'(x)\geqslant0$;

(2)函数 $f(x)$ 在 (a,b) 内单调减少的充分必要条件是 $f'(x)\leqslant0$.

说 明

(1) $f'(x) \geqslant 0$ 或 $f'(x) \leqslant 0$，等号只是在个别点处成立；

(2) 此定理中的闭区间换成其他各种区间(包括无穷区间)，结论仍成立.

2)函数的极值

定义 3.2 设函数 $f(x)$ 在点 x_0 的附近有定义，如果对 x_0 附近内的任意一点 $x(x \neq x_0)$，恒有 $f(x) < f(x_0)$ (或 $f(x) > f(x_0)$)，那么称 $f(x_0)$ 是函数 $f(x)$ 的一个极大值(或极小值)，而 x_0 称为函数 $f(x)$ 的极大值点(或极小值点).

函数的极大值与极小值统称为函数的极值，极大值点与极小值点统称为极值点.

函数的极值是一个局部性概念. 它只表明了函数 $f(x)$ 在点 x_0 处附近的性态，只是在与极值点邻近的所有点的函数值相比较而言，并不意味着它在函数的整个定义区间内为最大或最小. 如图3.7所示，设函数 $f(x)$ 定义在 $[a,b]$ 上，函数 $f(x)$ 在点 x_1 和 x_3 处各取得极大值，在点 x_2 和 x_4 处各取得极小值，极大值 $f(x_1)$ 还小于极小值 $f(x_4)$. 这些极大值都不是函数在定义区间上的最大值，极小值也不是函数在定义区间上的最小值.

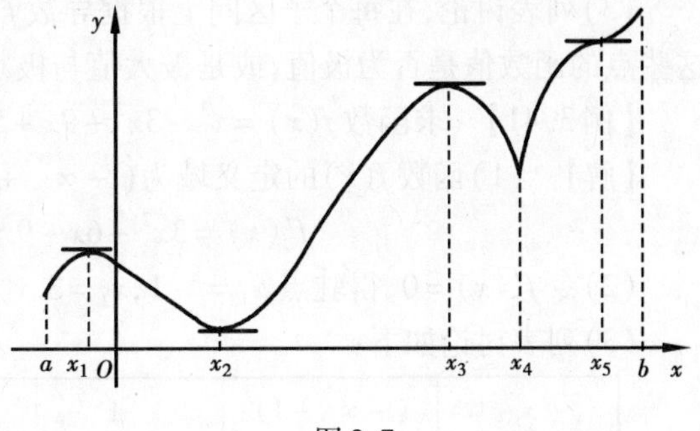

图 3.7

由图 3.7 可以看出，在极值点处如果曲线有切线存在，那么切线平行于 x 轴，即切线的斜率为零. 但是，曲线在某点处有平行于 x 轴的切线，这一点却不一定是极值点，如图 3.7 中的点 x_5.

定理 3.5(极值存在的必要条件) 如果函数 $f(x)$ 在 x_0 处可导，且在点 x_0 处取得极值，那么 $f'(x_0)=0$.

说 明

(1) 定理的逆命题不成立. 即导数为零的点不一定是极值点.

使 $f'(x)=0$ 的点 x 称为函数 $f(x)$ 的驻点. 驻点可能是极值点，也可能不是极值点. 例如，$y=x^3$ 在点 $x=0$ 处的导数等于零，显然 $x=0$ 不是 $y=x^3$ 的极值点.

(2) 定理的条件之一是函数在点 x_0 处可导，而导数不存在(但连续)的点也有可能是极值点. 例如，函数 $f(x)=|x|$ 在点 $x=0$ 处不可导，但函数在该点取得极小值.

(3) 函数的极值点一定出现在区间的内部.

因此，函数所有可能的极值点是导数为零的点(驻点)和导数不存在的点.

怎样判定函数在驻点或不可导的点处究竟是否取得极值？如果是的话，究竟取得极大

值还是极小值？下面给出两个判定极值的充分条件.

定理3.6(**极值的一阶导数判定法**)　设函数$f(x)$在点x_0处连续，并且在点x_0的附近可导(点x_0可除外)，x在x_0的附近由小增大经过x_0时，如果

(1)$f'(x)$由正变负，那么$f(x_0)$是$f(x)$的极大值；

(2)$f'(x)$由负变正，那么$f(x_0)$是$f(x)$的极小值；

(3)$f'(x)$不改变符号，那么$f(x_0)$不是$f(x)$的极值.

简单地说，若$f(x)$在点x_0左增右减，则$f(x_0)$是极大值；若$f(x)$在点x_0左减右增，则$f(x_0)$是极小值；若$f(x)$在点x_0左右增减性一致，则$f(x_0)$不是极值.或者说增减区间的分界点即为极值点.

用函数的一阶导数讨论连续函数的单调性与极值时，可按以下步骤进行：

(1)求出函数的定义域及一阶导数$f'(x)$；

(2)求出函数所有可能的极值点，即导数为零的点和导数不存在的点，这些点将定义域划分为若干个子区间；

(3)列表讨论，在每个子区间上根据导数$f'(x)$的正负来确定函数的单调性，从而判断这些点的函数值是否为极值，或是极大值与极小值.

【例3.41】　求函数$f(x)=x^3-3x^2-9x+5$的单调区间与极值.

【解】　(1)函数$f(x)$的定义域为$(-\infty,+\infty)$，且

$$f'(x)=3x^2-6x-9=3(x+1)(x-3)$$

(2)令$f'(x)=0$，得驻点$x_1=-1$，$x_2=3$.

(3)列表讨论如下：

x	$(-\infty,-1)$	-1	$(-1,3)$	3	$(3,+\infty)$
$f'(x)$	+	0	−	0	+
$f(x)$	↑	极大值10	↓	极小值−22	↑

(4)函数$f(x)$在区间$(-\infty,-1)$及$(3,+\infty)$内单调增加；在区间$(-1,3)$内单调减少.极大值为$f(-1)=10$，极小值为$f(3)=-22$.

【例3.42】　求函数$f(x)=(x-4)\sqrt[3]{(x+1)^2}$的单调区间与极值.

【解】　(1)函数$f(x)$的定义域为$(-\infty,+\infty)$，且

$$f'(x)=\frac{5(x-1)}{3\sqrt[3]{x+1}}$$

(2)令$f'(x)=0$，得驻点$x=1$；而$x=-1$为$f(x)$的不可导点.

(3)列表讨论如下：

x	$(-\infty,-1)$	-1	$(-1,1)$	1	$(1,+\infty)$
$f'(x)$	+	不存在	−	0	+
$f(x)$	↑	极大值0	↓	极小值$-3\sqrt[3]{4}$	↑

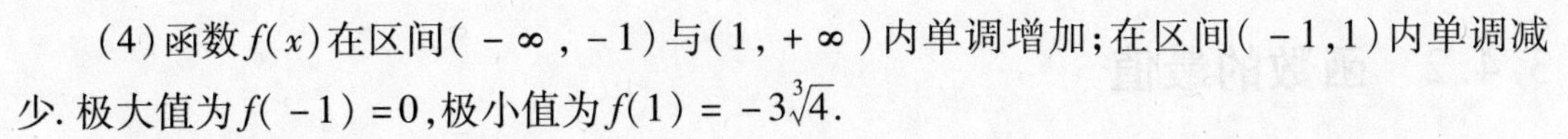

(4) 函数 $f(x)$ 在区间 $(-\infty,-1)$ 与 $(1,+\infty)$ 内单调增加；在区间 $(-1,1)$ 内单调减少. 极大值为 $f(-1)=0$，极小值为 $f(1)=-3\sqrt[3]{4}$.

【例 3.43】　求函数 $y=\dfrac{x^4}{4}-x^3$ 的单调区间与极值.

【解】　函数的定义域为 $(-\infty,+\infty)$，$y'=x^3-3x^2=x^2(x-3)$.

令 $y'=0$，即 $x^2(x-3)=0$，得驻点 $x_1=0$，$x_2=3$.

点 $x_1=0$ 和 $x_2=3$ 将定义域分成三个子区间 $(-\infty,0)$，$(0,3)$，$(3,+\infty)$，列表讨论如下：

x	$(-\infty,0)$	0	$(0,3)$	3	$(3,+\infty)$
y'	$-$	0	$-$	0	$+$
y	↓		↓	$y(3)=-\dfrac{27}{4}$ 极小值	↑

由上表知，函数 $f(x)$ 在区间 $(-\infty,3)$ 内单调减少，在区间 $(3,+\infty)$ 内单调增加；当 $x=3$ 时，函数有极小值 $y(3)=-\dfrac{27}{4}$.

若函数 $f(x)$ 在驻点处的二阶导数存在且不等于零时，也可以利用下述定理来判定 $f(x)$ 在驻点处取得极大值还是极小值.

定理 3.7（极值的二阶导数判定法）　设函数 $f(x)$ 在点 x_0 处有二阶导数，且 $f'(x_0)=0$，$f''(x_0)\neq 0$.

(1) 如果 $f''(x_0)<0$，则 $f(x_0)$ 为函数 $f(x)$ 的极大值；

(2) 如果 $f''(x_0)>0$，则 $f(x_0)$ 为函数 $f(x)$ 的极小值.

注 意

当 $f''(x_0)=0$ 时，不能断定函数 $f(x)$ 在点 x_0 处是否取得极值. 例如，函数 $f(x)=x^3$，有 $f'(0)=f''(0)=0$，但点 $x=0$ 不是极值点；而函数 $f(x)=2x^4$，有 $f'(0)=f''(0)=0$，而点 $x=0$ 却是极小值点. 因此，当 $f''(x_0)=0$ 时，二阶导数判定法失效，而采用一阶导数判定法.

【例 3.44】　求函数 $f(x)=x^3-3x^2-9x+5$ 的极值.

【解】　函数 $f(x)$ 的定义域为 $(-\infty,+\infty)$，$f'(x)=3x^2-6x-9=3(x-3)(x+1)$.

令 $f'(x)=0$，即 $3(x-3)(x+1)=0$，得驻点 $x_1=-1$，$x_2=3$.

又 $f''(x)=6x-6=6(x-1)$.

由于 $f''(-1)=-12<0$，所以 $f(-1)=10$ 为函数的极大值；

又由于 $f''(3)=12>0$，所以 $f(3)=-22$ 为函数的极小值.

3.4.2 函数的最值

函数的极值是一个局部性概念，而最大值、最小值是一个整体性概念，是函数在所考察的整个区间上全部数值中的最大者、最小者，最大值与最小值都只有一个. 在实际应用中，常常会遇到这样一类问题：在一定条件下，怎样使"产品最多"、"用料最省"、"成本最低"、"效率最高"等问题，这类问题在数学上有时可归结为求某一函数（通常称为目标函数）的最大值或最小值问题.

1）函数的最大值与最小值

设函数 $y=f(x)$ 在闭区间 $[a,b]$ 上连续，则函数 $f(x)$ 在 $[a,b]$ 上一定存在最大值和最小值，并且最大值和最小值只可能在极值点或闭区间的端点处取得. 因此，求连续函数 $f(x)$ 在闭区间 $[a,b]$ 上最值的步骤如下：

（1）求出函数 $f(x)$ 在 (a,b) 内的所有 $f'(x)=0$ 和 $f'(x)$ 不存在的点；

（2）计算上述各点及两个端点的函数值；

（3）比较这些函数值的大小，其中最大者即为最大值，最小者即为最小值.

【例 3.45】 已知函数 $f(x)=\frac{1}{3}x^3-\frac{5}{2}x^2+4x$，求 $f(x)$ 在 $[-1,2]$ 上的最大值和最小值.

【解】 所给函数在 $[-1,2]$ 上连续，$f'(x)=x^2-5x+4=(x-4)(x-1)$.

令 $f'(x)=0$，得驻点 $x_1=1, x_2=4$. 由于 $x_2=4\notin[-1,2]$，因此舍掉.

因为 $f(1)=\frac{11}{6}, f(-1)=-\frac{41}{6}, f(2)=\frac{2}{3}$，所以 $f(x)$ 在 $[-1,2]$ 上的最大值点为 $x=1$，最大值为 $f(1)=\frac{11}{6}$；最小值点为 $x=-1$，最小值为 $f(-1)=-\frac{41}{6}$.

2）最值问题应用举例

如果连续函数 $f(x)$ 在 (a,b) 内有且仅有一个极大值，而无极小值，那么这个极大值就是函数 $f(x)$ 在 (a,b) 内的最大值；如果连续函数 $f(x)$ 在 (a,b) 内有且仅有一个极小值，而无极大值，那么这个极小值就是函数 $f(x)$ 在 (a,b) 内的最小值. 在求最大值或最小值的实际应用问题中常遇到这样的情形，对于这样的问题可以用求极值的方法来解决.

【例 3.46】 假设某工厂生产某产品 x（千件）的成本是 $C(x)=x^3-6x^2+15x$，售出该产品 x 千件的收入是 $R(x)=9x$. 问是否存在一个取得最大利润的生产水平？如果存在，找出这个生产水平.

【解】 由题意知，售出 x 千件产品的利润是 $L(x)=R(x)-C(x)$，即

$$L(x)=-x^3+6x^2-6x$$

如果 $L(x)$ 取得最大值，那么它一定在使得 $L'(x)=0$ 的生产水平处获得.

令 $L'(x)=R'(x)-C'(x)=0$

得 $x^2-4x+2=0$

解得 $x_1=2-\sqrt{2}\approx 0.586, x_2=2+\sqrt{2}\approx 3.414$

又 $L''(x)=-6x+12, L''(2-\sqrt{2})>0, L''(2+\sqrt{2})<0$，所以在 $x_2=3.414$ 处达到最大利润，而在 $x_1=0.586$ 处发生局部最大亏损.

在经济学中，称 $C'(x)$ 为边际成本，$R'(x)$ 为边际收入，$L'(x)$ 为边际利润. 上述结果表明：在给出最大利润的生产水平上，$R'(x)=C'(x)$，即边际收入等于边际成本. 上面的结果从图 3.8 中的成本曲线和收入曲线中可以看出.

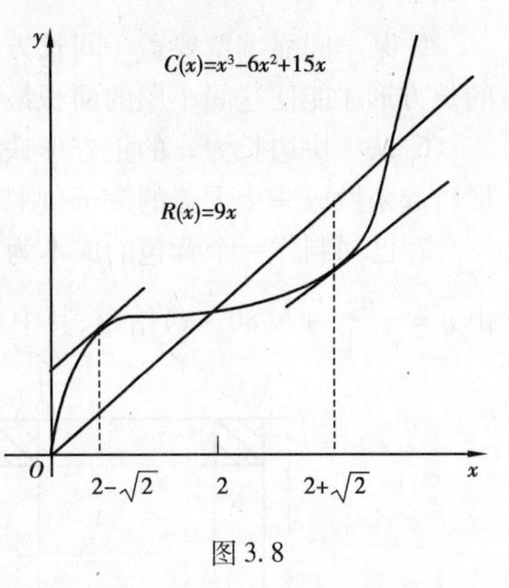

图 3.8

【例 3.47】 某人利用原材料每天要制作 5 个储藏橱. 加入外来木材的运送成本为 6 000 元，而储存每个单位材料的成本为 8 元. 为使他的两次运送期间的制作周期内平均每天的成本最小，每次他应该订多少原材料以及多长时间订一次货？

【解】 设每 x 天订一次货，那么在运送周期内必须订 $5x$ 单位材料. 而平均储存量为一半，即$\frac{5x}{2}$. 因此

$$每个周期的成本=运送成本+贮存成本=6\ 000+\frac{5x}{2}\cdot x\cdot 8$$

$$平均成本 \quad \overline{C}(x)=\frac{每个周期的成本}{x}=\frac{6\ 000}{x}+20x(x>0)$$

由$\overline{C}'(x)=-\frac{6\ 000}{x^2}+20=0$，得驻点 $x_1=10\sqrt{3}\approx 17.32$，$x_2=-10\sqrt{3}\approx -17.32$(舍去).

因为$\overline{C}''(x)=\frac{12\ 000}{x^3}$，而$\overline{C}''(x_1)>0$，所以在 $x_1=10\sqrt{3}\approx 17.32$ 天处取得最小值. 即储藏橱制作者应该安排每隔 17 天运送 $5\times 17=85$ 单位外来木材.

习题 3.4

A 组

1. 求下列函数的单调区间与极值.

(1) $y=x^3-3x^2+5$ (2) $y=x^4-2x^2-5$ (3) $y=\sqrt{2x-x^2}$

(4) $y=\sqrt{2+x-x^2}$ (5) $y=x-\ln(1+x)$ (6) $y=x+\sqrt{1-x}$

2. 利用极值的二阶导数判定法，判断下列函数的极值.

(1) $y=4x^3-3x^2-6x+4$ (2) $y=2x^2-x^4$ (3) $y=(x^2-1)^3+1$

3. 试问 a 为何值时，函数 $f(x)=a\sin x+\frac{1}{3}\sin 3x$ 在 $x=\frac{\pi}{3}$处取得极值，并求此极值.

4. 求下列函数的最值.

(1) $y=2x^3-3x^2, -1\leqslant x\leqslant 4$ (2) $y=x^4-8x^2+2, -1\leqslant x\leqslant 3$

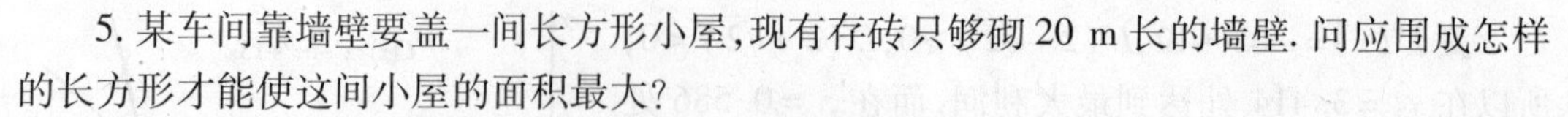

5. 某车间靠墙壁要盖一间长方形小屋,现有存砖只够砌 20 m 长的墙壁. 问应围成怎样的长方形才能使这间小屋的面积最大?

6. 从一块边长为 a 的正方形铁皮的四角上截去同样大小的正方形,然后按虚线把四边形折起来做成一个无盖的盒子(图 3.9),问要截去多大的小方块,才能使盒子的容量最大?

7. 已知制作一个背包的成本为 40 元. 如果每一个背包的售出价为 x 元. 售出的背包数由 $n=\dfrac{a}{x-40}+b(80-x)$ 给出,其中 a,b 为正常数. 求能带来最大利润的售价.

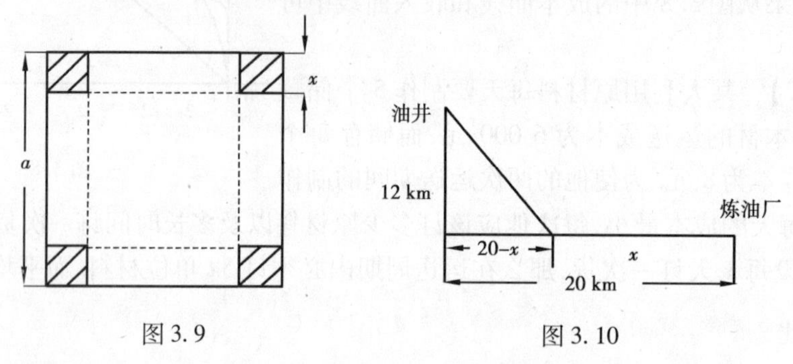

图 3.9　　　　图 3.10

8. 用输油管把离岸 12 km 的一座油田和沿岸向东 20 km 处的炼油厂连接起来(图 3.10). 如果水下输油管的铺设成本为 5 万元/km,陆地的铺设成本为 3 万元/km. 如何组合水下和陆地的输油管使得铺设费用最少?

B 组

1. 证明下列不等式.

(1) 当 $x>0$ 时,$1+\dfrac{1}{2}x>\sqrt{1+x}$　　　　(2) 当 $0<x<\dfrac{\pi}{2}$ 时,$\sin x+\tan x>2x$

2. 设生产一批某产品的固定成本为 10 000 元,可变成本与产品日产量 x t 的立方成正比,已知日产量为 20 t 时,总成本为 10 320 元,问日产量为多少 t 时,能使平均成本最低? 并求最低平均成本(假定日最高产量为 100 t).

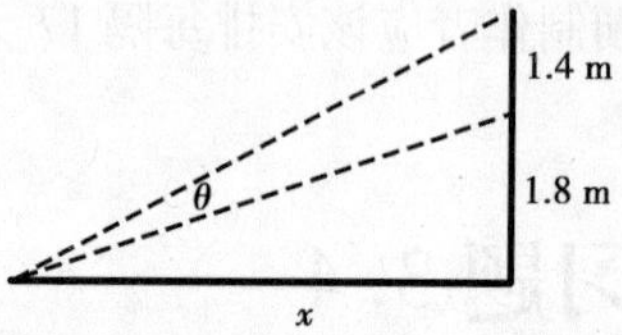

3. 设一张 1.4 m 高的图片挂在墙上,它的底边高于观察者的眼睛 1.8 m,如图 3.11 所示. 问观察者应距墙多远处看图才最清楚?

图 3.11

4. 某厂生产某种商品,其年销售量为 100 万件,每批生产需增加准备费 1 000 元,而每件的库存费为 0.05 元. 如果年销售率是均匀的,且上批销售完后,立即再生产下一批(此时商品库存数为批量的一半),问应分几批生产,能使生产准备费及库存费之和最小?

5. 某商品的需求函数是 $Q=2\,500-40P$,其中 P 为价格,Q 为需求量. 固定成本为 1 000 元,每生产一个单位的商品,成本增加 30 元,并假定生产的商品能够全部售出,每单位商品国家征税 0.5 元. 问商品单价应定为多少才能获得最大利润? 最大利润是多少?

3.5 曲线的凹凸性

研究函数图象的变化状况时,仅仅知道它的上升和下降规律还不够,还不能完全反映图象的变化规律. 如图 3.12 所示,曲线在区间(a,b)内,虽然一直是上升的,却有不同的弯曲方向,在点 P 的左侧曲线向上弯曲,称曲线是凹的;在点 P 的右侧曲线改变了弯曲方向,向下弯曲,称曲线是凸的. 因此,在研究函数的图象时,考察曲线的弯曲方向及改变弯曲方向的分界点是很有必要的.

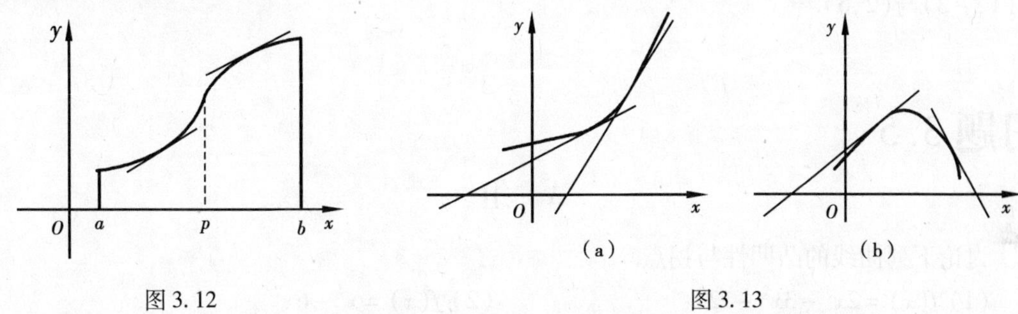

图 3.12　　图 3.13

定义 3.3　设函数 $y=f(x)$ 在(a,b)内可导,如果曲线弧总位于其上任一点的切线下方,则称曲线弧在(a,b)内是凸的(图 3.13(b));如果曲线弧总位于其上任一点的切线上方,则称曲线弧在(a,b)内是凹的(图 3.13(a)). 连续曲线凹弧与凸弧的分界点称为曲线的拐点.

下面给出曲线凹凸性的二阶导数判定法.

定理 3.8　设函数在$[a,b]$上连续,在(a,b)内二阶可导.

(1)若在(a,b)内,$f''(x)<0$,则曲线弧 $y=f(x)$ 在(a,b)内为凸的;

(2)若在(a,b)内,$f''(x)>0$,则曲线弧 $y=f(x)$ 在(a,b)内为凹的.

注 意

定理中的区间若为无穷区间,结论仍成立.

由于曲线的拐点是曲线凹弧与凸弧的分界点,所以在拐点的左右邻近 $f''(x)$ 必然异号. 因此,在拐点处有 $f''(x)=0$ 或 $f''(x)$ 不存在,但是 $f''(x)=0$ 或 $f''(x)$ 不存在的点不一定是曲线的拐点.

求曲线的凹凸区间与拐点的一般步骤:

(1)确定函数 $f(x)$ 的定义域,并求 $f''(x)$;

(2)求出 $f''(x)=0$ 及 $f''(x)$ 不存在的点,这些点将定义域划分为若干个子区间;

(3)在每一个子区间内,考察 $f''(x)$ 符号,从而判定曲线的凹凸区间与拐点.

【例 3.48】　讨论曲线 $f(x)=x^4-6x^3+12x^2-10$ 的凹凸性和拐点.

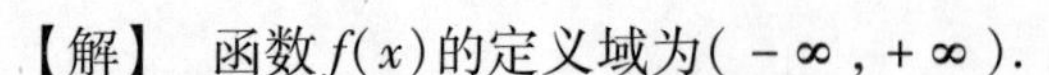

【解】 函数$f(x)$的定义域为$(-\infty,+\infty)$.

$f'(x)=4x^3-18x^2+24x, f''(x)=12x^2-36x+24=12(x-1)(x-2)$

令$f''(x)=0$，得$x=1, x=2$.

列表讨论如下（∪表示凹弧，∩表示凸弧）：

x	$(-\infty,1)$	1	$(1,2)$	2	$(2,+\infty)$
y''	+	0	−	0	+
y	∪	拐点$(1,-3)$	∩	拐点$(2,6)$	∪

所以，曲线在区间$(-\infty,1)$与$(2,+\infty)$内为凹弧，在区间$(1,2)$内为凸弧. 曲线的拐点为$(1,-3)$与$(2,6)$.

习题 3.5

A 组

讨论下列曲线的凸凹性与拐点.

(1) $f(x)=2x^3-3x^2-12x$

(2) $f(x)=x^4-6x^2$

(3) $f(x)=x^{\frac{1}{3}}(x+4)$

(4) $f(x)=\cos x, 0\leqslant x\leqslant 2\pi$

应用与提高

【例 3.49】 当a,b为何值时，点$(1,3)$为曲线$y=ax^3+bx^2$的拐点？

【解】 因为点$(1,3)$为曲线的拐点，所以点$(1,3)$在曲线上，因此$a+b=3$.

又$y'=3ax^2+2bx, y''=6ax+2b$，因为点$(1,3)$为拐点，所以在点$(1,3)$处$y''=0$，即

$$6a+2b=0\Rightarrow 3a+b=0$$

因此可得 $\begin{cases} a=-\dfrac{3}{2} \\ b=\dfrac{9}{2} \end{cases}$

B 组

已知曲线$y=ax^3+bx^2+x+2$有一个拐点$(-1,3)$，求a,b的值.

3.6 导数在经济分析中的应用

下面介绍导数概念在经济活动中的两个重要应用——边际分析与弹性分析.

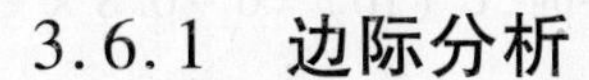

3.6.1 边际分析

1)函数变化率——边际函数

边际概念是经济学中的一个重要概念,通常是经济变量的变化率.

定义 3.4 函数 $f(x)$ 在点 x 处的导数 $f'(x)$ 称为函数 $f(x)$ 的边际函数,而 $f'(x_0)$ 称为函数 $f(x)$ 在点 x_0 处的边际函数值.

边际函数值 $f'(x_0)$ 表示函数 $f(x)$ 在点 x_0 处,当 x 产生一个单位的改变时,函数 $f(x)$ 近似改变 $f'(x_0)$ 个单位.

例如,函数 $y=x^2+1$,在点 $x=10$ 处,$y'(10)=20$,它表示在 $x=10$ 处,当 x 改变一个单位时,函数 y(近似)改变 20 个单位.

对函数 $f(x)$ 赋予某一个经济量时,边际函数值 $f'(x_0)$ 就有其具体的经济含义. 在应用问题中,解释边际函数值的具体意义时可以略去"近似"二字.

用边际函数来研究经济量的变化称为边际分析.

在经济活动分析中,边际函数主要有边际成本、边际收入、边际利润等.

2)边际成本、边际收入与边际利润

- **边际成本**

一般而言,产品总成本 C 是产品产量 Q 的函数,是指生产 Q 个单位产品的总费用. 它包括固定成本 C_0 和变动成本 $C_1(Q)$,即总成本函数为 $C=C(Q)=C_0+C_1(Q)$.

总成本函数的导数称为边际成本,即边际成本为 $C'=C'(Q)$.

当产量 $Q=Q_0$ 时的边际成本为 $C'(Q_0)$,其经济意义是:当产量为 Q_0 时,产量再改变一个单位,总成本将改变 $C'(Q_0)$ 个单位.

- **边际收入**

销售某种商品的全部收入 R,称为总收入,等于销售量 Q 与商品单价 P 的乘积,即总收入函数为 $R=R(Q)=QP$.

设商品的价格 P 与销售量 Q 的函数关系为 $P=P(Q)$,则 $R=R(Q)=QP(Q)$.

总收入函数的导数称为边际收入,即边际收入为 $R'=R'(Q)$.

- **边际利润**

销售某种商品的总利润 L,等于总收入与总成本之差,即总利润函数为

$$L=L(Q)=R(Q)-C(Q)$$

总利润函数的导数称为边际利润,即边际利润为 $L'=L'(Q)=R'(Q)-C'(Q)$.

一般而言,边际经济量就是指该经济量对其自变量的导数.

【例 3.50】 已知某种产品总成本 C(单位:万元)是产量 x(单位:万件)的函数:$C(x)=100+6x-0.4x^2+0.02x^3$. 当产量 $x=10$ 万件时,试求:(1)总成本;(2)平均成本;(3)边际成本;(4)比较平均成本和边际成本,说明继续提高产量是否得当.

【解】 (1)当 $x=10$ 万件时,总成本为:

$$C(10)=100+6\times 10-0.4\times 10^2+0.02\times 10^3=140 \text{ 万元}$$

(2)每个单位产品的平均成本为:$\dfrac{C(10)}{10}=\dfrac{140}{10}=14$ 元/件.

(3)边际成本函数为 $C'(x)=6-0.8x+0.06x^2$. 当 $x=10$ 万件时,$C'(10)=6-0.8\times10+0.06\times10^2=4$ 元/件.

(4)$C'(10)=4$ 表明,当生产水平 $x=10$ 万件时,在这个水平上再增加一个单位产品,总成本增加的数量是 4 元,它低于平均成本 14 元/件,所以从降低单位成本角度看,还应该继续提高产量.

【例 3.51】 设某企业生产某种产品,固定成本为 50 个单位,每生产一个单位的产品,成本将增加 2 个单位;价格与销售量的关系为 $P=10-\dfrac{Q}{5}$,其中 Q 为产量(假定生产的产品能够全部售出,即销售量等于产量),P 为该产品的价格.

(1)求当 $Q=10$ 时的边际成本、边际收入,并说明经济意义;

(2)求当 $Q=15,Q=20,Q=25$ 时的边际利润,并说明经济意义.

【解】 (1)总成本函数为 $C(Q)=50+2Q$,边际成本为 $C'(Q)=2$.

$C'(10)=2$,表示当产量为 10 个单位时,再生产一个单位的产品,总成本增加 2 个单位.

总收入函数为 $R(Q)=PQ=\left(10-\dfrac{Q}{5}\right)Q=-\dfrac{Q^2}{5}+10Q$

边际收入为 $R'(Q)=-\dfrac{2}{5}Q+10$

$R'(10)=6$ 表示当产量为 10 个单位时,再增加一个单位的销售量,总收入增加 6 个单位.

(2)总利润函数 $L(Q)=R(Q)-C(Q)=-\dfrac{Q^2}{5}+8Q-50$

边际利润 $L'(Q)=-\dfrac{2}{5}Q+8$

$L'(15)=2$ 表示当产量为 15 个单位时,再增加一个单位的产量,总利润增加 2 个单位.

$L'(20)=0$ 表示当产量为 20 个单位时,再增加一个单位的产量,总利润不再增加.

$L'(25)=-2$ 表示当产量为 25 个单位时,再增加一个单位的产量,总利润不再增加,反而减少 2 个单位.

显然,边际利润 $L'(q)=-\dfrac{2}{5}Q+8$ 为减函数,即随着产量的增加,企业从增产中所获得的利润越来越少. 当产量 $Q>20$ 时,边际利润为负值. 因此,企业不能完全靠增加产量来提高利润.

3.6.2 弹性分析

你可曾想过这样一个问题,为什么汽车、计算机、电视等商品一旦降价,销售量就会大增,而粮食、食盐等商品即使提价,销售量也不会减少呢?在经济领域中,汽车、计算机、电视这些商品是富有弹性商品,商品的需求量对价格变化的反应很敏感,价格稍有变动就会引起需求量很大的变化;而像粮食、食盐等商品是缺乏弹性的商品,商品的需求量对价格的变化不那么敏感,即使价格有较大变动,也不会引起需求量很大的变化. 为了对这种现象作

定量描述,引入弹性的概念.

1)函数的相对变化率——函数的弹性

函数 $y=f(x)$ 的改变量 $\Delta y=f(x+\Delta x)-f(x)$ 称为函数在点 x 处的绝对改变量,Δx 称为自变量在点 x 处的绝对改变量. $f'(x)=\lim\limits_{\Delta x\to 0}\dfrac{\Delta y}{\Delta x}$ 称为函数 $f(x)$ 在点 x 处的绝对变化率. 在实际问题中,有时仅知道绝对改变量及绝对变化率是不够的. 例如,商品 A 的单价为 10 元,涨价 1 元;商品 B 的单价为 1 000 元,也涨价 1 元. 虽然两种商品的单价的绝对改变量相同,但是它们各自与原价 10 元和 1 000 元相比,两种商品涨价的百分数大不相同. 商品 A 的涨价百分数为 $\dfrac{1}{10}=10\%$,而商品 B 的涨价百分数为 $\dfrac{1}{1\ 000}=0.1\%$. 前者是后者的 100 倍. 因此,有必要研究相对改变量与相对变化率问题.

定义 3.5 设函数 $y=f(x)$ 可导,在点 x 处函数 $f(x)$ 和自变量 x 的绝对改变量分别为 Δy 和 Δx,则比值 $\dfrac{\Delta y}{y}$ 与 $\dfrac{\Delta x}{x}$ 分别称为在点 x 处函数 $f(x)$ 的相对改变量和自变量 x 的相对改变量. 当 $\Delta x\to 0$ 时,若极限 $\lim\limits_{\Delta x\to 0}\dfrac{\Delta y/y}{\Delta x/x}$ 存在,则称此极限是函数 $y=f(x)$ 在点 x 处的相对变化率,又称为函数 $y=f(x)$ 在点 x 处的弹性,记作 $\dfrac{E_y}{E_x}$. 即

$$\frac{E_y}{E_x}=\lim_{\Delta x\to 0}\frac{\Delta y/y}{\Delta x/x}=\frac{x}{y}\lim_{\Delta x\to 0}\frac{\Delta y}{\Delta x}=\frac{x}{y}\cdot y'$$

简记为 η,即 $\eta=\dfrac{x}{y}\cdot y'$. 由于 η 是 x 的函数,所以也称 $\eta=\dfrac{x}{y}\cdot y'$ 为 $f(x)$ 的弹性函数.

$\eta=\dfrac{x}{y}\cdot y'$ 反映函数 $f(x)$ 随 x 的变化而变化的幅度大小,也就是 $f(x)$ 对 x 变化反应的强烈程度或灵敏度.

函数 $y=f(x)$ 在点 x_0 处的弹性为 $\eta\big|_{x=x_0}$,反映了自变量 x 在 x_0 处产生 1% 的改变时,函数近似改变 $(\eta\big|_{x=x_0})\%$.

【例 3.52】 求函数 $f(x)=\dfrac{x}{x+2}$ 在 $x=3$ 处的弹性,并说明其意义.

【解】 因为 $y'=\dfrac{2}{(x+2)^2}$

所以 $\eta=\dfrac{x}{y}\cdot y'=\dfrac{2}{(x+2)^2}\cdot\dfrac{x(x+2)}{x}=\dfrac{2}{x+2}$

当 $x=3$ 时,$\eta\big|_{x=3}=0.4$. 它表示在 $x=3$ 处,自变量增加 1% 时,函数值便在 $f(3)=0.6$ 的基础上近似地增加 0.4%.

对函数 $f(x)$ 赋予某一个经济量时,η 就有其具体的经济含意. 在应用问题中解释弹性的具体意义时可以略去“近似”二字.

用弹性函数来研究经济量的变化称为弹性分析.

2)需求弹性

设某商品的市场需求量 Q 是价格 P 的函数 $Q=Q(P)$,称为需求函数.

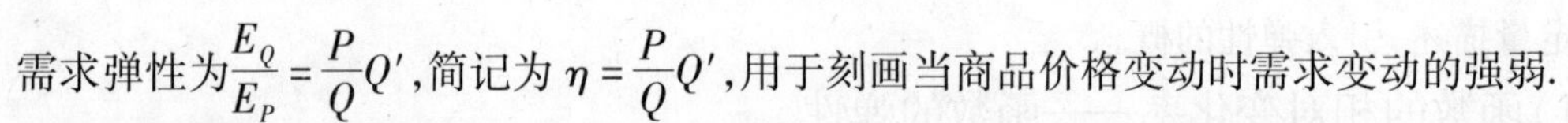

需求弹性为$\frac{E_Q}{E_P}=\frac{P}{Q}Q'$，简记为$\eta=\frac{P}{Q}Q'$，用于刻画当商品价格变动时需求变动的强弱.

在一般情况下，需求函数是单调减少的，所以，需求弹性一般为负数. 为了用正数表示需求弹性，在经济学中，一般规定需求弹性为$\eta=-\frac{P}{Q}Q'$. 其经济意义是，当商品价格为P时，价格每降低（或上升）1%时，需求量将增加（或减少）$\left(-\frac{P}{Q}Q'\right)$%.

【例 3.53】 某种商品市场的需求量Q（单位：件）是价格x（单位：元）的函数$Q(x)=1\ 000e^{-0.1x}$，如果这种商品的价格是每件 20 元，试求这时需求量对价格的弹性η.

【解】 因为 $Q'(x)=-100e^{-0.1x}$

所以 $\eta=-\frac{x}{Q}Q'=-\frac{x}{1\ 000e^{-0.1x}}(-100e^{-0.1x})=\frac{x}{10}$

当$x=20$时，$\eta|_{x=20}=2$. 这就是说，当这种商品的价格在每件 20 元的水平时，价格上涨 1%，市场的需求量相应地下降约 2%.

习题 3.6

A 组

1. 假设某种产品生产x件时，总成本为$C(x)=300+0.02x^2$（元）.

(1) 求生产 100 件时，它的总成本及平均成本？

(2) 如果把产量增加Δx件，它的总成本相应地增加到多少？

(3) 如果把产量增加Δx件，它的总成本的改变量是多少？

(4) 求生产 100 件时，它的边际成本是多少？

(5) 当生产 100 件时，比较平均成本和边际成本，说明是否应该提高生产量.

2. 某产品生产x个单位时的总收入：$R=R(x)=300x-0.02x^2$，当产量$x=50$个单位时，求：(1) 总收入；(2) 平均单位产品收入；(3) 边际收入.

3. 某厂每月生产Q（百件）产品的总成本$C(Q)=Q^3-8Q$（千元）. 若每百件的销售价格为 4 万元，求

(1) 总收入函数；

(2) 利润函数$L(Q)$；

(3) 当$Q=10$时的边际成本，边际收入，边际利润；

(4) 当边际利润为 0 时的每月产量.

4. 某工厂生产某种产品，总成本函数$C(Q)=5+2\sqrt{Q}$，需求函数为$Q=-1+\frac{3}{P}$，其中，Q为该产品的产量，并假定生产的产品能够全部售出，即销售量等于产量，求边际成本、边际收入和边际利润.

5. 某产品的销售量Q与价格P的关系式为$Q=\frac{1-P}{P}$，求$\eta|_{P=\frac{1}{2}}$.

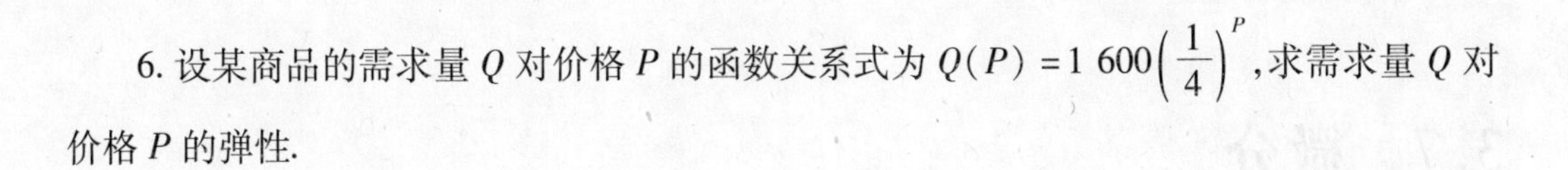

6. 设某商品的需求量 Q 对价格 P 的函数关系式为 $Q(P)=1\,600\left(\frac{1}{4}\right)^{P}$，求需求量 Q 对价格 P 的弹性.

应用与提高——用需求弹性分析总收入的变化

总收入 R 等于销售量 Q 与商品单价 P 的乘积，即 $R=R(Q)=Q\cdot P$. 则总收入 R 对价格 P 的导数为

$$R'=Q+P\cdot Q'=Q\left[1+\frac{P}{Q}\cdot Q'\right]=Q(1-\eta)$$

(1)若 $\eta<1$，即需求变动的幅度小于价格变动的幅度，称为缺乏弹性，意味着价格的变动对需求量的影响不大. 此时$R'>0$，R 单调增，即价格上涨，总收入增加；价格下跌，总收入减少.

(2)若 $\eta=1$，即需求变动的幅度等于价格变动的幅度，意味着需求与价格变动的幅度相同. 此时 $R'=0$，R 取得最大值.

(3)若 $\eta>1$，即需求变动的幅度大于价格变动的幅度，称为富有弹性，意味着价格的变动对需求量的影响较大. 此时 $R'<0$，R 单调减，即价格上涨，总收入减少；价格下跌，总收入增加.

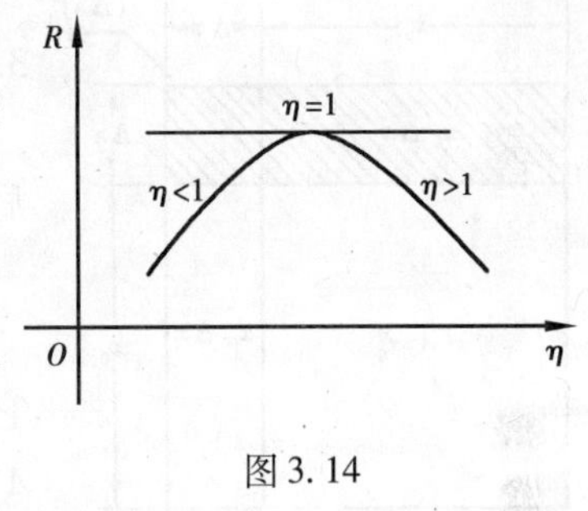

图 3.14

因此，总收入的变化受需求弹性的制约，如图 3.14 所示.

B 组

1. 某厂每月生产 Q(百件)产品的总成本 $C(Q)=Q^2+2Q+100$ (千元). 若每百件的销售价格为 4 万元. 试写出利润函数 $L(Q)$，并求当边际利润为 0 时的每月产量.

2. 设某商品的需求量 Q 对价格 P 的弹性为 $\eta=P\ln 5$，求销售收入 $R=PQ$ 对价格 P 的弹性.

3. 设某商品的需求函数为 $Q=Q(P)=75-P^2$，试求：

(1)$P=4$ 时的边际需求，并说明其经济意义.

(2)$P=4$ 时的需求弹性，并说明其经济意义.

(3)当 $P=4$ 时，若价格 P 上涨 1%，总收入将变化百分之几?

(4)当 $P=6$ 时，若价格 P 上涨 1%，总收入将变化百分之几?

(5)P 为多少时，总收入最大?

3.7 微分

导数是描述函数在点 x 处相对于自变量的变化而变化的快慢程度,也就是因变量关于自变量的变化率. 但有时还需要了解函数在某一点处当自变量有一个微小改变量时,函数所取得的相应改变量的大小. 而仅仅用公式 $\Delta y=f(x+\Delta x)-f(x)$ 来计算函数的改变量,往往比较麻烦,需要寻求比较简便的方法来求得函数改变量的一个近似值,这就引入了微分的概念. 微分具有双重意义:一是表示一个微小的量;二是表示一种与导数密切相关的运算. 微分又是微分学转向积分学的一个关键性概念,将要学习的不定积分就是微分的逆运算.

3.7.1 微分的概念

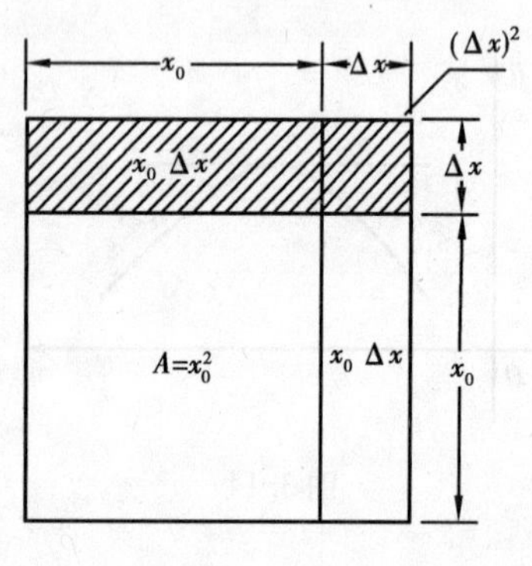

图 3.15

一块正方形铁板,受热后边长由 x_0 增加到 $x_0+\Delta x$,如图 3.15 所示,问它的面积增加了多少?

设正方形的边长为 x,则面积 $A(x)=x^2$. 显然,铁板受热后面积的增量 ΔA 为

$$\Delta A=(x_0+\Delta x)^2-x_0^2=2x_0\Delta x+(\Delta x)^2$$

ΔA 由两部分组成,第一部分 $2x_0\Delta x$ 是 Δx 的线性函数,它的系数 $2x_0$ 是函数 $A(x)=x^2$ 在 x_0 处的导数,即 $2x_0=A'(x_0)$;第二部分 $(\Delta x)^2$ 当 $\Delta x\to 0$ 时是 Δx 的高阶无穷小,即 $(\Delta x)^2=o(\Delta x)$. 这样 $\Delta A=A'(x_0)\Delta x+o(\Delta x)$,当 $|\Delta x|$ 很小时,$\Delta A\approx A'(x_0)\Delta x$.

一般地,如果函数 $y=f(x)$ 在 x 处可导,则有 $\Delta y=f'(x)\Delta x+o(\Delta x)$,其中 $f'(x)\Delta x$ 是 Δx 的线性函数,$o(\Delta x)$ 是 Δx 的高阶无穷小.

当 $|\Delta x|$ 很小时,在取值方面起主要作用的为第一项 $f'(x)\Delta x$,称为 Δy 的线性主部,并称之为函数 $f(x)$ 在 x 处的微分,并有 $\Delta y\approx f'(x)\Delta x$.

定义 3.6 设函数 $y=f(x)$ 在点 x 处可导,则增量 $\Delta y=f(x+\Delta x)-f(x)$ 的线性主部 $f'(x)\Delta x$ 称为函数 $f(x)$ 在点 x 处的微分,记作

$$dy \text{ 或 } df(x),\text{即 } dy=f'(x)\Delta x$$

此时称函数 $f(x)$ 在点 x 处可微.

若 $y=x$,则 $dx=(x)'\Delta x=\Delta x$,也就是说,自变量的增量等于自变量的微分.

因此,函数 $y=f(x)$ 在点 x 处的微分为 $dy=f'(x)dx$;函数 $f(x)$ 在点 x_0 处的微分为 $dy=f'(x_0)dx$.

若将 $dy=f'(x)dx$ 变形为 $\frac{dy}{dx}=f'(x)$,则左边是函数微分 dy 与自变量的微分 dx 之商,所以导数也称为微商.

注 意

(1)函数 $f(x)$ 在点 x 处可导和可微是等价的;

(2)当 $|\Delta x|$ 很小时,有 $\Delta y \approx dy$.

【例 3.54】　求函数 $y=x^2$,当 $x=2,\Delta x=0.01$ 时函数的增量 Δy 与微分 dy 的值.

【解】　当 $x=2,\Delta x=0.01$ 时,$\Delta y=(2+0.01)^2-2^2=4.0401-4=0.0401$.

因为　$y'=2x, y'|_{x=2}=4$

所以　$dy=y'|_{x=2}dx=y'|_{x=2}\Delta x=4\times 0.01=0.04$

如图 3.16 所示,对曲线 $y=f(x)$ 上的点 $M(x_0,y_0)$,当变量 x 有增量 Δx 时,可得曲线上另一点 $N(x_0+\Delta x, y_0+\Delta y)$,并有 $MQ=\Delta x, NQ=\Delta y$.

过点 M 作曲线的切线 MT,它的倾角为 α,则 $QP=MQ\cdot\tan\alpha=f'(x_0)\Delta x$,即 $QP=dy$.

所以,当 Δy 是曲线 $y=f(x)$ 上的点的纵坐标的增量时,dy 就是曲线过点 M 的切线的纵坐标的增量,这就是微分的几何意义.

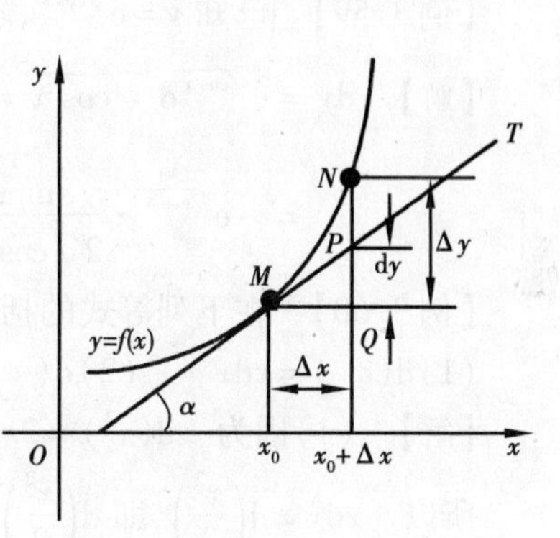

图 3.16

3.7.2　微分的计算

函数 $y=f(x)$ 在点 x 处的微分为 $dy=f'(x)dx$. 在计算微分时,只需先求出函数的导数 $f'(x)$,然后再乘以 dx 就行了. 求导数的基本公式与运算法则完全适用于微分,在此不再罗列微分公式与微分法则.

【例 3.55】　已知 $y=x\sin x$,求 dy.

【解】　$dy=y'dx=(x\sin x)'dx$

$=(x\cos x+\sin x)dx$

【例 3.56】　已知 $y=\ln(x^2+1)$,求 dy.

【解】　$dy=[\ln(x^2+1)]'dx$

$$=\frac{1}{x^2+1}(x^2+1)'=\frac{2x}{x^2+1}dx$$

【例 3.57】　已知 $y=\sqrt{1+\cos^2 x}$,求 dy.

【解】　$dy=(\sqrt{1+\cos^2 x})'dx=\dfrac{1}{2\sqrt{1+\cos^2 x}}(1+\cos^2 x)'dx$

$$=\frac{-\cos x\sin x}{\sqrt{1+\cos^2 x}}dx=\frac{-\sin 2x}{2\sqrt{1+\cos^2 x}}dx$$

设 $y=f(u)$ 可微,若

(1)当 u 为自变量时,$dy=f'(u)du$;

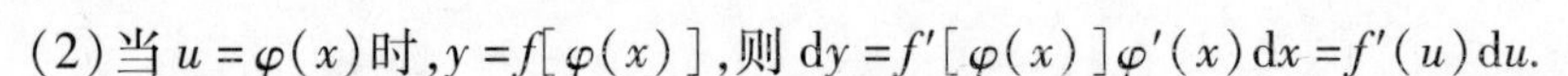

(2)当 $u=\varphi(x)$ 时,$y=f[\varphi(x)]$,则 $\mathrm{d}y=f'[\varphi(x)]\varphi'(x)\mathrm{d}x=f'(u)\mathrm{d}u$.

也就是说,对于函数 $y=f(u)$,不论 u 为自变量或是 x 的可导函数,函数 $y=f(u)$ 的微分都具有形式 $\mathrm{d}y=f'(u)\mathrm{d}u$,微分的这一性质称为一阶微分形式的不变性.

【例 3.58】 已知 $y=\ln(\sin x+\mathrm{e}^x)$,求 $\mathrm{d}y$.

【解】 设 $u=\sin x+\mathrm{e}^x$,则 $\mathrm{d}y=\mathrm{d}\ln u=\dfrac{1}{u}\mathrm{d}u$.

因为 $\mathrm{d}u=\mathrm{d}(\sin x+\mathrm{e}^x)=(\cos x+\mathrm{e}^x)\mathrm{d}x$

所以 $\mathrm{d}y=\dfrac{\cos x+\mathrm{e}^x}{\sin x+\mathrm{e}^x}\mathrm{d}x$

当方法熟练后,可以不设中间变量,直接计算.

【例 3.59】 已知 $y=\mathrm{e}^{\sqrt{\cos x}}$,求 $\mathrm{d}y$.

【解】 $\mathrm{d}y=\mathrm{e}^{\sqrt{\cos x}}\mathrm{d}\sqrt{\cos x}=\mathrm{e}^{\sqrt{\cos x}}\cdot\dfrac{1}{2\sqrt{\cos x}}\mathrm{d}\cos x$

$$=-\mathrm{e}^{\sqrt{\cos x}}\cdot\frac{\sin x}{2\sqrt{\cos x}}\mathrm{d}x$$

【例 3.60】 在下列等式的括号中填入适当函数(不加任意常数),使等式成立.

(1)d( )$=x\mathrm{d}x$ (2)d( )$=\cos ax\mathrm{d}x$

【解】 (1)因为 $\mathrm{d}(x^2)=2x\mathrm{d}x$

所以 $x\mathrm{d}x=\mathrm{d}\left(\dfrac{x^2}{2}\right)$,即 $\mathrm{d}\left(\dfrac{x^2}{2}\right)=x\mathrm{d}x$

一般地,$\mathrm{d}\left(\dfrac{x^2}{2}+C\right)=x\mathrm{d}x$($C$ 为任意常数).

(2)因为 $\mathrm{d}(\sin ax)=a\cos ax\mathrm{d}x$.

所以,$\cos ax\mathrm{d}x=\mathrm{d}\left(\dfrac{1}{a}\sin ax\right)$,即 $\mathrm{d}\left(\dfrac{1}{a}\sin ax\right)=\cos ax\mathrm{d}x$.

一般地,$\mathrm{d}\left(\dfrac{1}{a}\sin ax+C\right)=\cos ax\mathrm{d}x$($C$ 为任意常数).

3.7.3 微分在近似计算中的应用

设函数 $y=f(x)$ 在点 x_0 处可导,则有 $\Delta y=f'(x_0)\Delta x+o(\Delta x)$. 当 $|\Delta x|$ 很小时,有

(1)$\Delta y\approx\mathrm{d}y=f'(x_0)\Delta x$

(2)$f(x_0+\Delta x)\approx f(x_0)+f'(x_0)\Delta x$

(3)$f(x)\approx f(x_0)+f'(x_0)\Delta x(x=x_0+\Delta x)$

【例 3.61】 有一批半径为 1 cm 的铁球,为减少表面粗糙度,要镀上一层铜,厚度为 0.01 cm,估计每只球需要用铜多少克?(铜的密度为 8.9 g/cm^3.)

【解】 所镀铜的体积为球半径从 1 cm 增加 0.01 cm 时,球体积的增量.

因为 $V=\dfrac{4}{3}\pi r^3$,所以 $\mathrm{d}V=\left(\dfrac{4}{3}\pi r^3\right)'\mathrm{d}r=4\pi r^2\mathrm{d}r$.

由题意知,$r=1$,$\mathrm{d}r=\Delta r=0.01$.

因此,所镀铜的体积为 $\Delta V\approx \mathrm{d}V=4\pi\times1\times0.01\ \mathrm{cm}^3=0.04\pi\ \mathrm{cm}^3$,所镀铜的质量为 $m=0.04\pi\ \mathrm{cm}^3\times8.9\ \mathrm{g/cm}^3\approx1.12\ \mathrm{g}$.

【例 3.62】 求 sin30°30′的近似值.

【解】 将 30°30′化成弧度,$30°30'=\frac{\pi}{6}+\frac{\pi}{360}$.

设 $f=(x)=\sin x$,则 $f'(x)=\cos x$,取 $x_0=\frac{\pi}{6}$,$\Delta x=\frac{\pi}{360}$,所以

$$\sin 30°30'=\sin\left(\frac{\pi}{6}+\frac{\pi}{360}\right)\approx\sin\frac{\pi}{6}+\cos\frac{\pi}{6}\times\frac{\pi}{360}$$

$$=\frac{1}{2}+\frac{\sqrt{3}}{2}\times\frac{\pi}{360}\approx0.5076$$

在近似公式 $f(x)\approx f(x_0)+f'(x_0)\Delta x$ 中,如果取 $x_0=0$,则有 $f(x)\approx f(0)+f'(0)x$ ($|x|$很小).由此可推出几个近似公式:

(1) $\sqrt[n]{1+x}\approx1+\frac{1}{n}x$

(2) $\sin x\approx x$

(3) $\mathrm{e}^x\approx1+x$

(4) $\ln(1+x)\approx x$

习题 3.7

A 组

1. 求下列函数的微分 $\mathrm{d}y$.

(1) $y=\cos x$　(2) $y=\frac{1}{5}\ln x$　(3) $y=\arcsin x$　(4) $y=x\sin 2x$

(5) $y=\mathrm{e}^x\cos(x+1)$　(6) $y=\cos^2 6x$　(7) $y=\ln\cos 3x$　(8) $y=(\mathrm{e}^x-\mathrm{e}^{-x})^2$

2. 在括号内填入适当的函数(不加任意常数),使等式成立.

(1) $\mathrm{d}(\qquad)=\frac{1}{1+x}\mathrm{d}x$　(2) $\mathrm{d}(\qquad)=\mathrm{e}^{-2x}\mathrm{d}x$

(3) $\mathrm{d}(\sin^2 x)=(\qquad)\mathrm{d}\sin x$　(4) $\mathrm{d}(\qquad)=\frac{1}{\sqrt{x}}\mathrm{d}x$

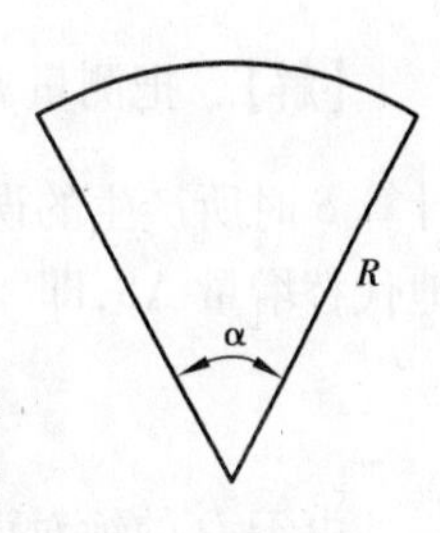

图 3.17

3. 如图 3.17 所示,设扇形的圆心角 $\alpha=60°$,半径 $R=100$ cm,如果 R 不变,α 减少 30′.问扇形面积大约改变了多少?如果 α 不变,R 增加 1 cm,问扇形面积大约改变了多少?

应用与提高——误差分析

在生产实践中,经常要测量各种数据.但有的数据不易直接测量,这时就通过测量其他有关数据后,根据某种公式算出所需数据.例如,要计算圆柱体的截面积 S,可用卡尺测量圆柱体的直径 D,然后根据公式 $S=\frac{\pi}{4}D^2$ 算出截面积 S.

由于测量仪器的精度、测量的条件、方法等各种因素的影响,测得的数据往往存在误差,而根据存在误差的数据计算所得的结果也会有误差,把它称为间接测量误差.

下面,来讨论怎样利用微分来分析间接测量误差.

如果某个量的精确值为 A,近似值为 a,那么 $|A-a|$ 称为 a 的绝对误差;而绝对误差与 $|a|$ 的比值 $\frac{|A-a|}{|a|}$ 称为 a 的相对误差.

在实际工作中,某个量的精确值通常无法知道,于是绝对误差和相对误差也就无法求得.但是根据测量仪器的精密程度等相关因素,有时能将误差控制在某个范围内.如果某个量的精确值为 A,测得其近似值为 a,又知其误差不超过 δ_A,即 $|A-a|\leqslant\delta_A$,δ_A 称为测量 A 的绝对误差限,而 $\frac{\delta_A}{|a|}$ 称为测量 A 的相对误差限.

一般地,根据直接测量的 x 值按照公式 $y=f(x)$ 计算 y 值时,如果已知测量 x 的绝对误差限为 δ_x,即 $|\Delta x|\leqslant\delta_x$,那么,当 $y'\neq 0$ 时,y 的绝对误差 $|\Delta y|\approx|\mathrm{d}y|=|y'||\Delta x|\leqslant|y'|\cdot\delta_x$,即 y 的绝对误差限约为 $\delta_y=|y'|\delta_x$;y 的相对误差限约为 $\frac{\delta_y}{|y|}=\left|\frac{y'}{y}\right|\delta_x$.

常把绝对误差限与相对误差限简称为绝对误差与相对误差.

【例 3.63】 设测得圆柱体的直径 $D=30.01$ mm,测量 D 的绝对误差限 $\delta_D=0.05$ mm.利用公式 $S=\frac{\pi}{4}D^2$ 计算圆柱体的截面积时,试估计面积的误差.

【解】 把测量 D 时所产生的误差当作自变量 D 的增量 ΔD,那么利用公式 $S=\frac{\pi}{4}D^2$ 来计算 S 时所产生的误差就是函数 S 的对应增量 ΔS.当 $|\Delta D|$ 很小时,可以利用微分 $\mathrm{d}S$ 近似地代替增量 ΔS,即

$$\Delta S\approx \mathrm{d}S=S'\cdot\Delta D=\frac{\pi}{2}D\cdot\Delta D$$

由于 D 的绝对误差限为 $\delta_D=0.05$ mm,所以 $|\Delta D|\leqslant\delta_D=0.05$.

而 $|\Delta S|\approx|\mathrm{d}S|=\frac{\pi}{2}D\cdot|\Delta D|\leqslant\frac{\pi}{2}D\cdot\delta_D$

因此,得出 S 的绝对误差限约为

$$\delta_S=\frac{\pi}{2}D\cdot\delta_D=\frac{\pi}{2}\times 30.01\times 0.05\approx 2.357(\mathrm{mm}^2)$$

S 的相对误差限约为

$$\frac{\delta_S}{S}=\frac{\frac{\pi}{2}D\cdot\delta_D}{\frac{\pi}{4}D^2}=2\frac{\delta_D}{D}=2\times\frac{0.05}{30.01}=0.33\%$$

B 组

1. 计算球体体积时，要求精确度在 3% 以内，问这时测量直径 D 的相对误差不能超过多少?

2. 某电流表为 1.0 级，量程 100 mA，分别测 100 mA、80 mA、20 mA 的电流，求测量的绝对误差和相对误差.

3. 求下列函数的微分.

(1) $y=\ln^2(1-x)$　(2) $y=1+xe^y$　(3) $y=f(e^x\cos x)$　(4) $y=\ln f(x^2)$

MATLAB 应用案例 3

1) 实验目的

应用 MATLAB 求函数的导数与微分，求函数的极值与最值.

2) 实验举例

(1) 应用 MATLAB 求函数的导数与微分. 调用函数 diff('f(x)','x',n)，其中，$f(x)$ 为函数，x 为自变量，如未指明，按默认的自变量，n 为导数的阶数，缺省时，求一阶导数.

【例 3.64】 已知 $f(x)=x^2\cos x$，求 $f'(x)$.

【解】 输入命令

```
dydx = diff('x^2 * cos(x)')        % 未指明自变量,按默认的自变量输出导数结果
```

结果

```
dydx =
2 * x * cos(x) - x^2 * sin(x)
```

即 $f'(x)=2x\cos x-x^2\sin x$.

【例 3.65】 已知 $y=\sin^n x\cos(nx)$，求 dy.

【解】 输入命令

```
syms  x n;
>> y = sin(x)^n * cos(n * x);
>> xd = diff(y)
```

结果

```
xd =
sin(x)^n * n * cos(x)/sin(x) * cos(n * x) - sin(x)^n * sin(n * x) * n
```

即 $dy=(n\sin^{n-1}x\cos x\cos nx-n\sin nx\sin^n x)dx$.

(2)应用 MATLAB 求函数的极值与最值. 在 Matlab 中只有求极小(最小)值命令的函数,若要求$f(x)$在(x_1,x_2)内的极大(最大)值,可转化为求$-f(x)$在(x_1,x_2)内的极小(最小)值,求极小(最小)值点和极小(最小)值的调用格式是:

[x,fual] = fminbnd('fun',x1,x2),

其中,fun 为函数;x1,x2 为x的取值范围,x 为极小(最小)点;fual 为极小(最小)值.

【例 3.66】 求函数$f(x)=2\mathrm{e}^{-x}\sin x$在(2,5)内的最小值点和最小值.

【解】 输入命令

[xmin,fmin] = fminbnd(2 * exp(-x) * sin(x),2,5)

结果

xmin =

3.9270

fmin =

-0.0279

即 $f(x)=2\mathrm{e}^{-x}\sin x$在(2,5)内的最小值点为$x=3.927$,最小值为$y_{\min}=-0.0279$.

数学实践 3——弹性与最值应用问题

【问题提出】 某手机制造商估计其产品在某地的需求价格弹性为 1.2,需求收入弹性为 3,当年该地区的销售量为 90 万单位. 据悉,下一年居民收入将增加 10%,制造商决定提价 5%,问手机制造商应如何组织生产(即计划明年的生产产量是多少)? 如果该手机制造商下一年的生产能力最多比当年可增加 5%,为获得最大利润,该手机制造商应如何调整价格? 提高还是降价? 调整多少?

【问题解决】 (1)设需求函数为$Q=f(p)$(p为价格),需求收入函数$Q=g(R)$(R收入),依题意得,$\dfrac{E_Q}{E_P}=1.2$,$\dfrac{E_Q}{E_R}=3$,$\dfrac{\Delta R}{R}=10\%$,$\dfrac{\Delta P}{P}=5\%$.

由$\dfrac{E_Q}{E_P}=1.2$知,价格每上涨 1%,销售量将减少 1.2%.

由于公司提价 5%,即$\dfrac{\Delta P}{P}=5\%$. 所以将使销售量减少$1.2\%\times5=6\%$,即$\dfrac{\Delta Q_1}{Q_0}=-6\%$.

又由于$\dfrac{E_Q}{E_R}=3$,预计明年收入将增加 10%,即$\dfrac{\Delta R}{R}=10\%$.

由于居民收入增加了 10%,将使销售量增加$10\%\times3=30\%$,即$\dfrac{\Delta Q_2}{Q_0}=30\%$.

综合上述两个因素的影响,可知明年销售量将增加的百分数为

$$\frac{\Delta Q}{Q_0}=\frac{\Delta Q_1}{Q_0}+\frac{\Delta Q_2}{Q_0}=-6\%+30\%=24\%$$

由$\dfrac{\Delta Q}{Q_0}=\dfrac{Q-Q_0}{Q_0}=24\%$,$Q_0=90$,得$Q=1.24Q_0=1.24\times90=111.6$.

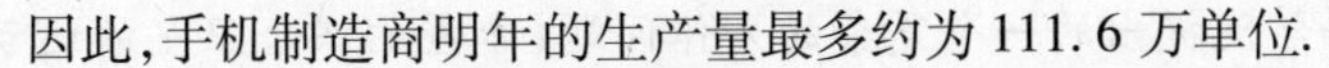

因此,手机制造商明年的生产量最多约为111.6万单位.

(2)由于下一年居民收入增加10%,将使销售量增加30%,而手机制造商下一年生产量最多可增加5%,即$\frac{\Delta Q}{Q_0}=5\%$.表明,如果手机制造商不采取提高价格的措施,产品将供不应求.为缓解供需矛盾,也为厂家能获得最大利润,因此只能采取提价措施.

在$\frac{\Delta R}{R}=10\%$及$\frac{E_Q}{E_R}=3$的条件下,可知$\frac{\Delta Q_2}{Q}=30\%$.

要使$\frac{\Delta Q}{Q_0}=\frac{\Delta Q_1}{Q_0}+\frac{\Delta Q_2}{Q_0}=5\%$,则$\frac{\Delta Q_1}{Q_0}=5\%-30\%=-25\%$.

而$\frac{E_Q}{E_P}=1.2$,所以$\frac{\frac{\Delta Q_1}{Q_0}}{\frac{\Delta P}{P}}=-1.2$,因此$\frac{-25\%}{\frac{\Delta P}{P}}=-1.2\Rightarrow\frac{\Delta P}{P}\approx20.83\%$.

即手机制造商应将销售价格提高约20.83%,在最大生产力仅能提高5%的前提下,可实现供求平衡.

数学人文知识3——约瑟夫·拉格朗日(JosephLouisLagrange)

约瑟夫·拉格朗日(JosephLouisLagrange),法国数学家、物理学家.他在数学、力学和天文学三个学科领域中都有历史性的贡献,其中数学方面的成就最为突出.

拉格朗日1736年1月25日生于意大利西北部的都灵.父亲是法国陆军骑兵里的一名军官,后由于经商破产,家道中落.据拉格朗日本人回忆,如果幼年是家境富裕,他也就不会作数学研究了,因为父亲一心想把他培养成为一名律师.拉格朗日个人却对法律毫无兴趣.到了青年时代,在数学家雷维里的教导下,拉格朗日喜爱上了几何学.17岁时,他读了英国天文学家哈雷的介绍牛顿微积分成就的短文《论分析方法的优点》后,感觉到"分析才是自己最热爱的学科",从此他迷上了数学分析,开始专攻当时迅速发展的数学分析.18岁时,拉格朗日用意大利语写了第一篇论文,是用牛顿二项式定理处理两个函数乘积的高阶微商,他又将论文用拉丁语写出寄给了当时在柏林科学院任职的数学家欧拉.不久后,他获知这一成果早在半个世纪前就被莱布尼兹取得了.这个并不幸运的开端并未使拉格朗日灰心,相反,更坚定了他投身数学分析领域的信心.

1755年拉格朗日19岁时,在探讨数学难题"等周问题"的过程中,他以欧拉的思路和结果为依据,用纯分析的方法求变分极值.第一篇论文"极大和极小的方法研究",发展了欧拉所开创的变分法,为变分法奠定了理论基础.变分法的创立,使拉格朗日在都灵声名大震,并使他在19岁时就当上了都灵皇家炮兵学校的教授,成为当时欧洲公认的第一流数学家.1756年,受欧拉的举荐,拉格朗日被任命为普鲁士科学院通讯院士.1764年,法国科学院悬赏征文,要求用万有引力解释月球天平动问题,他的研究获奖.接着又成功地运用微分

方程理论和近似解法研究了科学院提出的一个复杂的六体问题(木星的四个卫星的运动问题),为此又一次于1766年获奖.

1766年德国的腓特烈大帝向拉格朗日发出邀请时说,在“欧洲最大的王宫”的宫廷中应有“欧洲最大的数学家”. 于是他应邀前往柏林,任普鲁士科学院数学部主任,居住达20年之久,开始了他一生科学研究的鼎盛时期. 在此期间,他完成了《分析力学》一书,这是牛顿之后的一部重要的经典力学著作. 书中运用变分原理和分析的方法,建立起完整和谐的力学体系,使力学分析化了. 他在序言中宣称:力学已经成为分析的一个分支. 1783年,拉格朗日的故乡建立了“都灵科学院”,他被任命为名誉院长. 1786年腓特烈大帝去世以后,他接受了法王路易十六的邀请,离开柏林,定居巴黎,直至去世. 这期间他参加了巴黎科学院成立的研究法国度量衡统一问题的委员会,并出任法国米制委员会主任. 1799年,法国完成统一度量衡工作,制定了被世界公认的长度、面积、体积、质量的单位,拉格朗日为此做出了巨大的努力.

1791年,拉格朗日被选为英国皇家学会会员,又先后在巴黎高等师范学院和巴黎综合工科学校任数学教授. 1795年建立了法国最高学术机构——法兰西研究院后,拉格朗日被选为科学院数理委员会主席. 此后,他才重新进行研究工作,编写了一批重要著作. 例如,《论任意阶数值方程的解法》《解析函数论》和《函数计算讲义》等,总结了那一时期的,特别是他自己的一系列研究工作. 1813年4月3日,拿破仑授予他帝国大十字勋章,但此时的拉格[illegible]不起,4月11日早晨,拉格朗日逝世.

一元函数的积分及其应用

在微分学中,主要研究了变量的“变化率”问题,学习了如何求一个已知函数的导数或微分. 现在需要解决相反的问题,就是已知一个函数的导数或微分,要求出这个函数本身或此函数在某区间上的函数值的增量. 这种由函数的已知导数或微分,去求原来函数或函数值的增量的问题,是微积分学研究的另一重要内容——不定积分与定积分.

4.1 不定积分的概念与基本积分公式

4.1.1 不定积分的概念

1)原函数

由导数知识可知,$(x^4)'=4x^3$,$(x^4+4)'=4x^3$,$(x^4-8)'=4x^3$,多个函数求导都等于同一个函数,对于这种现象,数学上用一个概念——原函数来加以描述.

定义 4.1 定义在区间 I 上的函数 $F(x)$、$f(x)$,若满足

$$F'(x)=f(x) \text{或} dF(x)=f(x)dx$$

则称 $F(x)$ 是 $f(x)$ 的一个原函数.

如果函数 $f(x)$ 存在一个原函数,则必有无穷多个原函数. 若 $F(x)$ 是 $f(x)$ 的一个原函数,则 $f(x)$ 的所有原函数可以记为 $F(x)+c(c\in R)$. 显然,$f(x)$ 的任意两个原函数之间只相差一个常数. 什么样的函数存在原函数呢?

定理 4.1 若函数 $f(x)$ 在区间 I 上连续,则一定存在原函数.

由于初等函数在其定义区间上都连续,所以初等函数在定义区间上都存在原函数.

对于 $f(x)$ 的全体原函数,数学上用一个概念——不定积分来加以表述.

2)不定积分

定义 4.2 函数 $f(x)$ 的全体原函数称为 $f(x)$ 的不定积分,记作 $\int f(x)dx$. 即

若 $F'(x)=f(x)$ 则

$$\int f(x)\ dx = F(x)+c \qquad (c\in \mathbf{R})$$

其中,$\int$ 称为积分符号,$f(x)$ 称为被积函数,$f(x)dx$ 称为被积表达式,x 称为积分变量,c 称

为积分常数.

显然，$\int f(x)\mathrm{d}x = F(x)+c$ 与 $F'(x)=f(x)$ 可以相互转化.

例如，已知 $(\cos 3x)'=-3\sin 3x$，则 $\int(-3\sin 3x)\mathrm{d}x=\cos 3x+c$；

又如，已知 $\int f(x)\mathrm{d}x=\tan 4x+c$，则 $f(x)=(\tan 4x)'=4\sec^2 4x$.

【例 4.1】 用定义计算积分 $\int \frac{1}{x}\mathrm{d}x$.

【解】 显然 $x\neq 0$，由导数公式可知：

当 $x>0$ 时，$(\ln x)'=\frac{1}{x}$，所以 $\int\frac{1}{x}\mathrm{d}x=\ln x+c\ (x>0)$；

当 $x<0$ 时，$[\ln(-x)]'=\frac{1}{-x}\cdot(-x)'=\frac{1}{x}$，所以

$$\int\frac{1}{x}\mathrm{d}x=\ln(-x)+c\ (x<0)$$

综合起来，$\int\frac{1}{x}\mathrm{d}x=\ln|x|+c\ (x\neq 0)$.

3）不定积分的几何意义

若 $F'(x)=f(x)$，即 $F(x)$ 是 $f(x)$ 的原函数，称曲线 $y=F(x)$ 为积分曲线. 则 $\int f(x)\mathrm{d}x$ 在几何上表示积分曲线族，可以由曲线 $y=F(x)$ 上下任意平行移动得到. 积分曲线族中各曲线上对应点的切线都平行，如图 4.1 所示.

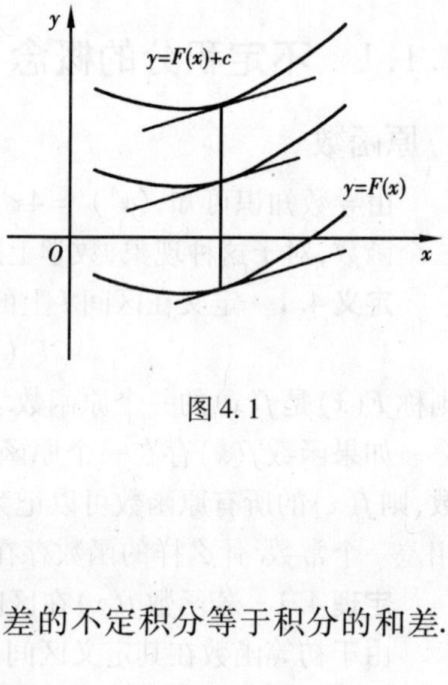

图 4.1

4）不定积分的性质

（1）求不定积分与求导数或微分互为逆运算，即

① $\left[\int f(x)\mathrm{d}x\right]'=f(x)$ 或 $\mathrm{d}\int f(x)\mathrm{d}x=f(x)\mathrm{d}x$

② $\int F'(x)\mathrm{d}x=F(x)+c$ 或 $\int \mathrm{d}F(x)=F(x)+c$

（2）$\int[f(x)\pm g(x)]\mathrm{d}x=\int f(x)\mathrm{d}x\pm\int g(x)\mathrm{d}x$，即和差的不定积分等于积分的和差. 此性质可以推广到有限多个函数代数和的情形.

（3）$\int kf(x)\mathrm{d}x=k\int f(x)\mathrm{d}x\ (k\in\mathbf{R},k\neq 0)$，即计算不定积分时，非零常数因子可以提到积分号的外面来.

4.1.2 基本积分公式与直接积分法

1）基本积分公式

根据不定积分的概念，由基本求导公式很容易得到基本积分公式.

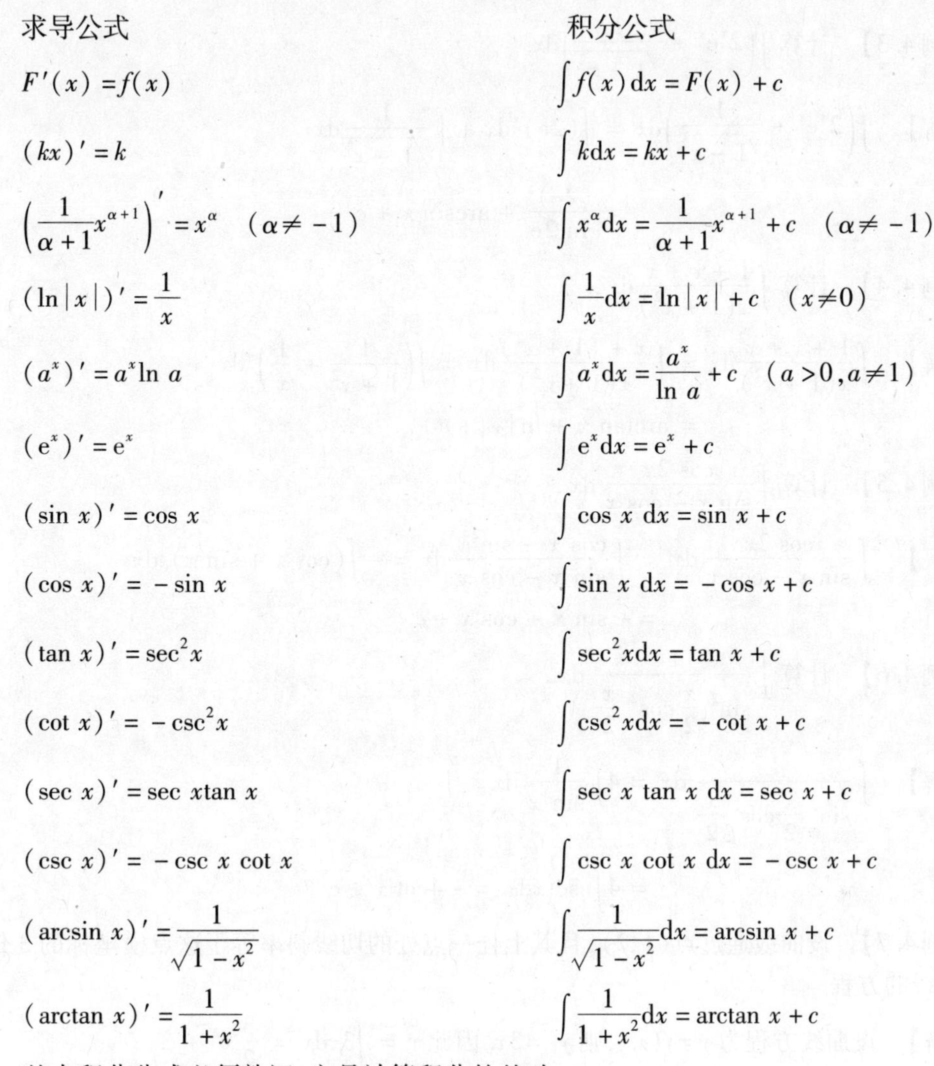

求导公式	积分公式
$F'(x)=f(x)$	$\int f(x)\mathrm{d}x=F(x)+c$
$(kx)'=k$	$\int k\mathrm{d}x=kx+c$
$\left(\dfrac{1}{\alpha+1}x^{\alpha+1}\right)'=x^{\alpha}\quad(\alpha\neq-1)$	$\int x^{\alpha}\mathrm{d}x=\dfrac{1}{\alpha+1}x^{\alpha+1}+c\quad(\alpha\neq-1)$
$(\ln\|x\|)'=\dfrac{1}{x}$	$\int\dfrac{1}{x}\mathrm{d}x=\ln\|x\|+c\quad(x\neq0)$
$(a^x)'=a^x\ln a$	$\int a^x\mathrm{d}x=\dfrac{a^x}{\ln a}+c\quad(a>0,a\neq1)$
$(\mathrm{e}^x)'=\mathrm{e}^x$	$\int\mathrm{e}^x\mathrm{d}x=\mathrm{e}^x+c$
$(\sin x)'=\cos x$	$\int\cos x\,\mathrm{d}x=\sin x+c$
$(\cos x)'=-\sin x$	$\int\sin x\,\mathrm{d}x=-\cos x+c$
$(\tan x)'=\sec^2x$	$\int\sec^2x\mathrm{d}x=\tan x+c$
$(\cot x)'=-\csc^2x$	$\int\csc^2x\mathrm{d}x=-\cot x+c$
$(\sec x)'=\sec x\tan x$	$\int\sec x\tan x\,\mathrm{d}x=\sec x+c$
$(\csc x)'=-\csc x\cot x$	$\int\csc x\cot x\,\mathrm{d}x=-\csc x+c$
$(\arcsin x)'=\dfrac{1}{\sqrt{1-x^2}}$	$\int\dfrac{1}{\sqrt{1-x^2}}\mathrm{d}x=\arcsin x+c$
$(\arctan x)'=\dfrac{1}{1+x^2}$	$\int\dfrac{1}{1+x^2}\mathrm{d}x=\arctan x+c$

基本积分公式必须熟记,它是计算积分的基础.

2)直接积分法

直接利用积分公式和法则计算积分的方法,称为直接积分法.

【例4.2】 计算 $\int\dfrac{3x^4+5x-\sqrt{x}}{x^2}\mathrm{d}x$.

【解】

$$\begin{aligned}\int\frac{3x^4+5x-\sqrt{x}}{x^2}\mathrm{d}x&=\int\left(3x^2+\frac{5}{x}-x^{-\frac{3}{2}}\right)\mathrm{d}x\\&=\int3x^2\mathrm{d}x+\int\frac{5}{x}\mathrm{d}x-\int x^{-\frac{3}{2}}\mathrm{d}x\\&=x^3+c_1+5\ln|x|+c_2+2x^{-\frac{1}{2}}+c_3\\&=x^3+5\ln|x|+2x^{-\frac{1}{2}}+c\end{aligned}$$

其中 $c=c_1+c_2+c_3$ 仍为任意常数,以后不必再写出 c_1,c_2,c_3 等.

【例4.3】 计算 $\int\left(2^x e^x + \frac{1}{\sqrt{1-x^2}}\right)dx$.

【解】 $\int\left(2^x e^x + \frac{1}{\sqrt{1-x^2}}\right)dx = \int(2e)^x dx + \int\frac{1}{\sqrt{1-x^2}}dx$

$$= \frac{(2e)^x}{\ln 2e} + \arcsin x + c$$

【例4.4】 计算 $\int\frac{1+x+x^2}{x(1+x^2)}dx$.

【解】 $\int\frac{1+x+x^2}{x(1+x^2)}dx = \int\frac{x+(1+x^2)}{x(1+x^2)}dx = \int\left(\frac{1}{1+x^2}+\frac{1}{x}\right)dx$

$$= \arctan x + \ln|x| + c$$

【例4.5】 计算 $\int\frac{\cos 2x}{\sin x - \cos x}dx$.

【解】 $\int\frac{\cos 2x}{\sin x - \cos x}dx = \int\frac{\cos^2 x - \sin^2 x}{\sin x - \cos x}dx = -\int(\cos x + \sin x)\,dx$

$$= -\sin x + \cos x + c$$

【例4.6】 计算 $\int\frac{1}{\sin^2\frac{x}{2}\cos^2\frac{x}{2}}dx$.

【解】 $\int\frac{1}{\sin^2\frac{x}{2}\cos^2\frac{x}{2}}dx = 4\int\frac{1}{\sin^2 x}dx$

$$= 4\int\csc^2 x dx = -4\cot x + c$$

【例4.7】 设曲线通过点(1,2)，且其上任一点处的切线斜率等于这点横坐标的3倍. 求此曲线的方程.

【解】 设曲线方程为 $y=f(x)$，则 $y'=3x$. 因此 $y = \int 3x dx = \frac{3}{2}x^2 + c$.

把 $x=1$，$y=2$ 代入得 $c=\frac{1}{2}$，故所求曲线方程为 $y=\frac{3}{2}x^2+\frac{1}{2}$.

习题4.1

A 组

1. 利用性质计算下列积分.

(1) $\int(\sec x)'dx$ (2) $\int d\sin 4x$ (3) $\left(\int\cot 2x\,dx\right)'$ (4) $d\int(2+x^4)^5dx$

2. 计算下列不定积分.

(1) $\int(2\cos x + 3^x - x^5)dx$ (2) $\int\frac{3x^4-2x^2-5x+3}{x^2}dx$ (3) $\int\frac{3x-e^x}{xe^x}dx$

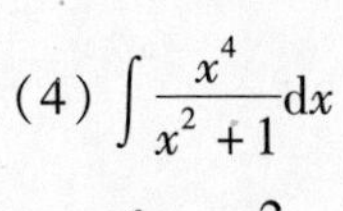

(4) $\int \frac{x^4}{x^2+1}\mathrm{d}x$　　(5) $\int \frac{5x^2}{1+x^2}\mathrm{d}x$　　(6) $\int \sin^2\frac{x}{2}\mathrm{d}x$

(7) $\int \frac{2}{x^2(1+x^2)}\mathrm{d}x$　　(8) $\int \frac{1}{1-\cos 2x}\mathrm{d}x$　　(9) $\int \cot^2 x\mathrm{d}x$

(10) $\int \frac{\sin^2 x}{1+\cos 2x}\mathrm{d}x$　　(11) $\int (\cot x-5\tan x)^2\mathrm{d}x$　　(12) $\int \frac{3x^4+2x^2-1}{x^2+1}\mathrm{d}x$

3. 已知一条曲线在任一点处的切线斜率等于该点横坐标的平方,且曲线过点(1,2),求此曲线方程.

应用与提高

【例 4.8】 某产品的边际利润为 $L'(x)=\frac{48}{\sqrt[5]{x^2}}$,其中 x 为产品的产量.已知产量 $x=32$ 件时,利润 $L(32)=758$ 元,求这种产品的利润函数 $L(x)$.

【解】 由 $L'(x)=\frac{48}{\sqrt[5]{x^2}}$,得

$$L(x)=\int L'(x)\mathrm{d}x=\int \frac{48}{\sqrt[5]{x^2}}\mathrm{d}x=48\cdot\frac{5}{3}x^{\frac{3}{5}}+c=80x^{\frac{3}{5}}+c$$

将 $L(32)=758$ 代入,得 $c=118$,故利润函数 $L(x)=80x^{\frac{3}{5}}+118$.

B 组

1. 设 $f(x)$ 的一个原函数为 $\ln x$,求 $\int x^{\frac{4}{5}}f'(x)\mathrm{d}x$.

2. 已知 $\int f(x)\mathrm{d}x=x^2\mathrm{e}^{2x}+c$,求 $f(x)$.

3. 证明:若 $\int f(x)\mathrm{d}x=F(x)+c$,则 $\int f(kx+b)\mathrm{d}x=\frac{1}{k}F(kx+b)+c\ (k\neq 0)$.

4. 某产品的边际成本为 $C'(x)=\frac{160}{\sqrt[3]{x}}$,其中 x 为产品的产量.已知产量 $x=512$ 件时,成本 $C(512)=19\ 360$ 元,求这种产品的成本函数 $C(x)$.

4.2 不定积分的积分方法

计算不定积分,除了直接积分法,常用方法还有换元积分法、分部积分法等.

4.2.1 换元积分法

计算积分时,被积函数绝大多数是复合函数,此时需要引入新的变量,使用换元积分法

求解.

1)第一类换元积分法(凑微分法)

把基本积分公式中的积分变量 x 同时换成其他变量,如 u,t,公式仍然成立,此性质称为积分形式不变性. 即:若 $\int f(x)\mathrm{d}x = F(x)+c$,则 $\int f(u)\mathrm{d}u = F(u)+c$.

例如,$\int a^u\mathrm{d}u = \dfrac{a^u}{\ln a}+c(a>0,a\neq 1)$,$\int \csc^2 u\mathrm{d}u = -\cot u + c$,等等.

在 $\int f[\varphi(x)]\varphi'(x)\mathrm{d}x$ 中,若令 $u=\varphi(x)$,则 $\mathrm{d}u=\varphi'(x)\mathrm{d}x$,代入求解,再回代,即可计算出积分. 具体求解步骤如下:

$$\int f[\varphi(x)]\varphi'(x)\mathrm{d}x = \int f(u)\mathrm{d}u = F(u)+c = F[\varphi(x)]+c$$

注 意

此法主要解决被积函数是复合函数与简单函数乘积,且简单函数能够凑成复合函数的内函数的微分的情形. 特别地,当 $\varphi'(x)=k(k\in\mathbf{R})$ 时,经常用 1 来代替 $\varphi'(x)$,题目就变成 $\int f[\varphi(x)]\mathrm{d}x$.

【例 4.9】 计算 $\int \dfrac{5}{7x-5}\mathrm{d}x$.

【解】 令 $u=7x-5$,则 $\mathrm{d}u=7\mathrm{d}x$,$\mathrm{d}x=\dfrac{1}{7}\mathrm{d}u$.

所以 $\int \dfrac{5}{7x-5}\mathrm{d}x = \dfrac{5}{7}\int \dfrac{1}{u}\mathrm{d}u = \dfrac{5}{7}\ln|u|+c = \dfrac{5}{7}\ln|7x-5|+c$

【例 4.10】 计算 $\int 3^{5x+8}\mathrm{d}x$.

【解】 令 $u=5x+8$,则 $\mathrm{d}u=5\mathrm{d}x$,$\mathrm{d}x=\dfrac{1}{5}\mathrm{d}u$.

所以 $\int 3^{5x+8}\mathrm{d}x = \dfrac{1}{5}\int 3^u\mathrm{d}u = \dfrac{1}{5\ln 3}3^u+c = \dfrac{3^{5x+8}}{5\ln 3}+c$

【例 4.11】 计算 $\int \dfrac{x}{\sqrt{x^2-3}}\mathrm{d}x$.

【解】 令 $u=x^2-3$,则 $\mathrm{d}u=2x\mathrm{d}x$,$x\mathrm{d}x=\dfrac{1}{2}\mathrm{d}u$.

所以 $\int \dfrac{x}{\sqrt{x^2-3}}\mathrm{d}x = \dfrac{1}{2}\int \dfrac{1}{\sqrt{u}}\mathrm{d}u = u^{\frac{1}{2}}+c = \sqrt{x^2-3}+c$

方法熟练后,不必把 u 设出来,可直接计算下去.

【例 4.12】 计算 $\int \dfrac{x^2}{1+x^6}\mathrm{d}x$.

【解】 $\int \frac{x^2}{1+x^6}dx = \int \frac{x^2}{1+(x^3)^2}dx \xlongequal{x^2dx=\frac{1}{3}dx^3} \frac{1}{3}\int \frac{1}{1+(x^3)^2}dx^3$ （令 $u=x^3$）

$= \frac{1}{3}\arctan x^3 + c$

【例 4.13】 计算 $\int \frac{1}{x\ln^5 x}dx$.

【解】 $\int \frac{1}{x\ln^5 x}dx \xlongequal{\frac{1}{x}dx=d\ln x} \int \frac{1}{\ln^5 x}d\ln x = -\frac{1}{4}\ln^{-4}x + c$

第一类换元积分法求解的关键是凑出复合函数 $f[\varphi(x)]$ 的内函数的微分 $d\varphi(x)$. 利用微分公式 $d\varphi(x)=\varphi'(x)dx$ 反向,即为凑微分 $\varphi'(x)dx=d\varphi(x)$. 常用凑微分如下:

(1) $dx=\frac{1}{k}d(kx+c)$　　(2) $xdx=\frac{1}{2}dx^2=\frac{1}{2k}d(kx^2+c)$

(3) $x^2dx=\frac{1}{3}dx^3$　　(4) $\frac{1}{x}dx=d\ln|x|$

(5) $\frac{1}{x^2}dx=-d\left(\frac{1}{x}\right)$　　(6) $e^xdx=de^x$

(7) $\sin x\,dx=-d\cos x$　　(8) $\cos x\,dx=d\sin x$

(9) $\sec^2 xdx=d\tan x$　　(10) $\csc^2 xdx=-d\cot x$

(11) $\sec x\tan x\,dx=d\sec x$　　(12) $\csc x\cot x\,dx=-d\csc x$

(13) $\frac{1}{\sqrt{1-x^2}}dx=d\arcsin x$　　(14) $\frac{1}{1+x^2}dx=d\arctan x$

(15) $\frac{1}{\sqrt{x}}dx=2d\sqrt{x}$　　(16) $x^\alpha dx=d\frac{1}{\alpha+1}x^{\alpha+1}$　$(\alpha\neq-1)$

【例 4.14】 计算 $\int \sin x\cos x\,dx$.

【解】 方法1: $\int \sin x\cos x\,dx = \int \sin x\,d\sin x = \frac{1}{2}\sin^2 x + c_1$

方法2: $\int \sin x\cos x\,dx = \int \cos x\,d(-\cos x) = -\frac{1}{2}\cos^2 x + c_2$

方法3: $\int \sin x\cos x\,dx = \int \frac{1}{2}\sin 2x\,dx = \frac{1}{4}\int \sin 2x\,d(2x) = -\frac{1}{4}\cos 2x + c_3$

从本例可知,三角函数的原函数形式上可能不同,但可以用三角公式进行转化.

【例 4.15】 计算 $\int \frac{1}{\sin^2 x\sqrt[3]{\cot x}}dx$.

【解】 $\int \frac{1}{\sin^2 x\sqrt[3]{\cot x}}dx = \int \frac{\csc^2 x}{\sqrt[3]{\cot x}}dx$

$= -\int \frac{1}{\sqrt[3]{\cot x}}d\cot x$

$$= -\frac{3}{2}\cot^{\frac{2}{3}}x + c$$

【例 4.16】 计算 $\int \frac{\sec^2 \frac{1}{x}}{x^2}dx$.

【解】 $\int \frac{\sec^2 \frac{1}{x}}{x^2}dx = \int \sec^2 \frac{1}{x} \cdot \frac{1}{x^2}dx$

$$= -\int \sec^2 \frac{1}{x} d\frac{1}{x}$$

$$= -\tan\frac{1}{x} + c$$

【例 4.17】 计算 $\int \frac{1}{a^2+x^2}dx$ $(a>0)$.

【解】 $\int \frac{1}{a^2+x^2}dx = \frac{1}{a^2}\int \frac{1}{1+\left(\frac{x}{a}\right)^2}dx$

$$= \frac{1}{a}\int \frac{1}{1+\left(\frac{x}{a}\right)^2}d\left(\frac{x}{a}\right)$$

$$= \frac{1}{a}\arctan\frac{x}{a} + c$$

即 $\int \frac{1}{a^2+x^2}dx = \frac{1}{a}\arctan\frac{x}{a} + c$

类似地 $\int \frac{1}{\sqrt{a^2-x^2}}dx = \arcsin\frac{x}{a} + c$

【例 4.18】 计算 $\int \frac{1}{a^2-x^2}dx$ $(a>0)$.

【解】 $\int \frac{1}{a^2-x^2}dx = \int \frac{1}{(a+x)(a-x)}dx$

$$= \frac{1}{2a}\int\left(\frac{1}{a+x} + \frac{1}{a-x}\right)dx$$

$$= \frac{1}{2a}\left[\int \frac{1}{a+x}dx + \int \frac{1}{a-x}dx\right]$$

$$= \frac{1}{2a}\left[\int \frac{1}{a+x}d(a+x) - \int \frac{1}{a-x}d(a-x)\right]$$

$$= \frac{1}{2a}\left[\ln|a+x| - \ln|a-x|\right] + c$$

$$= \frac{1}{2a}\ln\left|\frac{a+x}{a-x}\right| + c$$

即 $\int \frac{1}{a^2-x^2}dx = \frac{1}{2a}\ln\left|\frac{a+x}{a-x}\right| + c$

【例 4.19】 计算 $\int \tan x\, dx$.

【解】 $\int \tan x\,\mathrm{d}x = \int \frac{\sin x}{\cos x}\mathrm{d}x = -\int \frac{1}{\cos x}\mathrm{d}\cos x$

$= -\ln|\cos x| + c$

即 $\int \tan x\,\mathrm{d}x = -\ln|\cos x| + c$

类似地 $\int \cot x\,\mathrm{d}x = \ln|\sin x| + c$

【例 4.20】 计算 $\int \sec x\,\mathrm{d}x$.

【解】 $\int \sec x\,\mathrm{d}x = \int \frac{\sec x(\sec x + \tan x)}{\sec x + \tan x}\mathrm{d}x$

$= \int \frac{\sec^2 x + \sec x\tan x}{\sec x + \tan x}\mathrm{d}x$

$= \int \frac{\mathrm{d}(\sec x + \tan x)}{\sec x + \tan x}$

$= \ln|\sec x + \tan x| + c$

即 $\int \sec x\,\mathrm{d}x = \ln|\sec x + \tan x| + c$

类似地 $\int \csc x\,\mathrm{d}x = \ln|\csc x - \cot x| + c$

2)第二类换元积分法(根式代换)

还有一些积分式子,被积函数含有根式,此类积分用凑微分法通常无法求解,需要用到另外一类换元法,即第二类换元积分法. 其基本解题思路为,在 $\int f(x)\mathrm{d}x$ 中,令 $x=\varphi(t)$, $\mathrm{d}x=\varphi'(t)\mathrm{d}t$,则 $\int f(x)\mathrm{d}x = \int f[\varphi(t)]\varphi'(t)\mathrm{d}t$,再化简整理可得关于 t 的积分,最后回代即可. 其过程表示如下:

$$\int f(x)\mathrm{d}x \xlongequal[\mathrm{d}x = \varphi'(t)\mathrm{d}t]{\text{令 } x = \varphi(t)} \int f[\varphi(t)]\varphi'(t)\mathrm{d}t = F(t) + c \xlongequal[t = \varphi^{-1}(x)]{\text{还原}} F[\varphi^{-1}(x)] + c$$

第二类换元法主要用于求被积函数中含有根号的一类积分,去掉根号是选择函数 $x=\varphi(t)$ 的主要思路.

注 意

由于在回代时需用 $x=\varphi(t)$ 的反函数,所以要求 $x=\varphi(t)$ 必须为单调且存在连续的导函数.

【例 4.21】 计算 $\int \frac{\mathrm{d}x}{3 + \sqrt[3]{3x-2}}$.

【解】 令 $\sqrt[3]{3x-2} = t$,则 $x = \frac{t^3+2}{3}$, $\mathrm{d}x = t^2\mathrm{d}t$.

$$\int \frac{dx}{3+\sqrt[3]{3x-2}} = \int \frac{t^2}{3+t}\,dt = \int \frac{(t^2-9)+9}{3+t}\,dt$$

$$= \int (t-3)\,dt + \int \frac{9}{3+t}\,dt$$

$$= \int (t-3)\,d(t-3) + 9\int \frac{1}{3+t}\,d(t+3)$$

$$= \frac{1}{2}(t-3)^2 + 9\ln|t+3| + c$$

$$= \frac{1}{2}(\sqrt[3]{3x-2}-3)^2 + 9\ln\left|\sqrt[3]{3x-2}+3\right| + c$$

【例 4.22】 计算$\int \frac{dx}{\sqrt{x}-\sqrt[3]{x}}$.

【解】 令$\sqrt[6]{x}=t$，则$x=t^6$，$dx=6t^5dt$.

$$\int \frac{dx}{\sqrt{x}-\sqrt[3]{x}} = \int \frac{6t^5}{t^3-t^2}dt$$

$$= 6\int \frac{t^3}{t-1}\,dt = 6\int \frac{(t^3-1)+1}{t-1}\,dt$$

$$= 6\int \left(t^2+t+1+\frac{1}{t-1}\right)\,dt$$

$$= 2t^3+3t^2+6t+6\ln|t-1|+c$$

$$= 2\sqrt{x}+3\sqrt[3]{x}+6\sqrt[6]{x}+6\ln\left|\sqrt[6]{x}-1\right|+c$$

4.2.2 分部积分法

设函数$u=u(x)$，$v=v(x)$具有连续导数，由微分公式$d(uv)=vdu+udv$，移项得

$udv=d(uv)-vdu$，两边积分得$\int udv=\int d(uv)-\int vdu$. 即

$$\int udv = uv - \int vdu$$

此公式称为不定积分的分部积分公式.

如果求$\int udv$有困难，而$\int vdu$容易计算时，就可以应用此公式.

【例 4.23】 计算$\int x\cos x\,dx$.

【解】 令$u=x$，$\cos x\,dx=d\sin x=dv$，则$v=\sin x$.

$$\int x\cos x\,dx = \int x\,d\sin x = x\sin x - \int \sin x\,dx$$

$$= x\sin x + \cos x + c$$

【例 4.24】 计算$\int x^2e^x dx$.

【解】 令$u=x^2$，$dv=e^x dx=de^x$，则$v=e^x$.

$$\int x^2 e^x dx = \int x^2 de^x = x^2 e^x - \int e^x dx^2$$

$$= x^2 e^x - 2\int x e^x dx \text{（对} \int x e^x dx \text{ 再一次使用分部积分公式）}$$

$$= x^2 e^x - 2\int x de^x = x^2 e^x - 2(x e^x - \int e^x dx)$$

$$= x^2 e^x - 2x e^x + 2e^x + c$$

有些题目需要接连应用几次分部积分公式才能计算出来.

从上面例题可以看出,分部积分法的过程如下:

$$\int f(x)g(x)dx \xlongequal{\text{凑微分}} \int u dv \xlongequal{\text{用公式}} uv - \int v du$$

使用分部积分公式的关键在于适当的选取 u,v. 方法熟练后,可不设出 u,v.

【例4.25】 计算 $\int \arccos x \, dx$.

【解】 $\int \arccos x \, dx = x \arccos x - \int x d(\arccos x)$

$$= x \arccos x + \int x \cdot \frac{1}{\sqrt{1-x^2}} dx$$

$$= x \arccos x - \frac{1}{2}\int \frac{1}{\sqrt{1-x^2}} d(1-x^2)$$

$$= x \arccos x - \frac{1}{2} \cdot 2\sqrt{1-x^2} + c$$

$$= x \arccos x - \sqrt{1-x^2} + c$$

【例4.26】 计算 $\int x \arctan x \, dx$.

【解】 $\int x \arctan x \, dx = \frac{1}{2}\int \arctan x \, dx^2$

$$= \frac{1}{2}(x^2 \arctan x - \int x^2 d \arctan x)$$

$$= \frac{1}{2}x^2 \arctan x - \frac{1}{2}\int \frac{x^2}{1+x^2} dx$$

$$= \frac{1}{2}x^2 \arctan x - \frac{1}{2}\int \left(1 - \frac{1}{1+x^2}\right) dx$$

$$= \frac{1}{2}x^2 \arctan x - \frac{1}{2}x + \frac{1}{2}\arctan x + c$$

【例4.27】 计算 $\int e^x \sin x \, dx$.

【解】 $\int e^x \sin x \, dx = \int \sin x \, de^x = e^x \sin x - \int e^x d\sin x$

$$= e^x \sin x - \int e^x \cos x \, dx$$

$$= e^x\sin x - \int\cos x\,de^x$$

$$= e^x\sin x - e^x\cos x + \int e^x d\cos x$$

$$= e^x\sin x - e^x\cos x - \int e^x\sin x\,dx$$

移项合并得　$2\int e^x\sin x\,dx = e^x\sin x - e^x\cos x + c_1$（因为等式右端已没有积分号，所以右边要加上任意常数）

所以　$\int e^x\sin x\,dx = \frac{1}{2}e^x(\sin x - \cos x) + c$（其中 $c = \frac{1}{2}c_1$）

一般来说，若被积函数为三角函数、指数函数、对数函数、反三角函数（以下简称为：三、指、对、反）与幂函数（可以扩展为多项式函数）的乘积时，需要利用分部积分法来计算，可用以下口诀处理："反对选为 u，三指凑成 dv"。

习题 4.2

A　组

1. 用凑微分法计算下列不定积分.

(1) 若 $\int f(x)dx = F(x) + c$，则 $\int f(u)du =$ ________.

(2) $\int\sin u\,du$　(3) $\int\sin(1-3x)\,d(1-3x)$　(4) $\int\frac{1}{1+\cos x}\,d(1+\cos x)$

(5) $\int\frac{2x}{1+x^2}\,dx$　(6) $\int\frac{e^x}{\sqrt{1-e^{2x}}}dx$　(7) $\int x\sqrt{5-4x^2}\,dx$

(8) $\int\frac{x}{1+x^4}\,dx$　(9) $\int\frac{x}{\sqrt[3]{(x^2+5)^2}}dx$　(10) $\int\frac{\sqrt{5-2\ln x}}{x}\,dx$

(11) $\int\frac{1}{x^2}\sin\frac{1}{x}dx$　(12) $\int\sin^6 x\cos x\,dx$　(13) $\int\sin x\cos^2 x dx$

(14) $\int\sin^2 x dx$　(15) $\int\sin^3 x\,dx$　(16) $\int\cos^2 3x dx$

(17) $\int\cot^2 x\csc^2 x dx$　(18) $\int\frac{\arcsin^4 x}{\sqrt{1-x^2}}\,dx$　(19) $\int\frac{\sin x}{\sqrt{\cos^3 x}}dx$

(20) $\int\frac{1}{16-x^2}dx$　(21) $\int\frac{1}{9+x^2}dx$　(22) $\int\frac{1}{\sqrt{4-x^2}}dx$

2. 用第二类换元法计算下列不定积分.

(1) $\int\frac{1}{\sqrt{3x-5}+7}dx$　(2) $\int x\sqrt[4]{3x+1}\,dx$　(3) $\int\frac{x}{\sqrt{x+5}}\,dx$

(4) $\int x\sqrt{x+2}\,dx$　(5) $\int\frac{1}{\sqrt{x}(3-\sqrt[3]{x})}dx$　(6) $\int\frac{1}{\sqrt[3]{x}+\sqrt{x}}\,dx$

3. 用分部积分法计算下列不定积分.

(1) $\int x\sin x\,\mathrm{d}x$　　(2) $\int \arctan x\,\mathrm{d}x$　　(3) $\int x\ln x\,\mathrm{d}x$

(4) $\int \mathrm{e}^x\cos x\,\mathrm{d}x$　　(5) $\int \ln(x+7)\mathrm{d}x$　　(6) $\int \sec^3 x\mathrm{d}x$

应用与提高

1)三角代换

若被积函数中包含如下式子: $\sqrt{a^2-x^2}$ 或 $\sqrt{x^2\pm a^2}$,要去掉根号,采用根式代换法就达不到目的. 此时,需要用到三角函数关系式中平方关系来换元.

$1-\sin^2 x=\cos^2 x, 1+\tan^2 x=\sec^2 x, \sec^2 x-1=\tan^2 x$

【例 4.28】 计算 $\int \frac{\mathrm{d}x}{(a^2-x^2)^{\frac{3}{2}}}(a>0)$.

【解】 令 $x=a\sin t, t\in\left(0,\frac{\pi}{2}\right), \mathrm{d}x=a\cos t\ \mathrm{d}t$.

$$\int \frac{\mathrm{d}x}{(a^2-x^2)^{\frac{3}{2}}}=\int \frac{a\cos t\ \mathrm{d}t}{a^3\cos^3 t}=\int \frac{\mathrm{d}t}{a^2\cos^2 t}$$

$$=\frac{1}{a^2}\int \sec^2 t\mathrm{d}t=\frac{1}{a^2}\tan t+c$$

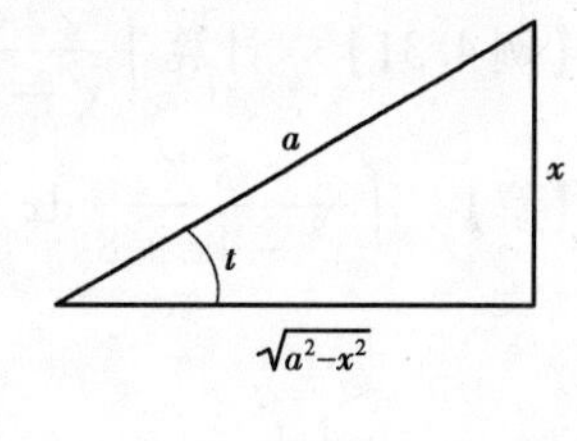

图 4.2

由 $x=a\sin t$ 作直角三角形,如图 4.2 所示.

则 $\tan t=\frac{x}{\sqrt{a^2-x^2}}$

所以 $\int \frac{\mathrm{d}x}{(a^2-x^2)^{\frac{3}{2}}}=\frac{x}{a^2\sqrt{a^2-x^2}}+c$

类似地,利用三角代换可得 $\int \frac{\mathrm{d}x}{\sqrt{x^2\pm a^2}}=\ln|x+\sqrt{x^2\pm a^2}|+c$

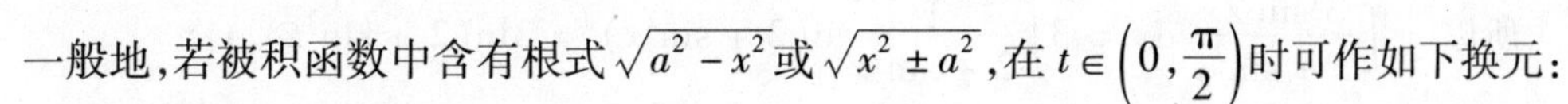

一般地,若被积函数中含有根式 $\sqrt{a^2-x^2}$ 或 $\sqrt{x^2\pm a^2}$,在 $t\in\left(0,\frac{\pi}{2}\right)$ 时可作如下换元:

- 含有 $\sqrt{a^2-x^2}$ 时,令 $x=a\sin t$;
- 含有 $\sqrt{x^2+a^2}$ 时,令 $x=a\tan t$;
- 含有 $\sqrt{x^2-a^2}$ 时,令 $x=a\sec t$.

2)积分表的使用

前面学习了求不定积分的几种基本方法,可以求出一些简单的不定积分. 但是对于较复杂的不定积分就需要使用积分表进行查阅. 积分表(见附录 2)是按被积函数的类型排列的,只要根据被积函数的类型或经过适当的变换将被积函数转化成表中所列类型,查阅相

应公式就可得到结果.

• 可以直接查表计算

【例 4.29】 查表计算 $\int \frac{x}{\sqrt{3x-7}}\,dx$.

【解】 被积函数含有 $\sqrt{ax+b}$，积分表（二）中查公式（13）. 其中 $a=3, b=-7$. 查表得

$$\int \frac{x}{\sqrt{3x-7}}dx = \frac{2}{27}(3x+14)\sqrt{3x-7}+c$$

• 先进行变量代换，再查表

【例 4.30】 查表计算 $\int x\arcsin\frac{x^2}{4}\,dx$.

【解】 该积分在积分表中查不到，先进行变量代换.

令 $x^2=t$，则 $xdx = d\frac{1}{2}x^2 = \frac{1}{2}dt$，代入并简化得 $\int x\arcsin\frac{x^2}{4}\,dx = \frac{1}{2}\int \arcsin\frac{t}{4}\,dt$.

右端积分中含反三角函数，积分表（十二）中查公式（113）. 其中 $a=4$ 查表得

$\int x\arcsin\frac{x^2}{4}\,dx = \frac{1}{2}t\arcsin\frac{t}{4} + \sqrt{16-t^2}+c = \frac{1}{2}x^2\arcsin\frac{x^2}{4}+\sqrt{16-x^4}+c$

下面再举两例计算较复杂的不定积分.

【例 4.31】 计算 $\int \frac{3}{x^2-4x+8}\,dx$.

【解】

$$\begin{aligned}\int \frac{3}{x^2-4x+8}\,dx &= \int \frac{3}{(x-2)^2+4}\,dx \\ &= 3\int \frac{1}{(x-2)^2+2^2}\,d(x-2) \\ &= \frac{3}{2}\arctan\frac{x-2}{2}+c\end{aligned}$$

【例 4.32】 计算 $\int \frac{3\sin 2x}{2+\sin^2 x}\,dx$.

【解】 观察分子分母间关系：$(2+\sin^2 x)' = 2\sin x\cos x = \sin 2x$

即 $\sin 2x dx = d(2+\sin^2 x)$

所以 $\int \frac{3\sin 2x}{2+\sin^2 x}\,dx = 3\int \frac{1}{2+\sin^2 x}\,d(2+\sin^2 x) = 3\ln(2+\sin^2 x)+c$

B 组

1. 计算下列不定积分.

(1) $\int \tan^3 x dx$ (2) $\int \frac{\cos 2x}{1+\sin 2x}dx$ (3) $\int \frac{\sin x\cos x}{2+\sin^2 x}\,dx$

(4) $\int \frac{dx}{x^2+4x+8}$ (5) $\int \frac{dx}{x^2-3x-5}$ (6) $\int \sec^4 x dx$

(7) $\int \csc^6 x dx$ (8) $\int \frac{\ln(\tan x)}{\sin x\cos x}\,dx$ (9) $\int \frac{1}{(x^2+4)(x^2-1)}\,dx$

(10) $\int x(x-1)^5 \mathrm{d}x$　(11) $\int \frac{1}{\sqrt{1+\mathrm{e}^x}} \mathrm{d}x$　(12) $\int \frac{x+2}{\sqrt{2x+1}} \mathrm{d}x$

(13) $\int \frac{1}{(1+x^2)^2} \mathrm{d}x$　(14) $\int x\sqrt{25-x^2}\, \mathrm{d}x$　(15) $\int \frac{\sqrt{x^2-9}}{x} \mathrm{d}x$

(16) $\int \sin\sqrt{2x+1}\, \mathrm{d}x$　(17) $\int \frac{x \arctan x}{\sqrt{1+x^2}} \mathrm{d}x$　(18) $\int \mathrm{e}^{\sqrt{x}} \mathrm{d}x$

2. 查表计算下列不定积分.

(1) $\int x^2\sqrt{x^2+8}\, \mathrm{d}x$　(2) $\int \sqrt{\frac{x-3}{x+2}}\, \mathrm{d}x$

4.3　定积分的概念与性质

已知导数或微分,求原函数是不定积分问题,还有很多问题需要求原函数在某一区间上的增量,此时需要引入另外一种积分计算——定积分. 在许多实际问题中,经常需要计算某些“和式的极限”,定积分就是从各种计算“和式的极限”的问题中抽象出来的数学概念.

4.3.1　定积分的概念与几何意义

1)引例

(1)曲边梯形的面积. 在直角坐标系中,由连续曲线 $y=f(x)\,(f(x)\geqslant 0)$,直线 $x=a$, $x=b$ 以及 x 轴所围成的平面图形称为曲边梯形,如图 4.3 所示.

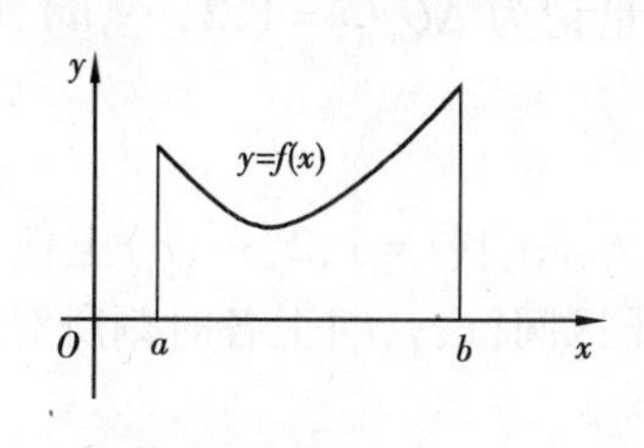

图 4.3

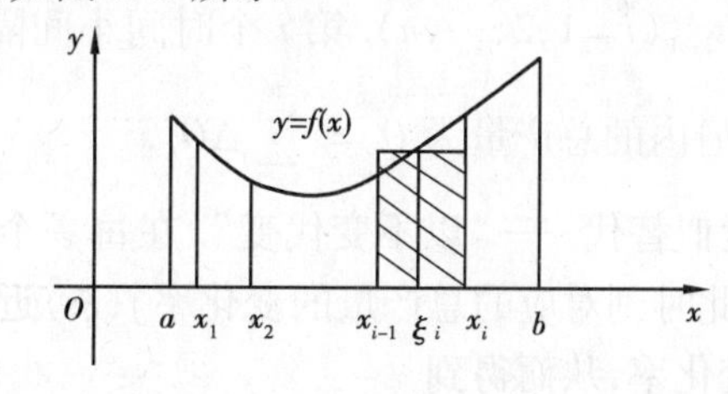

图 4.4

曲边梯形是不规则图形,其高 $f(x)$ 在区间 $[a,b]$ 内是随 x 连续变化的,所以没有公式可以直接计算其面积. 从整体上看,曲边梯形的高是变化的,但在局部上高的变化是微小的,可以近似地看作不变. 因此,求曲边梯形面积的基本思路是:先把曲边梯形分割成若干小曲边梯形,将每一个小曲边梯形用一个小矩形作近似代替,再把这些小矩形面积累加起来作为曲边梯形面积的近似值. 显然,分割越细密,所有小矩形面积之和就越接近曲边梯形的面积,当分割无限进行下去时,所有小矩形面积之和的极限值就是曲边梯形面积的精确值.

根据以上分析,曲边梯形面积的计算可按下述 4 个步骤进行:

①分割. 在区间 $[a,b]$ 内任取 $n-1$ 个分点: $a=x_0<x_1<\cdots<x_{i-1}<x_i<\cdots<x_{n-1}<x_n=b$,将区间 $[a,b]$ 分成 n 个子区间 $[x_{i-1},x_i]\,(i=1,2,\cdots,n)$,每个子区间的长度记为 $\Delta x_i=$

$x_i - x_{i-1}(i=1,2,\cdots,n)$. 过每一个分点 $x_i(i=1,2,\cdots,n)$ 作 x 轴的垂线,把曲边梯形分割成 n 个小曲边梯形,如图4.4所示,第 i 个小曲边梯形的面积记作 ΔS_i,则曲边梯形的面积 $S = \sum\limits_{i=1}^{n} \Delta S_i$.

②近似替代——"以直代曲". 在每一个子区间 $[x_{i-1},x_i](i=1,2,\cdots,n)$ 上任取一点 $\xi_i(x_{i-1} \leqslant \xi_i \leqslant x_i)$,以 Δx_i 为宽,以 $f(\xi_i)$ 为高构造小矩形,以这个小矩形的面积 $f(\xi_i)\Delta x_i$ 作为对应小曲边梯形面积 ΔS_i 的近似值,即 $\Delta S_i \approx f(\xi_i)\Delta x_i$

③近似求和. 把 n 个小矩形的面积全部加起来,其总和 S_n 作为曲边梯形面积 S 的近似值,即

$$S \approx S_n = \sum_{i=1}^{n} f(\xi_i)\Delta x_i$$

④取极限. 当 $[a,b]$ 内的小区间个数无限增多(即 $n \to \infty$),记 $\lambda = \max\limits_{1 \leqslant i \leqslant n}\{\Delta x_i\}$,且当 $\lambda \to 0$ 时,S_n 的极限就是曲边梯形的面积,即

$$S = \lim_{\lambda \to 0} \sum_{i=1}^{n} f(\xi_i)\Delta x_i$$

(2)非均衡生产的总产量. 假设某一生产过程中总产量 Q 对时间的变化率 $Q'_t = q = f(t)$ 是时间 t 的函数,求在时间段 $[a,b]$ 内的总产量.

分析:由于总产量 Q 对时间的变化率是在不断变化的,即单位时间内的产量是变数,不能直接用单位产量乘以时间等于总产量,仍然需要进行处理.

①分割. 在时间区间 $[a,b]$ 内任取 $n-1$ 个分点:$a = t_0 < t_1 < \cdots < t_{i-1} < t_i < \cdots < t_{n-1} < t_n = b$,将区间 $[a,b]$ 分成 n 个子区间 $[t_{i-1},t_i](i=1,2,\cdots,n)$,每个子区间的长度记为 $\Delta t_i = t_i - t_{i-1}(i=1,2,\cdots,n)$. 第 i 个时间小间隔内的产量记为 $\Delta Q_i(i=1,2,\cdots,n)$,则在时间段 $[a,b]$ 内的总产量为 $Q = \sum\limits_{i=1}^{n} \Delta Q_i$.

②近似替代——"以不变代变". 在每一个子区间 $[t_{i-1},t_i](i=1,2,\cdots,n)$ 上任取一时刻 ξ_i,以此时刻对应的总产量的变化率 $f(\xi_i)$ 近似代替子区间 $[t_{i-1},t_i]$ 上各时刻所对应的总产量的变化率,从而得到

$$\Delta Q_i \approx f(\xi_i)\Delta t_i$$

③近似求和. 把 n 个子区间上各自对应的产量累加起来,其总和 Q_n 作为时间段 $[a,b]$ 上总产量的近似值,即

$$Q \approx Q_n = \sum_{i=1}^{n} f(\xi_i)\Delta t_i$$

④取极限. 当 $[a,b]$ 内的时间分割小区间数无限增多(即 $n \to \infty$),记 $\lambda = \max\limits_{1 \leqslant i \leqslant n}\{\Delta t_i\}$,且当 $\lambda \to 0$ 时,总和的极限就是时间段 $[a,b]$ 上的总产量,即

$$Q = \lim_{\lambda \to 0} \sum_{i=1}^{n} f(\xi_i)\Delta t_i$$

以上两个问题虽然研究对象不同,但是从数量关系上看都是要求某种整体的量,且解决问题所用的思想方法也相同. 首先通过①把整体的问题分成局部的问题;再通过②在局

部上“以直代曲或以不变代变”,求出局部的近似值;然后通过③得到整体的一个近似值;最后通过④得到整体量的精确值. 以上 4 步在数量上都归结为对某一函数$f(x)$施行结构相同的数学运算——特殊的和式“ $\sum_{i=1}^{n} f(\xi_i)\Delta x_i$ ”的极限.

在科学技术和生产实际中还有许多问题也都可以归结为求这种“和式”的极限,现在抛开其问题的实际意义,将它们数量关系上的本质特性加以概括,抽象出来得出定积分的定义.

2)定积分的定义

定义 4.3 设函数 $y=f(x)$在区间$[a,b]$上有定义. 在区间$[a,b]$内任取$(n-1)$个分点:$a=x_0<x_1<\cdots<x_{i-1}<x_i<\cdots<x_{n-1}<x_n=b$,将区间$[a,b]$分成 n 个子区间$[x_{i-1},x_i]$($i=1,2,\cdots,n$),每个子区间的长度记为 $\Delta x_i=x_i-x_{i-1}$,在每一个子区间$[x_{i-1},x_i]$上任取一点 ξ_i ($x_{i-1}\leqslant\xi_i\leqslant x_i$),作乘积$f(\xi_i)\Delta x_i$,再求和 $\sum_{i=1}^{n} f(\xi_i)\Delta x_i$. 若记 $\lambda=\max_{1\leqslant i\leqslant n}\{\Delta x_i\}$,如果$\lambda\to0$(此时$n\to\infty$),极限 $\lim_{\lambda\to0}\sum_{i=1}^{n} f(\xi_i)\Delta x_i$ 存在,且极限值与区间$[a,b]$的分法和 ξ_i 点的取法无关. 则称函数 $y=f(x)$在区间$[a,b]$上可积,此极限值称为函数 $y=f(x)$在区间$[a,b]$上的定积分,记作 $\int_a^b f(x)\mathrm{d}x$,即

$$\int_a^b f(x)\mathrm{d}x=\lim_{\lambda\to0}\sum_{i=1}^{n} f(\xi_i)\Delta x_i$$

其中$f(x)$称为被积函数,$f(x)\mathrm{d}x$ 称为积分表达式,x 称为积分变量,$[a,b]$称为积分区间,a 称为积分下限,b 称为积分上限. $f(\xi_i)\Delta x_i$ 称为积分元素, $\sum_{i=1}^{n} f(\xi_i)\Delta x_i$ 称为积分和式.

由定积分的定义,前面两个实例可用定积分来表示.

(1)由连续曲线 $y=f(x)$($f(x)\geqslant0$),直线 $x=a,x=b$ 以及 x 轴所围成的曲边梯形的面积为函数 $y=f(x)$在区间$[a,b]$上的定积分,即

$$S=\int_a^b f(x)\mathrm{d}x$$

(2)总产量对时间的变化率是 $q=f(t)$的生产过程,在时间段$[a,b]$内的总产量为函数 $q=f(t)$在$[a,b]$上的定积分,即

$$Q=\int_a^b f(t)\mathrm{d}t$$

说 明

(1)如果$\int_a^b f(x)\mathrm{d}x$ 存在,则 $\int_a^b f(x)\mathrm{d}x$ 表示一个常数,它只与被积函数$f(x)$和积分区间$[a,b]$有关,而与积分变量用什么字母无关,即

$$\int_a^b f(x)\mathrm{d}x=\int_a^b f(u)\mathrm{d}u=\int_a^b f(t)\mathrm{d}t$$

(2)定积分是一种极限,此极限值不一定存在.

(3)规定 $\int_a^b f(x)\mathrm{d}x = -\int_b^a f(x)\mathrm{d}x; \int_a^a f(x)\mathrm{d}x = 0$.

定理 4.2(定积分存在定理) 若函数 $y=f(x)$ 在区间 $[a,b]$ 上连续,则 $y=f(x)$ 在区间 $[a,b]$ 上可积;若函数 $y=f(x)$ 在区间 $[a,b]$ 上只有有限个间断点,且有界,则 $y=f(x)$ 在区间 $[a,b]$ 上可积.

3)定积分的几何意义

(1)若在区间 $[a,b]$ 上,函数 $y=f(x)\geqslant 0$,且连续,则 $\int_a^b f(x)\mathrm{d}x$ 表示由曲线 $y=f(x)$,直线 $x=a,x=b$ 以及 x 轴所围成的图形的面积,如图 4.5 (a) 所示,即

$$\int_a^b f(x)\mathrm{d}x = S$$

(2)若在区间 $[a,b]$ 上,函数 $y=f(x)\leqslant 0$,且连续,则 $\int_a^b f(x)\mathrm{d}x$ 表示由曲线 $y=f(x)$,直线 $x=a,x=b$ 以及 x 轴所围成的图形面积的相反数,如图 4.5 (b) 所示,即

$$\int_a^b f(x)\mathrm{d}x = -S$$

(3)若在区间 $[a,b]$ 上,连续函数 $y=f(x)$ 有正,也有负,如图 4.5 (c) 所示,则 $\int_a^b f(x)\mathrm{d}x$ 表示 x 轴上方图形面积与下方图形面积之差,即有

$$\int_a^b f(x)\mathrm{d}x = S_1 - S_2 + S_3$$

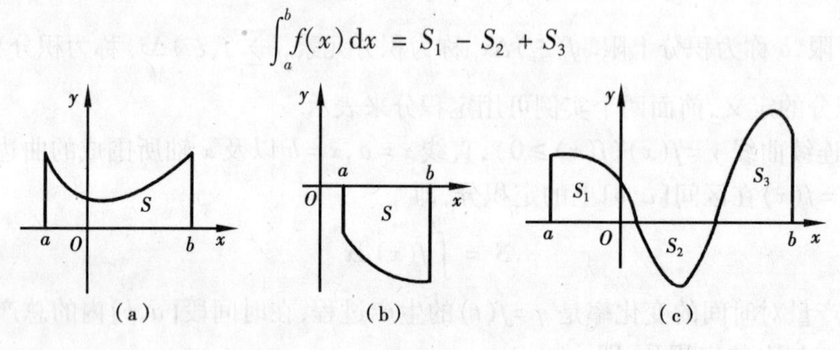

图 4.5

【例 4.33】 用定积分表示图 4.6 中阴影部分的面积.

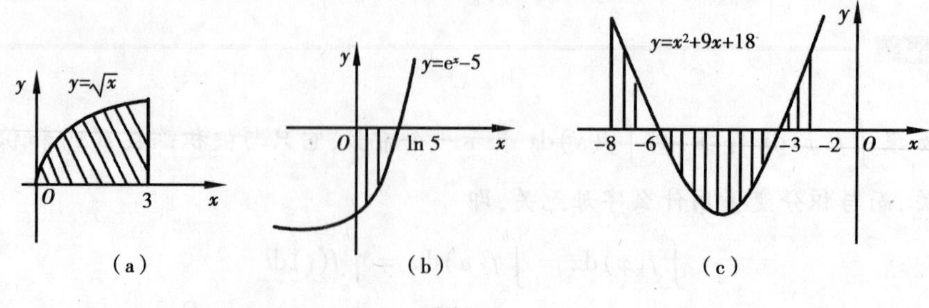

图 4.6

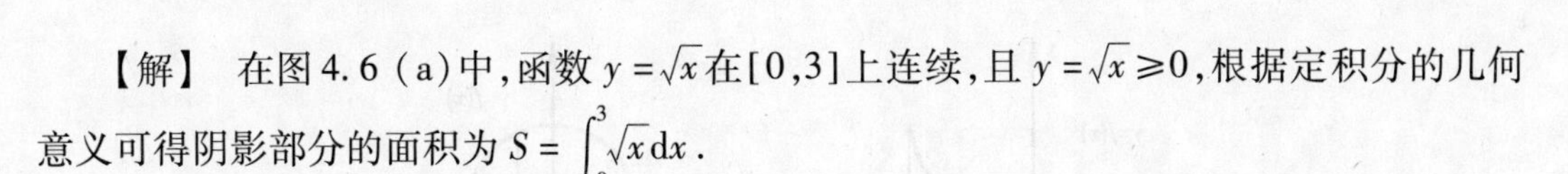

【解】　在图 4.6 (a)中,函数 $y=\sqrt{x}$ 在[0,3]上连续,且 $y=\sqrt{x}\geqslant 0$,根据定积分的几何意义可得阴影部分的面积为 $S=\int_0^3\sqrt{x}\,\mathrm{d}x$.

在图 4.6(b)中,阴影部分面积为 $S=-\int_0^{\ln 5}(\mathrm{e}^x-5)\,\mathrm{d}x$.

在图 4.6 (c)中,函数 $y=x^2+9x+18$ 在[-8, -2]上连续,且有正,也有负,所以阴影部分的面积为

$$S=\int_{-8}^{-6}(x^2+9x+18)\,\mathrm{d}x-\int_{-6}^{-3}(x^2+9x+18)\,\mathrm{d}x+\int_{-3}^{-2}(x^2+9x+18)\,\mathrm{d}x$$

【例 4.34】　利用定积分的几何意义,计算下列定积分.

(1) $\int_a^b 7\,\mathrm{d}x$　　(2) $\int_0^4\sqrt{16-x^2}\,\mathrm{d}x$

【解】　(1)如图 4.7(a)所示, $\int_a^b 7\,\mathrm{d}x=S_{\text{矩形}}=(b-a)\times 7=7(b-a)$.

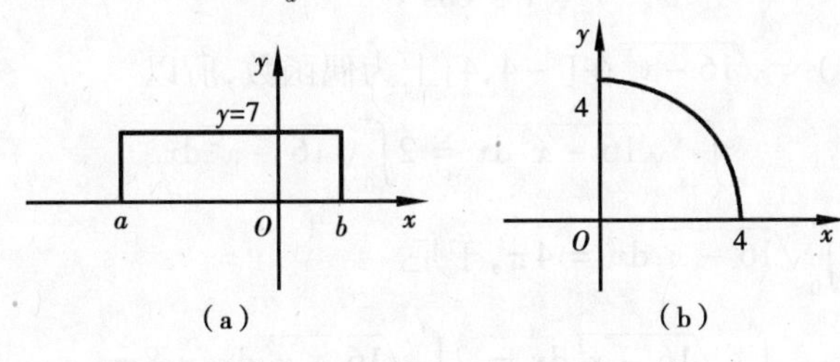

图 4.7

(2)如图 4.7(b)所示,函数 $y=\sqrt{16-x^2}$ 在坐标系中,表示右上圆弧,所以

$$\int_0^4\sqrt{16-x^2}\,\mathrm{d}x=\frac{1}{4}\pi\times 4^2=4\pi$$

4.3.2　定积分的性质

若以下给出的函数在所讨论的区间上都可积.

(1) $\int_a^b\mathrm{d}x=b-a$

(2) $\int_a^b kf(x)\,\mathrm{d}x=k\int_a^b f(x)\,\mathrm{d}x\quad(k\in\mathbf{R})$

(3) $\int_a^b[f(x)\pm g(x)]\,\mathrm{d}x=\int_a^b f(x)\,\mathrm{d}x\pm\int_a^b g(x)\,\mathrm{d}x$

(4) $\int_a^b f(x)\,\mathrm{d}x=\int_a^c f(x)\,\mathrm{d}x+\int_c^b f(x)\,\mathrm{d}x\quad(c\in\mathbf{R})$(此性质称为定积分的区间可加性)

(5)设函数 $f(x)$ 在对称区间[$-a,a$]上连续,若 $f(x)$ 为奇函数,则 $\int_{-a}^a f(x)\,\mathrm{d}x=0$;

若 $f(x)$ 为偶函数,则 $\int_{-a}^a f(x)\,\mathrm{d}x=2\int_{-a}^0 f(x)\,\mathrm{d}x=2\int_0^a f(x)\,\mathrm{d}x$.

【例 4.35】　计算下列定积分.

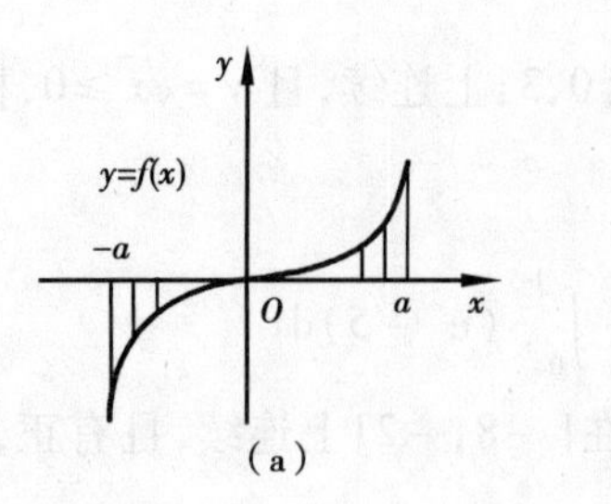

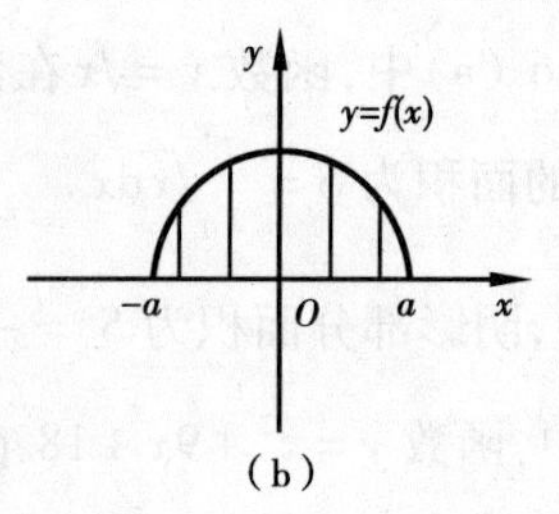

图 4.8

(1) $\int_{-\frac{\pi}{3}}^{\frac{\pi}{3}} \frac{x}{1 - \cos x} dx$　　　　(2) $\int_{-4}^{4} \sqrt{16 - x^2} dx$

【解】　(1)因为函数 $f(x) = \frac{x}{1 - \cos x}$ 在 $\left[-\frac{\pi}{3}, \frac{\pi}{3}\right]$ 上为奇函数，所以

$$\int_{-\frac{\pi}{3}}^{\frac{\pi}{3}} \frac{x}{1 - \cos x} dx = 0$$

(2)因为函数 $f(x) = \sqrt{16 - x^2}$ 在 $[-4,4]$ 上为偶函数，所以

$$\int_{-4}^{4} \sqrt{16 - x^2} dx = 2\int_{0}^{4} \sqrt{16 - x^2} dx$$

由例 4.34(2)知 $\int_{0}^{4} \sqrt{16 - x^2} dx = 4\pi$，于是

$$\int_{-4}^{4} \sqrt{16 - x^2} dx = 2\int_{0}^{4} \sqrt{16 - x^2} dx = 8\pi$$

习题 4.3

A　组

1. 用定积分表示下列面积.

(1)由曲线 $y = \sin x$，直线 $x = \frac{\pi}{3}$，$x = -\frac{\pi}{4}$ 以及 x 轴所围成的图形面积；

(2)由曲线 $y = e^x - 1$，直线 $x = -1$ 以及 x 轴所围成的图形面积；

(3)由曲线 $y = 2x^2 + 1$，直线 $x = -1$，$x = 1$ 以及 x 轴所围成的图形面积；

(4)由曲线 $y = (x-2)^2 - 4$ 和 x 轴所围成的图形面积；

(5)某产品在时刻 t 时总产量的变化率为 $p = f(t) = 30 + 2t - t^2$，从 $t = 1$ 到 $t = 4$ 这段时间内的总产量 Q；

(6)以速度 $v = 5t + 7$ 作变速直线运动的物体在时间段 $[3,7]$ 内所经过的路程 S.

2. 利用定积分的几何意义或性质计算下列定积分.

(1) $\int_{-4}^{1} 5 dx$　　　(2) $\int_{0}^{4} (8 - 2x) dx$　　　(3) $\int_{-5}^{5} x e^{\frac{x^2}{6}} dx$

(4) $\int_{-1}^{1} \left(x^2 \tan x - \frac{x}{\sqrt{5 - x^2}}\right) dx$　　　(5) $\int_{-a}^{a} \sqrt{a^2 - x^2} dx \quad (a > 0)$

应用与提高——定积分的性质(续)

(6)(单调性)如果在$[a,b]$上,有$f(x)\leqslant g(x)$,则

$$\int_a^b f(x)\mathrm{d}x \leqslant \int_a^b g(x)\mathrm{d}x$$

(7)(估值定理)设M与m分别是$f(x)$在区间$[a,b]$上的最大值与最小值,则

$$m(b-a) \leqslant \int_a^b f(x)\mathrm{d}x \leqslant M(b-a)$$

(8)(积分中值定理)如果函数$y=f(x)$在区间$[a,b]$上连续,则在(a,b)上至少存在一点ξ,使得$\int_a^b f(x)\mathrm{d}x = f(\xi)(b-a)$成立.

几何意义:曲边梯形(由$y=f(x)$,直线$x=a$,$x=b$以及x轴所围成)的面积等于以$[a,b]$为宽,$f(\xi)$为高的矩形面积,如图4.9所示.

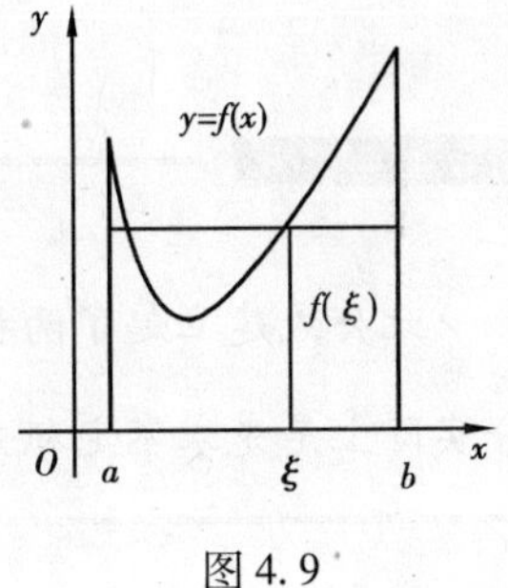

图4.9

数值$f(\xi)=\dfrac{1}{b-a}\int_a^b f(x)\mathrm{d}x$称为函数$y=f(x)$在区间$[a,b]$上的平均值.

【例4.36】 估算下列定积分$\int_0^{\frac{\pi}{6}}\sin x\,\mathrm{d}x$的范围.

【解】 因为$x\in\left[0,\dfrac{\pi}{6}\right]$,$y=\sin x$,$y_{\max}=\dfrac{1}{2}$,$y_{\min}=0$

所以 $\dfrac{\pi}{6}\cdot 0 \leqslant \int_0^{\frac{\pi}{6}}\sin x\,\mathrm{d}x \leqslant \dfrac{\pi}{6}\cdot\dfrac{1}{2}$

即 $0\leqslant \int_0^{\frac{\pi}{6}}\sin x\,\mathrm{d}x \leqslant \dfrac{\pi}{12}$

B 组

1. 比较下列定积分的大小.

(1) $\int_0^{\frac{\pi}{3}}x\mathrm{d}x$与$\int_0^{\frac{\pi}{3}}\tan x\,\mathrm{d}x$ (2) $\int_0^{\frac{\pi}{2}}\cos x\,\mathrm{d}x$与$\int_0^{\frac{\pi}{2}}\cos^2 x\,\mathrm{d}x$ (3) $\int_0^1 x\mathrm{d}x$与$\int_0^1 x^3\mathrm{d}x$

2. 估算下列定积分的范围.

(1) $\int_1^{\frac{3}{2}}\sqrt[3]{x}\mathrm{d}x$ (2) $\int_{-1}^0 \mathrm{e}^{\frac{x}{2}}\mathrm{d}x$

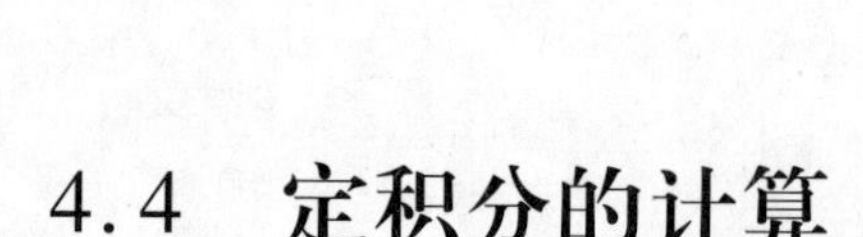

4.4 定积分的计算

4.4.1 牛顿-莱布尼兹公式

定理 4.3(微积分学基本定理) 设函数 $f(x)$ 在区间 $[a,b]$ 上连续,如果 $F'(x)=f(x)$,则

$$\int_a^b f(x)\,\mathrm{d}x = F(b) - F(a)$$

此公式称为牛顿-莱布尼兹公式.

若用 $F(x)\big|_a^b$ 表示 $F(b)-F(a)$,则公式可表示为

$$\int_a^b f(x)\,\mathrm{d}x = F(x)\big|_a^b = F(b) - F(a)$$

注 意

此公式建立起了两种积分之间的内在联系:$\int_a^b f(x)\,\mathrm{d}x = \left[\int f(x)\,\mathrm{d}x\right]\Big|_a^b$,说明计算定积分实际上是先求不定积分,再带值求差.

由此公式可知,求定积分 $\int_a^b f(x)\,\mathrm{d}x$ 的步骤如下:

(1)先求不定积分,求出 $f(x)$ 的一个原函数 $F(x)$;

(2)求这个原函数 $F(x)$ 在积分区间 $[a,b]$ 上的改变量 $F(b)-F(a)$.

【例 4.37】 计算 $\int_{-2}^{1}(3^x + 3x^2)\,\mathrm{d}x$.

【解】

$$\int_{-2}^{1}(3^x + 3x^2)\,\mathrm{d}x = \left(\frac{3^x}{\ln 3} + x^3\right)\Big|_{-2}^{1} = \left(\frac{3}{\ln 3} + 1\right) - \left(\frac{1}{9\ln 3} - 8\right) = 9 + \frac{26}{9\ln 3}$$

【例 4.38】 计算 $\int_0^1 \mathrm{e}^{7x+3}\,\mathrm{d}x$.

【解】

$$\int_0^1 \mathrm{e}^{7x+3}\,\mathrm{d}x = \frac{1}{7}\int_0^1 \mathrm{e}^{7x+3}\,\mathrm{d}(7x+3) = \frac{1}{7}\mathrm{e}^{7x+3}\Big|_0^1 = \frac{1}{7}(\mathrm{e}^{10} - \mathrm{e}^3)$$

【例 4.39】 计算 $\int_1^3 \frac{x}{4+x^2}\,\mathrm{d}x$.

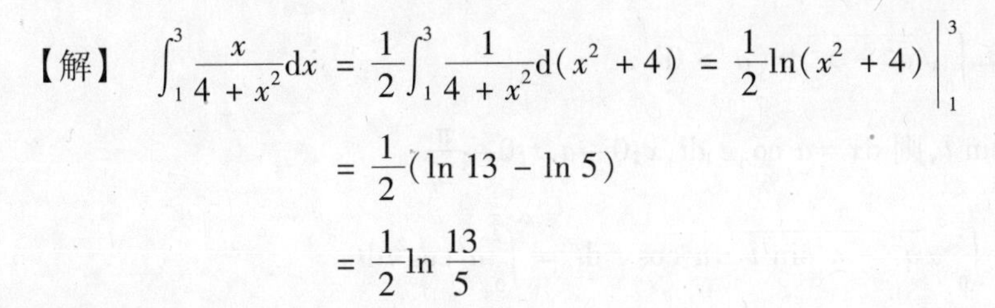

【解】 $\int_1^3 \frac{x}{4+x^2}\mathrm{d}x = \frac{1}{2}\int_1^3 \frac{1}{4+x^2}\mathrm{d}(x^2+4) = \frac{1}{2}\ln(x^2+4)\Big|_1^3$

$$= \frac{1}{2}(\ln 13 - \ln 5)$$

$$= \frac{1}{2}\ln\frac{13}{5}$$

注意

如果被积函数在所讨论的区间上不满足可积的条件,则不能用牛顿-莱布尼兹公式.例如,$\int_{-3}^{5}\frac{1}{x^2}\mathrm{d}x$,如果用公式,则有

$$\int_{-3}^{5}\frac{1}{x^2}\mathrm{d}x = -\frac{1}{x}\Big|_{-3}^{5} = -\frac{1}{5}+\frac{1}{3} = \frac{2}{15}$$

这个做法是错误的,原因在于函数 $f(x)=\frac{1}{x^2}$ 在 $[-3,5]$ 上无界,不可积.

4.4.2 定积分的换元积分法

设函数 $y=f(x)$ 在区间 $[a,b]$ 上连续,令 $x=\varphi(t)$,如果:

(1) $x=\varphi(t)$ 在 $[\alpha,\beta]$ 上连续且单调,并有连续导数 $\varphi'(t)$;

(2) 当 t 从 α 变到 β 时,$x=\varphi(t)$ 从 $\varphi(\alpha)=a$ 变到 $\varphi(\beta)=b$.

则
$$\int_a^b f(x)\mathrm{d}x = \int_\alpha^\beta f[\varphi(t)]\varphi'(t)\mathrm{d}t$$

此公式称为定积分的换元积分公式.

注意

应用公式时"换元必须换限".当 $x:a\to b$ 时,$t:\alpha\to\beta$,其中 $\varphi(\alpha)=a,\varphi(\beta)=b$.注意上下限的对应关系.

【例 4.40】 计算 $\int_0^9 \frac{\mathrm{d}x}{3+\sqrt{x}}$.

【解】 令 $\sqrt{x}=t$,则 $x=t^2$,$\mathrm{d}x=2t\mathrm{d}t$. $x:0\to 9$,$t:0\to 3$.

$$\int_0^9 \frac{\mathrm{d}x}{3+\sqrt{x}} = \int_0^3 \frac{2t\mathrm{d}t}{3+t} = 2\int_0^3 \frac{(3+t)-3}{3+t}\mathrm{d}t = 2\int_0^3\left(1-\frac{3}{3+t}\right)\mathrm{d}t$$

$$= 2\left[t\Big|_0^3 - 3\int_0^3\frac{1}{3+t}\mathrm{d}(3+t)\right] = 2[3-3\ln|3+t|]\Big|_0^3 = 6-6\ln 2$$

【例4.41】 计算$\int_0^a \sqrt{a^2-x^2}\,dx\,(a>0)$.

【解】 令$x=a\sin t$，则$dx=a\cos t\,dt$，$x:0\to a$，$t:0\to\frac{\pi}{2}$.

$$\int_0^a \sqrt{a^2-x^2}\,dx=\int_0^{\frac{\pi}{2}}\sqrt{a^2-a^2\sin^2 t}\cdot a\cos t\,dt=\int_0^{\frac{\pi}{2}}a^2\cos^2 t\,dt$$

$$=\frac{a^2}{2}\int_0^{\frac{\pi}{2}}(1+\cos 2t)\,dt=\frac{a^2}{2}\left(t+\frac{1}{2}\sin 2t\right)\Big|_0^{\frac{\pi}{2}}=\frac{\pi a^2}{4}$$

可以用定积分的几何意义来验证：几何上$\int_0^a \sqrt{a^2-x^2}\,dx$表示圆$x^2+y^2=a^2$面积的1/4，即

$$\int_0^a \sqrt{a^2-x^2}\,dx=\frac{\pi a^2}{4}$$

4.4.3 定积分的分部积分法

设可导函数$u=u(x)$，$v=v(x)$在$[a,b]$上具有连续导数u'，v'，则

$$\int_a^b u\,dv=uv\Big|_a^b-\int_a^b v\,du$$

此公式称为定积分的分部积分公式.

【例4.42】 计算$\int_0^{\frac{\pi}{3}}x\cos x\,dx$.

【解】 $\int_0^{\frac{\pi}{3}}x\cos x\,dx=\int_0^{\frac{\pi}{3}}x\,d\sin x$

$$=x\sin x\Big|_0^{\frac{\pi}{3}}-\int_0^{\frac{\pi}{3}}\sin x\,dx=\frac{\sqrt{3}\pi}{6}+\cos x\Big|_0^{\frac{\pi}{3}}=\frac{\sqrt{3}\pi}{6}-\frac{1}{2}$$

【例4.43】 计算$\int_0^1 \arctan x\,dx$.

【解】 $\int_0^1 \arctan x\,dx=x\arctan x\Big|_0^1-\int_0^1 x\,d\arctan x=\frac{\pi}{4}-\int_0^1\frac{x}{1+x^2}dx$

$$=\frac{\pi}{4}-\int_0^1\frac{x}{1+x^2}dx=\frac{\pi}{4}-\frac{1}{2}\int_0^1\frac{1}{1+x^2}d(1+x^2)$$

$$=\frac{\pi}{4}-\frac{1}{2}\ln(1+x^2)\Big|_0^1=\frac{\pi}{4}-\frac{1}{2}\ln 2$$

习题4.4

A 组

1. 计算下列定积分.

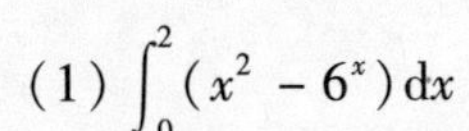

(1) $\int_0^2 (x^2 - 6^x)\mathrm{d}x$　　(2) $\int_0^1 \frac{3}{1+x^2}\mathrm{d}x$　　(3) $\int_1^2 \frac{4x^3+2x^2-3}{x}\mathrm{d}x$

(4) $\int_0^{\frac{\pi}{3}} \cos 3x\,\mathrm{d}x$　　(5) $\int_0^{\frac{\pi}{3}} \sec x \tan x\,\mathrm{d}x$　　(6) $\int_1^{\mathrm{e}} \frac{\ln x}{x}\mathrm{d}x$

(7) $\int_1^2 x\sqrt{20-4x^2}\,\mathrm{d}x$　　(8) $\int_1^{\sqrt{3}} \frac{1}{x^2(1+x^2)}\mathrm{d}x$　　(9) $\int_0^1 t\mathrm{e}^{-\frac{t^2}{2}}\mathrm{d}t$

(10) $\int_0^{\frac{\pi}{4}} \sin^2 3x\mathrm{d}x$　　(11) $\int_0^1 \sqrt{4-x^2}\,\mathrm{d}x$

2. 计算下列定积分.

(1) $\int_1^4 \frac{\mathrm{d}x}{2+\sqrt{x}}$　　(2) $\int_0^8 \frac{x}{\sqrt{1+x}}\mathrm{d}x$　　(3) $\int_0^{\ln 3} \frac{1}{\sqrt{1+\mathrm{e}^x}}\mathrm{d}x$

(4) $\int_1^{64} \frac{1}{\sqrt{x}(1+\sqrt[3]{x})}\mathrm{d}x$　　(5) $\int_1^2 x(x-1)^8\mathrm{d}x$　　(6) $\int_{-1}^1 \frac{x}{\sqrt{5-4x}}\mathrm{d}x$

3. 计算下列定积分.

(1) $\int_1^2 x\mathrm{e}^x\mathrm{d}x$　　(2) $\int_0^{\frac{\pi}{2}} x\sin x\,\mathrm{d}x$　　(3) $\int_0^{\frac{\sqrt{3}}{2}} \arcsin x\,\mathrm{d}x$

(4) $\int_{\mathrm{e}}^{\mathrm{e}^2} \ln x\,\mathrm{d}x$　　(5) $\int_0^{\frac{\pi}{2}} \mathrm{e}^x\sin x\,\mathrm{d}x$　　(6) $\int_0^{\mathrm{e}-1} \ln(1+x)\mathrm{d}x$

应用与提高——积分变上限函数

设函数$f(x)$在$[a,b]$上连续,则对$[a,b]$上的任意一点x,$f(x)$在$[a,x]$上连续,因此$f(x)$在$[a,x]$上可积,即定积分$\int_a^x f(x)\mathrm{d}x$存在,如图4.10所示.为了区别积分变量与积分上限,用t表示积分变量,则上面的定积分表示为$\int_a^x f(t)\mathrm{d}t$.任给一个$x\in[a,b]$,$\int_a^x f(t)\mathrm{d}t$都有唯一确定的值与之对应,因此它是一个定义在$[a,b]$上的函数,记作$\Phi(x)$,即$\Phi(x) = \int_a^x f(t)\mathrm{d}t,\ x\in[a,b]$.把这个函数称为积分变上限函数.

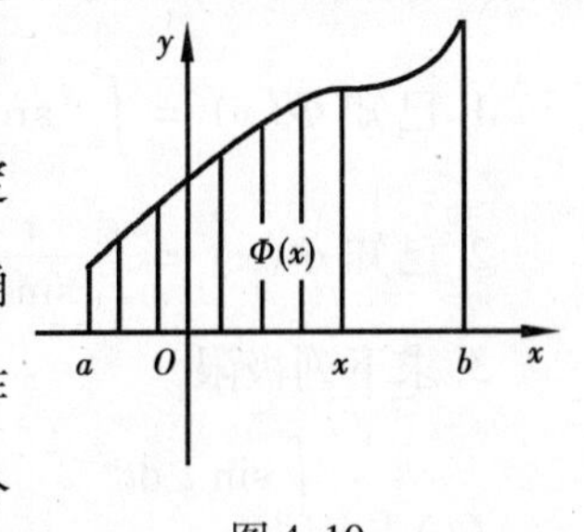

图4.10

定理4.4(变上限积分定理)　如果函数$f(x)$在$[a,b]$上连续,则函数$\Phi(x) = \int_a^x f(t)\mathrm{d}t$ $(a\leqslant x\leqslant b)$在$[a,b]$上可导,且

$$\Phi'(x) = \left[\int_a^x f(t)\mathrm{d}t\right]' = f(x)$$

此定理说明,任何连续函数都存在原函数,函数$\Phi(x) = \int_a^x f(t)\mathrm{d}t$就是函数$f(x)$在$[a,b]$上的一个原函数.这一定理揭示了定积分与原函数之间的关系.

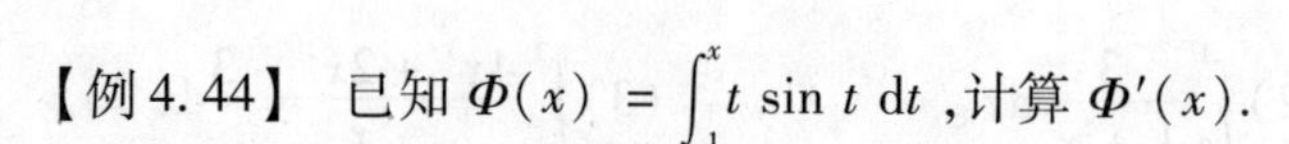

【例 4.44】 已知 $\Phi(x) = \int_1^x t\sin t\,dt$，计算 $\Phi'(x)$.

【解】 $\Phi'(x) = \left[\int_1^x t\sin t\,dt\right]' = x\sin x$

【例 4.45】 计算 $\lim\limits_{x\to 0}\dfrac{\int_0^x \tan^2 3t\,dt}{x^3}$.

【解】 当 $x\to 0$ 时，此极限是“$\dfrac{0}{0}$”型不定式，用洛比达法则进行计算.

$$\lim_{x\to 0}\frac{\int_0^x \tan^2 3t\,dt}{x^3} = \lim_{x\to 0}\frac{\tan^2 3x}{3x^2} = \lim_{x\to 0}\frac{9x^2}{3x^2}$$

$$= 3\,(x\to 0, \tan 3x \sim 3x)$$

【例 4.46】 已知 $f(x) = |3x-9|$，计算 $\int_1^5 f(x)\,dx$.

【解】 $f(x) = |3x-9| = \begin{cases} 3x-9, & x \geqslant 3 \\ 9-3x, & x < 3 \end{cases}$

$$\int_1^5 f(x)\,dx = \int_1^3 f(x)\,dx + \int_3^5 f(x)\,dx$$

$$= \int_1^3 (9-3x)\,dx + \int_3^5 (3x-9)\,dx$$

$$= \left(9x - \frac{3}{2}x^2\right)\Bigg|_1^3 + \left(\frac{3}{2}x^2 - 9x\right)\Bigg|_3^5 = 6$$

B 组

1. 已知 $\Phi(x) = \int_2^x t^2\arctan t\,dt$，计算 $\Phi'(x)$.

2. 已知 $\Phi(x) = \int_1^x \dfrac{t}{\sin t}dt$，计算 $\Phi'(x)$.

3. 求下列极限.

(1) $\lim\limits_{x\to 0}\dfrac{\int_0^x \sin t\,dt}{x^2}$ (2) $\lim\limits_{x\to 0}\dfrac{\int_0^x \arctan t\,dt}{x^2}$

4. 计算下列定积分.

(1) $f(x) = \begin{cases} x-2, & x \leqslant 2 \\ 1+x^2, & x > 2 \end{cases}$，求 $\int_{-1}^3 f(x)\,dx$ (2) $\int_0^{2\pi} |\sin t|\,dt$

(3) $\int_1^4 |x-3|\,dx$ (4) $\int_{-\frac{\pi}{2}}^{\frac{\pi}{2}} \sqrt{\cos x - \cos^3 x}\,dx$ (5) $\int_{-2}^2 \min(x, x^3)\,dx$

(6) $\int_0^{\pi} \sqrt{1-\sin x}\,dx$ (7) $\int_0^1 \sqrt{1+x^2}\,dx$ (8) $\int_{\frac{\sqrt{2}}{2}}^{\frac{\sqrt{3}}{2}} \dfrac{dx}{x\sqrt{1-x^2}}$

4.5　无限区间上的广义积分

前面讨论的积分都是在有限区间$[a,b]$上研究的，还可以扩展到无限区间.

定义 4.4　设函数$f(x)$在无限区间$[a,+\infty)$上连续. 如果$\lim\limits_{b\to+\infty}\int_a^b f(x)\mathrm{d}x\ (b>a)$存在，则称此极限值为函数$f(x)$在无限区间$[a,+\infty)$上的广义积分，记作$\int_a^{+\infty}f(x)\mathrm{d}x$，即

$$\int_a^{+\infty}f(x)\mathrm{d}x=\lim_{b\to+\infty}\int_a^b f(x)\mathrm{d}x\quad(b>a)$$

此时称广义积分$\int_a^{+\infty}f(x)\mathrm{d}x$存在或收敛. 如果$\lim\limits_{b\to+\infty}\int_a^b f(x)\mathrm{d}x\ (b>a)$不存在，则称广义积分$\int_a^{+\infty}f(x)\mathrm{d}x$不存在或发散.

类似地，可以定义$f(x)$在无限区间$(-\infty,b]$及$(-\infty,+\infty)$上的广义积分：

$$\int_{-\infty}^b f(x)\mathrm{d}x=\lim_{a\to-\infty}\int_a^b f(x)\mathrm{d}x(a<b)$$

$$\int_{-\infty}^{+\infty}f(x)\mathrm{d}x=\int_{-\infty}^c f(x)\mathrm{d}x+\int_c^{+\infty}f(x)\mathrm{d}x\quad c\in(-\infty,+\infty)$$

$\int_{-\infty}^{+\infty}f(x)\mathrm{d}x$收敛的充要条件是：$\int_{-\infty}^c f(x)\mathrm{d}x$与$\int_c^{+\infty}f(x)\mathrm{d}x$同时收敛.

如果$F'(x)=f(x)$，并记$F(+\infty)=\lim\limits_{x\to+\infty}F(x)$，$F(-\infty)=\lim\limits_{x\to-\infty}F(x)$. 则

$$\int_a^{+\infty}f(x)\mathrm{d}x=F(x)\Big|_a^{+\infty}=\lim_{x\to+\infty}F(x)-F(a)$$

$$\int_{-\infty}^b f(x)\mathrm{d}x=F(x)\Big|_{-\infty}^b=F(b)-\lim_{x\to-\infty}F(x)$$

$$\int_{-\infty}^{+\infty}f(x)\mathrm{d}x=F(x)\Big|_{-\infty}^{+\infty}=\lim_{x\to+\infty}F(x)-\lim_{x\to-\infty}F(x)$$

【例 4.47】　计算$\int_{-\infty}^{+\infty}\frac{1}{1+x^2}\mathrm{d}x$.

【解】　$$\int_{-\infty}^{+\infty}\frac{1}{1+x^2}\mathrm{d}x=\arctan x\Big|_{-\infty}^{+\infty}=\lim_{x\to+\infty}\arctan x-\lim_{x\to-\infty}\arctan x$$

$$=\frac{\pi}{2}-\left(-\frac{\pi}{2}\right)=\pi$$

【例 4.48】　计算$\int_{-\infty}^{+\infty}x\mathrm{e}^{-x^2}\mathrm{d}x$.

【解】　$$\int_{-\infty}^{+\infty}x\mathrm{e}^{-x^2}x=-\frac{1}{2}\int_{-\infty}^{+\infty}\mathrm{e}^{-x^2}\mathrm{d}(-x^2)=-\frac{1}{2}\mathrm{e}^{-x^2}\Big|_{-\infty}^{+\infty}$$

$$=-\frac{1}{2}[\lim_{x\to+\infty}\mathrm{e}^{-x^2}-\lim_{x\to-\infty}\mathrm{e}^{-x^2}]$$

$$= -\frac{1}{2}(0-0) = 0$$

【例 4.49】 求由曲线 $y=e^{-x}$，x 轴正半轴以及 y 轴所围成的“开口曲边梯形”的面积.

【解】 如图 4.11 所示，开口曲边梯形的面积为：

$$\lim_{b\to+\infty}\int_0^b e^{-x}dx = \int_0^{+\infty} e^{-x}dx = (-e^{-x})\Big|_0^{+\infty}$$

$$= -(\lim_{x\to+\infty} e^{-x} - 1) = 1$$

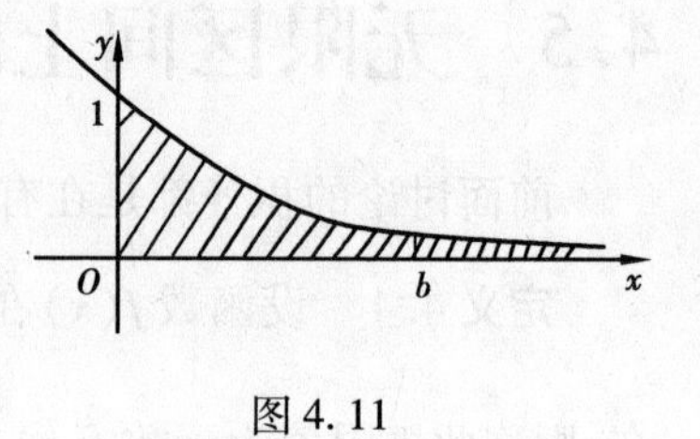

图 4.11

习题 4.5

A 组

计算下列广义积分：

(1) $\int_0^{+\infty} e^{-5x}dx$ (2) $\int_{-\infty}^0 3^x dx$ (3) $\int_0^{+\infty} \frac{1}{1+x^2}dx$

(4) $\int_{-\infty}^{-3} \frac{1}{x^3}dx$ (5) $\int_{-\infty}^0 \frac{x}{2+x^2}dx$ (6) $\int_{-\infty}^{+\infty} te^{-\frac{t^2}{2}}dt$

应用与提高

【例 4.50】 讨论广义积分 $\int_a^{+\infty} \frac{1}{x^p}dx\ (a>0)$ 的敛散性.

【解】 当 $p=1$ 时，$\int_a^{+\infty} \frac{1}{x^p}dx = \int_a^{+\infty} \frac{1}{x}dx = (\ln x)\Big|_a^{+\infty} = \infty$；

当 $p<1$ 时，$\int_a^{+\infty} \frac{1}{x^p}dx = \frac{1}{1-p}x^{1-p}\Big|_a^{+\infty} = \infty$；

当 $p>1$ 时，$\int_a^{+\infty} \frac{1}{x^p}dx = \frac{1}{1-p}x^{1-p}\Big|_a^{+\infty} = \frac{a^{1-p}}{p-1}$.

因此，当 $p>1$ 时，此广义积分收敛于 $\frac{a^{1-p}}{p-1}$；当 $p\leqslant 1$ 时，此广义积分发散.

B 组

证明广义积分 $\int_3^{+\infty} \frac{1}{x(\ln x)^k}dx$，当 $k>1$ 时收敛，当 $k\leqslant 1$ 时发散.

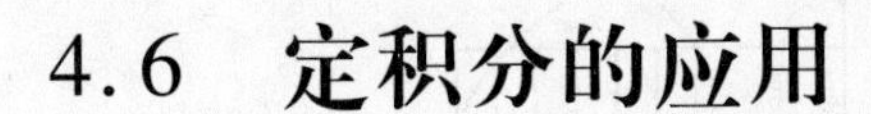

4.6 定积分的应用

定积分在几何、物理、工程技术、经济等诸多方面都有着广泛的应用.

4.6.1 定积分在几何上的应用

1)定积分的微元法

应用定积分解决实际问题时,最基本的方法是微元法.

回顾前面求曲边梯形面积的方法和步骤:

(1)分割(先把整体量进行分割):将区间$[a,b]$任意分成n个子区间.

(2)近似替代(在子区间内"以矩形代替曲边梯形"):$\Delta S_i \approx f(\xi_i)\Delta x_i$(式1)

(3)近似求和:$S \approx \sum\limits_{i=1}^{n} f(\xi_i)\Delta x_i$.

(4)取极限:$S = \lim\limits_{\lambda \to 0}\sum\limits_{i=1}^{n} f(\xi_i)\Delta x_i = \int_a^b f(x)\mathrm{d}x$(式2)

在4个步骤中,关键是第二步,对比式1与式2,只要把式1中的ξ_i改为任意的x,Δx_i改为$\mathrm{d}x$,再加上积分符号就可得到式2.

求曲边梯形的面积可以将4个步骤简化为以下两个步骤:

(1)在区间$[a,b]$内任取一个子区间$[x,x+\mathrm{d}x]$,取$\xi_i = x$,把$f(x)\mathrm{d}x$作为子区间$[x,x+\mathrm{d}x]$上对应小曲边梯形面积ΔS_i的近似值,即$\Delta S_i \approx f(x)\mathrm{d}x$,称$f(x)\mathrm{d}x$为面积微分元素,简称面积微元,记作$\mathrm{d}S$,即$\mathrm{d}S = f(x)\mathrm{d}x$,如图4.12所示.

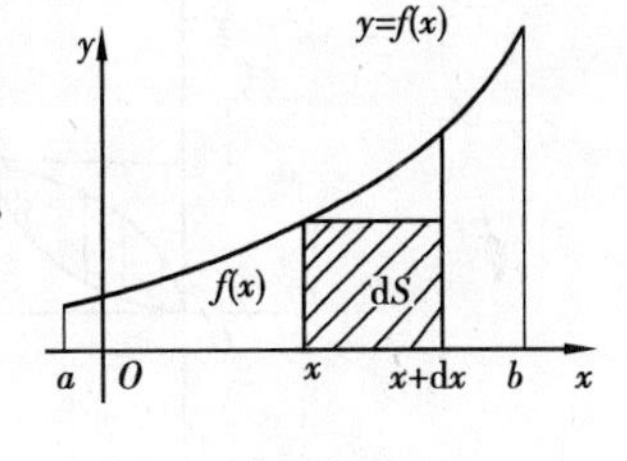

图4.12

(2)求和、取极限:

$$S = \lim_{\lambda \to 0}\sum_{i=1}^{n} f(x)\mathrm{d}x = \int_a^b f(x)\mathrm{d}x$$

求曲边梯形面积的方法可以推广到其他可用定积分计算的量U上,步骤如下:

①在区间$[a,b]$内任取一个子区间$[x,x+\mathrm{d}x]$,得到微元$\mathrm{d}U(x) = f(x)\mathrm{d}x$;

②写出Q的积分表达式$U = \int_a^b f(x)\mathrm{d}x$.

这种方法称为定积分的微元法(或元素法).

2)平面图形的面积

(1)在$[a,b]$上,设$f(x) \geqslant g(x)$,求由连续曲线$y = f(x)$,$y = g(x)$与直线$x = a$,$x = b$所围成的图形面积,如图4.13所示.

在$[a,b]$内任取一个子区间$[x,x+\mathrm{d}x]$,以宽为$\mathrm{d}x$,高为$f(x) - g(x)$的矩形面积近似代替对应图形的面积,得到面积微元$\mathrm{d}S = [f(x) - g(x)]\mathrm{d}x$,则

$$S = \int_a^b [f(x) - g(x)]\mathrm{d}x$$

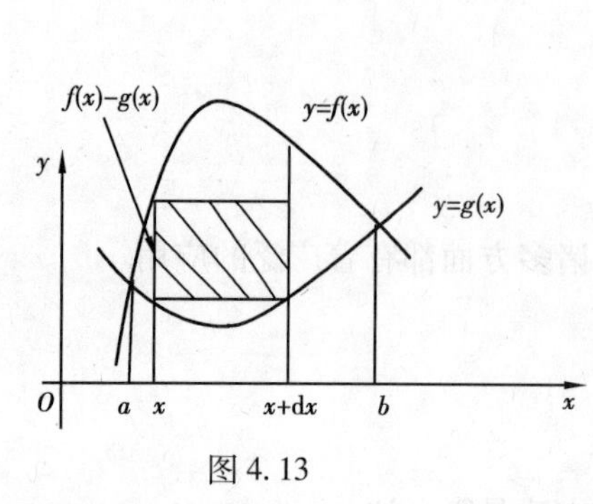

图 4.13

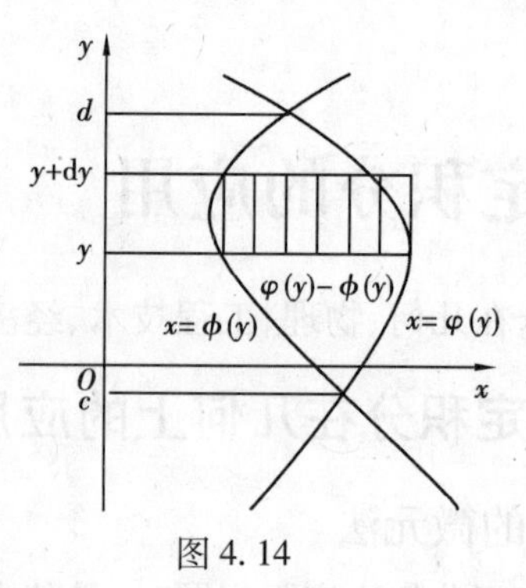

图 4.14

(2)类似地，由连续曲线 $x=\varphi(y)$，$x=\phi(y)$ 与直线 $y=c$，$y=d$（在$[c,d]$上，设$\varphi(y)\geqslant\phi(y)$）所围成的图形（图 4.14）面积为

$$S=\int_c^d[\varphi(y)-\phi(y)]\mathrm{d}y$$

【例 4.51】 计算曲线 $y=x^3$ 与 $y=\sqrt[3]{x}$ 所围成的图形面积（图 4.15）.

【解】 解方程组$\begin{cases}y=x^3\\y=\sqrt[3]{x}\end{cases}$，得两曲线的交点(0,0)，(1,1).

则 $S=\int_0^1(\sqrt[3]{x}-x^3)\mathrm{d}x=\left(\frac{3}{4}x^{\frac{4}{3}}-\frac{1}{4}x^4\right)\Big|_0^1=\frac{1}{2}$

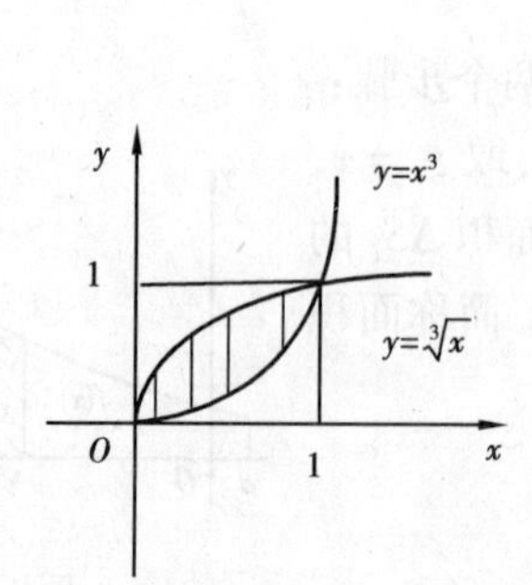

图 4.15

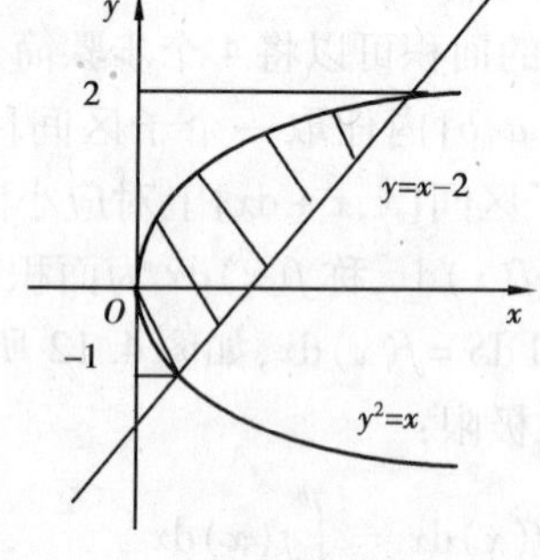

图 4.16

【例 4.52】 求曲线 $y^2=x$ 与直线 $y=x-2$ 所围成的图形面积（图 4.16）.

【解】 解方程组$\begin{cases}y^2=x\\y=x-2\end{cases}$，得两曲线的交点(1，−1)，(4,2).

由 $y=x-2$，得 $x=y+2$，所以 $S=\int_{-1}^2[(y+2)-y^2]\mathrm{d}y=\frac{7}{2}$.

4.6.2 定积分在经济上的应用

在经济问题中，经常要涉及总产量、总成本、总收入等经济变量，这些经济变量在给定的某些条件下，可由定积分求得.

【例 4.53】 已知某产品在时刻 t 时的边际产量（总产量 $Q(t)$ 对时间 t 的变化率，即产品的生产速度）为 $f(t)=50+4t-t^2$，求从 $t=1$ 到 $t=3$ 这段时间间隔的总产量.

【解】 总产量 $Q(t)$ 是它的变化率（边际产量）$Q'(t)=f(t)$ 的原函数，所以从 $t=1$ 到

$t=3$这段时间间隔的总产量为

$$Q=\int_1^3 f(t)\,\mathrm{d}t=\int_1^3(50+4t-t^2)\,\mathrm{d}t=\frac{322}{3}$$

【例 4.54】 已知某产品的产量为 x 单位时,边际收入(总收入 $R(x)$ 对产量 x 的变化率)为 $R'(x)=213-\frac{x}{120}$(元/单位).

(1)求产量为 x 单位时的总收入;

(2)如果已经生产了 240 单位,求再生产 240 单位时增加的收入.

【解】 (1)总收入 $R(x)$ 是边际收入在$[0,x]$上的定积分,所以产量为 x 单位时的总收入为

$$R(x)=\int_0^x\left(213-\frac{t}{120}\right)\mathrm{d}t=213x-\frac{x^2}{240}$$

(2)生产了 240 单位,再生产 240 单位时增加的收入为

$$R(x)=\int_{240}^{480}\left(213-\frac{t}{120}\right)\mathrm{d}t=\left(213x-\frac{x^2}{240}\right)\Bigg|_{240}^{480}=2\ 892$$

【例 4.55】 某种商品每天生产 x 单位时,固定成本为 150 元,边际成本(总成本 $C(x)$ 对产量 x 的变化率)$C'(x)=2x+30$(元/单位).

(1)求总成本函数 $C(x)$;

(2)如果这种商品规定的销售价为每单位 180 元,且产品可以全部售出,求总利润函数 $L(x)$,并求每天生产多少单位时才能获得最大利润;

(3)从获得最大利润的生产量又生产了 100 个单位,求减少的利润.

【解】 (1)总成本包括可变成本和固定成本.可变成本是边际成本在$[0,x]$上的定积分,即$\int_0^x C'(t)\,\mathrm{d}t$,固定成本为 $C(0)=150$.因此每天生产 x 单位时的总成本函数为

$$C(x)=\int_0^x C'(t)\,\mathrm{d}t+C(0)=\int_0^x(2t+30)\,\mathrm{d}t+C(0)=x^2+30x+150$$

(2)销售 x 单位商品所得到的总收入为 $R(x)=180x$,所以销售 x 单位商品所得到的总利润为 $L(x)=R(x)-C(x)$.

因此 $L(x)=180x-(x^2+30x+150)=-x^2+210x-150$.

由 $L'(x)=-2x+210=0$,得 $x=105$,而 $L''(x)=-2<0$,所以每天生产 105 单位商品时,可获得最大利润,最大利润为 $L(105)=(-105^2+210\times105-150)$元$=10\ 925$ 元.

(3)生产 205 单位商品时获得的利润为 $L(205)=860$ 元.

因此减少的利润为 10 925 元 − 860 元 = 10 065 元.

【例 4.56】 若生产某种商品的总成本函数为 $C(x)=350+2x+3x^2$,求当产量从 3 个单位提高到 8 个单位时的平均成本.

【解】 由连续函数的平均值公式 $\bar{f}(x)=\frac{1}{b-a}\int_a^b f(x)\,\mathrm{d}x$,有

$$\bar{C}=\frac{1}{8-3}\int_3^8(350+2x+3x^2)\,\mathrm{d}x=\frac{1}{5}(350x+x^2+x^3)\Bigg|_3^8=458$$

习题 4.6

A 组

1. 求在区间$[0,\frac{\pi}{2}]$上,由曲线 $y=\sin x$ 与 $y=\cos x$ 及 y 轴所围成的平面图形的面积.

2. 求由曲线 $y=x^2$ 和 $y=-3x$ 所围成的平面图形的面积.

3. 求椭圆$\frac{x^2}{a^2}+\frac{y^2}{b^2}=1(a>b>0)$的面积.

4. 求曲线 $y^2=2x$ 与直线 $y=x-4$ 所围成的图形面积.

5. 已知某产品在时刻 t 时总产量的变化率为$f(t)=100+2t-3t^2$,求从 $t=1$ 到 $t=2$ 这段时间内该产品的总产量.

6. 已知某产品生产 x 单位时,边际收入为$R'(x)=100-\frac{x}{50}$元/单位.

(1)求生产 x 单位时的总收入 $R(x)$ 及平均单位收入 $\bar{R}(x)$;

(2)如果已经生产了 200 单位,求再生产 200 单位时增加的销售收入.

7. 某产品的边际成本为 $C'(x)=1$(万元/百台),固定成本为 1 万元,边际收入为生产量 x(百台)的函数 $R'(x)=5-x$(万元/百台). 求生产量 x 为多少时,可获得最大利润.

8. 某产品的边际成本 $C'(x)=2-x$,固定成本 $C_0=100$,边际收入 $R'(x)=20-4x$(单位:万元/台). 求(1)总成本函数 $C(x)$;(2)总收益函数 $R(x)$;(3)生产量为多少台时总利润最大.

9. 已知某种商品的需求函数 $x=100-5P$,其中 x 为需求量(单位:件),P 为单位价格(单位:元/件). 又已知此种商品的边际成本为 $C'(x)=10-0.2x$,且 $C(0)=10$,试确定当销售单价为多少时,总利润为最大,并求出最大总利润.

应用与提高——资本现值与投资决策

若现有本金 P_0 元, 以年利率 r 的连续复利计算,则 t 年后的本利和 $A(t)$ 为

$$A(t)=P_0\mathrm{e}^{rt}$$

反之,若期望某项投资资金 t 年后的本利和 A 为已知,则按连续复利计算, 现在应有资金为 $P_0=A\mathrm{e}^{-rt}$,称 P_0 为资本现值.

若 P_0 为资金现值,则 $P_0\mathrm{e}^{rt}$为资金将来值;若 A 为将来值,则 $A\mathrm{e}^{-rt}$为资金现值.

单位时间内的收入称为收入率,或称为资金流量.

设在时间区间$[0,T]$内,t 时刻的收入率为 $A(t)$,按年利率 r 的连续复利计算,则在时间区间$[t,t+\mathrm{d}t]$内的收入现值为 $A(t)\mathrm{e}^{-rt}\mathrm{d}t$,在$[0,T]$内得到的总收入现值为

$$P=\int_0^T A(t)\mathrm{e}^{-rt}\mathrm{d}t$$

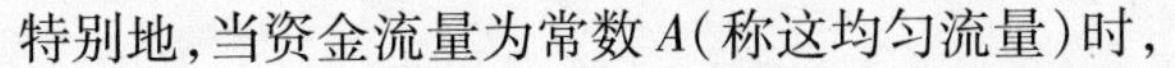

特别地,当资金流量为常数 A(称这均匀流量)时,

$$P=\int_0^T A\mathrm{e}^{-rt}\mathrm{d}t=\frac{A}{r}(1-\mathrm{e}^{-rT})$$

进行某项投资后,将投资期内总收入的现值与总投资的差额称为该项投资纯收入的贴现值,即

纯收入的贴现值 = 总收入现值 - 总投资

【例 4.57】 现对某企业给予资金总额为 A 万元的一项投资,经测算该企业可以按每年 b 万元的均匀收入率获得收入,若年利率为 r,试求该项投资的纯收入贴现值及收回该笔投资的时间.

【解】 投资 T 年后的总收入现值为

$$P=\int_0^T b\mathrm{e}^{-rt}\mathrm{d}t=\frac{b}{r}(1-\mathrm{e}^{-rT})$$

从而投资所得的纯收入的贴现值为

$$R=P-A=\frac{b}{r}(1-\mathrm{e}^{-rT})-A$$

收回投资所用的时间,也就是当总收入的现值与总投资相等的时候. 因此

$$\frac{b}{r}(1-\mathrm{e}^{-rT})=A$$

即收回投资的时间为 $T=\frac{1}{r}\ln\frac{b}{b-Ar}$.

例如,若对某企业投资 1 000 万元,年利率为 4%,假设 20 年内的均匀收入率为 $b=100$ 万元,则总收入的现值为 $P=\frac{b}{r}(1-\mathrm{e}^{-rT})=\frac{100}{0.04}(1-\mathrm{e}^{-0.04\times 20})$ 万元 ≈ 1 376.68 万元.

投资的纯收入贴现值为 $R=P-A=(1\ 376.68-1\ 000)$ 万元 = 376.68 万元.

收回投资的时间为

$$T=\frac{1}{r}\ln\frac{b}{b-Ar}=\frac{1}{0.04}\ln\frac{100}{100-1\ 000\times 0.04}\text{年}\approx 12.77\text{ 年}$$

即该项投资在 20 年中,可获得纯利润 376.68 万元,投资回收期为 12.77 年.

B 组

1. 某企业自 2003 年 1 月到 2012 年 1 月之间的收入率保持为每年 200 万元,设年利率为 6% 的连续得利,求这段时间的收入现值.

2. 由于机器折旧等因素,某机器转售价格 $R(t)$ 是机器使用时间 t(单位:h)的单调减少函数. 在任何时段开动机器 t h,就能产生边际利润 $L'(t)$,则存在一个转售机器的最佳时间. 若 $R(t)=\frac{3a}{4}\mathrm{e}^{-\frac{t}{288}}$(单位:元),其中 a 是机器的最初价格;$P(t)=\frac{a}{4}\mathrm{e}^{-\frac{t}{24}}$(单位:元). 问机器使用多少小时以后转售出去总利润最大?

3. 有一大型投资项目,投资成本为 $A=10\ 000$ 万元,投资年利率为 5%,每年的均匀收入率为 $b=1\ 000$ 万元,求该项投资为无限期时的纯收入的贴现值.

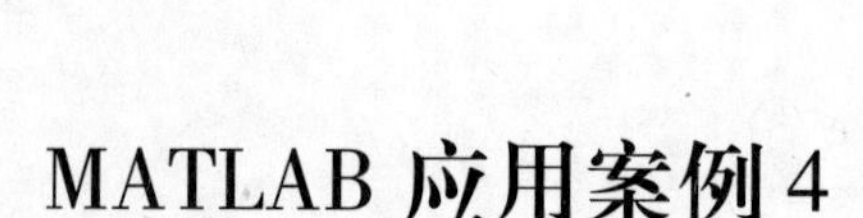

MATLAB 应用案例 4

1)实验目的

应用 MATLAB 求函数的不定积分与定积分.

2)实验举例

【例 4.58】 计算 $\int e^{2x}\sin 3x\,dx$.

【解】 输入命令

```
clear;
syms x y;
y = exp(2 * x) * sin(3 * x);
f = int(y,x)
```

结果

```
f =
-3/13 * exp(2 * x) * cos(3 * x) +2/13 * exp(2 * x) * sin(3 * x)
```

【例 4.59】 计算 $y = \int_0^a \cos bx\,dx$.

【解】 输入命令

```
clear;
syms x a b;
y = int(cos(b * x),x,0,a)
```

结果

```
y =
1/b * sin(b * a)
```

数学实践 4——定积分在经济中的应用

【问题提出】 假设以年连续复利率 $\rho = 0.05$ 计算,求:

(1)以收益流量为 $b(t) = 20t - t^2$(元/年)的收益流在 20 年期间的总收益的现值和将来值.

(2)若某公司现在从银行贷款 100 万投资某项目,在以后的 20 年内,收益流量为 $b(t) = 6e^{0.05t}$万元(其中 t 以年为单位),则该公司在该项目的盈利折合为现值是多少?

【问题解决】 收益流是资金流的一种,资金流是指按时间连续获得的资金,其流量是指单位时间的资金数. 计算在时间 $t = 0$ 到 $t = T$ 时的各种资金价值的方法如下:

资金流的现在价值 $M(0) = \int_0^{20} (20t - t^2) e^{-0.05t} dt$

资金流的将来价值 $M(T) = \int_0^T b(t) e^{\rho(T-t)} dt$

资金流的增值价值 $\Delta M = \int_0^T b(t) e^{-\rho t} dt - A$($A$ 为一次性投入资金的初值)

根据上述公式,问题(1)中:

总收益的现值模型 $M(0) = \int_0^{20} (20t - t^2) e^{-0.05t} dt$

总收益的将来值模型为 $M(20) = \int_0^{20} (20t - t^2) e^{0.05\times(20-t)} dt$

问题(2)中盈利折合为现值模型 $\Delta M = \int_0^{20} 6e^{0.05t} e^{-\rho t} dt - 100$

在 Matlab 软件中,求解以上 3 个模型,分别输入如下命令:

```
m0 = int((20 * t - t^2) * exp( -0.05 * t),'t',0,20)
m20 = int((20 * t - t^2) * exp(0.05 * (20 - t)),'t',0,20)
m3 = int(6 * exp(0.05 * t) * exp( -0.05 * t),'t',0,20) - 100
```

求解结果为:

```
m0 = 829
m20 = 2 253.8
m3 = 20
```

即:问题(1)中总收益的现值为 829 万元,20 年后价值 2 253.8 万元;问题(2)中盈利折合为现值为 20 万元.

数学人文知识 4——微积分的创立

17 世纪下半叶,欧洲科学技术迅猛发展,由于生产力的提高和社会各方面的迫切需要,经各国科学家的努力与历史的积累,建立在函数与极限概念基础上的微积分理论应运而生了. 微积分思想,最早可以追溯到希腊由阿基米德等人提出的计算面积和体积的方法. 以前,微分和积分作为两种数学运算、两类数学问题,是分别加以研究的. 卡瓦列里、巴罗、沃利斯等人得到了一系列求面积(积分)、求切线斜率(导数)的重要结果,但这些结果都是孤立的、不连贯的,其方法不具一般性. 只有莱布尼兹和牛顿将积分和微分真正沟通起来,明确地找到了两者内在的直接联系:微分和积分是互逆的两种运算,这是正式微积分建立的关键所在. 只有确立了这一基本关系,才能在此基础上构建系统的微积分学.

然而关于微积分创立的优先权,数学上曾掀起了一场激烈的争论. 微积分到底是由谁创立的,这在科学史上还是极大的疑团. 牛顿与莱布尼茨的支持者一直相互猜疑指责. 当时英国皇家学会为此成立了专门的评判委员会调查此事,经过长时间的调查,裁定牛顿和

莱布尼兹是各自独立地创建微积分.

实际上,牛顿在微积分方面的研究虽早于莱布尼兹,但莱布尼兹成果的发表则早于牛顿. 17 世纪,有 10 多位大数学家探索过微积分,而牛顿、莱布尼兹则处于当时的顶峰. 牛顿、莱布尼兹的最大功绩在于能敏锐地从孕育微积分的各种"个例形态"中洞察和清理出潜藏着的共性的东西——无穷小分析,并把它提升和确立为数学理论. 1665 年 5 月 20 日,牛顿在他的手稿里第一次提出"流数术",这一天可作为微积分诞生的日子,形成牛顿流数术理论的主要有三个著作:《应用无穷多位方程的分析学》《流数术和无穷级数》和《曲边形的面积》. 尤其是 1687 年牛顿出版了划时代的名著《自然哲学的数学》,这本三卷著作虽然是研究天体力学的,但对数学史有极大的重要性,不仅因为这本著作提出的微积分问题激励着他自己去研究和探索,而且书中对许多问题提出的新课题和研究方式,也为 18 世纪微积分的研究打下了基础.

莱布尼兹在 1672 年到 1677 年间引进了常量、变量与参变量等概念,从研究几何问题入手完成了微积分的基本理论,他创造了微分符号 dx, dy(拉丁文 differentia 即"细分"的第一个字母 d)与积分符号 $\int$(拉丁文 summa 即"求和"的第一个字母 s 的拉长变形),现在使用的"微分学""积分""函数""导数"等名称也是他创造的. 他给出了复合函数、幂函数、指数函数、对数函数以及和、差、积、商、幂、方根的求导法则,还给出了用微积分求旋转体体积的公式. 1684 年,莱布尼兹在自己创造的期刊上发表了一篇标题很长的论文:《一种求极大极小和切线的新方法,此方法对分式和无理式能通行无阻,且为此方法中的独特方法》,在数学史上被认为是最早发表的微积分文献,具有划时代的意义. 1686 年,莱布尼兹发表了另一篇题为《论一种深邃的几何学和不可分量解析及...》的论文,应用他的方法,不仅能解代数曲线的方程,而且也能给出非代数曲线即所谓超越曲线的方程.

牛顿和莱布尼兹几乎同时进入微积分的大门,他们的工作是互相独立的. 因此,后来人们公认牛顿从运动学出发,运用集合方法研究微积分,其应用上更多地结合了运动学,造诣高于莱布尼兹. 莱布尼兹则从几何问题出发,运用分析学方法引进微积分概念,得出运算法则,其数学的严密性与系统性是牛顿所不及的. 莱布尼兹认识到好的数学符号能节省思维劳动,运用符号的技巧是数学成功的关键之一. 经过两人的努力,微积分不再像希腊那样,所有的数学都是几何学的一个分支或几何学的延伸,而成为一门崭新的独立学科.

ZHUANYE YINGYONG MOKUAI

矩阵代数

矩阵理论在自然科学、工程技术、社会科学及经济管理中有着广泛的应用.矩阵代数主要介绍矩阵的基本概念、运算以及利用矩阵的初等变换求矩阵的秩、可逆矩阵的逆阵及求解线性方程组等.

5.1 矩阵的概念与运算

5.1.1 矩阵的概念与特殊的矩阵

1)矩阵的定义

先看下面的物资调运问题:假设某个地区的钢材有4个产地,联合供应5个销地,各产地运往各销地的产量(单位:t)如下表所示.

调运量 销地 / 产地	1	2	3	4	5
A	2	3	2	6	5
B	5	7	3	2	3
C	1	4	8	6	7
D	3	5	3	1	6

表中能反映问题实质的是其中的数据,可以用下列数表:

$$\begin{pmatrix} 2 & 3 & 2 & 6 & 5 \\ 5 & 7 & 3 & 2 & 3 \\ 1 & 4 & 8 & 6 & 7 \\ 3 & 5 & 3 & 1 & 6 \end{pmatrix}$$

来表示,这个数表称为一个矩阵.

定义5.1 由 $m \times n$ 个数 $a_{ij}(i=1,2,\cdots,m;j=1,2,\cdots,n)$ 排成的 m 行 n 列的矩形数表,称为 m 行 n 列矩阵,简称 $m \times n$ 矩阵,记作 $\boldsymbol{A} = \begin{pmatrix} a_{11} & a_{12} & \cdots & a_{1n} \\ a_{21} & a_{22} & \cdots & a_{2n} \\ \vdots & \vdots & & \vdots \\ a_{m1} & a_{m2} & \cdots & a_{mn} \end{pmatrix}$,简记为 $\boldsymbol{A} = (a_{ij})_{m \times n}$ 或

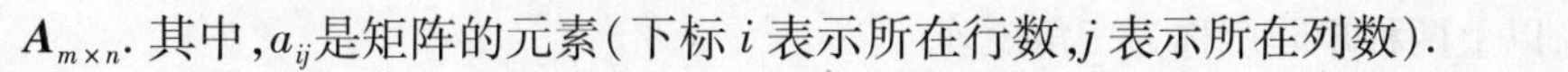

$\boldsymbol{A}_{m\times n}$. 其中，$a_{ij}$是矩阵的元素（下标 i 表示所在行数，j 表示所在列数）.

矩阵通常用大写英文字母 $\boldsymbol{A}$，$\boldsymbol{B}$，$\boldsymbol{C}$，$\boldsymbol{O}$…来表示. 例如，$\boldsymbol{A}_{3\times 2}=\begin{pmatrix}1&2\\3&4\\5&6\end{pmatrix}$是一个 3 行 2 列矩阵，$\boldsymbol{B}_{2\times 2}=\begin{pmatrix}4&2\\3&7\end{pmatrix}$是一个 2 行 2 列矩阵.

同型矩阵　若两个矩阵的行数相等、列数也相等，则称这两个矩阵为同型矩阵.

矩阵相等　设有同型矩阵 $\boldsymbol{A}=(a_{ij})_{m\times n}$，$\boldsymbol{B}=(b_{ij})_{m\times n}$，若它们的对应元素相等，即 $a_{ij}=b_{ij}$，$(i,j=1,2,\cdots,n)$，则称矩阵 $\boldsymbol{A}$ 与 $\boldsymbol{B}$ 相等，即 $\boldsymbol{A}=\boldsymbol{B}$.

2）几种特殊的矩阵

零矩阵　元素全为 0 的矩阵称为零矩阵，$m\times n$ 零矩阵记作 $\boldsymbol{O}_{m\times n}$或 $\boldsymbol{O}$.

行矩阵　只有一行的矩阵 $\boldsymbol{A}=(a_1,a_2,\cdots,a_n)$，称为行矩阵（或行向量）.

列矩阵　只有一列的矩阵 $\boldsymbol{B}=\begin{pmatrix}a_1\\a_2\\\vdots\\a_n\end{pmatrix}$，称为列矩阵（或列向量）.

方阵　行数与列数相等的矩阵称为方阵. 行数与列数都等于 n 的方阵，称为 n 阶方阵，记作 $\boldsymbol{A}_n$. 在 n 阶方阵中，元素 $a_{ii}(i=1,2,\cdots,n)$称为主对角元素.

对角矩阵　主对角元素不全为 0，而非主对角元素全为 0 的方阵，称为对角矩阵.

$$\boldsymbol{A}_n=\begin{pmatrix}a_1&&&\\&a_2&&\\&&\ddots&\\&&&a_n\end{pmatrix}$$

数量矩阵　主对角元素全为非零常数 k，其余元素全为 0 的方阵，称为数量矩阵.

$$\begin{pmatrix}k&&&\\&k&&\\&&\ddots&\\&&&k\end{pmatrix}_{n\times n}$$

单位矩阵　主对角元素全为 1，其余元素全为 0 的方阵，称为单位矩阵，记作 $\boldsymbol{E}_n$ 或 $\boldsymbol{E}$.

$$\boldsymbol{E}_n=\begin{pmatrix}1&&&\\&1&&\\&&\ddots&\\&&&1\end{pmatrix}_{n\times n}$$

三角形矩阵　矩阵$\begin{pmatrix}a_{11}&0&\cdots&0\\a_{21}&a_{22}&\cdots&0\\\vdots&\vdots&&\vdots\\a_{n1}&a_{n2}&\cdots&a_{nn}\end{pmatrix}$称为下三角形矩阵，矩阵$\begin{pmatrix}a_{11}&a_{12}&\cdots&a_{1n}\\0&a_{22}&\cdots&a_{2n}\\\vdots&\vdots&&\vdots\\0&0&\cdots&a_{nn}\end{pmatrix}$称

为上三角形矩阵,以上两种矩阵统称为三角矩阵.

5.1.2 矩阵的线性运算

1)矩阵加减法

定义 5.2 设有两个 $m\times n$ 矩阵 $\boldsymbol{A}=(a_{ij})_{m\times n}$,$\boldsymbol{B}=(b_{ij})_{m\times n}$,规定:

$\boldsymbol{A}+\boldsymbol{B}=(a_{ij})_{m\times n}+(b_{ij})_{m\times n}=(a_{ij}+b_{ij})_{m\times n}$

$\boldsymbol{A}-\boldsymbol{B}=(a_{ij})_{m\times n}-(b_{ij})_{m\times n}=(a_{ij}-b_{ij})_{m\times n}$

即同型矩阵相加减等于对应元素相加减.

注 意

只有同型矩阵才能进行加减法运算.

矩阵加法满足下列运算规律:

交换律:$\boldsymbol{A}+\boldsymbol{B}=\boldsymbol{B}+\boldsymbol{A}$;

结合律:$(\boldsymbol{A}+\boldsymbol{B})+\boldsymbol{C}=\boldsymbol{A}+(\boldsymbol{B}+\boldsymbol{C})$.

2)数乘矩阵

定义 5.3 数 λ 与矩阵 $\boldsymbol{A}=(a_{ij})$ 的乘积记作 $\lambda\boldsymbol{A}$,规定:

$$\lambda\boldsymbol{A}=\begin{pmatrix}\lambda a_{11} & \lambda a_{12} & \cdots & \lambda a_{1n}\\ \lambda a_{21} & \lambda a_{22} & \cdots & \lambda a_{2n}\\ \vdots & \vdots & & \vdots\\ \lambda a_{m1} & \lambda a_{m1} & \cdots & \lambda a_{mn}\end{pmatrix},\text{即 }\lambda\boldsymbol{A}=(\lambda a_{ij}).$$

数乘矩阵满足下列运算规律(设 $\boldsymbol{A}$,$\boldsymbol{B}$ 为 $m\times n$ 矩阵,λ,μ 为数):

结合律:$(\lambda\mu)\boldsymbol{A}=\lambda(\mu\boldsymbol{A})$;

分配律:$(\lambda+\mu)\boldsymbol{A}=\lambda\boldsymbol{A}+\mu\boldsymbol{A}$,$\lambda(\boldsymbol{A}+\boldsymbol{B})=\lambda\boldsymbol{A}+\lambda\boldsymbol{B}$.

当 $\lambda=-1$ 时,$\lambda\boldsymbol{A}=-\boldsymbol{A}=\begin{pmatrix}-a_{11} & -a_{12} & \cdots & -a_{1n}\\ -a_{21} & -a_{22} & \cdots & -a_{2n}\\ \vdots & \vdots & & \vdots\\ -a_{m1} & -a_{m1} & \cdots & -a_{mn}\end{pmatrix}=(-a_{ij})$,该数乘矩阵称为负矩阵. 有 $\boldsymbol{A}-\boldsymbol{B}=\boldsymbol{A}+(-\boldsymbol{B})$.

【例 5.1】 设矩阵 $\boldsymbol{A}=\begin{pmatrix}1 & 2\\ 7 & 5\\ 3 & 4\end{pmatrix}$,$\boldsymbol{B}=\begin{pmatrix}0 & 4\\ 4 & 2\\ 10 & 1\end{pmatrix}$,求 $2\boldsymbol{A}-3\boldsymbol{B}$.

【解】 $2\boldsymbol{A}=\begin{pmatrix}2 & 4\\ 14 & 10\\ 6 & 8\end{pmatrix}$,$-3\boldsymbol{B}=\begin{pmatrix}0 & -12\\ -12 & -6\\ -30 & -3\end{pmatrix}$

$$2A-3B=2A+(-3B)=\begin{pmatrix}2+0 & 4-12\\14-12 & 10-6\\6-30 & 8-3\end{pmatrix}=\begin{pmatrix}2 & -8\\2 & 4\\-24 & 5\end{pmatrix}$$

5.1.3 矩阵的乘法运算

1)矩阵的乘法运算

定义5.4 设矩阵$A=(a_{ij})_{m\times n}$,$B=(b_{ij})_{n\times k}$,规定矩阵A与矩阵B的乘积是一个$m\times k$矩阵,即$C=AB=(c_{ij})_{m\times k}$.其中

$$c_{ij}=a_{i1}b_{1j}+a_{i2}b_{2j}+\cdots+a_{in}b_{nj}$$
$$=\sum_{k=1}^{n}a_{ik}b_{kj}(i=1,2,\cdots,m;j=1,2,\cdots,k)$$

注 意

(1)矩阵A与B相乘的条件为:左矩阵的列数 = 右矩阵的行数,且$A_{m\times n}B_{n\times k}=C_{m\times k}$.即积矩阵的行数等于左矩阵的行数,积矩阵的列数等于右矩阵的列数.

(2)积矩阵元素$c_{ij}=\sum_{k=1}^{n}a_{ik}b_{kj}$,即$c_{ij}$等于$A$的第$i$行与$B$的第$j$列对应元素的乘积之和.

【例5.2】 已知$A=\begin{pmatrix}-2 & 3\\1 & 2\end{pmatrix}$,$B=\begin{pmatrix}2 & -3 & 4\\2 & -1 & 2\end{pmatrix}$,计算$AB$与$BA$.

【解】 $AB=\begin{pmatrix}-2 & 3\\1 & 2\end{pmatrix}\begin{pmatrix}2 & -3 & 4\\2 & -1 & 2\end{pmatrix}=\begin{pmatrix}2 & 3 & -2\\6 & -5 & 8\end{pmatrix}$

而BA无意义.

【例5.3】 $A=\begin{pmatrix}1 & 0 & -1 & 2\\-1 & 1 & 3 & 0\\0 & 5 & -1 & 4\end{pmatrix}$,$B=\begin{pmatrix}0 & 3 & 4\\1 & 2 & 1\\3 & 1 & -1\\-1 & 2 & 1\end{pmatrix}$,求$AB$,$BA$.

【解】 $AB=\begin{pmatrix}1 & 0 & -1 & 2\\-1 & 1 & 3 & 0\\0 & 5 & -1 & 4\end{pmatrix}\begin{pmatrix}0 & 3 & 4\\1 & 2 & 1\\3 & 1 & -1\\-1 & 2 & 1\end{pmatrix}=\begin{pmatrix}-5 & 6 & 7\\10 & 2 & -6\\-2 & 17 & 10\end{pmatrix}$

$$BA=\begin{pmatrix}0 & 3 & 4\\1 & 2 & 1\\3 & 1 & -1\\-1 & 2 & 1\end{pmatrix}\begin{pmatrix}1 & 0 & -1 & 2\\-1 & 1 & 3 & 0\\0 & 5 & -1 & 4\end{pmatrix}=\begin{pmatrix}-3 & 23 & 5 & 16\\-1 & 7 & 4 & 6\\2 & -4 & 1 & 2\\-3 & 7 & 6 & 2\end{pmatrix}$$

显然 $\boldsymbol{AB}\neq\boldsymbol{BA}$.

矩阵乘法满足下列运算规律：

分配律：$\boldsymbol{A}(\boldsymbol{B}+\boldsymbol{C})=\boldsymbol{AB}+\boldsymbol{AC}$；

结合律：$(\boldsymbol{AB})\boldsymbol{C}=\boldsymbol{A}(\boldsymbol{BC})$；

数乘律：$k(\boldsymbol{AB})=(k\boldsymbol{A})\boldsymbol{B}=\boldsymbol{A}(k\boldsymbol{B}),k\in\mathbf{R}$；

单位矩阵律：$\boldsymbol{A}_{m\times n}\boldsymbol{E}_n=\boldsymbol{A}_{m\times n},\boldsymbol{E}_nA_{n\times m}=\boldsymbol{A}_{n\times m},\boldsymbol{A}_n\boldsymbol{E}_n=\boldsymbol{E}_n\boldsymbol{A}_n=\boldsymbol{A}_n$.

注 意

在一般情况下，应注意以下 3 个方面：

(1)矩阵乘法不满足交换律，即 $\boldsymbol{AB}\neq\boldsymbol{BA}$；若同阶方阵 $\boldsymbol{A},\boldsymbol{B}$ 满足 $\boldsymbol{AB}=\boldsymbol{BA}$，则称 $\boldsymbol{A},\boldsymbol{B}$ 可交换.

(2)矩阵乘法不满足消去律，即由 $\boldsymbol{AB}=\boldsymbol{AC},\boldsymbol{A}\neq\boldsymbol{O}$ 不能推出 $\boldsymbol{B}=\boldsymbol{C}$；

例如，$\boldsymbol{A}=\begin{pmatrix}1&1\\-1&-1\end{pmatrix},\boldsymbol{B}=\begin{pmatrix}1&-1\\-1&1\end{pmatrix},\boldsymbol{C}=\begin{pmatrix}2&-2\\-2&2\end{pmatrix}$

则 $\boldsymbol{AB}=\begin{pmatrix}0&0\\0&0\end{pmatrix},\boldsymbol{AC}=\begin{pmatrix}0&0\\0&0\end{pmatrix}$，即 $\boldsymbol{AB}=\boldsymbol{AC}$，但 $\boldsymbol{B}\neq\boldsymbol{C}$.

(3)由 $\boldsymbol{AB}=\boldsymbol{O}$ 不能推出 $\boldsymbol{A}=\boldsymbol{O}$ 或 $\boldsymbol{B}=\boldsymbol{O}$.

2)方阵的幂

若 $\boldsymbol{A}$ 是 n 阶方阵，则 $\boldsymbol{A}$ 的 k 次幂定义为 $\boldsymbol{A}^k=\underbrace{\boldsymbol{AA}\cdots\boldsymbol{A}}_{k个}$，并规定 $\boldsymbol{A}^0=\boldsymbol{E}$.

方阵的幂运算律：$\boldsymbol{E}^k=\boldsymbol{E},\boldsymbol{A}^m\boldsymbol{A}^k=\boldsymbol{A}^{m+k},(\boldsymbol{A}^m)^k=\boldsymbol{A}^{mk}$（$m,k$ 为正整数）.

3)矩阵的转置

把矩阵 $\boldsymbol{A}$ 的行列互换所得到的矩阵称为矩阵 $\boldsymbol{A}$ 的转置矩阵，记作 $\boldsymbol{A}^{\mathrm{T}}$.

例如，已知 $\boldsymbol{A}=\begin{pmatrix}1&7\\0&2\\4&3\end{pmatrix}$，则 $\boldsymbol{A}^{\mathrm{T}}=\begin{pmatrix}1&0&4\\7&2&3\end{pmatrix}$.

显然，$\boldsymbol{E}=\boldsymbol{E}^{\mathrm{T}}$.

转置矩阵的性质：

(1)$(\boldsymbol{A}^{\mathrm{T}})^{\mathrm{T}}=\boldsymbol{A}$　　(2)$(\boldsymbol{A}+\boldsymbol{B})^{\mathrm{T}}=\boldsymbol{A}^{\mathrm{T}}+\boldsymbol{B}^{\mathrm{T}}$

(3)$(\lambda\boldsymbol{A})^{\mathrm{T}}=\lambda\boldsymbol{A}^{\mathrm{T}}$　　(4)$(\boldsymbol{AB})^{\mathrm{T}}=\boldsymbol{B}^{\mathrm{T}}\boldsymbol{A}^{\mathrm{T}}$

若 n 阶方阵 $\boldsymbol{A}$ 满足 $\boldsymbol{A}^{\mathrm{T}}=\boldsymbol{A}$，则称矩阵 $\boldsymbol{A}$ 为对称矩阵.

对称矩阵的元素满足关系：$a_{ij}=a_{ji}(i,j=1,2,\cdots,n)$.

例如，矩阵 $\boldsymbol{A}=\begin{pmatrix}-2&0&8\\0&1&-3\\8&-3&3\end{pmatrix}$ 是一个 3 阶对称矩阵.

习题 5.1

A 组

1. 计算下列各题.

(1) $\begin{pmatrix} 2 & 5 & 0 \\ 4 & 2 & 3 \end{pmatrix}+\begin{pmatrix} 5 & 6 & -2 \\ 3 & 7 & 9 \end{pmatrix}$　　(2) $\begin{pmatrix} -2 & 5 \\ 2 & -7 \end{pmatrix}-\begin{pmatrix} 3 & -2 \\ -1 & 3 \end{pmatrix}$

(3) $3\begin{pmatrix} 2 & 7 \\ -3 & 5 \\ 2 & 1 \end{pmatrix}+5\begin{pmatrix} 2 & 0 \\ 3 & 4 \\ 1 & 2 \end{pmatrix}$　　(4) $3\begin{pmatrix} 7 & 2 & 3 \\ 5 & 2 & 1 \end{pmatrix}-2\begin{pmatrix} 2 & 0 & 1 \\ -3 & 4 & 2 \end{pmatrix}$

(5) $\begin{pmatrix} 2 \\ -3 \\ 4 \\ 2 \end{pmatrix}-2\begin{pmatrix} -2 \\ 0 \\ 2 \\ 3 \end{pmatrix}+3\begin{pmatrix} 2 \\ -1 \\ 0 \\ 2 \end{pmatrix}$　　(6) $\begin{pmatrix} 2 \\ 3 \\ 0 \\ 0 \end{pmatrix}+k_1\begin{pmatrix} -2 \\ 3 \\ 1 \\ 0 \end{pmatrix}+k_2\begin{pmatrix} 3 \\ -1 \\ 0 \\ 1 \end{pmatrix}(k_1,k_2\in\mathbf{R})$

2. 计算下列各题.

(1) $\begin{pmatrix} 1 & 2 & 3 \end{pmatrix}\begin{pmatrix} 3 \\ 2 \\ 1 \end{pmatrix}$　　(2) $\begin{pmatrix} 3 \\ 2 \\ 1 \end{pmatrix}\begin{pmatrix} 1 & 2 & 3 \end{pmatrix}$

(3) $\begin{pmatrix} 1 & 0 & 0 \\ 0 & 1 & 0 \\ 0 & 0 & 1 \end{pmatrix}\begin{pmatrix} 1 & 2 & 1 & 4 \\ 5 & -8 & 0 & 2 \\ 10 & 1 & 3 & 7 \end{pmatrix}$　　(4) $\begin{pmatrix} 1 & 2 & 1 & 4 \\ 5 & -8 & 0 & 2 \\ 10 & 1 & 3 & 7 \end{pmatrix}\begin{pmatrix} 1 & 0 & 0 & 0 \\ 0 & 1 & 0 & 0 \\ 0 & 0 & 1 & 0 \\ 0 & 0 & 0 & 1 \end{pmatrix}$

3. 已知 $\boldsymbol{A}=\begin{pmatrix} 1 & 1 & 1 \\ 1 & 1 & -1 \\ 0 & -1 & 1 \end{pmatrix}$，$\boldsymbol{B}=\begin{pmatrix} 0 & 1 & 2 \\ 1 & -1 & 1 \\ -1 & 1 & 0 \end{pmatrix}$，计算 $\boldsymbol{AB}-3\boldsymbol{B}$.

4. 已知 $\boldsymbol{A}=\begin{pmatrix} 3 & 1 & 0 \\ -1 & 2 & 1 \\ 3 & 4 & 2 \end{pmatrix}$，$\boldsymbol{B}=\begin{pmatrix} 1 & 0 & 2 \\ -1 & 1 & 1 \\ 2 & 1 & 1 \end{pmatrix}$，求满足下列条件的矩阵 $\boldsymbol{X}$：

(1) $3\boldsymbol{A}-2\boldsymbol{X}=\boldsymbol{B}$；(2) $3\boldsymbol{X}-\boldsymbol{B}^{\mathrm{T}}=\boldsymbol{A}$.

5. 已知 $\boldsymbol{A}=\begin{pmatrix} 1 & 2 & 3 \\ 0 & 1 & 2 \\ 0 & 0 & 1 \end{pmatrix}$，求 $\boldsymbol{A}^3$.

6. 已知 $\boldsymbol{A}=\begin{pmatrix} 2 & -1 & 1 \end{pmatrix}$，$\boldsymbol{B}=\begin{pmatrix} 3 & 2 & 0 \\ 1 & 1 & 6 \\ 4 & 2 & -1 \end{pmatrix}$，验证 $(\boldsymbol{AB})^{\mathrm{T}}=\boldsymbol{B}^{\mathrm{T}}\boldsymbol{A}^{\mathrm{T}}$.

应用与提高——方阵的多项式

设$f(x)=a_mx^m+a_{m-1}x^{m-1}+\cdots+a_1x+a_0$,$\boldsymbol{A}$为$n$阶方阵,则

$$f(\boldsymbol{A})=a_m\boldsymbol{A}^m+a_{m-1}\boldsymbol{A}^{m-1}+\cdots+a_1\boldsymbol{A}+a_0\boldsymbol{E}$$

称$f(\boldsymbol{A})$为方阵$\boldsymbol{A}$的多项式.

注 意

方阵多项式中,最后一项为$a_0\boldsymbol{E}$,而不是a_0,且$\boldsymbol{E}$是与$\boldsymbol{A}$同阶的单位矩阵.

例如,设$f(x)=x^2-4x+3$,$\boldsymbol{A}=\begin{pmatrix}2&-1\\-3&4\end{pmatrix}$,则

$f(\boldsymbol{A})=\boldsymbol{A}^2-4\boldsymbol{A}+3\boldsymbol{E}=(\boldsymbol{A}-\boldsymbol{E})(\boldsymbol{A}-3\boldsymbol{E})$

$=\left[\begin{pmatrix}2&-1\\-3&4\end{pmatrix}-\begin{pmatrix}1&0\\0&1\end{pmatrix}\right]\left[\begin{pmatrix}2&-1\\-3&4\end{pmatrix}-3\begin{pmatrix}1&0\\0&1\end{pmatrix}\right]=\begin{pmatrix}2&-2\\-6&6\end{pmatrix}$

【例5.4】 设某厂生产甲、乙、丙、丁4种产品,“十五”与“十一五”期间的产量及各种产品的成本单价和销售单价为下表所示.

产品	甲	乙	丙	丁
“十五”期间产量	5	13	7	9
“十一五”期间产量	6	14	15	12
成本单价	5	4	6	8
销售单价	6	5	8	9

试用矩阵的乘法运算,求“十五”与“十一五”期间的成本总额和销售总额.

【解】 产量用矩阵$\boldsymbol{A}$表示,$\boldsymbol{A}=\begin{pmatrix}5&13&7&9\\6&14&15&12\end{pmatrix}$.

单价用矩阵$\boldsymbol{B}$表示,$\boldsymbol{B}=\begin{pmatrix}5&4&6&8\\6&5&8&9\end{pmatrix}$.

设“十五”与“十一五”期间的成本总额与销售总额为矩阵$C=\begin{pmatrix}c_{11}&c_{12}\\c_{21}&c_{22}\end{pmatrix}$(列:成本总额、销售总额;行:十五、十一五),则

$$C=AB^{T}=\begin{pmatrix}5 & 13 & 7 & 9\\6 & 14 & 15 & 12\end{pmatrix}\begin{pmatrix}5 & 6\\4 & 5\\6 & 8\\8 & 9\end{pmatrix}=\begin{pmatrix}191 & 232\\272 & 334\end{pmatrix}$$

即“十五”期间成本总额为191，销售总额为232；“十一五”期间成本总额为272，销售总额为334.

B　组

1. 已知甲、乙两地的产品要销售到E，F，G三个不同的地区去，两产地到三个销地的距离（单位：km）用矩阵$A=\begin{pmatrix}5 & 6 & 7\\4 & 3 & 1\end{pmatrix}$表示，运费为2元/km，求甲、乙两地的产品销售到三个不同的地区的费用各是多少？

2. 我国某地方为避开高峰期用电，鼓励夜间用电，实行分时段计费. 某地白天（早上8:00—晚上11:00）与夜间（晚上11:00—早上8:00）的电费标准分别为$(0.446\quad 0.22)$某宿舍三户人家某月的用电情况如下：

$$\begin{matrix} & \text{白天} & \text{夜间}\\ 1 & 121 & 35\\ 2 & 135 & 25\\ 3 & 142 & 44\end{matrix}$$

计算这三户人家该月的电费.

3. 某地区有A，B，C三家工厂，同时生产甲、乙、丙三种产品，某年各产品的产量及各种产品的单位价格和单位税后利润为下表所示：

产品	厂家			单位价格	单位税后利润
	A	B	C		
甲	40	50	55	3	2
乙	60	65	40	7	5
丙	70	90	82	6	4

试利用矩阵的乘法运算求出各工厂的总收入与总利润.

4. 设$A=\begin{pmatrix}2 & -1\\-3 & -3\end{pmatrix}$，$f(x)=x^2-5x+6$，求$f(A)$.

5.2　矩阵的初等变换与矩阵的秩

5.2.1　矩阵的初等变换

定义5.5　对矩阵施以下列三种变换：

（1）交换矩阵的两行（列）；

（2）用非零常数k乘矩阵的某一行（列）的所有元素；

(3)将矩阵的某一行(列)所有元素乘以非零常数 k 后加到另一行(列)对应元素上去.

上述三种变换统称为矩阵的初等变换. 若只对矩阵的行实施初等变换,则称为矩阵的初等行变换;若只对矩阵的列实施初等变换,则称为矩阵的初等列变换.

矩阵的初等变换用"$\longrightarrow$"来表示. 交换第 i,j 两行,记作 $r_i\leftrightarrow r_j$;k 乘第 i 行记作 kr_i;第 i 行的 k 倍加到第 j 行上,记作 kr_i+r_j.

例如,$A=\begin{pmatrix}1&2&3\\2&3&-5\\4&7&1\end{pmatrix}\xrightarrow[-4r_1+r_3]{-2r_1+r_2}\begin{pmatrix}1&2&3\\0&-1&-11\\0&-1&-11\end{pmatrix}\xrightarrow{-r_2+r_3}\begin{pmatrix}1&2&3\\0&-1&-11\\0&0&0\end{pmatrix}=B$

零行 若矩阵中某行的元素全为0,则称此行为零行.

非零行 若矩阵中某行的元素至少有一个元素不为0,则称此行为非零行.

矩阵 A 经过一系列初等行变换变成矩阵 B,矩阵 B 结构很特殊,它的零行在最下端,非零行的首非零元所在列的下方元素全为0,这种矩阵称为阶梯形矩阵,它在矩阵理论中占重要的地位.

阶梯形矩阵 满足以下两个条件的矩阵称为阶梯形矩阵:

(1)零行(若有零行)在矩阵的最下方;

(2)非零行的第一个不为0的元素(简称首非零元)所在列的下方元素全为0.

例如,$\begin{pmatrix}2&2&1\\0&1&3\\0&0&0\end{pmatrix},\begin{pmatrix}1&0&-2&3&2\\0&2&0&2&4\\0&0&0&-2&0\\0&0&0&0&0\end{pmatrix},\begin{pmatrix}1&0&0\\0&1&0\\0&0&1\end{pmatrix}$都是阶梯形矩阵. 而$\begin{pmatrix}2&1&2&3\\0&0&2&1\\0&0&1&2\end{pmatrix}$不是阶梯形矩阵.

定理 5.1 任意非零矩阵经过若干次初等行变换后都能化成同型阶梯形矩阵.

【例 5.5】 将矩阵 $A=\begin{pmatrix}2&3&4&5&6\\1&2&3&4&5\\3&4&5&6&2\end{pmatrix}$化成阶梯形矩阵.

【解】 $A=\begin{pmatrix}2&3&4&5&6\\1&2&3&4&5\\3&4&5&6&2\end{pmatrix}\xrightarrow{r_1\leftrightarrow r_2}\begin{pmatrix}1&2&3&4&5\\2&3&4&5&6\\3&4&5&6&2\end{pmatrix}\xrightarrow[-3r_1+r_3]{-2r_1+r_2}$

$\begin{pmatrix}1&2&3&4&5\\0&-1&-2&-3&-4\\0&-2&-4&-6&-13\end{pmatrix}\xrightarrow{-r_2}\begin{pmatrix}1&2&3&4&5\\0&1&2&3&4\\0&-2&-4&-6&-13\end{pmatrix}\xrightarrow{2r_2+r_3}$

$\begin{pmatrix}1&2&3&4&5\\0&1&2&3&4\\0&0&0&0&-5\end{pmatrix}$

将一个矩阵 A 通过初等变换化成阶梯形矩阵 B,称矩阵 B 为矩阵 A 的阶梯形矩阵. 一个矩阵的阶梯形矩阵不是唯一的,但是它们含有的非零行的行数是唯一的.

5.2.2 矩阵的秩

定义 5.6 矩阵 $\boldsymbol{A}$ 的阶梯形矩阵的非零行的行数称为矩阵 $\boldsymbol{A}$ 的秩,记作 $r(\boldsymbol{A})$.

在例 5.5 中,矩阵 $\boldsymbol{A}$ 的阶梯形矩阵含有 3 个非零行,故 $r(\boldsymbol{A})=3$.

矩阵$\begin{pmatrix}2 & -1\\0 & 2\\0 & 0\end{pmatrix}$的秩为 2;单位矩阵 $\boldsymbol{E}_n$ 的秩为 n;矩阵$\begin{pmatrix}1 & 0 & 0 & -2 & 3\\0 & 1 & 0 & 3 & 5\\0 & 0 & 1 & -2 & 5\\0 & 0 & 0 & 0 & 0\end{pmatrix}$的秩为 3.

规定,零矩阵的秩为 0,即 $r(\boldsymbol{O})=0$.

显然,$0\leqslant r(\boldsymbol{A}_{m\times n})\leqslant\min(m,n)$,$r(\boldsymbol{A})=r(\boldsymbol{A}^{\mathrm{T}})$.

定理 5.2 初等变换不改变矩阵的秩.

即若 $\boldsymbol{A}\xrightarrow{\text{初等变换}}\boldsymbol{B}$,则 $r(\boldsymbol{A})=r(\boldsymbol{B})$.

利用初等行变换求矩阵的秩的方法:

$\boldsymbol{A}\xrightarrow{\text{初等行变换}}$阶梯形矩阵 $\boldsymbol{B}\Rightarrow r(\boldsymbol{A})=$矩阵 $\boldsymbol{B}$ 中非零行的行数

【例 5.6】 求矩阵 $\boldsymbol{A}=\begin{pmatrix}1 & 3 & 4 & 6\\2 & 6 & 8 & 12\\2 & 3 & 4 & 5\\1 & 5 & 7 & 2\end{pmatrix}$的秩.

【解】
$$\boldsymbol{A}=\begin{pmatrix}1 & 3 & 4 & 6\\2 & 6 & 8 & 12\\2 & 3 & 4 & 5\\1 & 5 & 7 & 2\end{pmatrix}\xrightarrow[-r_1+r_4]{\substack{-2r_1+r_2\\-2r_1+r_3}}\begin{pmatrix}1 & 3 & 4 & 6\\0 & 0 & 0 & 0\\0 & -3 & -4 & -7\\0 & 2 & 3 & -4\end{pmatrix}\xrightarrow[-r_3]{r_2\leftrightarrow r_4}\begin{pmatrix}1 & 3 & 4 & 6\\0 & 2 & 3 & -4\\0 & 3 & 4 & 7\\0 & 0 & 0 & 0\end{pmatrix}$$
$$\xrightarrow{-\frac{3}{2}r_2+r_3}\begin{pmatrix}1 & 3 & 4 & 6\\0 & 2 & 3 & -4\\0 & 0 & -\frac{1}{2} & 13\\0 & 0 & 0 & 0\end{pmatrix}$$

所以 $r(\boldsymbol{A})=3$.

行最简形矩阵 在阶梯形矩阵中,非零行的第一个非零元为数 1,且这个 1 所在的列的其他元素全都为 0,这样的矩阵称为行最简形矩阵.

例如,$\begin{pmatrix}1 & 0 & 0 & 0\\0 & 1 & 0 & 0\\0 & 0 & 1 & 0\\0 & 0 & 0 & 0\end{pmatrix}$,$\begin{pmatrix}1 & 0 & 0 & 2 & 3\\0 & 1 & 0 & -2 & 1\\0 & 0 & 1 & 3 & 0\\0 & 0 & 0 & 0 & 0\end{pmatrix}$及各阶单位矩阵 $\boldsymbol{E}_n$ 都是行最简形矩阵,而

$\begin{pmatrix}1 & 0 & 1 & 1\\0 & 1 & 2 & 2\\0 & 0 & 1 & 2\\0 & 0 & 0 & 0\end{pmatrix}$不是行最简形矩阵.

【例 5.7】 将矩阵 $\boldsymbol{A}=\begin{pmatrix}1&1&1&1\\0&1&2&2\\3&2&-1&5\\5&4&3&3\end{pmatrix}$ 化为行最简形矩阵.

【解】 $\boldsymbol{A}=\begin{pmatrix}1&1&1&1\\0&1&2&2\\3&2&-1&5\\5&4&3&3\end{pmatrix}\xrightarrow[-5r_1+r_4]{-3r_1+r_3}\begin{pmatrix}1&1&1&1\\0&1&2&2\\0&-1&-4&2\\0&-1&-2&-2\end{pmatrix}\xrightarrow[\substack{r_2+r_3\\r_2+r_4}]{-r_2+r_1}$

$\begin{pmatrix}1&0&-1&-1\\0&1&2&2\\0&0&-2&4\\0&0&0&0\end{pmatrix}\xrightarrow{-\frac{1}{2}r_3}\begin{pmatrix}1&0&-1&-1\\0&1&2&2\\0&0&1&-1\\0&0&0&0\end{pmatrix}\xrightarrow[-2r_3+r_2]{r_3+r_1}\begin{pmatrix}1&0&0&-2\\0&1&0&4\\0&0&1&-1\\0&0&0&0\end{pmatrix}$

一个矩阵的行最简形矩阵是唯一的.

【例 5.8】 将矩阵 $\boldsymbol{A}=\begin{pmatrix}0&2&-1\\1&1&2\\-1&-1&-1\end{pmatrix}$ 化为行最简形矩阵.

【解】 $A=\begin{pmatrix}0&2&-1\\1&1&2\\-1&-1&-1\end{pmatrix}\xrightarrow{r_1\leftrightarrow r_2}\begin{pmatrix}1&1&2\\0&2&-1\\-1&-1&-1\end{pmatrix}\xrightarrow{r_1+r_3}\begin{pmatrix}1&1&2\\0&2&-1\\0&0&1\end{pmatrix}\xrightarrow[r_3+r_2]{-2r_3+r_1}$

$\begin{pmatrix}1&1&0\\0&2&0\\0&0&1\end{pmatrix}\xrightarrow{\frac{1}{2}r_2}\begin{pmatrix}1&1&0\\0&1&0\\0&0&1\end{pmatrix}\xrightarrow{-r_2+r_1}\begin{pmatrix}1&0&0\\0&1&0\\0&0&1\end{pmatrix}$

满秩矩阵 设 $\boldsymbol{A}$ 为 n 阶方阵,若 $r(\boldsymbol{A})=n$,则称 $\boldsymbol{A}$ 为满秩矩阵,或非奇异的,或非退化的.

例如,$\begin{pmatrix}1&2&0\\0&4&2\\0&0&-2\end{pmatrix}$,$\boldsymbol{E}_n=\begin{pmatrix}1&0&\cdots&0\\0&1&\cdots&0\\\vdots&\vdots&&\vdots\\0&0&\cdots&1\end{pmatrix}$ 等都是满秩矩阵.

定理 5.3 任何满秩矩阵都能通过初等行变换化成单位矩阵.

习题 5.2

A 组

1. 求列矩阵的秩.

(1) $\boldsymbol{A}=\begin{pmatrix}1&2\\2&4\\0&0\end{pmatrix}$　　(2) $\boldsymbol{A}=\begin{pmatrix}1\\2\\3\end{pmatrix}$

(3) $A=\begin{pmatrix}1&0&0\\0&1&0\\0&0&1\end{pmatrix}$　　(4) $A=\begin{pmatrix}1&0&0&2&1\\0&1&0&3&3\\0&0&1&-1&2\\0&0&0&0&0\end{pmatrix}$

2. 用矩阵的初等行变换求下列矩阵的秩.

(1) $A=\begin{pmatrix}3&0&-1&4\\1&2&0&1\\-2&0&0&3\\2&2&-1&8\end{pmatrix}$　　(2) $A=\begin{pmatrix}1&-2&-1&0&2\\-2&4&2&6&-6\\2&-1&0&2&3\\3&3&3&3&4\end{pmatrix}$

3. 用矩阵的初等行变换将下列矩阵化为行最简形矩阵.

(1) $A=\begin{pmatrix}1&2&3\\2&3&-5\\4&7&1\end{pmatrix}$　　(2) $A=\begin{pmatrix}1&1&2&2&1\\0&2&1&5&-1\\2&0&3&-1&3\\1&1&0&4&-1\end{pmatrix}$

4. 设 $A=\begin{pmatrix}1&2&3&4\\1&-2&4&5\\1&10&1&2\end{pmatrix}$,验证 $r(A)=r(A^{\mathrm{T}})$.

5. 设矩阵 $A=\begin{pmatrix}2&-1&2\\1&1&-5\\4&-1&1\end{pmatrix}$,判断 A 是否为满秩矩阵;若是,将 A 化成单位矩阵.

应用与提高——矩阵的标准型

定理 5.4　任意非零 $m\times n$ 矩阵 A 总可以经过若干次初等变换化为形如

$$D=\begin{pmatrix}E_r&O\\O&O\end{pmatrix}_{m\times n}$$

的形式. 其中 $r=r(A)$,矩阵 D 称为 A 的标准型.

B　组

1. 设矩阵 $A=\begin{pmatrix}1&2&-1&3&4\\1&3&4&6&5\\2&5&3&9&a\end{pmatrix}$,已知 $r(A)=2$,求 a 的值.

2. 已知矩阵 $A=\begin{pmatrix}1&1&1&1&1&1\\0&1&2&2&6&3\\3&2&1&1&-3&m\\5&4&3&3&-1&n\end{pmatrix}$的秩为 2,求 m 与 n 的值.

5.3 逆矩阵

5.3.1 逆矩阵的概念与性质

定义 5.7 设 $\boldsymbol{A}$ 为 n 阶方阵，若存在 n 阶方阵 $\boldsymbol{B}$，使得 $\boldsymbol{AB}=\boldsymbol{BA}=\boldsymbol{E}$，则称 $\boldsymbol{A}$ 可逆，$\boldsymbol{B}$ 是 $\boldsymbol{A}$ 的逆矩阵，记作 $\boldsymbol{A}^{-1}=\boldsymbol{B}$.

例如，设 $\boldsymbol{A}=\begin{pmatrix}1 & -1\\1 & 1\end{pmatrix}$，$\boldsymbol{B}=\begin{pmatrix}\frac{1}{2} & \frac{1}{2}\\-\frac{1}{2} & \frac{1}{2}\end{pmatrix}$，由于 $\begin{pmatrix}1 & -1\\1 & 1\end{pmatrix}\begin{pmatrix}\frac{1}{2} & \frac{1}{2}\\-\frac{1}{2} & \frac{1}{2}\end{pmatrix}=\begin{pmatrix}1 & 0\\0 & 1\end{pmatrix}$，

且 $\begin{pmatrix}\frac{1}{2} & \frac{1}{2}\\-\frac{1}{2} & \frac{1}{2}\end{pmatrix}\begin{pmatrix}1 & -1\\1 & 1\end{pmatrix}=\begin{pmatrix}1 & 0\\0 & 1\end{pmatrix}$，即有

$$\boldsymbol{AB}=\boldsymbol{BA}=\boldsymbol{E}$$

则

$$\begin{pmatrix}1 & -1\\1 & 1\end{pmatrix}^{-1}=\begin{pmatrix}\frac{1}{2} & \frac{1}{2}\\-\frac{1}{2} & \frac{1}{2}\end{pmatrix}$$

显然，若 $\boldsymbol{AB}=\boldsymbol{BA}=\boldsymbol{E}$，则 $\boldsymbol{A}$ 也是 $\boldsymbol{B}$ 的逆矩阵，记作 $\boldsymbol{B}^{-1}=\boldsymbol{A}$，称 $\boldsymbol{A}$ 与 $\boldsymbol{B}$ 互为逆矩阵.

可逆矩阵的运算性质

(1) 若 $\boldsymbol{A}$ 可逆，则 $\boldsymbol{A}^{-1}$ 是唯一的，且 $\boldsymbol{AA}^{-1}=\boldsymbol{A}^{-1}\boldsymbol{A}=\boldsymbol{E}$；

(2) 若 $\boldsymbol{A}$ 可逆，则 $\boldsymbol{A}^{-1}$ 也可逆，且 $(\boldsymbol{A}^{-1})^{-1}=\boldsymbol{A}$；

(3) 若 $\boldsymbol{A}$ 可逆，数 $\lambda\neq 0$，则 $\lambda\boldsymbol{A}$ 可逆，且 $(\lambda\boldsymbol{A})^{-1}=\frac{1}{\lambda}\boldsymbol{A}^{-1}$；

(4) 若 $\boldsymbol{A},\boldsymbol{B}$ 为同阶可逆方阵，则 $\boldsymbol{AB}$ 可逆，且 $(\boldsymbol{AB})^{-1}=\boldsymbol{B}^{-1}\boldsymbol{A}^{-1}$；

(5) 若 $\boldsymbol{A}$ 可逆，则 $\boldsymbol{A}^{\mathrm{T}}$ 也可逆，且 $(\boldsymbol{A}^{\mathrm{T}})^{-1}=(\boldsymbol{A}^{-1})^{\mathrm{T}}$；

(6) 若 $\boldsymbol{A}$ 可逆，k 为正整数，则 $\boldsymbol{A}^{-k}=(\boldsymbol{A}^{-1})^{k}$.

注意

并非所有的 n 阶方阵都可逆.

例如，设 $\boldsymbol{A}=\begin{pmatrix}1 & 2\\0 & 0\end{pmatrix}$，而 $\boldsymbol{B}$ 是任意一个二阶方阵. 那么乘积矩阵 $\boldsymbol{AB}$ 的第二行的元素都是零. 因此，不存在二阶方阵 $\boldsymbol{B}$，使 $\boldsymbol{AB}=\boldsymbol{E}$，从而 $\boldsymbol{A}$ 不是可逆矩阵.

5.3.2 用矩阵的初等变换求逆矩阵

定理5.5 设$\boldsymbol{A}$为n阶方阵，$\boldsymbol{A}$可逆$\Leftrightarrow r(\boldsymbol{A})=n$. 即$n$阶方阵$\boldsymbol{A}$可逆的充要条件是$\boldsymbol{A}$为满秩矩阵.

用矩阵的初等行变换求可逆矩阵$\boldsymbol{A}$的逆矩阵的方法：

(1)构造矩阵$(\boldsymbol{A}\vdots\boldsymbol{E})$，$\boldsymbol{E}$与$\boldsymbol{A}$为同阶方阵；

(2) $$(\boldsymbol{A}\vdots\boldsymbol{E})\xrightarrow{\text{初等行变换}}(\boldsymbol{E}\vdots\boldsymbol{A}^{-1})$$.

【例5.9】 已知矩阵$\boldsymbol{A}=\begin{pmatrix}1&2&3\\2&2&1\\3&4&3\end{pmatrix}$，求$\boldsymbol{A}^{-1}$.

【解】 $$(\boldsymbol{A}\vdots\boldsymbol{E})=\begin{pmatrix}1&2&3&\vdots&1&0&0\\2&2&1&\vdots&0&1&0\\3&4&3&\vdots&0&0&1\end{pmatrix}\xrightarrow[-3r_1+r_3]{-2r_1+r_2}\begin{pmatrix}1&2&3&1&0&0\\0&-2&-5&-2&1&0\\0&-2&-6&-3&0&1\end{pmatrix}$$

$$\xrightarrow[-r_2+r_3]{r_2+r_1}\begin{pmatrix}1&0&-2&-1&1&0\\0&-2&-5&-2&1&0\\0&0&-1&-1&-1&1\end{pmatrix}\xrightarrow[-5r_3+r_2]{-2r_3+r_1}\begin{pmatrix}1&0&0&1&3&-2\\0&-2&0&3&6&-5\\0&0&-1&-1&-1&1\end{pmatrix}$$

$$\xrightarrow[-r_3]{-\frac{1}{2}r_2}\begin{pmatrix}1&0&0&\vdots&1&3&-2\\0&1&0&\vdots&-\dfrac{3}{2}&-3&\dfrac{5}{2}\\0&0&1&\vdots&1&1&-1\end{pmatrix}$$

所以 $$\boldsymbol{A}^{-1}=\begin{pmatrix}1&3&-2\\-\dfrac{3}{2}&-3&\dfrac{5}{2}\\1&1&-1\end{pmatrix}$$

【例5.10】 已知$\boldsymbol{A}^{-1}=\begin{pmatrix}1&3&2\\1&4&3\\2&3&4\end{pmatrix}$，求$\boldsymbol{A}$.

【解】 因为$\boldsymbol{A}=(\boldsymbol{A}^{-1})^{-1}$，即求$\boldsymbol{A}^{-1}$的逆矩阵.

$$(\boldsymbol{A}^{-1}\vdots\boldsymbol{E})=\begin{pmatrix}1&3&2&\vdots&1&0&0\\1&4&3&\vdots&0&1&0\\2&3&4&\vdots&0&0&1\end{pmatrix}\xrightarrow{\text{初等行变换}}$$

$$\begin{pmatrix} 1 & 0 & 0 & \vdots & \frac{7}{3} & -2 & \frac{1}{3} \\ 0 & 1 & 0 & \vdots & \frac{2}{3} & 0 & -\frac{1}{3} \\ 0 & 0 & 1 & \vdots & -\frac{5}{3} & 1 & \frac{1}{3} \end{pmatrix}$$

所以 $A=\begin{pmatrix} \frac{7}{3} & -2 & \frac{1}{3} \\ \frac{2}{3} & 0 & -\frac{1}{3} \\ -\frac{5}{3} & 1 & \frac{1}{3} \end{pmatrix}$

如果对矩阵$(A \vdots E)$进行初等行变换后,矩阵左边子矩阵出现一行元素全为0的情况,则由定理5.5可判定A是不可逆的,即A^{-1}不存在.

例如,对于矩阵$A=\begin{pmatrix} 1 & 2 & -3 \\ 0 & 2 & 1 \\ 1 & 4 & -2 \end{pmatrix}$,由于

$$(A \vdots E)=\begin{pmatrix} 1 & 2 & -3 & 1 & 0 & 0 \\ 0 & 2 & 1 & 0 & 1 & 0 \\ 1 & 4 & -2 & 0 & 0 & 1 \end{pmatrix} \xrightarrow{\text{初等行变换}} \begin{pmatrix} 1 & 2 & -3 & \vdots & 1 & 0 & 0 \\ 0 & 2 & 1 & \vdots & 0 & 1 & 0 \\ 0 & 0 & 0 & \vdots & -1 & -1 & 1 \end{pmatrix}$$

所以,A不可逆,即A^{-1}不存在.

推论 对于n阶方阵A,B,若$AB=E$,或$BA=E$,则A可逆,$A^{-1}=B$,且A,B互为逆矩阵.

利用逆矩阵还可以求解一些特殊的矩阵方程:设矩阵A,C可逆:

(1)对于矩阵方程$AX=B$,方程两端左乘A^{-1},得$A^{-1}AX=A^{-1}B \Rightarrow X=A^{-1}B$;

(2)对于矩阵方程$XA=B$,方程两端右乘A^{-1},得$XAA^{-1}=BA^{-1} \Rightarrow X=BA^{-1}$;

(3)对于矩阵方程$AXC=B$,方程两端左乘A^{-1},同时右乘C^{-1},得$A^{-1}AXCC^{-1}=A^{-1}BC^{-1} \Rightarrow X=A^{-1}BC^{-1}$.

【例5.11】 求解矩阵方程$AX=B$,其中$A=\begin{pmatrix} 1 & 0 & 2 \\ -1 & 1 & 1 \\ 2 & 1 & 8 \end{pmatrix}$,$B=\begin{pmatrix} 1 & 4 \\ 2 & 5 \\ 6 & 7 \end{pmatrix}$.

【解】 由$A=\begin{pmatrix} 1 & 0 & 2 \\ -1 & 1 & 1 \\ 2 & 1 & 8 \end{pmatrix}$,得 $A^{-1}=\begin{pmatrix} 7 & 2 & -2 \\ 10 & 4 & -3 \\ -3 & -1 & 1 \end{pmatrix}$

所以 $X=A^{-1}B=\begin{pmatrix} 7 & 2 & -2 \\ 10 & 4 & -3 \\ -3 & -1 & 1 \end{pmatrix}\begin{pmatrix} 1 & 4 \\ 2 & 5 \\ 6 & 7 \end{pmatrix}=\begin{pmatrix} -1 & 24 \\ 0 & 39 \\ 9 & -10 \end{pmatrix}$

习题 5.3

A 组

1. 求下列矩阵的逆矩阵.

(1) $A=\begin{pmatrix}1 & 2\\ 0 & 3\end{pmatrix}$ (2) $A=\begin{pmatrix}1 & 2\\ 1 & 1\end{pmatrix}$

(3) $A=\begin{pmatrix}-1 & 5\\ 4 & -19\end{pmatrix}$ (4) $A=\begin{pmatrix}2 & 0 & 0\\ 0 & 3 & 0\\ 0 & 0 & 4\end{pmatrix}$

(5) $A=\begin{pmatrix}1 & 0 & 1\\ 2 & 1 & 0\\ -3 & 2 & -5\end{pmatrix}$ (6) $A=\begin{pmatrix}1 & -3 & 2\\ -3 & 0 & 1\\ 1 & 1 & -1\end{pmatrix}$

2. 求解下列矩阵方程.

(1) $\begin{pmatrix}2 & 5\\ 1 & 3\end{pmatrix}X=\begin{pmatrix}4 & -6\\ 2 & 1\end{pmatrix}$ (2) $\begin{pmatrix}1 & 2 & 3\\ 2 & 2 & 1\\ 3 & 4 & 3\end{pmatrix}X=\begin{pmatrix}1\\ 0\\ -1\end{pmatrix}$

应用与提高——用矩阵的初等行变换解矩阵方程

1) 矩阵方程 $AX=B$ 的解法

$$(A\vdots B)\xrightarrow{\text{初等行变换}}(E\vdots X)$$

【例 5.12】 解矩阵方程 $\begin{pmatrix}1 & 1 & -1\\ 2 & 1 & 0\\ 1 & -1 & 1\end{pmatrix}X=\begin{pmatrix}1 & 1 & 3\\ 4 & 3 & 2\\ 1 & 2 & 5\end{pmatrix}$.

【解】 $(A\vdots B)=\begin{pmatrix}1 & 1 & -1 & 1 & 1 & 3\\ 2 & 1 & 0 & 4 & 3 & 2\\ 1 & -1 & 1 & 1 & 2 & 5\end{pmatrix}\xrightarrow{\text{初等行变换}}\begin{pmatrix}1 & 0 & 0 & \vdots & 1 & \frac{3}{2} & 4\\ 0 & 1 & 0 & \vdots & 2 & 0 & -6\\ 0 & 0 & 1 & \vdots & 2 & \frac{1}{2} & -5\end{pmatrix}$

所以 $X=\begin{pmatrix}1 & \frac{3}{2} & 4\\ 2 & 0 & -6\\ 6 & \frac{1}{2} & -5\end{pmatrix}$

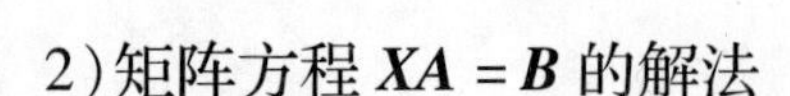

2)矩阵方程 $\boldsymbol{XA}=\boldsymbol{B}$ 的解法

因为,$(\boldsymbol{XA})^{\mathrm{T}}=\boldsymbol{B}^{\mathrm{T}}\Rightarrow\boldsymbol{A}^{\mathrm{T}}\boldsymbol{X}^{\mathrm{T}}=\boldsymbol{B}^{\mathrm{T}}$,所以$(\boldsymbol{A}^{\mathrm{T}}\vdots\boldsymbol{B}^{\mathrm{T}})\xrightarrow{\text{初等行变换}}(\boldsymbol{E}\vdots\boldsymbol{X}^{\mathrm{T}})$,因此 $X=(\boldsymbol{X}^{\mathrm{T}})^{\mathrm{T}}$.

B 组

1. 用矩阵的初等行变换解矩阵方程 $\boldsymbol{AX}=\boldsymbol{B}$,其中

$$\boldsymbol{A}=\begin{pmatrix}-2&1&0\\1&-2&1\\0&1&-2\end{pmatrix},\boldsymbol{B}=\begin{pmatrix}5&-1\\-2&3\\1&4\end{pmatrix}$$

2. 用矩阵的初等行变换解矩阵方程 $\boldsymbol{XA}=\boldsymbol{B}$,其中

$$\boldsymbol{A}=\begin{pmatrix}2&1&-1\\2&1&0\\1&-1&1\end{pmatrix},\boldsymbol{B}=\begin{pmatrix}1&-1&3\\4&3&2\end{pmatrix}$$

3. 已知 n 阶方阵 $\boldsymbol{A}$ 满足 $\boldsymbol{A}^2+3\boldsymbol{A}-2\boldsymbol{E}=\boldsymbol{O}$,证明:

(1)$\boldsymbol{A}$ 可逆,并求 $\boldsymbol{A}^{-1}$;

(2)$\boldsymbol{A}+2\boldsymbol{E}$ 可逆,并求$(\boldsymbol{A}+2\boldsymbol{E})^{-1}$.

4. 已知 n 阶方阵 $\boldsymbol{A}$ 满足 $\boldsymbol{A}^2-\boldsymbol{A}-4\boldsymbol{E}=\boldsymbol{O}$,证明 $\boldsymbol{A}+\boldsymbol{E}$ 可逆,并求$(\boldsymbol{A}+\boldsymbol{E})^{-1}$.

5.4 线性方程组

5.4.1 线性方程组的有关概念与 n 维向量

1)线性方程组的有关概念

定义 5.8 含 n 个未知量、m 个方程的一元方程组,称为 n 元线性方程组,其一般形式为

$$\begin{cases}a_{11}x_1+a_{12}x_2+\cdots\cdots+a_{1n}x_n=b_1\\a_{21}x_1+a_{22}x_2+\cdots\cdots+a_{2n}x_n=b_2\\\vdots\qquad\vdots\qquad\qquad\vdots\quad\vdots\\a_{m1}x_1+a_{m2}x_2+\cdots\cdots+a_{mn}x_n=b_m\end{cases}\tag{5.1}$$

未知量的系数组成的矩阵

$$\boldsymbol{A}=\begin{pmatrix}a_{11}&a_{12}&\cdots&a_{1n}\\a_{21}&a_{22}&\cdots&a_{2n}\\\vdots&\vdots&&\vdots\\a_{m1}&a_{m2}&\cdots&a_{mn}\end{pmatrix}$$

称为方程组(5.1)的系数矩阵;

未知量组成的矩阵 $\boldsymbol{X}=\begin{pmatrix} x_1 \\ x_2 \\ \vdots \\ x_n \end{pmatrix}$,称为方程组(5.1)的未知量矩阵;

常数项组成的矩阵 $\boldsymbol{B}=\begin{pmatrix} b_1 \\ b_2 \\ \vdots \\ b_m \end{pmatrix}$,称为方程组(5.1)的常数矩阵;

方程组(5.1)的矩阵形式为 $\boldsymbol{AX}=\boldsymbol{B}$.

未知量的系数与常数项组成的矩阵 $\overline{\boldsymbol{A}}=(\boldsymbol{A}\vdots\boldsymbol{B})=\begin{pmatrix} a_{11} & a_{12} & \cdots & a_{1n} & \vdots & b_1 \\ a_{21} & a_{22} & \cdots & a_{2n} & \vdots & b_2 \\ \vdots & \vdots & & \vdots & \vdots & \vdots \\ a_{m1} & a_{m2} & \cdots & a_{mn} & \vdots & b_m \end{pmatrix}$,称为方程组(5.1)的增广矩阵.

方程组 $\boldsymbol{AX}=\boldsymbol{B}$ 与增广矩阵 $\overline{\boldsymbol{A}}=(\boldsymbol{A}\vdots\boldsymbol{B})$ 是一一对应的.

在方程组 $\boldsymbol{AX}=\boldsymbol{B}$ 中,若 $\boldsymbol{B}=\boldsymbol{0}$,即 $\boldsymbol{AX}=\boldsymbol{0}$,称为齐次线性方程组;

在方程组 $\boldsymbol{AX}=\boldsymbol{B}$ 中,若 $\boldsymbol{B}\neq\boldsymbol{0}$ 时,称为非齐次线性方程组.

定义 5.9　若有一组数 $k_1,k_2,\cdots,k_n$ 使得方程组(5.1)成立,则称这组数 $k_1,k_2,\cdots,k_n$ 是方程组(5.1)的解. 若 $k_1,k_2,\cdots,k_n$ 全为0,则称为零解,否则是非零解.

研究线性方程组,主要需要解决以下三个问题:

(1)如何判断一个线性方程组是否有解;

(2)对于有解的线性方程组,如何求它的解;

(3)当方程组的解不止一个时,它们的解之间有怎样的关系.

2) n 维向量

定义 5.10　n 个有序实数 $a_1,a_2,\cdots,a_n$ 组成的数组,排成一行 $(a_1,a_2,\cdots,a_n)$,称为 n 维行向量(行矩阵);排成一列 $\begin{pmatrix} a_1 \\ a_2 \\ \vdots \\ a_n \end{pmatrix}$,称为 n 维列向量(列矩阵). 两者统称为 n 维向量,a_i 称为第 i 个分量,且 $(a_1,a_2,\cdots,a_n)^{\mathrm{T}}=\begin{pmatrix} a_1 \\ a_2 \\ \vdots \\ a_n \end{pmatrix}$,本部分若无特别说明,所讨论向量都指列向量.

向量通常用 $\boldsymbol{\alpha},\boldsymbol{\beta},\boldsymbol{\gamma}$ 等希腊字母表示.

向量是特殊的矩阵,前面5.1.2讨论的矩阵的线性运算及运算律,都适用于 n 维向量.

设$\boldsymbol{\alpha}=\begin{pmatrix}a_1\\a_2\\\vdots\\a_n\end{pmatrix}$,$\boldsymbol{\beta}=\begin{pmatrix}b_1\\b_2\\\vdots\\b_n\end{pmatrix}$,$k,l$为实数,则向量$\boldsymbol{\alpha}$与$\boldsymbol{\beta}$的线性运算为:

(1)$k\boldsymbol{\alpha}=\begin{pmatrix}ka_1\\ka_2\\\vdots\\ka_n\end{pmatrix}$　　(2)$\boldsymbol{\alpha}\pm\boldsymbol{\beta}=\begin{pmatrix}a_1\pm b_1\\a_2\pm b_2\\\vdots\\a_n\pm b_n\end{pmatrix}$

将(1)与(2)综合在一起可以表示为:$k\boldsymbol{\alpha}+l\boldsymbol{\beta}=\begin{pmatrix}ka_1+lb_1\\ka_2+lb_2\\\vdots\\ka_n+lb_n\end{pmatrix}$.

【例5.13】　将向量$\begin{pmatrix}4+2k_1-3k_2\\-1-3k_1+k_2\\k_1\\k_2\end{pmatrix}$表示为三个已知向量的线性运算形式.

【解】　由向量(矩阵)的加法运算得$\begin{pmatrix}4+2k_1-3k_2\\-1-3k_1+k_2\\k_1\\k_2\end{pmatrix}=\begin{pmatrix}4\\-1\\0\\0\end{pmatrix}+\begin{pmatrix}2k_1\\-3k_1\\k_1\\0\end{pmatrix}+\begin{pmatrix}-3k_2\\k_2\\0\\k_2\end{pmatrix}$

所以$\begin{pmatrix}4+2k_1-3k_2\\-1-3k_1+k_2\\k_1\\k_2\end{pmatrix}=\begin{pmatrix}4\\-1\\0\\0\end{pmatrix}+k_1\begin{pmatrix}2\\-3\\1\\0\end{pmatrix}+k_2\begin{pmatrix}-3\\1\\0\\1\end{pmatrix}$

5.4.2　非齐次线性方程组

利用加减消元法求解线性方程组的过程,就是对未知量的系数和右端的常数进行运算,实质是对增广矩阵$\overline{\boldsymbol{A}}=(\boldsymbol{A}\vdots\boldsymbol{B})$进行初等行变换的过程.消元的过程相当于对增广矩阵从上到下作初等行变换,回代的过程相当于从下到上作初等行变换,当$\boldsymbol{A}$变成行最简形矩阵时,方程组就解出来了.

定理5.6　如果用矩阵的初等行变换将方程组(5.1)的增广矩阵$(\boldsymbol{A}\vdots\boldsymbol{B})$化成矩阵$(\boldsymbol{C}\vdots\boldsymbol{D})$,则方程组$\boldsymbol{AX}=\boldsymbol{B}$与$\boldsymbol{CX}=\boldsymbol{D}$是同解方程组.

例如,线性方程组

$$\begin{cases}x_1-2x_2+x_3+x_4=2\\x_1-2x_2+2x_3-x_4=-1\\x_1-2x_2+x_3-5x_4=-4\end{cases}\tag{5.2}$$

对增广矩阵进行初等行变换,将其变为行最简形矩阵.

$$(\boldsymbol{A} \vdots \boldsymbol{B})=\begin{pmatrix}1 & -2 & 1 & 1 & \vdots & 2\\ 1 & -2 & 2 & -1 & \vdots & -1\\ 1 & -2 & 1 & -5 & \vdots & -4\end{pmatrix}\xrightarrow{\text{初等行变换}}\begin{pmatrix}1 & -2 & 0 & 0 & \vdots & 2\\ 0 & 0 & 1 & 0 & \vdots & -1\\ 0 & 0 & 0 & 1 & \vdots & 1\end{pmatrix}=(\boldsymbol{C} \vdots \boldsymbol{D})$$

矩阵$(\boldsymbol{C} \vdots \boldsymbol{D})$对应的线性方程组为

$$\begin{cases}x_1-2x_2=2\\ x_3=-1\\ x_4=1\end{cases} \tag{5.3}$$

也就是说方程组(5.2)与(5.3)是同解方程组.

定理 5.7　线性方程组 $\boldsymbol{AX}=\boldsymbol{B}$ 解的情况:

(1)方程组 $\boldsymbol{AX}=\boldsymbol{B}$ 有解的充要条件是 $r(\boldsymbol{A})=r(\boldsymbol{A} \vdots \boldsymbol{B})$.

当 $r(\boldsymbol{A})=r(\boldsymbol{A} \vdots \boldsymbol{B})=r=n$ 时,方程组有唯一解;

当 $r(\boldsymbol{A})=r(\boldsymbol{A} \vdots \boldsymbol{B})=r<n$ 时,方程组有无穷多解.

(2)若 $r(\boldsymbol{A})\neq r(\boldsymbol{A} \vdots \boldsymbol{B})$,则方程组 $\boldsymbol{AX}=\boldsymbol{B}$ 无解.

注:n 是未知量的个数或矩阵 A 的列数

用矩阵的初等行变换解非齐次线性方程组 $\boldsymbol{AX}=\boldsymbol{B}$ 的一般步骤为:

①对线性方程组 $\boldsymbol{AX}=\boldsymbol{B}$ 的增广矩阵$(\boldsymbol{A} \vdots \boldsymbol{B})$作初等行变换,化成阶梯形矩阵,判定方程组解的情况.

②若 $r(\boldsymbol{A})=r(\boldsymbol{A} \vdots \boldsymbol{B})$,即方程组有解时,再用初等行变换将$(\boldsymbol{A} \vdots \boldsymbol{B})$转化为行最简形矩阵,写出行最简形矩阵对应的方程组.

③若 $r(\boldsymbol{A})=r(\boldsymbol{A} \vdots \boldsymbol{B})=r=n$,方程组有唯一解;若 $r(\boldsymbol{A})=r(\boldsymbol{A} \vdots \boldsymbol{B})=r<n$,方程组有无穷多解,需确定自由未知量,令自由未知量为任意常数,可得出方程组通解(用向量的线性运算表示).

【例 5.14】　解线性方程组$\begin{cases}x_1-2x_2+3x_3=4\\ 2x_1+x_2-3x_3=5\\ -x_1+2x_2+2x_3=6\\ 3x_1-3x_2+2x_3=7\end{cases}$.

【解】　$$(\boldsymbol{A} \vdots \boldsymbol{B})=\begin{pmatrix}1 & -2 & 3 & \vdots & 4\\ 2 & 1 & -3 & \vdots & 5\\ -1 & 2 & 2 & \vdots & 6\\ 3 & -3 & 2 & \vdots & 7\end{pmatrix}\xrightarrow[-3r_1+r_4]{\substack{-2r_1+r_2\\ r_1+r_3}}\begin{pmatrix}1 & -2 & 3 & \vdots & 4\\ 0 & 5 & -9 & \vdots & -3\\ 0 & 0 & 5 & \vdots & 10\\ 0 & 3 & -7 & \vdots & -5\end{pmatrix}$$

$$\xrightarrow{\substack{-2r_4+r_2\\ \frac{1}{2}r_3}}\begin{pmatrix}1 & -2 & 3 & \vdots & 4\\ 0 & -1 & 5 & \vdots & 7\\ 0 & 0 & 1 & \vdots & 2\\ 0 & 3 & -7 & \vdots & -5\end{pmatrix}\xrightarrow{\substack{-2r_2+r_1\\ 3r_2+r_4}}\begin{pmatrix}1 & 0 & -7 & \vdots & -10\\ 0 & -1 & 5 & \vdots & 7\\ 0 & 0 & 1 & \vdots & 2\\ 0 & 0 & 8 & \vdots & 16\end{pmatrix}$$

$$\xrightarrow[-8r_3+r_4]{-r_2}\left(\begin{array}{cccc|c}1&0&-7&&-10\\0&1&-5&&-7\\0&0&1&&2\\0&0&0&&0\end{array}\right)$$

因为 $r(\boldsymbol{A})=r(\boldsymbol{A}\vdots\boldsymbol{B})=3=n$,所以方程组有唯一解. 继续化成行最简形矩阵:

$$\left(\begin{array}{ccc|c}1&0&-7&-10\\0&1&-5&-7\\0&0&1&2\\0&0&0&0\end{array}\right)\xrightarrow[7r_3+r_1]{5r_3+r_2}\left(\begin{array}{ccc|c}1&0&0&4\\0&1&0&3\\0&0&1&2\\0&0&0&0\end{array}\right)$$

因此,方程组的解为 $\begin{cases}x_1=4\\x_2=3\\x_3=2\end{cases}$

【例 5.15】 解线性方程组 $\begin{cases}x_1+3x_2-2x_3-x_4=3\\2x_1+6x_2-3x_3=13\\3x_1+9x_2-9x_3-5x_4=8\end{cases}$.

【解】 $(\boldsymbol{A}\vdots\boldsymbol{B})=\left(\begin{array}{cccc|c}1&3&-2&-1&3\\2&6&-3&0&13\\3&9&-9&-5&8\end{array}\right)\to\left(\begin{array}{cccc|c}1&3&-2&-1&3\\0&0&1&2&7\\0&0&-3&-2&-1\end{array}\right)$

$$\to\left(\begin{array}{cccc|c}1&3&0&3&17\\0&0&1&2&7\\0&0&0&4&20\end{array}\right)$$

因为 $r(\boldsymbol{A})=r(\boldsymbol{A}\vdots\boldsymbol{B})=3<n=4$,所以方程组有无穷多解. 继续化成行最简形矩阵:

$$\left(\begin{array}{cccc|c}1&3&0&3&17\\0&0&1&2&7\\0&0&0&4&20\end{array}\right)\to\left(\begin{array}{cccc|c}1&3&0&0&2\\0&0&1&0&-3\\0&0&0&1&5\end{array}\right)$$

得原方程组的同解方程组:

$$\begin{cases}x_1+3x_2=2\\x_3=-3\\x_4=5\end{cases}\Rightarrow\begin{cases}x_1=2-3x_2\\x_3=-3\\x_4=5\end{cases}$$

令自由未知量 $x_2=k$,得方程组的通解:

$$\boldsymbol{X}=\begin{pmatrix}x_1\\x_2\\x_3\\x_4\end{pmatrix}=\begin{pmatrix}2-3k\\k\\-3\\5\end{pmatrix}=\begin{pmatrix}2\\0\\-3\\5\end{pmatrix}+k\begin{pmatrix}-3\\1\\0\\0\end{pmatrix}\ (k\in\mathbf{R})$$

【例 5.16】 设 $\boldsymbol{A}=\begin{pmatrix}1&2&2&0\\1&3&4&-2\\1&1&0&2\end{pmatrix}$,$\boldsymbol{B}=\begin{pmatrix}5\\6\\4\end{pmatrix}$,解方程组 $\boldsymbol{AX}=\boldsymbol{B}$.

【解】 $(A \vdots B)=\left(\begin{array}{cccc:c}1 & 2 & 2 & 0 & 5\\1 & 3 & 4 & -2 & 6\\1 & 1 & 0 & 2 & 4\end{array}\right)\rightarrow\cdots\rightarrow\left(\begin{array}{cccc:c}1 & 0 & -2 & 4 & 3\\0 & 1 & 2 & -2 & 1\\0 & 0 & 0 & 0 & 0\end{array}\right)$

显然方程组有无穷多解.

得原方程组的同解方程组 $\begin{cases}x_1=3+2x_3-4x_4\\x_2=1-2x_3+2x_4\end{cases}$

令自由未知量 $x_3=k_1, x_4=k_2$,得方程组的通解:

$$X=\begin{pmatrix}x_1\\x_2\\x_3\\x_4\end{pmatrix}=\begin{pmatrix}3+2k_1-4k_2\\1-2k_1+2k_2\\k_1\\k_2\end{pmatrix}=\begin{pmatrix}3\\1\\0\\0\end{pmatrix}+k_1\begin{pmatrix}2\\-2\\1\\0\end{pmatrix}+k_2\begin{pmatrix}-4\\2\\0\\1\end{pmatrix}(k_1,k_2\in\mathbf{R})$$

【例5.17】 解线性方程组 $\begin{cases}2x_1-3x_2+5x_3+7x_4=1\\4x_1-6x_2+2x_3+3x_4=2\\2x_1-3x_2-11x_3-15x_4=4\end{cases}$.

【解】 $(A \vdots B)=\left(\begin{array}{cccc:c}2 & -3 & 5 & 7 & 1\\4 & -6 & 2 & 3 & 2\\2 & -3 & -11 & -15 & 4\end{array}\right)\rightarrow\left(\begin{array}{cccc:c}2 & -3 & 5 & 7 & 1\\0 & 0 & -8 & -11 & 0\\0 & 0 & -16 & -22 & 3\end{array}\right)$

$\rightarrow\left(\begin{array}{cccc:c}2 & -3 & 5 & 7 & 1\\0 & 0 & -8 & -11 & 0\\0 & 0 & 0 & 0 & 3\end{array}\right)$

因为 $r(A)=2\neq r(A \vdots B)=3$,所以原方程组无解.

5.4.3 齐次线性方程组

对于齐次线性方程组 $AX=O$,由于,$r(A)=r(A \vdots O)$. 所以,齐次线性方程组总有解,至少有零解. 由定理5.7可以知道其解的情况:

(1)当 $r(A)=n$ 时,齐次线性方程组 $AX=O$ 只有零解,即 $x_1=x_2=\cdots=x_n=0$;

(2)当 $r(A)<n$ 时,齐次线性方程组 $AX=O$ 有无穷多个非零解.

推论 当 $m<n$ 时,齐次线性方程组 $AX=O$ 有无穷多个非零解.

用矩阵的初等行变换解齐次线性方程组 $AX=O$ 的一般步骤:

(1)对线性方程组 $AX=O$ 的增广矩阵 $(A \vdots O)$ 作初等行变换,化成行最简形矩阵,写出行最简形矩阵对应的方程组.

(2)若 $r(A)=n$,方程组只有零解;若 $r(A)<n$,方程组有非零解,需确定自由未知量,令自由未知量为任意常数,可得出方程组通解(用向量的线性运算表示).

【例5.18】 解齐次线性方程组 $\begin{cases}x_1+3x_2-5x_3-3x_4=0\\3x_1+4x_2-x_3-2x_4=0\\2x_1+x_2+4x_3+x_4=0\\x_1+x_2-x_3-x_4=0\end{cases}$.

【解】 $(\boldsymbol{A} \vdots \boldsymbol{B})=(\boldsymbol{A} \vdots \boldsymbol{O})=\left(\begin{array}{cccc:c}1 & 3 & -5 & -3 & 0\\3 & 4 & -1 & -2 & 0\\2 & 1 & 4 & 1 & 0\\1 & 1 & -1 & -1 & 0\end{array}\right)\rightarrow\left(\begin{array}{cccc:c}1 & 3 & -5 & -3 & 0\\0 & -5 & 14 & 7 & 0\\0 & -5 & 14 & 7 & 0\\0 & -2 & 4 & 2 & 0\end{array}\right)\rightarrow$

$$\left(\begin{array}{cccc:c}1 & 3 & -5 & -3 & 0\\0 & 1 & -2 & -1 & 0\\0 & -5 & 14 & 7 & 0\\0 & 0 & 0 & 0 & 0\end{array}\right)\rightarrow\left(\begin{array}{cccc:c}1 & 3 & -5 & -3 & 0\\0 & 1 & -2 & -1 & 0\\0 & 0 & 4 & 2 & 0\\0 & 0 & 0 & 0 & 0\end{array}\right)\rightarrow$$

$$\left(\begin{array}{cccc:c}1 & 3 & -5 & -3 & 0\\0 & 1 & -2 & -1 & 0\\0 & 0 & 1 & \frac{1}{2} & 0\\0 & 0 & 0 & 0 & 0\end{array}\right)\rightarrow\left(\begin{array}{cccc:c}1 & 3 & 0 & -\frac{1}{2} & 0\\0 & 1 & 0 & 0 & 0\\0 & 0 & 1 & \frac{1}{2} & 0\\0 & 0 & 0 & 0 & 0\end{array}\right)\rightarrow\left(\begin{array}{cccc:c}1 & 0 & 0 & -\frac{1}{2} & 0\\0 & 1 & 0 & 0 & 0\\0 & 0 & 1 & \frac{1}{2} & 0\\0 & 0 & 0 & 0 & 0\end{array}\right)$$

因为 $r(\boldsymbol{A})=3<4$，所以方程组有无穷多个非零解.

原方程组的同解方程组为 $\begin{cases}x_1=\frac{1}{2}x_4\\x_2=0\\x_3=-\frac{1}{2}x_4\end{cases}$

令自由未知量 $x_4=k$，得方程组的通解 $\boldsymbol{X}=\begin{pmatrix}x_1\\x_2\\x_3\\x_4\end{pmatrix}=\begin{pmatrix}\frac{1}{2}k\\0\\-\frac{1}{2}k\\k\end{pmatrix}=k\begin{pmatrix}\frac{1}{2}\\0\\-\frac{1}{2}\\1\end{pmatrix}(k\in\mathbf{R})$.

习题 5.4

A 组

1. 将向量 $\begin{pmatrix}3-2k_1+3k_2\\-1+3k_1+k_2\\k_1\\k_2\end{pmatrix}$ 表示为三个已知向量的线性运算形式.

2. 求解下列线性方程组.

(1) $\begin{cases} x_1+2x_2-3x_3=4 \\ 2x_1+3x_2-5x_3=7 \\ 4x_1+3x_2-9x_3=9 \\ 2x_1+5x_2-8x_3=8 \end{cases}$　　(2) $\begin{cases} x_1+x_2+x_3=1 \\ -x_1+2x_2-4x_3=2 \\ 2x_1+5x_2-x_3=3 \end{cases}$

(3) $\begin{cases} x_1+x_2+x_3+x_4=1 \\ 3x_1+2x_2+x_3+x_4=0 \\ x_2+2x_3+2x_4=3 \\ 5x_1+4x_2+3x_3+3x_4=2 \end{cases}$　　(4) $\begin{cases} x_1-x_2+x_3-x_4=0 \\ 2x_1-x_2+3x_3-2x_4=-1 \\ 3x_1-2x_2-x_3+2x_4=4 \end{cases}$

3. 求解下列齐次线性方程组.

(1) $\begin{cases} x_1-3x_2+2x_3+x_4=0 \\ 2x_1+4x_2-x_3-3x_4=0 \\ -x_1-7x_2+3x_3+4x_4=0 \\ 3x_1+x_2+x_3-2x_4=0 \end{cases}$　　(2) $\begin{cases} x_1-x_2+2x_3-3x_4=0 \\ x_1-3x_2+2x_3-x_4=0 \\ 2x_1-4x_2+4x_3-3x_4=0 \\ x_1-x_2+x_3-2x_4=0 \end{cases}$

应用与提高

【例 5.19】 问 a 分别为何值时,线性方程组

$$\begin{cases} ax_1+x_2+x_3=a-3 \\ x_1+ax_2+x_3=-2 \\ x_1+x_2+ax_3=-2 \end{cases}$$ 无解,有唯一解,有无穷多解.

【解】 对方程组的增广矩阵施以初等行变换,将其化为阶梯形矩阵:

$$(\boldsymbol{A} \vdots \boldsymbol{B})=\left(\begin{array}{ccc:c} a & 1 & 1 & a-3 \\ 1 & a & 1 & -2 \\ 1 & 1 & a & -2 \end{array}\right) \rightarrow \left(\begin{array}{ccc:c} 1 & 1 & a & -2 \\ 0 & a-1 & 1-a & 0 \\ 0 & 1-a & 1-a^2 & 3a-3 \end{array}\right) \rightarrow$$

$$\left(\begin{array}{ccc:c} 1 & 1 & a & -2 \\ 0 & a-1 & 1-a & 0 \\ 0 & 0 & 2-a-a^2 & 3a-3 \end{array}\right) \rightarrow \left(\begin{array}{ccc:c} 1 & 1 & a & -2 \\ 0 & (a-1) & -(a-1) & 0 \\ 0 & 0 & -(a+2)(a-1) & 3(a-1) \end{array}\right)$$

(1) 当 $a=-2$ 时,$r(\boldsymbol{A})=2\neq r(\boldsymbol{A} \vdots \boldsymbol{B})=3$,此时方程组无解;

(2) 当 $a\neq 1$ 且 $a\neq -2$ 时,$r(\boldsymbol{A})=r(\boldsymbol{A} \vdots \boldsymbol{B})=3$,此时方程组有唯一解;

(3) 当 $a=1$ 时,$r(\boldsymbol{A})=r(\boldsymbol{A} \vdots \boldsymbol{B})=1<3$,此时方程组有无穷多解.

B 组

1. λ 为何值时,线性方程组 $\begin{cases} x_1+x_2+\lambda x_3=1 \\ x_1+x_2+x_3=\lambda \\ \lambda x_1+x_2+x_3=1 \end{cases}$ 有解,并求其解.

2. α,β 取何值时，线性方程组 $\begin{cases}x_1+x_2-x_3=1\\2x_1+(\alpha+2)x_2-(\beta+2)x_3=3\\3\alpha x_2-(\alpha+2\beta)x_3=3\end{cases}$

(1)无解；(2)有唯一解；(3)有无穷多解.

3. 当 a 何值时，方程组 $\begin{cases}x_1+4x_2+3x_3=0\\2x_1+3x_2+ax_3=0\\x_1+3x_2+3x_3=0\end{cases}$

(1)只有零解；(2)有无穷多个非零解，并求出它的通解.

MATLAB 应用案例 5

1)实验目的

应用 MATLAB 进行矩阵运算，求逆矩阵，解线性方程组.

2)主要命令

在矩阵运算中常见的命令如下：

A + B, A - B	矩阵 **A** 加减矩阵 **B**
A + k	矩阵 **A** 的所有元素加上数 k
A * B	矩阵 **A** 乘以矩阵 **B**
k * A, A * k	矩阵 **A** 的所有元素乘以数 k
A'	得到矩阵 **A** 的转置
A/B	A 右除 B
A\B	A 左除 B
inv(A)或 A^(-1)	得到矩阵 **A** 的逆矩阵，**A** 应该为可逆矩阵
A^k	方阵 **A** 的 k 次幂

3)实验举例

【例 5.20】 设 $\boldsymbol{A}=\begin{pmatrix}2&-3\\1&2\\3&5\end{pmatrix},\boldsymbol{B}=\begin{pmatrix}4&-2&1\\2&5&3\end{pmatrix}$，求 $\boldsymbol{AB}$.

【解】 输入命令：

```
A=[2 -3;1 2;3 5];
B=[4 -2 1;2 5 3];
A*B
```

结果：

```
ans =
```

```
  2   -19   -7
  8     8    7
 22    19   18
```

【例 5.21】 设 $A=\begin{pmatrix}1&2&3\\2&2&1\\3&4&3\end{pmatrix}$,求 A^{-1}.

【解】 输入命令:

```
A=[1 2 3;2 2 1;3 4 3];
>> A1 = inv(A)
```

结果:

```
A1 =
    1.000 0     3.000 0    -2.000 0
   -1.500 0    -3.000 0     2.500 0
    1.000 0     1.000 0    -1.000
```

【例 5.22】 解线性方程组 $\begin{cases}x_1+3x_2-2x_3-x_4=3\\2x_1+6x_2-3x_3=13\\3x_1+9x_2-9x_3-5x_4=8\end{cases}$.

【解】 原线性方程组的系数矩阵为 A,未知向量为 X 与右端向量 b,解矩阵方程 $AX=b$,先通过对应矩阵的秩看看解的情况.

输入命令:

```
clear;
>> A=[1 3 -2 -1;2 6 -3 0;3 9 -9 -5];
>> b=[3 13 8];
>> B=[A:b];
>> rank(A), rank(B),
```

结果:

```
ans =
    3
ans =
    1
```

显然这里 $rank(A)\neq rank(B)$,所以原方程组无解.

数学实践 5——投入产出问题

考虑一个经济系统,它由 n 个部门组成,每一个部门都有双重身份. 一方面,作为生产者将自己的产品分配给各部门,并提供最终产品,它们的和即为此部门的总产出;另一方面,作为消费者消耗各部门的产品,即接收部门的投入,同时创造价值,它们之和即为对此部门的总投入. 当然,一个部门的总产出应该等于对它的总投入. 下表是价值型投入产出平衡表.

产出 部门间流量 投入		消费部门				最终产品	总产出
		部门 1	部门 2	…	部门 n		
生产部门	部门 1	x_{11}	x_{12}	…	x_{1n}	y_1	x_1
	部门 2	x_{21}	x_{22}	…	x_{2n}	y_2	x_2
	⋮	⋮	⋮		⋮	⋮	⋮
	部门 n	x_{n1}	x_{n2}	…	x_{nn}	y_n	x_n
创造价值		z_1	z_2	…	z_n		
总投入		x_1	x_2	…	x_n		

把第 j 部门消耗第 i 部门的产品 x_{ij} 在对第 j 部门的总投入 x_j 中占有的比重,称为第 j 部门对第 i 部门的直接消耗系数,记作

$$a_{ij}=\frac{x_{ij}}{x_j}(i=1,2,\cdots,n;j=1,2,\cdots n)$$

n 阶矩阵 $\boldsymbol{A}=(a_{ij})$ 称为直接消耗系数矩阵.

直接消耗系数是技术性的,是相对稳定的,在短期内变化很小.

记 $\boldsymbol{X}=\begin{pmatrix}x_1\\x_2\\\vdots\\x_n\end{pmatrix}$,称为总产出矩阵;$\boldsymbol{Y}=\begin{pmatrix}y_1\\y_2\\\vdots\\y_n\end{pmatrix}$,称为最终产品矩阵.

则根据投入产出平衡表可得产品分配平衡方程组:$(\boldsymbol{E}-\boldsymbol{A})\boldsymbol{X}=\boldsymbol{Y}$. 并且此方程组有唯一非负解.

方程组的经济含义是若各部门在计划期内向市场提供的商品量为 $y_1,y_2,\cdots,y_n$,则应向各生产部门下达生产计划指标 $x_1,x_2,\cdots,x_n$.

应用投入产出方法所要解决的一个重要问题是:已知经济系统在报告期内的直接消耗系数矩阵 $\boldsymbol{A}$,各部门在计划期内的最终产品 $\boldsymbol{Y}$,预测各部门在计划期内的总产出 $\boldsymbol{X}$. 由于直接消耗系数在短期内变化很小,因而可以认为计划期内的直接消耗系数矩阵与报告期内的直接消耗系数矩阵是一样的. 所以这个问题就化为解计划期内产品分配平衡的线性方程组 $(\boldsymbol{E}-\boldsymbol{A})\boldsymbol{X}=\boldsymbol{Y}$.

【例 5.23】 已知一个经济系统包括三个部门,报告期的投入产出平衡表如下表所示.

		消费部门			最终产品	总产出
		1	2	3		
生产部门	1	30	40	15	215	300
	2	30	20	30	120	200
	3	30	20	30	70	150
创造价值		210	120	75		
总投入		300	200	150		

试求:(1)直接消耗系数矩阵 $\boldsymbol{A}$;

(2)若各部门在计划期内的最终产品 $y_1=280, y_2=190, y_3=90$,预测各部门在计划期内的总产出 x_1, x_2, x_3.

【解】 (1)直接消耗矩阵为 $\boldsymbol{A}=\begin{pmatrix} \frac{30}{300} & \frac{40}{200} & \frac{15}{150} \\ \frac{30}{300} & \frac{20}{200} & \frac{30}{150} \\ \frac{30}{300} & \frac{20}{200} & \frac{30}{150} \end{pmatrix}=\begin{pmatrix} 0.1 & 0.2 & 0.1 \\ 0.1 & 0.1 & 0.2 \\ 0.1 & 0.1 & 0.2 \end{pmatrix}$

(2)由直接消耗系数矩阵得产品分配平衡方程组$(\boldsymbol{E}-\boldsymbol{A})\boldsymbol{X}=\boldsymbol{Y}$,即

$$\begin{cases} x_1=0.1x_1+0.2x_2+0.1x_3+280 \\ x_2=0.1x_2+0.1x_2+0.2x_3+190 \\ x_3=0.1x_1+0.1x_2+0.2x_3+90 \end{cases}$$

此方程组的解为 $\begin{cases} x_1=400 \\ x_2=300 \\ x_3=200 \end{cases}$

即各部门在计划期内总产出的预测值为 $x_1=400, x_2=300, x_3=200$. 这个结果说明:若各部门在计划期内向市场提供的商品量为 $y_1=280, y_2=190, y_3=90$,则应向各生产部门下达生产计划指标 $x_1=400, x_2=300, x_3=200$.

投入产出方法是研究一个经济系统各部门联系平衡的一种科学方法,在经济领域内有着广泛的应用.

数学人文知识 5——德国数学全才高斯

高斯(C. F. Gauss,1777. 4. 30—1855. 2. 23)是德国数学家、物理学家和天文学家,出生于德国布伦兹维克的一个贫苦家庭.

1）成就

高斯被誉为历史上伟大的数学家，和阿基米德、牛顿并列，同享盛名. 1795—1798 年在格丁根大学学习，1798 年转入黑尔姆施泰特大学，翌年因证明代数基本定理获博士学位. 从 1807 年起担任格丁根大学教授兼格丁根天文台台长直至逝世.

高斯是近代数学奠基者之一，高斯的数学成就遍及数学的各个领域，在数论、非欧几何、微分几何、超几何级数、复变函数论以及椭圆函数论等方面均有开创性贡献. 他十分注重数学的应用，并且在对天文学、大地测量学和磁学的研究中发明和发展了最小二乘法、曲面论、位势论等.

1801 年，他发表的《算术研究》是数学史上为数不多的经典著作之一，它开辟了数论研究的全新时代；高斯在代数方面的代表性成就就是他对代数基本定理的证明，高斯的方法不是去计算一个根，而是证明它的存在性，在这个方面开创了探讨数学中整个存在性问题的新途径. 1812 年，高斯发表了在分析方面的重要论文《无穷级数的一般研究》，其中引入了高斯级数的概念；在复分析学方面，高斯提出了不少单复变函数的基本概念，著名的柯西积分定理（复变函数沿不包括奇点的闭曲线上的积分为零）也是高斯在 1811 年首先提出并加以应用的；高斯在复变函数在数论中的深入应用，使得他发现了椭圆函数的双周期性，开创椭圆函数论这一重大的领域. 1816 年，高斯发现了非欧几何，有关的思想最早可以追溯到 1792 年，即高斯 15 岁时. 他意识到除欧氏几何之外还存在着一个无逻辑矛盾的几何，其中欧氏几何的平行公式不成立；1799 年，他开始重视开发新几何学的内容，并在 1813 年左右形成较完整的思想.

高斯非常善于把数学成果有效地应用于其他科学领域. 他在 1809 年发明的最小二乘法（一种可从特定计算得到最小的方差和中求出最佳估值的方法），对天文学和其他许多需要处理观察数据的学科有着重要意义；像球面三角中高斯方程组和内插法计算中的高斯内插公式在天文学计算中也有广泛应用；高斯致力于天文学研究前后约 20 年，在这领域内的伟大著作之一是《天体动力理论》（1809）. 从 1816 年起，高斯把数学应用从天体转向大地，他受汉诺威政府的委托进行大地测量，在这项工作中他创造了两种彼此独立的方法，推导出旋转椭圆上计算经纬度及方位角之差至四次项的公式；在对大地的测量研究中，高斯创立了关于曲面的新理论. 他于 1827 年发表的《曲面论上的一般研究》，全面系统地阐述了空间曲面的微分几何学，并提出内蕴曲面理论. 高斯的曲面理论后来由黎曼发展，并成为爱因斯坦广义相对论的数学基础. 从 19 世纪 30 年代起，高斯的注意力转向磁学，1839 年至 1840 年先后发表了《地磁概论》和《关于与距离平方成反比的引力和斥力的普遍定理》，其中后一篇论著是 19 世纪位势理论方面的主导性文献.

高斯一生共发表 155 篇论文. 他对待学问十分严谨，只是把他自己认为是十分成熟的作品发表出来. 高斯说过：“数学是科学的皇后，而数论是数学的女王.”那个时代的人也都称高斯为“数学王子”.

2）数学神童

高斯于 1777 年 4 月 30 日出生于德国一个工匠家庭，年幼时家境贫困，但聪敏异常，勤奋好学. 在 1792 年受一个贵族资助进入学校接受教育.

高斯最出名的故事就是他 10 岁时, 小学老师出了一道算术难题: “$1+2+3+\cdots+100=?$”, 这可难为初学算术的学生, 但是高斯却在几秒后将答案解了出来, 他利用算术级数(等差级数)的对称性, 然后就像求得一般算术级数和的过程一样, 把数目一对对的凑在一起: $1+100, 2+99, 3+98, \cdots, 49+52, 50+51$ 而这样的组合有 50 组, 所以答案很快的就可以求出是: $101\times 50=5\ 050$. 高斯于 1795 年进入格丁根大学学习, 大学一年级就发明了互反律. 他对正多边形的欧几里德作图理论(只用圆规和没有刻度的直尺)做出了惊人的贡献, 尤其是发现了作正十七边形的尺规作图法, 并给出可用尺规作出的正多边形的条件, 解决了 2 000 年来悬而未决的世界问题.

3) 多才多艺

高斯不仅是最伟大的数学家, 还是那个时代最伟大的天文学家和物理学家之一. 在《算术研究》问世的同一年, 即 1801 年的元旦, 一位意大利天文学家在西西里岛观察到在白羊座(Aries)附近有光度八等的星移动, 这颗现在被称作谷神星(Ceres)的小行星在天空出现了 41 天, 扫过 $8°$ 角之后, 就在太阳的光芒下消失了踪影. 当时天文学家无法确定这颗新星是彗星还是行星, 也无法计算出它的轨道, 这个问题很快成了学术界关注的焦点. 高斯也对这颗星着了迷, 他仅仅观察了 3 次就提出了一种计算轨道参数的方法, 而且达到的精确度使得天文学家在 1801 年末和 1802 年初能够毫无困难地再确定谷神星的位置, 发现了这颗最早、迄今仍是最大的小行星. 高斯在这一计算方法中用到了他在 1809 年创造的最小二乘法. 从此, 小行星、大行星(海王星和冥王星)接二连三地被发现了, 高斯在天文学中这一成就立即得到公认. 他在《天体运动理论》中论述的方法今天仍在使用, 只要稍作修改就能适应现代计算机的要求. 高斯在小行星“智神星”方面也获得类似的成功.

在物理学方面高斯最引人注目的成就是在 1833 年和物理学家韦伯发明了有线电报, 这使高斯的声望超出了学术圈而进入公众社会. 高斯在他发表了《曲面论上的一般研究》之后大约一个世纪, 爱因斯坦评论说: “高斯对于近代物理学的发展, 尤其是对于相对论的数学基础所作的贡献(指曲面论), 其重要性是超越一切, 无与伦比的.”

简单的线性规划

线性规划(Linear Programming,简记 LP)是在线性约束条件下寻找线性目标函数最优值的一种数学方法,它是运筹学的一个重要分支. 线性规划的思想最早产生于20 世纪 30 年代末,当时的苏联数学家、经济学家康托洛维奇在《生产组织与计划中的数学方法》一书中提出了类似线性规划的数学模型,用以解决运输问题和下料问题,但康托洛维奇的成果当时并不为人们所知晓. 1941 年美国经济学家库普曼斯由于战争的需要独立地研究了运输问题,并很快发现了线性规划在经济中的应用. 由于康托洛维奇与库普曼斯在这方面的贡献突出,他们共同获得了1975 年的诺贝尔经济学奖. 现在线性规划已成为现代管理的重要基础和基本手段之一,广泛地应用于工程技术的最优化问题,工业、农业、交通运输、军事国防等部门的计划管理、决策分析以及国民经济的综合平衡等.

线性规划是线性代数的后继课程之一,主要学习线性规划的概念,线性规划问题的数学模型的建立方法以及线性规划问题的图解法,并了解线性规划问题求解的数学软件.

6.1 线性规划问题的数学模型

6.1.1 线性规划问题

在生产实践中,常常会遇到这样的问题,要求在消耗资源最少的条件下,完成尽可能多的任务,取得最好的经济效益. 这种问题通常可以分成两个大类:一类是已知一定数量的人力、物力、财力资源,如何合理地使用这些资源,才能完成最大的工作量和取得最大的经济效益;另外一类是当一项任务的工作量确定以后,如何合理安排,才能使完成此项任务所消耗的人力、物力、财力资源最少.

【例 6.1】 (资源的合理利用问题)某工厂生产甲、乙两种产品,已知该厂用于生产的专用设备能力有 3 000 台时,其主要的原材料钢材有 3 600 kg,铜材有 2 000 kg. 若生产每件甲产品需用钢材 9 kg、铜材 4 kg、消耗专用设备能力 3 台时,甲产品的销售后利润为每件 70 元;生产每件乙产品需用钢材2. 5 kg、铜材 5 kg、消耗专用设备能力 10 台时,乙产品的销售后利润为每台 120 元. 问该厂应生产甲、乙产品各多少件,才能使该厂所获总利润最大?

【解】 这是一个在资源一定的条件下,如何合理地使用这些资源,才能取得最大的经济效益的问题.

设该工厂甲、乙两种产品的产量分别为 x_1、x_2 件.

受原材料钢材供应限制有

$$9x_1+2.5x_2\leqslant 3\,600$$

受原材料铜材供应限制有

$$4x_1+5x_2\leqslant 2\,000$$

受专用设备能力限制有

$$3x_1+10x_2\leqslant 3\,000$$

显然,各种产品的数量不能为负数,即

$$x_1\geqslant 0,x_2\geqslant 0$$

称之为非负约束或平庸约束.

若用 z 表示该厂所获得的利润(单位:元),则有

$$z=70x_1+120x_2$$

结合问题的要求,可以把该资源的合理利用问题表达为下面形式

$$\max z=70x_1+120x_2$$

$$\text{s. t.}\begin{cases}9x_1+2.5x_2\leqslant 3\,600\\4x_1+5x_2\leqslant 2\,000\\3x_1+10x_2\leqslant 3\,000\\x_1\geqslant 0,x_2\geqslant 0\end{cases}$$

其中,记号“max”表示函数的最大值,s. t. 是“subject to”的缩写,意思是“约束条件”或“受约束于”.

【例 6.2】 (合理下料问题)某建筑工地有一批长为 5.8 m 的圆钢,根据施工要求须将其切割成长为 2.9 m、2.1 m、1.5 m 的坯料各 100 根. 试制订一个切割方案,使所消耗的圆钢的根数最少.

【解】 这是一个在任务量一定的条件下,如何合理安排,才能使完成此项任务所消耗的资源最少的问题.

将一根圆钢切割成不同长度的坯料的方法如下表所示.

切割方法	(1)	(2)	(3)	(4)	(5)	(6)
2.9 m 坯料数	2	1	1	0	0	0
2.1 m 坯料数	0	1	0	2	1	0
1.5 m 坯料数	0	0	1	1	2	3
余料长度/m	0	0.8	1.4	0.1	0.7	1.3

要制订消耗圆钢根数最少的切割方案,就相当于用表中的 6 种切割方法各切割多少根圆钢,才能使所消耗的圆钢根数最少. 设 $x_i(i=1,2,\cdots,6)$ 表示用第 i 种切割方法切割的圆钢数,则用这些切割方法可获得 2.9 m 坯料数 $2x_1+x_2+x_3$ 根. 由于要得到 2.9 m 坯料数 100 根,于是有

$$2x_1 + x_2 + x_3 = 100$$

同样道理，要得到2.1 m坯料数100根有

$$x_2 + 2x_4 + x_5 = 100$$

要得到1.5 m坯料数100根有

$$x_3 + x_4 + 2x_5 + 3x_6 = 100$$

非负约束

$$x_i \geqslant 0 (i = 1, 2, \cdots, 6)$$

若用z表示消耗的圆钢总根数，则有

$$z = x_1 + x_2 + x_3 + x_4 + x_5 + x_6$$

结合问题的要求，可以把这个合理下料问题表达为如下形式

$$\min z = x_1 + x_2 + x_3 + x_4 + x_5 + x_6$$

$$\text{s.t.} \begin{cases} 2x_1 + x_2 + x_3 = 100 \\ x_2 + 2x_4 + x_5 = 100 \\ x_3 + x_4 + 2x_5 + 3x_6 = 100 \\ x_1, x_2, x_3, x_4, x_5, x_6 \geqslant 0 \end{cases}$$

其中，记号"min"表示函数的最小值.

分析上面两个实例可以看出，这两个例子解决的问题虽然不同，但从数学角度来看，其解决方法中都包含了以下3个要素：

(1)每一个问题都用一组未知数表示某一方案，通常要求这些未知数取值是非负的，未知数的一组定值就代表一个具体方案，称这组未知数为决策变量.

(2)存在若干的限制条件，这些限制条件都可用一组线性等式或线性不等式来表示，称这些限制条件为约束条件.

(3)都有一个目标要求，且这个目标要求能表示为一组未知数的线性函数，称之为目标函数，按研究问题的不同，要求目标函数实现最大化或者最小化.

综上所述，这两个问题的共同点是：在受到若干线性约束条件约束时，求一组决策变量，使一个线性目标函数取得最值（最大值或最小值），称这一类型的问题为线性规划问题.

6.1.2　线性规划问题的数学模型

将线性规划问题用数学语言描述出来就是线性规划问题的数学模型. 一般来说，线性规划问题的数学模型可表述为如下形式：

$$\max(\min) z = c_1x_1 + c_2x_2 + \cdots + c_nx_n \tag{6.1}$$

$$\text{s.t.} \begin{cases} a_{11}x_1 + a_2x_{12} + \cdots + a_{1n}x_n (\leqslant, =, \geqslant) b_1 \\ a_{21}x_1 + a_2x_{22} + \cdots + a_{2n}x_n (\leqslant, =, \geqslant) b_2 \\ \vdots \qquad \vdots \qquad \qquad \vdots \\ a_{m1}x_1 + a_{m2}x_{12} + \cdots + a_{mn}x_n (\leqslant, =, \geqslant) b_m \end{cases} \tag{6.2}$$

称这一形式为线性规划问题数学模型的一般形式. 其中$x_j (j = 1, 2, 3, \cdots, n)$是线性规划问题的决策变量；6.1是目标函数；6.2是约束条件，6.2中的≤，=，≥表示三种符号中取一种;c_j,b_i,a_{ij}是由实际问题所确定的常数,称 $c_j(j=1,2,3,\cdots,n)$为利润系数或成本系数,称 $b_i(i=1,2,3,\cdots,m)$为限定系数或常数项,称 $a_{ij}(i=1,2,3,\cdots,m;j=1,2,3,\cdots,n)$为结构系数或消耗系数.

若记矩阵

$$\boldsymbol{A}=\begin{pmatrix} a_{11} & a_{12} & \cdots & a_{1n} \\ a_{21} & a_{22} & \cdots & a_{2n} \\ \vdots & \vdots & & \vdots \\ a_{m1} & a_{m2} & \cdots & a_{mn} \end{pmatrix} \qquad \boldsymbol{B}=\begin{pmatrix} b_1 \\ b_2 \\ \vdots \\ b_m \end{pmatrix}$$

$$\boldsymbol{C}=\begin{pmatrix} c_1 \\ c_2 \\ \vdots \\ c_n \end{pmatrix} \qquad \boldsymbol{X}=\begin{pmatrix} x_1 \\ x_2 \\ \vdots \\ x_n \end{pmatrix}$$

利用矩阵的知识,以上问题可简记为

$$\max(\min)z=C^{\mathrm{T}}X$$

$$\text{s.t.}\begin{cases} \boldsymbol{A}X(\leqslant,=,\geqslant)\boldsymbol{b} \\ X\geqslant 0 \end{cases}$$

其中 X 为决策变量,矩阵 C 称为目标函数系数矩阵,C^{T} 为矩阵 C 的转置,$z=C^{\mathrm{T}}X$ 为目标函数,矩阵 $\boldsymbol{A}$ 称为约束条件系数矩阵,$\boldsymbol{b}$ 称为约束条件右端矩阵,$\boldsymbol{A}X\leqslant(=,\geqslant)\boldsymbol{b}$ 和 $X\geqslant 0$ 为约束条件.

6.1.3　几种常见的线性规划模型

线性规划是现代管理的重要基础和基本手段之一,广泛地应用于工程技术的最优化问题,工业、农业、交通运输、军事国防等部门的计划管理、决策分析以及国民经济的综合平衡等.下面来建立几种常见的线性规划问题的数学模型.

【例 6.3】 (生产组织与计划问题)某电视机厂生产甲、乙、丙三种型号的电视机.这三种电视机的市场需求量每天最少分别为 200 台、250 台、100 台,而该工厂每天可利用的工时为 1 000 个时间单位,可利用的原材料每天有 2 000 个单位.生产一台不同型号的电视机所需的工时和原材料的数量及售后利润(单位:元/台)如下表所示.试建立不同型号的电视机每天各生产多少台,才能使工厂总利润最大这一问题的数学模型.

型　号	原材料	工时	最低需要量	售后利润
甲	1.0	2.0	200	10
乙	1.5	1.2	250	14
丙	4.0	1.0	100	12
可利用量	2 000	1 000		

【解】 设电视机厂每天生产甲、乙、丙三种型号的电视机分别为 x_1,x_2,x_3 台. 显然有

$$x_1,x_2,x_3\in N$$

受原材料限制有 $x_1+1.5x_2+4x_3\leqslant 2\ 000$

受工时限制有 $2x_1+1.2x_2+x_3\leqslant 1\ 000$

受需求量限制有 $x_1\geqslant 200,x_2\geqslant 250,x_3\geqslant 100$

若用 z 表示电视机厂所获得的利润(单位:元),则有

$$z=10x_1+14x_2+12x_3$$

结合问题的要求,该生产组织与计划问题的数学模型为

$$\max z=10x_1+14x_2+12x_3$$

$$\text{s. t.}\begin{cases}x_1+1.5x_2+4x_3\leqslant 2\ 000\\2x_1+1.2x_2+x_3\leqslant 1\ 000\\x_1\geqslant 200,x_2\geqslant 250,x_3\geqslant 100\\x_1,x_2,x_3\in \mathbf{N}\end{cases}$$

线性规划问题中,有一部分问题要求其决策变量必须全部或者部分是整数. 例如,完成任务的人数、生产机器的台数、生产任务的分配、场址的选定等,称这样的线性规划问题为整数线性规划问题,简称为整数规划问题,记为 IP. 本例就是一个整数规划问题.

【例 6.4】 (配料问题)在现代畜牧业中,经常使用工业化生产的合成饲料. 若某种合成饲料由甲、乙、丙、丁 4 种原料混合而成,并要求这种合成饲料含有维生素、抗生素和微量元素的数量分别不少于 25,36,40 个单位,若 4 种原料每 100 kg 中含有维生素、抗生素和微量元素的数量及各种原料的单价(单位:元/百千克)如下表所示.

成 分	原料及成分含量			
	甲	乙	丙	丁
维生素	2	1	3	4
抗生素	3	2	4	5
微量元素	1	3	5	7
单价	12	13	14	11

试建立如何配方,才能使合成饲料(产品)既含有足够的所需成分成本又最低这一问题的数学模型.

【解】 设合成饲料中甲、乙、丙、丁 4 种原料的含量分别为 x_1,x_2,x_3,x_4 百千克.

受维生素的数量要求限制有

$$2x_1+x_2+3x_3+4x_4\geqslant 25$$

受抗生素的数量要求限制有

$$3x_1+2x_2+4x_3+5x_4\geqslant 36$$

受微量元素的数量要求限制有

$$x_1+3x_2+5x_3+7x_4\geqslant 40$$

非负约束

$$x_1, x_2, x_3, x_4 \geqslant 0$$

若用 z 表示合成饲料的总成本(单位:元),则有

$$z = 12x_1 + 13x_2 + 14x_3 + 11x_4$$

结合问题的要求,该配料问题的数学模型为

$$\min z = 12x_1 + 13x_2 + 14x_3 + 11x_4$$

$$\text{s.t.} \begin{cases} 2x_1 + x_2 + 3x_3 + 4x_4 \geqslant 25 \\ 3x_1 + 2x_2 + 4x_3 + 5x_4 \geqslant 36 \\ x_1 + 3x_2 + 5x_3 + 7x_4 \geqslant 40 \\ x_1, x_2, x_3, x_4 \geqslant 0 \end{cases}$$

【例 6.5】 (运输问题)某公司下属 3 个冶炼厂,需要某种矿石原料分别为 1 700 t, 1 800 t,1 500 t,公司从两个采矿厂分别开采得此种矿石 2 300 t,2 700 t,若从各采矿厂到各冶炼厂的运价(单位:元/t)见下表所示. 试建立如何调运矿石,才能使该公司总运费最低这一问题的数学模型.

采矿厂 \ 冶炼厂	1	2	3
1	50	60	70
2	60	110	160

【解】 这是一个产销平衡(冶炼厂需要的矿石量等于采矿厂生产的矿石量)的运输问题.

设 x_{ij} 表示由采矿厂 $i(i=1,2)$ 运往冶炼厂 $j(j=1,2,3)$ 的矿石数量(单位:t).
受采矿厂矿石产量的限制有

$$x_{11} + x_{12} + x_{13} = 2\ 300$$

$$x_{21} + x_{22} + x_{23} = 2\ 700$$

受冶炼厂矿石的需要量的限制有

$$x_{11} + x_{21} = 1\ 700$$

$$x_{12} + x_{22} = 1\ 800$$

$$x_{13} + x_{23} = 1\ 500$$

非负约束

$$x_{ij} \geqslant 0 (i = 1,2; j = 1,2,3)$$

若用 z 表示总运费(单位:元),则有

$$z = 50x_{11} + 60x_{12} + 70x_{13} + 60x_{21} + 110x_{22} + 160x_{23}$$

结合问题的要求,这一运输问题的数学模型为

$$\min z = 50x_{11} + 60x_{12} + 70x_{13} + 60x_{21} + 110x_{22} + 160x_{23}$$

$$
\text{s.t.}\begin{cases}
x_{11}+x_{12}+x_{13}=2\ 300\\
x_{21}+x_{22}+x_{23}=2\ 700\\
x_{11}+x_{21}=1\ 700\\
x_{12}+x_{22}=1\ 800\\
x_{13}+x_{23}=1\ 500\\
x_{ij}\geqslant 0(i=1,2;j=1,2,3)
\end{cases}
$$

生产实践中,只要在投入-产出模型中,引进一些约束条件和目标函数,就可以制定某种意义上的最优计划.

【例6.6】（国民经济计划问题)假设国民经济分为三个部门,每个部门生产单位产值所消耗的各部门的产值、占用资金数量及消耗的劳动力如下表所示.

	部门1	部门2	部门3
部门1	0.010 9	0.151 8	0.003 8
部门2	0.138 3	0.182 2	0.084 5
部门3	0.055 0	0.059 9	0.064 7
单位产值占用资金	2.0	2.5	1.8
单位产值劳动力消耗	0.2	0.3	0.2

如果三个部门现有资金700个单位,劳动力200个单位,若用 x_1,x_2,x_3 表示各部门的总产值,用 y_1,y_2,y_3 表示各部门最终产品的产值.请建立国民经济各部门最终产品的产值最大这一问题的数学模型.

【解】 设国民经济各部门最终产品的产值为 z 个单位,则有

$$z=y_1+y_2+y_3$$

由于每个部门的总产值应为生产过程中被各个部门消耗的产值与最终产品的产值之和.因此,部门1的总产值

$$x_1=0.010\ 9x_1+0.151\ 8x_2+0.003\ 8x_3+y_1$$

部门2的总产值

$$x_2=0.138\ 3x_1+0.182\ 2x_2+0.084\ 5x_3+y_2$$

部门3的总产值

$$x_3=0.055\ 0x_1+0.059\ 9x_2+0.064\ 7x_3+y_3$$

受资金限制有

$$2x_1+2.5x_2+1.8x_3\leqslant 700$$

受劳力限制有

$$0.2x_1+0.3x_2+0.2x_3\leqslant 200$$

非负约束

$$x_1,x_2,x_3\geqslant 0,y_1,y_2,y_3\geqslant 0$$

结合问题的要求,这一国民经济计划问题的数学模型为

$$\max z=y_1+y_2+y_3$$

$$\text{s.t.}\begin{cases}x_1=0.010\,9x_1+0.151\,8x_2+0.003\,8x_3+y_1\\x_2=0.138\,3x_1+0.182\,2x_2+0.084\,5x_3+y_2\\x_3=0.055\,0x_1+0.059\,9x_2+0.064\,7x_3+y_3\\2x_1+2.5x_2+1.8x_3\leqslant 700\\0.2x_1+0.3x_2+0.2x_3\leqslant 200\\x_1,x_2,x_3\geqslant 0\\y_1,y_2,y_3\geqslant 0\end{cases}$$

习题 6.1

A 组

（写出下列各个线性规划问题的数学模型）

1. 某机床厂生产甲、乙两种型号的机床，每台售后利润分别为 4 000 元和 3 000 元. 生产甲机床需用 A、B 两种机器加工，加工时间分别为每台 2 h 和 1 h；生产乙机床需用 A、B、C 三种机器加工，加工时间为每台各 1 h，若每天可用于加工的机器时数分别为 A 机器 10 h、B 机器 8 h、C 机器 7 h. 问该厂应生产甲、乙机床各多少台，才能使该机床厂总利润最大？

2. 某工厂生产 A、B、C 三种产品，每件产品消耗的资源数量和售后利润以及该工厂的资源数量如下表所示. 根据市场需要，三种产品的总产量应不低于 65 件，产品 A 的产量不高于产品 B 的产量. 应如何安排生产，才能使该工厂总利润最大？

产　品	A	B	C	资源数量
原料单耗	2	3	5	2 000
机时单耗	2.5	3	6	2 600
利润	10	14	20	

3. 某包装制品厂需要采购甲、乙两种型号的纸板为一运输公司加工大、中、小三种规格的包装箱，已知运输公司三种规格包装箱的需要量分别为 1 000，1 500，1 800 个，若每张型号的纸板可制作各种不同规格的包装箱数量见下表. 问包装制品厂至少要采购两种型号的纸板各多少张才能满足加工需求？

规　格 / 型　号	大	中	小
纸板型号甲	2	3	8
纸板型号乙	4	3	5

4. 某建筑工地有一批长为10 m的钢筋（型号相同），今要将这批钢筋切成长为3 m的钢筋90根、长为4 m的钢筋60根以满足施工需要. 问如何下料才能使所用的原材料最少？

5. 某饲养场饲养动物出售，若一头动物每天至少需蛋白质700 g，矿物质30 g，维生素100 mg. 现该饲养场有5种饲料可供选用，这5种饲料每千克营养成分的含量及单价如下表所示. 应如何配方，才能既满足动物生长营养的需要又使饲料成本最低？

饲　料	蛋白质/g	矿物质/g	维生素/mg	单价/元·kg^{-1}
1	3	1	0.5	0.2
2	2	0.5	1	0.7
3	1	0.2	0.2	0.4
4	6	2	2	0.3
5	18	0.5	0.8	0.8

6. 某公司在A，B，C三个城市的分公司生产同一种产品，其产量分别为2 000 t，3 000 t，1 500 t. 现需要将生产的产品全部运输到甲、乙、丙三个消费地销售，这三个消费地的需求量分别为3 500 t，2 500 t，500 t，若各个产地到消费地的运价（单位：元/t）见下表. 请为该公司设计一个总运费最少的运输方案.

消费地 / 产地	甲	乙	丙
A	50	40	70
B	60	100	120
C	30	80	90

7. 某蔬菜公司要将两个蔬菜生产基地生产的蔬菜运送到4个蔬菜批发市场销售. 若两个蔬菜基地每天的蔬菜产量分别为500 t，350 t，4个蔬菜批发市场的需求量分别为250 t，150 t，160 t，240 t，每吨蔬菜的运送费用（单位：元/t）见下表. 如何运送蔬菜才能使该公司运费最省？

批发市场 / 蔬菜基地	1	2	3	4
1	21	27	13	40
2	45	51	37	20

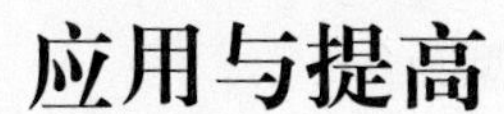

应用与提高

在线性规划问题中，可能遇到这样的分派问题：有若干项不同工作需要分派给若干个人去完成，因为每个人的专长不同，他们完成每项工作取得的效益或消耗的资源就不一样，如何分派这些工作才能获得最大的效益或付出最少的资源？在这样的分派问题中，每个人对某项任务只有两个选择，“选”与“不选”，数学中若用数字“1”表示某人选某项工作，数字“0”表示某人不选某项工作，则这个决策变量就只有“1”与“0”两个取值，称之为0-1变量. 若线性规划问题的所有决策变量都是0-1变量，称这样的线性规划为0-1规划. 显然，0-1规划是一种特殊的整数规划问题.

【例6.7】（人员分派问题）某工厂要安排4位技术工人去加工4种不同的机器零件，这4个工人加工不同的机器零件需要的时间如下表所示. 若工厂安排每个工人只加工某一种零件. 试建立安排何人加工何种零件，才能使加工总时间最少这一问题的数学模型.

零件 工人	1	2	3	4
1	8	7	9	10
2	7	7	8	5
3	5	6	4	5
4	5	4	3	2

【解】　引入0-1变量

$$x_{ij}=\begin{cases}1 & \text{第}\,i\,\text{个工人加工了零件}\,j\\0 & \text{第}\,i\,\text{个工人没有加工零件}\,j\end{cases}$$

受每个工人只能加工一种零件的限制有

$$x_{i1}+x_{i2}+x_{i3}+x_{i4}=\sum_{j=1}^{4}x_{ij}=1 \qquad i=1,2,3,4$$

受每种零件只能由一人加工的限制有

$$x_{1j}+x_{2j}+x_{3j}+x_{4j}=\sum_{i=1}^{4}x_{ij}=1 \qquad j=1,2,3,4$$

若工人1加工了零件1，该工人需要的时间为$8x_{11}$，否则$8x_{11}=0$. 以此类推，工人1加工零件需要的时间为

$$8x_{11}+7x_{12}+9x_{13}+10x_{14}$$

工人2加工零件需要的时间为

$$7x_{21}+7x_{22}+8x_{23}+5x_{24}$$

工人3加工零件需要的时间为

$$5x_{31}+6x_{32}+4x_{33}+5x_{34}$$

工人 4 加工零件需要的时间为

$$5x_{41}+4x_{42}+3x_{43}+2x_{44}$$

若用 H 表示加工零件需要的总时间,则该人员分派问题的数学模型为

$$\min H=8x_{11}+7x_{12}+9x_{13}+10x_{14}+7x_{21}+7x_{22}+8x_{23}+5x_{24}+5x_{31}+6x_{32}+4x_{33}+5x_{34}+5x_{41}+4x_{42}+3x_{43}+2x_{44}$$

$$\text{s.t.}\begin{cases}\sum\limits_{j=1}^{4}x_{ij}=1\\ \sum\limits_{i=1}^{4}x_{ij}=1 \quad (i,j=1,2,3,4)\\ x_{ij}=0,1\end{cases}$$

生产实践中,还会遇到与人员分派问题类似的选择问题:有若干种相互之间有制约关系的策略供你选择,不同的策略得到的收益或付出的成本不同,在满足一定条件下如何抉策,才能使得收益最大或成本最低?

【例 6.8】 (选址问题)某集团公司为了满足市场需要,计划在重庆和北京建设新工厂以扩大产量.经初步考察,重庆和北京各有三个地点适合建设新工厂,经核算,选用重庆和北京各个地点的投资(单位:万元)与每年可得利润(单位:万元)如下表所示,该公司现决定在重庆至少建 1 个新工厂,在北京最多建 2 个新工厂,公司的总投资不超过 5 000 万元.试建立如何选择建厂地点才能使得该公司的年利润总额最大的数学模型.

	重 庆			北 京		
	地点 1	地点 2	地点 3	地点 4	地点 5	地点 6
投资	1 500	1 000	1 200	1 500	1 300	1 600
年利润	220	210	200	180	200	220

【解】 引入 0-1 变量

$$x_i=\begin{cases}1 & \text{选用地点 } i\\ 0 & \text{不选用地点 } i\end{cases}$$

受重庆至少建 1 个新工厂限制有

$$x_1+x_2+x_3\geqslant 1$$

受北京最多建 2 个新工厂限制有

$$x_4+x_5+x_6\leqslant 2$$

若选用了地点 1,则应投资 1 $500x_1$ 万元,否则 1 $500x_1=0$. 以此类推,受总投资限制有

$$1\,500x_1+1\,000x_2+1\,200x_3+1\,500x_4+1\,300x_5+1\,600x_6\leqslant 5\,000$$

若选用了地点 1,则可获得利润 $220x_1$ 万元,否则 $220x_1=0$. 以此类推,若用 L 表示投资新工厂的年利润总额,则有

$$L=220x_1+210x_2+200x_3+180x_4+200x_5+220x_6$$

综上所述,该选址问题的数学模型为

$$\max L=220x_1+210x_2+200x_3+180x_4+200x_5+220x_6$$

$$\text{s.t.}\begin{cases}x_1+x_2+x_3\geqslant 1\\x_4+x_5+x_6\leqslant 2\\1\,500x_1+1\,000x_2+1\,200x_3+1\,500x_4+1\,300x_5+1\,600x_6\leqslant 5\,000\\x_i=0,1(i=1,2,3,4,5,6)\end{cases}$$

B 组

（写出下列各个问题的数学模型）

1. 某班要安排4位游泳队员去参加学校的4×100 m混合泳接力赛，经测试，这4位队员4种泳姿100 m的成绩（单位：s）如下表所示. 应如何安排队员才能使总时间最少？

泳姿 / 队员	蝶泳	仰泳	蛙泳	自由泳
甲	67	76	62	66
乙	85	85	90	75
丙	96	84	90	86
丁	61	65	58	66

2. 重庆某百货公司计划在沙坪坝区、江北区、南岸区建立新超市，经初步考察，沙坪坝区有$A_1,A_2,A_3$3个位置，江北区有A_4,A_5两个位置，南岸区也有A_6,A_7两个位置可以作为新超市地点的选择. 经核算，选用地点$A_i(i=1,2,3,4,5,6,7)$的投资为b_i元，每年可得利润为c_i元；该公司现决定在沙坪坝区最多建两个新超市，江北区和南岸区至少建一个新超市，公司的总投资不超过B元. 应如何选择超市地点才能使得该公司的年利润最大？

6.2 线性规划问题的图解法

6.2.1 两个变量线性规划问题的图解法

定义1 在线性规划问题的一般形式

$$\max(\min)\ z=c_1x_1+c_2x_2+\cdots+c_nx_n$$

$$\text{s.t.}\begin{cases}a_{11}x_1+a_2x_{12}+\cdots+a_{1n}x_n(\leqslant,=,\geqslant)b_1\\a_{21}x_1+a_2x_{22}+\cdots+a_{2n}x_n(\leqslant,=,\geqslant)b_2\\\vdots\\a_{m1}x_1+a_{m2}x_{12}+\cdots+a_{mn}x_n(\leqslant,=,\geqslant)b_m\end{cases}$$

中，称满足约束条件的解$X=(x_1,x_2,\cdots,x_n)^{\mathrm{T}}$为线性规划的可行解，所有可行解的集合称为可行域或可行解集，称能使线性规划的目标函数达到最大（最小）的可行解为线性规划问题的最优解.

求解线性规划问题在数学上有一套完整的理论和方法. 下面介绍的图解法是非常直观的一种求解方法，图解法虽只适用于两个变量的线性规划问题，但它对于理解多个变量的

线性规划问题的求解过程是很有帮助的.

【例 6.9】 解线性规划问题

$$\max z = 2x_1 + x_2$$

$$\text{s.t.}\begin{cases}3x_1 + x_2 \leqslant 12 \\ x_1 + x_2 \leqslant 5 \\ x_1 \geqslant 0 \\ 0 \leqslant x_2 \leqslant 3\end{cases}$$

【解】 建立以 x_1 为横轴、x_2 为纵轴的平面直角坐标系，则约束条件中每一个不等式均表示一个半平面. 如 $x_1 + x_2 \leqslant 5$，将其变形为 $x_2 \leqslant 5 - x_1$，其中的 $x_2 = 5 - x_1$ 表示一条直线，$x_2 < 5 - x_1$ 就表示纵坐标比直线 $x_2 = 5 - x_1$ 上相应点的纵坐标小的点，这些点全在直线 $x_2 = 5 - x_1$ 的下方. 综合起来，$x_1 + x_2 \leqslant 5$ 就表示以直线 $x_2 = 5 - x_1$ 为边界的下方的半平面.

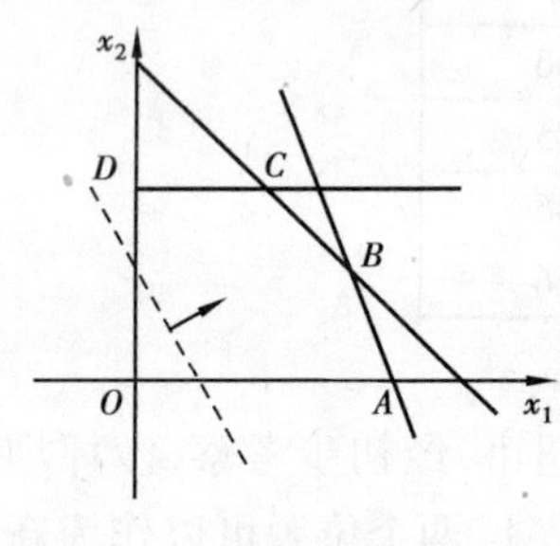

图 6.1

在平面直角坐标系中，所有的约束条件围成的区域是凸多边形 $OABCD$，如图 6.1 所示. 这个区域就是该线性规划问题的可行域，可行域中的每一个点都是线性规划问题的可行解.

将目标函数 $z = 2x_1 + x_2$ 改写为

$$x_2 = -2x_1 + z$$

在平面直角坐标系中，它表示斜率为 -2、纵截距为 z 的直线，由于这条直线上的每一点 (x_1, x_2) 所对应的目标函数值都是 z，因此将此直线称为等值线. 当 z 值变化时，直线将沿其法线方向移动，形成一簇平行的等值线簇.

最优解是使目标函数取得最值的可行解，所以求最优解就是在可行域中找出使目标函数值达到最大或最小的点.

从图 6.1 可以看出，当等值线由原点开始向右上方移动时，目标函数值逐渐增大. 由于等值线的斜率介于直线 $3x_1 + 5x_2 = 12$ 与 $x_1 + x_2 = 5$ 的斜率之间. 因此，使目标函数值在可行域达到最大的等值线与可行域的交点就是直线 $3x_1 + 5x_2 = 12$ 与 $x_1 + x_2 = 5$ 的交点 B.

解方程组

$$\begin{cases}3x_1 + x_2 = 12 \\ x_1 + x_2 = 5\end{cases} \quad 得 \quad \begin{cases}x_1 = 3.5 \\ x_2 = 1.5\end{cases}$$

将其代入目标函数得

$$z = 2 \times 3.5 + 1.5 = 8.5$$

即当 $x_1 = 3.5$，$x_2 = 1.5$ 时，目标函数的最大值为 8.5.

等值线继续向右上方移动，目标函数值虽仍可增大，但等值线上的点就不再落在可行域内，自然就不是最优解.

以上通过图示线性规划的可行域和目标函数来直观地寻找线性规划最优解的方法就是线性规划问题的图解法.

从图 6.1 可以看出，该线性规划的最优解是唯一的.

【例 6.10】 用图解法解线性规划问题.

$$\max z = 3x_1 + x_2$$

$$\text{s.t.}\begin{cases}3x_1 + x_2 \leqslant 12 \\ x_1 + x_2 \leqslant 5 \\ x_1 \geqslant 0 \\ 0 \leqslant x_2 \leqslant 3\end{cases}$$

【解】 本例与例 6.9 具有相同的可行域.

如图 6.2 所示,当目标函数 $z = 3x_1 + x_2$ 代表的等值线向右上方移动时,目标函数值逐渐增大,由于等值线与可行域的边界线 $3x_1 + x_2 = 12$ 平行. 因此,当等值线移动到与边界线 $3x_1 + x_2 = 12$ 重合时,目标函数值达到最大,因此可行域边界线 AB 上的每一点都是该问题的最优解,其对应的最大值为 $z = 12$.

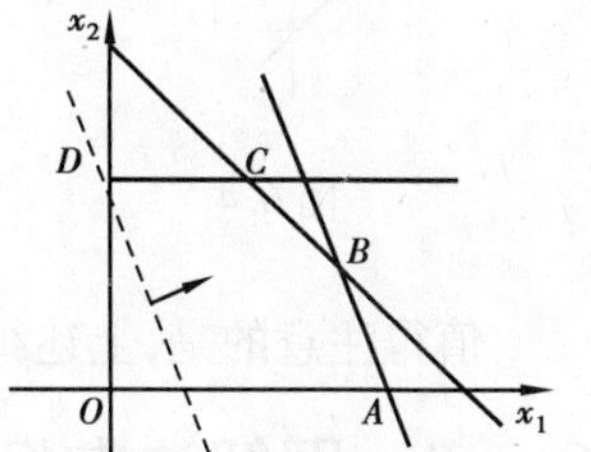

这个线性规划问题的最优解有无穷多.

图 6.2

【例 6.11】 用图解法解下面两个线性规划问题.

(1) $\max z = 2x_1 + x_2$

$$\text{s.t.}\begin{cases}x_1 - x_2 \geqslant 1 \\ -x_1 + 2x_2 \leqslant 0 \\ x_1 \geqslant 0, x_2 \geqslant 0\end{cases}$$

(2) $\min z = 2x_1 + x_2$

$$\text{s.t.}\begin{cases}x_1 - x_2 \geqslant 1 \\ -x_1 + 2x_2 \leqslant 0 \\ x_1 \geqslant 0, x_2 \geqslant 0\end{cases}$$

【解】 这两个线性规划问题具有相同的可行域,其可行域如图 6.3 所示,它是一个无界域.

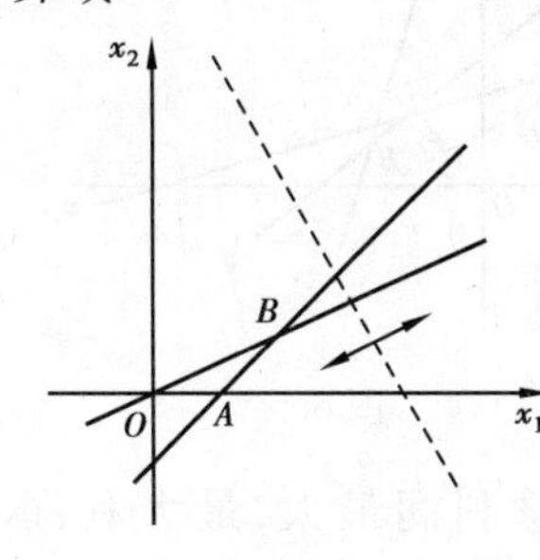

图 6.3

(1) 当目标函数 $z = 2x_1 + x_2$ 代表的等值线向右上方无限平行移动时,它总能与可行域相交,这说明目标函数值可以无限增大. 因此,该线性规划问题有可行解但无有限最优解.

(2) 当目标函数 $z = 2x_1 + x_2$ 代表的等值线向目标函数值减小的方向平行移动时,使目标函数值在可行域为最小的等值线与可行域的交点为 A. 因此,$x_1 = 1, x_2 = 0$ 就是该线性规划问题的最优解,相应的最小值为

$$z = 2 \times 1 + 0 = 2$$

【例 6.12】 求解下面线性规划问题.

$$\max z = 2x_1 + x_2$$

$$\text{s.t.}\begin{cases}3x_1 + x_2 \leqslant 12 \\ x_1 + x_2 \leqslant -5 \\ x_1 \geqslant 0 \\ 0 \leqslant x_2 \leqslant 3\end{cases}$$

【解】 如图 6.4 所示,根据约束条件画出的 5 个半平面没有公共部分,即可行域为空集,因此它没有可行解,当然也就没有最优解.

综上所述,线性规划的解有以下几种情况:

(1)线性规划问题的可行域可能是空的,也可能是一个有界或无界的凸多边形区域.

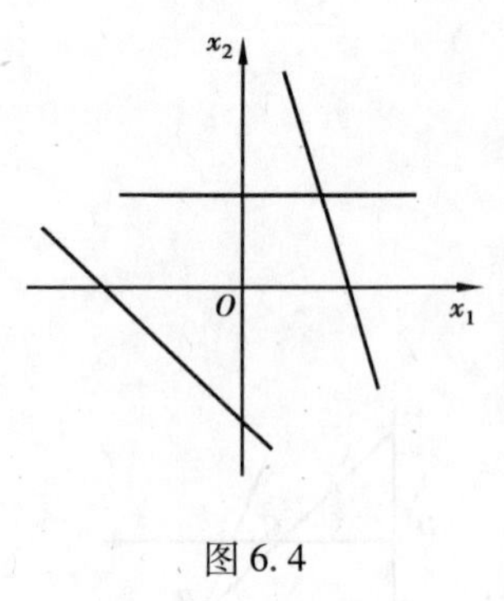

图 6.4

(2)如果可行域无界,其最优解可能存在,也可能不存在.

(3)如果线性规划问题有最优解,一定可以在可行域的某个顶点上取得;若在可行域的两个顶点上都可得到最优解,则这两个顶点连线上的任一点都是该线性规划问题的最优解.这意味着解线性规划问题时,可先找出凸多边形的任一顶点,计算在顶点处的目标函数值.比较周围相邻顶点的目标函数值是否比这个值大(小),如果为否,则该顶点就是最优解或最优解之一,否则转到比这个点的目标函数值更大的另一顶点.重复上述过程,直到找出使目标函数值达到最大的顶点为止.

值得注意的是,上述结论对于两个以上变量的线性规划也是成立的.

6.2.2 图解法在经济方面的应用

虽然图解法只适用于两个变量的线性规划,但可以利用图解法直观形象这一特点来帮助理解一些经济概念.

【例 6.13】 用图解法求解例 6.1 中的资源合理利用问题.并讨论当甲产品的售后利润和相关约束条件不变,而乙产品的销售后利润分别为每台 140 元和 80 元时,是否需要改变生产计划?

【解】 该线性规划问题的可行域如图 6.5 所示.由于目标函数 $z=70x_1+120x_2$ 代表的等值线的斜率介于直线 $4x_1+5x_2=2\ 000$ 与 $3x_1+10x_2=3\ 000$ 的斜率之间.因此,使目标函数值在可行域达到最大的等值线与可行域的交点为 C,解方程组

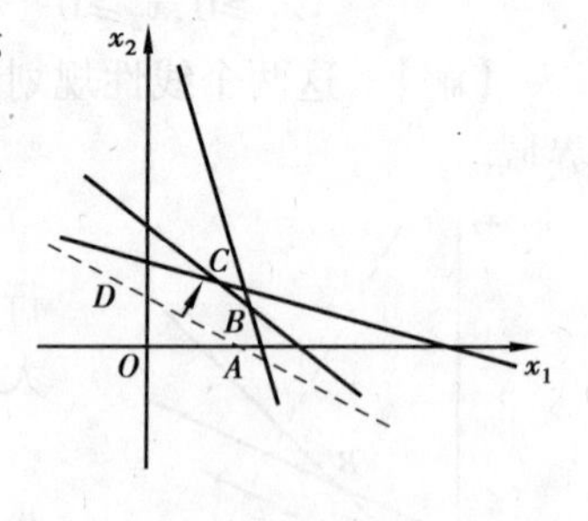

图 6.5

$$\begin{cases}4x_1+5x_2=2\ 000\\3x_1+10x_2=3\ 000\end{cases} \quad 得 \quad \begin{cases}x_1=200\\x_2=240\end{cases}$$

将其代入目标函数得

$$z=70\times 200+120\times 240=42\ 800$$

因此,当生产甲产品 200 件,乙产品 240 件时,该厂所获总利润最大,最大利润为42 800 元.

若当甲产品的售后利润与约束条件不变,而乙产品的销售后利润为每台 140 元时,其数学模型为

$$\max z=70x_1+140x_2$$

$$\text{s. t.}\begin{cases}9x_1+2.5x_2\leqslant 3\ 600\\4x_1+5x_2\leqslant 2\ 000\\3x_1+10x_2\leqslant 3\ 000\\x_1\geqslant 0,x_2\geqslant 0\end{cases}$$

结合图 6.5 中的可行域可以看出,由于目标函数 $z=70x_1+140x_2$ 代表的等值线的斜率仍然介于直线 $4x_1+5x_2=2\ 000$ 与 $3x_1+10x_2=3\ 000$ 的斜率之间,故其最优解还是 C 点坐标.因此,乙产品的售后利润变为每台 140 元时,不需要改变生产计划,只是其最大利润变

为 $z=70\times200+140\times240=47\ 600$ 元.

若当甲产品的售后利润和约束条件不变,乙产品的销售后利润为每台 80 元时,其数学模型变为

$$\max z=70x_1+80x_2$$
$$\text{s. t.}\begin{cases}9x_1+2.5x_2\leqslant3\ 600\\4x_1+5x_2\leqslant2\ 000\\3x_1+10x_2\leqslant3\ 000\\x_1\geqslant0,x_2\geqslant0\end{cases}$$

结合图 6.5 中的可行域可以看出,由于目标函数 $z=70x_1+80x_2$ 代表的等值线的斜率介于直线 $4x_1+5x_2=2\ 000$ 与 $9x_1+2.5x_2=3\ 600$ 的斜率之间. 因此,使目标函数值在可行域为最大的等值线与可行域的交点应为 B,解方程组

$$\begin{cases}4x_1+5x_2=2\ 000\\9x_1+2.5x_2=3\ 600\end{cases} \text{得} \begin{cases}x_1=300\\x_2=160\end{cases}$$

这说明乙产品的售后利润为每台 80 元时,需要将生产计划调整为生产甲产品 300 件、乙产品 160 件,才能使该厂所获总利润最大,最大利润为 33 800 元.

习题 6.2

A 组

1. 用图解法求解下列线性规划问题,并指出问题具有唯一最优解、无穷最优解还是无可行解.

(1) $\max z=x_1+2x_2$

$$\text{s. t.}\begin{cases}x_1+x_2\leqslant2\\x_2\leqslant1\\x_1\geqslant0,x_2\geqslant0\end{cases}$$

(2) $\min z=2x_1-10x_2$

$$\text{s. t.}\begin{cases}x_1-x_2\geqslant0\\x_1-5x_2\leqslant-5\\x_1\geqslant0,x_2\geqslant0\end{cases}$$

(3) $\max z=10x_1+62x_2$

$$\text{s. t.}\begin{cases}x_1+x_2\leqslant1\\7x_1+9x_2\geqslant63\\0\leqslant x_1\leqslant6,0\leqslant x_2\leqslant5\end{cases}$$

(4) $\max z=2.5x_1+x_2$

$$\text{s. t.}\begin{cases}3x_1+5x_2\leqslant15\\5x_1+2x_2\leqslant10\\x_1\geqslant0,x_2\geqslant0\end{cases}$$

(5) $\max z=2x_1+2x_2$

$$\text{s. t.}\begin{cases}x_1-x_2\geqslant-1\\-0.5x_1+x_2\leqslant2\\x_1\geqslant0,x_2\geqslant0\end{cases}$$

(6) $\min z=x_1-2x_2$

$$\text{s. t.}\begin{cases}x_1+x_2\geqslant1\\-5x_1+x_2\leqslant0\\-x_1+5x_2\geqslant0\\x_1+2x_2\leqslant7\\x_1\geqslant0\end{cases}$$

2. 某工厂生产甲、乙、丙三种型号的产品. 这三种产品的市场需求量每天最少分别为10 t,15 t,20 t,而该工厂每天可利用的工时为700 h,可利用的材料A每天有800 t,材料B每天有960 t. 若生产每吨不同型号的产品所需的工时和材料的数量及售后利润(单位:元/t)如下表所示.

型　号	材料A	材料B	工　时	售后利润
甲	2	2	2	100
乙	3	5	1	120
丙	5	4	5	200
可利用量	800	960	700	

(1)试建立不同型号的产品每天各应生产多少吨,才能使工厂总利润最大这一问题的数学模型.

(2)若已知丙产品某一天的订单为40 t,问甲、乙两种产品这天各应生产多少吨,才能使工厂总利润最大,最大利润为多少?

3. 某车间准备把生产剩余的10 kg钢和4 kg铜加工成甲、乙两种不同的工艺品出售,生产每件甲产品需消耗钢0.5 kg,铜0.4 kg;生产每件乙产品需消耗钢0.8 kg,铜0.5 kg,若生产每件甲、乙产品分别能获利32,40元. 试为该车间制订一个生产计划,使该车间生产的工艺品获利最多,并求出最大利润.

应用与提高

【例6.14】　某食品厂用面粉生产甲、乙两种产品,1袋面粉可以在设备A上用2 h加工成甲产品30 kg,或者在设备B上用3 h加工成乙产品40 kg. 根据市场需求,生产出的甲、乙两种产品都能全部售出,且每千克甲产品获利0.6元,每千克乙产品获利0.5元. 现在该食品厂每天能得到100袋面粉的定量供应,每天正式工人总的劳动时间为240 h,并且设备A每天最多能加工2 400 kg甲产品,设备B的加工能力没有限制. 请解决以下问题:

(1)为该食品厂制订一个生产计划,使该厂所获利润最大,并求出最大利润.

(2)若在面粉定量供应外要用40元才能买到1袋面粉,食品厂可否作这项投资?

(3)若要聘用临时工人以增加劳动时间,付给临时工人的工资最多是每小时几元?

【解】　(1)设该厂每天用x_1袋面粉生产甲产品,用x_2袋面粉生产乙产品,所获得的利润为z元. 因为x_1袋面粉可生产甲产品$30x_1$kg,获利$18x_1$元;x_2袋面粉可生产乙产品$40x_2$kg,获利$20x_2$元,故

$$z = 18x_1 + 20x_2$$

受原料供应限制有

$$x_1 + x_2 \leqslant 100$$

受劳动时间限制有

$$2x_1 + 3x_2 \leqslant 240$$

受设备能力限制有

$$30x_1 \leqslant 2\ 400$$

综上所述,该生产计划的数学模型为

$$\max z = 18x_1 + 20x_2$$

$$\text{s. t.}\begin{cases}x_1 + x_2 \leqslant 100\\2x_1 + 3x_2 \leqslant 240\\30x_1 \leqslant 2\ 400\\x_1 \geqslant 0, x_2 \geqslant 0\end{cases}$$

图 6.6 是该线性规划问题的可行域,使目标函数值在可行域达到最大的等值线与可行域的交点为 C,解方程组

$$\begin{cases}x_1 + x_2 = 100\\2x_1 + 3x_2 = 240\end{cases} \quad 得 \begin{cases}x_1 = 60\\x_2 = 40\end{cases}$$

将其代入目标函数得

$$z = 18 \times 60 + 20 \times 40 = 1\ 880$$

因此,用 60 袋面粉生产甲产品,40 袋面粉生产乙产品可使该厂所获利润最大,最大利润为 1 880 元.

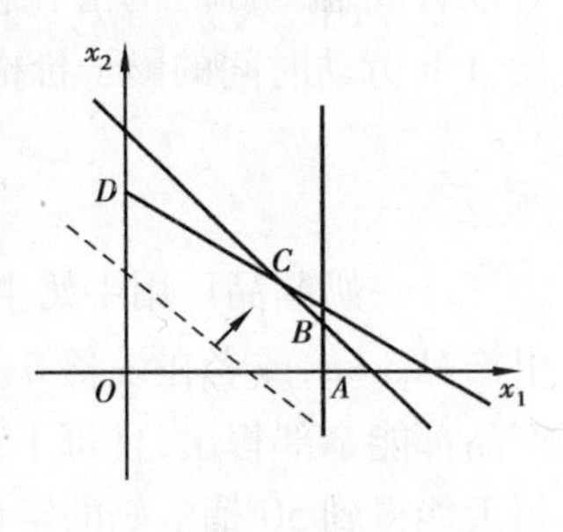

图 6.6

从问题(1)的结论可以看出,当用 60 袋面粉生产甲产品,40 袋面粉生产乙产品时,100 袋面粉原料和 240 h 的劳动时间刚好用完,但设备 A 的加工能力只使用了 1 800 kg,还有 600 kg 的剩余,称剩余为零的约束条件叫紧约束或有效约束. 显然,成为紧约束的原料或劳动时间一旦增加,该食品厂的利润必然跟着增长.

(2)是否可以用 40 元买 1 袋面粉来作这项投资,关键就是看在其他条件不变的情况下,增加 1 袋面粉,该食品厂的最大利润能增长多少.

增加 1 袋面粉相当于问题(1)的原料供应限制变为

$$x_1 + x_2 \leqslant 101$$

其他约束条件不变,于是利润最大的数学模型变为

$$\max z = 18x_1 + 20x_2$$

$$\text{s. t.}\begin{cases}x_1 + x_2 \leqslant 101\\2x_1 + 3x_2 \leqslant 240\\30x_1 \leqslant 2\ 400\\x_1 \geqslant 0, x_2 \geqslant 0\end{cases}$$

应用图解法可得,当用 63 袋面粉生产甲产品,38 袋面粉生产乙产品可使该厂所获利润最大,最大利润为 1 894 元. 与问题(1)的结果比较说明:增加 1 袋面粉,该食品厂的最大利润只增长 14 元,因此,不应作这项投资.

(3)付给临时工人的工资最多是每小时几元,实质上就是看其他条件不变时,增加 1 小时的劳动时间会给该食品厂带来多少效益.

增加1小时劳动时间相当于问题(1)的劳动时间限制变为

$$2x_1 + 3x_2 \leqslant 241$$

其他约束条件不变，于是利润最大的数学模型为

$$\max z = 18x_1 + 20x_2$$

$$\text{s. t.} \begin{cases} x_1 + x_2 \leqslant 100 \\ 2x_1 + 3x_2 \leqslant 241 \\ 30x_1 \leqslant 2\ 400 \\ x_1 \geqslant 0, x_2 \geqslant 0 \end{cases}$$

应用图解法可得，当用59袋面粉生产甲产品，41袋面粉生产乙产品可使该厂所获利润最大，最大利润为1 882元. 与问题(1)的结果比较说明：增加1 h劳动时间，该食品厂的最大利润会增长2元. 因此，付给临时工人的工资最多是每小时2元.

在问题(2)与(3)中，增加原料或劳动时间都会使食品厂的效益增长，但由于设备的加工能力有剩余，因此，增加设备的加工能力不会使食品厂的效益增长. 这里，"效益"的增量可以看成是"资源"的潜在价值，经济学上称之为影子价格，即1袋面粉的影子价格为14元，1 h劳动时间的影子价格为2元，而设备A的影子价格为零.

B 组

1. 一奶制品厂用牛奶生产甲、乙两种奶制品，1桶牛奶可以在设备A上用12 h加工成甲产品3 kg，或者在设备B上用8 h加工成乙产品4 kg. 根据市场需求，生产出的甲、乙两种产品都能全部售出，且每千克甲产品获利24元，每千克乙产品获利16元. 现在该奶制品厂每天能得到50桶牛奶的定量供应，每天正式工人总的劳动时间为480 h，并且设备A每天最多能加工100 kg甲产品，设备B的加工能力没有限制. 请解决以下问题：

(1)为该奶制品厂制订一个生产计划，使该厂所获利润最大，并求出最大利润.

(2)计算1桶牛奶的影子价格，判定如果能用35元买到1桶牛奶，奶制品厂可否作这项投资？

(3)计算1 h劳动时间的影子价格，并判定若要聘用临时工人以增加劳动时间，付给临时工人的工资最多是每小时几元？

(4)由于市场需求变化，每千克甲奶制品的获利增加到30元，该奶制品厂是否需要改变生产计划？

2. 某工厂生产甲、乙两种产品，已知生产甲产品每吨要用煤9 t、电4 kW · h、劳动力3个，生产乙产品每吨要用煤4 t、电5 kW · h、劳动力10个. 又知每吨甲产品的售价为0.7万元，每吨乙产品的售价为1万元. 若工厂现有煤360 t、电200 kW · h、劳动力300个. 请解决以下问题：

(1)为该工厂制订一个生产计划，使该厂的总收入最大，并求出最大收入.

(2)当乙产品每吨的售价分别为0.7万元和1.3万元时，该工厂是否需要改变生产计划？

(3)分别计算1 t煤、1 kW · h电、1个劳动力的影子价格.

MATLAB 应用案例 6

1)实验目的

MATLAB 求解线性规划问题:

2)主要命令

在 Matlab 中求解线性规划问题的函数命令是 linprog,其标准型 $\min z = C^{T}X$, s. t $AX \leqslant b$ 命令格式 X = linprog(C A b). 在 Matlab 命令窗口运行 help linprog,可以看到 linprog 的所有函数调用形式. 例如

模型 1

$$\min z = C^{T}X$$

$$\text{s.t.}\begin{cases} AX \leqslant b \\ AeqX = beq \end{cases}$$

命令:X = linprog(C A b Aeq beq)

注 意

若不等式约束条件 $AX \leqslant b$ 不存在,则令 $A = [\ ]$, $b = [\ ]$. 若没有等式约束, 则令 $Aeq = [\ ]$, $beq = [\ ]$.

模型 2

$$\min z = C^{T}X$$

$$\text{s.t.}\begin{cases} AX \leqslant b \\ AeqX = beq \\ LB \leqslant X \leqslant VB \end{cases}$$

命令:X = linprog(C、A b Aeq beq LB VB)

3)实验举例

【例 6. 15】 某车间有甲、乙两台机床,可用于加工三种工件. 假定这两台车床的可用台时数分别为 800 和 900,三种工件的数量分别为 400,600 和 500,且已知用不同车床加工单位数量不同工件所需的台时数和加工费用如下表所示. 问怎样分配车床的加工任务,才能既满足加工工件的要求,又使加工费用最低?

车床类型	单位工件所需加工台时数			单位工件的加工费用			可用台时数
	工件 1	工件 2	工件 3	工件 1	工件 2	工件 3	
甲	0. 4	1. 1	1. 0	13	9	10	800
乙	0. 5	1. 2	1. 3	11	12	8	900

【解】 设在甲车床上加工工件 1,2,3 的数量分别为 x_1, x_2, x_3,在乙车床上加工工件 1,2,3 的数量分别为 x_4, x_5, x_6. 线性规划模型为:

$$\min z=13x_1+9x_2+10x_3+11x_4+12x_5+8x_6$$

$$\text{s. t.}\begin{cases}x_1+x_4=400\\x_2+x_5=600\\x_3+x_6=500\\0.4x_1+1.1x_2+x_3\leqslant 800\\0.5x_4+1.2x_5+1.3x_6\leqslant 900\\x_i\geqslant 0,i=1,2,\cdots,6\end{cases}$$

输入命令

```
c = [13 9 10 11 12 8];
A = [0.4 1.1 1 0 0 0        0 0 0 0.5 1.2 1.3];
b = [800 900];
Aeq = [1,0,0,1,0,0;0,1,0,0,1,0;0,0,1,0,0,1];
beq = [400 600 500];
[x,fval] = linprog(c,A,b,Aeq,beq,zeros(6,1))
```

结果

```
Optimization terminated.
x =
   0.0000
600.0000
   0.0000
400.0000
   0.0000
   500.0000
fval =
   1.3800e+004
```

数学人文知识6——英国"Blackett 马戏团"

20世纪30年代,以希特勒为首的纳粹势力夺取了德国政权,开始作用武力称霸世界、以侵略扩充版图的战争准备.当时欧洲上空战云密布,富有远见的英国海军大臣丘吉尔认为英德之战不可避免,他一方面反对当时主政者的"绥靖"政策,一方面在他的权力范围内做着迎战德国的准备,其中最重要也最有成效的工作就是英国本土的防空准备.1935年,英国科学家沃森·瓦特(R. Watson. Wart)发明了雷达,丘吉尔敏锐地意识到它的重要意义,并下令在英国东海岸的Bawdsey建立一个秘密的雷达站.当时,德国已拥有一支强大的空军,起飞17 min即可到达英国.在如此短的时间内,如何预防及做好拦截,甚至在英国本土之外或海上拦截德国飞机就成为一大难题.而雷达技术帮助了英国,因为即使在当时的演习中,雷达已经可以探测到160 km之外的飞机,但空防中仍有许多漏洞.于是在1939年,以曼彻斯特大学物理学家、英国战斗机司令部科学顾问、战后获得诺贝尔奖金的贝尔卡特教授(P. M. S. Blackett)为首,组织了一个研究小组,代号为“Blackett马戏团”,专门就改进防空系统进行研究.这个小组成员包括三名心理学家、两名数学家、两名应用数学家、一名天文物理学家、一名海军军官、一名陆军军官、一名测量人员.他们在研究中设计了将雷达信息传送给指挥系统和武器系统的最佳方式、雷达与防空武器的最佳配置等一系列方案,从而大大地提高了英国本土的防空能力,在以后不久的德国对英国的狂轰滥炸中发挥了极大作用.第二次世界大战史专家说,如果没有这项技术和研究,英国就不可能赢得这场战争.“Blackett马戏团”是世界上第一个运筹学小组,在他们就此项工作所写的秘密报告中,使用了“Operational Research”一词,意指“作战研究”或“运用研究”,所以后人就以此作为运筹学的命名.1941年12月,贝尔卡特以其巨大的声望,应盟国政府的要求写了一份题为“作战位置上的科学家”的简短备忘录,建议在各大指挥部建立运筹学小组,这个建议迅速被采纳.据不完全统计,第二次世界大战期间,仅在英国、美国和加拿大,参加运筹学工作的科学家就超过了700人.

7 概率论初步

在日常生活和经济领域中会遇到许多随机现象,即便对获得的信息进行彻底研究,未来的不确定性依然存在. 比如,签订的合约真的能保证吗?明天的股票指数是否会上升? 下个月人民币会升值吗? 对于随机现象,就个别而言,其结果事先是无法预知的,出现哪一个结果纯属偶然. 但是,在大量重复试验下,其出现的结果却会呈现出某种规律性. 概率与数理统计就是对现实世界中随机现象的这种规律性进行量化研究的一门数学分支学科,它已被广泛地应用到各个经济领域及生活领域.

7.1 随机事件及基本关系

7.1.1 随机事件

人们在现实生活中碰到的各类现象,总的来说可分为两类:一类是在一定条件下必然会出现某种结果,称之为确定性现象. 例如,在一个标准大气压下,将水加热到 100 ℃,水必然会沸腾. 另一类是在一定条件下出现的结果不止一个,而事先又无法知道哪一个结果会出现,这类现象称为随机现象. 例如,买彩票,可能中奖,也可能不中奖,至于中不中在该期彩票开奖之前是无法确定的;又如,抛掷一枚骰子,其结果有 6 种,出现 6 种不同的点数. 这些现象都是随机现象.

为了研究随机现象,就需要对客观事物进行观察,观察的过程称为试验. 具有以下特点的试验称为随机实验.

(1)可以在相同条件下重复进行;

(2)每次试验的可能结果不止一个,但所有可能的结果是明确的;

(3)每次试验之前不能确定会出现哪种结果.

定义 7.1 随机试验的每一个可能出现的结果称为随机事件,简称事件,习惯用 $A,B,C,\cdots$来表示. 事件可分为基本事件和复合事件.

随机试验的每一个可能出现的基本结果称为基本事件(样本点);由两个或两个以上基本事件合并在一起,构成的事件称为复合事件;全体基本事件组成的集合,称为基本事件空间(样本空间),记为 Ω.

在每一试验中一定发生的事件称为必然事件,习惯用 Ω 表示必然事件;一定不会发生的事件称为不可能事件,习惯用 Φ 表示不可能事件.

显然,必然事件 Ω 及不可能事件 Φ 已经不再具有随机性,但为了方便起见,仍把它们视为特殊的随机事件.

例如，抛掷一次骰子，其可能结果的点数有：{1,2,3,4,5,6}. 点数1,2,3,4,5,6分别是基本事件；出现偶数点的事件A，点数不大于4的事件B都是复合随机事件；掷一次骰子，点数大于6的事件一定不出现，它是不可能事件.

作为一个事件，在一次试验中，只要有一个基本事件发生了，就说该事件发生. 例如，在抛掷骰子的实验中，事件B表示掷出的点数不小于2，事件C表示掷出的点数小于4. 若一次抛掷出现的点数是2，则说事件B,C都发生了；若一次抛掷出现的点数是5，则说事件B发生了，而事件C不发生.

7.1.2　事件间的关系与运算

在实际问题中常常要讨论事件间的相互关系，事件间的关系与运算可以用集合论的方法进行研究.

【例7.1】　从一批含有次品的产品中任意抽取三件，给出如下事件：

A_1 = {至少有一件次品}；A_2 = {恰好有一件次品}；A_3 = {至少有二件次品}；

A_4 = {三件都是次品}；A_5 = {至多有一件次品}；A_6 = {没有次品}；A_7 = {至少有一件正品}. 这些事件之间有着怎样的关系呢?

下面来研究它们之间的关系.

1)事件的包含

定义7.2　若事件A发生必然导致事件B发生，即属于A的每一个样本点也都属于B，则称事件B包含事件A，或称事件A包含于事件B，记作$B \supset A$或$A \subset B$.

在例7.1中，显然有$A_2 \subset A_1$.

特别地，若$A \subset B$，且$B \subset A$，则称事件A与事件B相等，记作$A = B$.

对于任意事件A，显然有$\Phi \subset A \subset \Omega$.

2)事件的和(并)与积(交)

定义7.3　"事件A与事件B至少有一个发生"，这一事件称为事件A与事件B的和(并)，记为$A+B$或$A \cup B$；"事件A与事件B同时发生"，这一事件称为事件A与事件B的积(交)，记为AB或$A \cap B$.

在例7.1中，有$A_1 = A_2 \cup A_3$，$A_2 = A_1 \cap A_5$.

3)互不相容事件

定义7.4　若事件A与事件B不能同时发生，即$A \cap B = \Phi$，则称事件A与事件B为互不相容(或互斥)事件.

在例7.1中，A_4与A_7是互不相容事件，即$A_4 \cap A_7 = \Phi$.

显然，所有的基本事件之间都是互不相容的事件.

4)逆事件

定义7.5　若事件A与事件B不可能同时发生，且其中一个又必然发生，即$A \cap B = \Phi$，$A \cup B = \Omega$，则称事件A与事件B互为逆(对立)事件. 事件A的逆事件记为$\overline{A}$，表示事件A不发生，显然有$\overline{A} = B$，且$\overline{B} = A$.

在例 7.1 中,显然有 $A_1 \cup A_6 = \Omega, A_1 \cap A_6 = \Phi$,所以 $A_1 = \overline{A_6}$.

5)事件的差

定义 7.6 “事件 A 发生而事件 B 不发生”,这一事件称为事件 A 与事件 B 的差,记为 $A-B$.

在例 7.1 中,有 $A_3 = A_1 - A_5$.

6)事件的运算规律

与集合的运算相对应,事件也有相应的运算律:

交换律 $A\cup B = B\cup A$

$A\cap B = B\cap A$

结合律 $(A\cup B)\cup C = A\cup(B\cup C)$

$(A\cap B)\cap C = A\cap(B\cap C)$

分配律 $(A\cup B)\cap C = (A\cap C)\cup(B\cap C)$

$(A\cap B)\cup C = (A\cup C)\cap(B\cup C)$

对偶律 $\overline{A\cup B} = \overline{A}\cap\overline{B}$

$\overline{A\cap B} = \overline{A}\cup\overline{B}$

如图 7.1 至 7.6 所示,用图形直观的表示事件的关系和运算,其中正方形表示必然事件或样本空间 Ω.

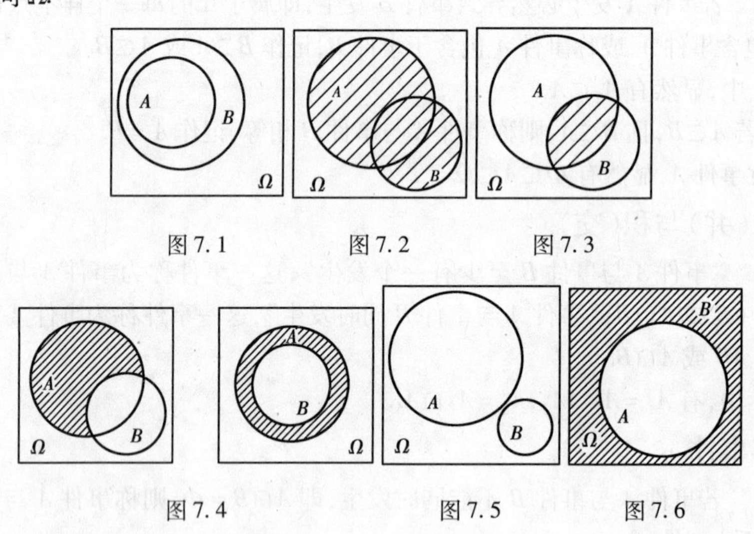

图 7.1 图 7.2 图 7.3

图 7.4 图 7.5 图 7.6

图 7.1 表示事件 $B\supset A$;图 7.2 阴影部分表示 $A+B$;图 7.3 阴影部分表示 AB;图 7.4 阴影部分表示 $A-B$;图 7.5 表示 A 与 B 互不相容,$A\cap B=\Phi$;图 7.6 阴影部分表示 $\overline{A}=B$.

【例 7.2】 向目标射击两次,用 A 表示事件“第一次击中目标”,用 B 表示事件“第二次击中目标”,试用 A,B 表示下列各个事件:

(1)只有第一次击中目标 (2)仅有一次击中目标

(3)两次都未击中目标 (4)至少一次击中目标

【解】 显然,$\overline{A}$表示第一次未击中目标,$\overline{B}$表示第二次未击中目标.

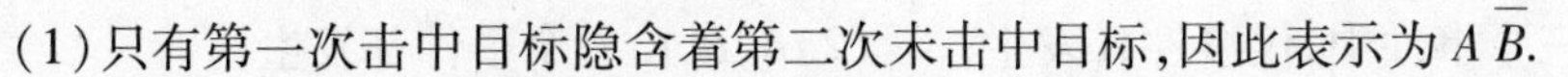

(1)只有第一次击中目标隐含着第二次未击中目标,因此表示为 $A\bar{B}$.

(2)仅有一次击中目标意味着第一次击中目标而第二次未击中目标或者第一次未击中目标而第二次击中目标,因些表示为 $A\bar{B}\cup\bar{A}B$.

(3)两次都未击中目标显然可以表示为$\bar{A}\bar{B}$.

(4)至少一次击中目标包括只有一次击中目标或两次都击中目标,因此可以表示为 $A\bar{B}\cup\bar{A}B\cup AB$.

至少一次击中目标也可以理解为第一次击中目标和第二次击中目标这两个事件至少有一个发生,因此可以表示为 $A\cup B$,从而有 $A\cup B=A\bar{B}\cup\bar{A}B\cup AB$.

又由于至少一次击中目标与两次都击中目标互为对立事件,因此$\overline{A\cup B}=\bar{A}\bar{B}$.

习题 7.1

A　组

1. 以 A 表示"甲种产品畅销,乙种产品滞销",则其对立事件为(　　).

A. 甲乙产品均畅销　B. 甲滞销乙畅销　C. 甲畅销　D. 甲滞销或乙畅销.

2. 设 A、B 是二个随机事件,则$(AB)+(A\bar{B})=$(　　).

A. A　B. B　C. AB　D. Φ

3. 设 A、B 是两个随机事件,$A\subset B$,则有(　　).

A. A、B 同时发生　B. B 发生,A 必不发生

C. B 发生,A 必发生　D. A 发生,B 必发生

4. 设 $A=\{$三个产品全是正品$\}$,$B=\{$三个产品不全是正品$\}$,$C=\{$三个产品恰有一个正品$\}$,则有(　　).

A. $\bar{A}=C$　B. $\bar{A}=B$　C. $B=C$　D. $\bar{B}=C$

5. 一口袋中装有 5 张卡片,分别写有数码 1、2、3、4、5,从口袋中任意依次取出两张组成一个二位数,$A=\{$组成的数是一偶数$\}$,$B=\{$组成的数含有数字 2$\}$,$C=\{$组成的数含有数字 4$\}$,则下列关系正确的是(　　).

A. $A\subseteq B$　B. B、C 互不相容　C. $A=B+C$　D. $BC\subseteq A$

6. 一个工人生产了 4 个零件,以事件 A_i 表示他生产的第 i 个零件是正品($1\leqslant i\leqslant 4$),用 A_i 表示下列事件.

(1)"没有一个零件是次品"　(2)"至少有一个零件不是次品"

(3)"仅有一个零件是次品"　(4)"至少有 2 个零件不是次品"

7. 设 $\Omega=\{x\mid 0\leqslant x\leqslant 2\}$,$A=\left\{x\mid \frac{1}{2}<x\leqslant 1\right\}$,$B=\left\{x\mid \frac{1}{4}\leqslant x<\frac{3}{2}\right\}$,求 $\bar{A}B$.

应用与提高

【例 7.3】　设 A,B,C 表示三个事件,用 A,B,C 的运算表示以下事件.

(1)A,B,C 三个事件中,仅事件 A 发生；　(2)A,B,C 三个事件都发生；

(3)A,B,C 三个事件都不发生；　(4)A,B,C 三个事件不全发生；

(5)A,B,C 三个事件只有一个发生；　(6)A,B,C 三个事件中至少有一个发生.

【解】 (1)$A\bar{B}\bar{C}$　(2)ABC　(3)$\bar{A}\bar{B}\bar{C}$

(4)$\overline{ABC}$　(5)$A\bar{B}\bar{C}+\bar{A}B\bar{C}+\bar{A}\bar{B}C$　(6)$A\cup B\cup C$

B 组

1. 某射手射击目标三次:A_1 表示第 1 次射中,A_2 表示第 2 次射中,A_3 表示第 3 次射中. B_0 表示三次中射中 0 次,B_1 表示三次中射中 1 次,B_2 表示三次中射中 2 次,B_3 表示三次中射中 3 次. 请用 A_1,A_2,A_3 的运算来表示 B_0,B_1,B_2,B_3.

2. 设 A,B,C 为三个随机事件,则 A,B,C 中至少有一个发生的事件为(　　).

A. $AB\bar{C}+A\bar{B}C+\bar{A}BC+ABC$　B. $A\bar{B}\bar{C}+\bar{A}B\bar{C}+\bar{A}\bar{B}C+AB\bar{C}+A\bar{B}C+\bar{A}BC+ABC$

C. $A\bar{B}\bar{C}+\bar{A}B\bar{C}+\bar{A}\bar{B}C+ABC$　D. $AB+BC+CA$

3. 设事件 A,B,C 满足 $ABC\neq\Phi$,把下列事件表示为一些互不相容事件的和.

(1)$A+B$　(2)$B+AC$　(3)$A+B+C$　(4)$AB+BC$

7.2 随机事件的概率

人们研究随机现象,不仅要知道它在一定条件下可能产生的各种结果,而且还要进一步分析各种结果(事件)发生的可能性大小,而事件发生的可能性大小是“事件本身所固有的属性”. 把定量描述事件 A 发生的可能性大小的数量,称为事件 A 发生的概率,记为$P(A)$.

7.2.1 概率的定义

定义 7.7 在相同条件下进行 n 次试验,若在这 n 次试验中,事件 A 发生了 m 次,则称 m 为事件 A 在这 n 次试验中发生的频数. 比值$\frac{m}{n}$称为事件 A 发生的频率,记作 $f_n(A)$,即

$$f_n(A)=\frac{m}{n}$$

为了进一步探求事件的频率与事件发生可能性之间的内在联系,历史上有很多数学家做过大量的重复抛硬币试验,其结果如下表所示,用 A 表示出现正面向上的事件:

试验人	抛掷次数 n	正面向上的次数 m	频率 $f_n(A)$
摩根	2 048	1 061	0.518 1
蒲丰	4 040	2 048	0.506 9
皮尔逊	12 000	6 019	0.501 6
皮尔逊	24 000	12 012	0.500 5

从上表可见,虽然事件A出现正面向上发生的频率各不相同,但当试验次数n大量增加时,事件A发生的频率$f_n(A)$会稳定于某一常数,称这一常数为频率的稳定值.例如,从上表可见抛硬币试验,正面出现的事件A的频率$f_n(A)$的稳定值大约是0.5.

上述试验的结果从客观上揭示了一个事件发生的频率稳定于一个固定值的规律,这一统计规律性称为频率的稳定性,它表明随机事件发生的可能性大小都是由它自身固有的客观属性所决定的.将事件发生的可能性大小的数值称为概率.

定义7.8(概率的统计定义) 在相同的条件下,重复做n次试验,如果事件A发生的频率稳定地在某一数值p的附近波动,而且一般来说随着n的增大,其波动的幅度越来越小,则称数值p为事件A的概率,记为$P(A)=p$.

由此,在抛掷硬币中,事件$A=\{正面向上\}$的概率$P(A)=0.5$.

数值p就是在一次试验中对事件A发生的可能性大小的数量描述.

由定义,显然有:

(1)对于任何一个事件A,有$0\leqslant P(A)\leqslant 1$.

(2)必然事件的概率等于1,即$P(\Omega)=1$;不可能事件的概率等于0,即$P(\Phi)=0$.

若进行的随机试验有下面两个特点:

(1)试验只有有限个可能的结果;

(2)每一个基本事件发生的可能性相等.

则称这种试验模型叫古典概型,这就是说在所讨论的基本事件空间Ω中,基本事件是有限个,并且$P(A_1)=P(A_2)=\cdots=P(A_n)$.

例如,掷一次质地均匀的骰子,它所有可能的结果只有6个,并且每一种结果出现的可能性都是$\frac{1}{6}$,这种试验就是古典概型.

定义7.9(概率的古典定义) 设Ω是古典概型的样本空间,其中基本事件总数为n,若随机事件A所含的基本事件数为r,则事件A的概率为

$$P(A)=\frac{事件A包含的基本事件数}{基本事件总数}=\frac{r}{n}$$

这样在古典概型中确定事件A的概率问题就转化为计算基本事件总数及事件A所包含的基本事件的个数.

【例7.4】 掷一颗质地均匀的骰子,计算下列事件的概率:$A=\{出现奇数点\}$,$B=\{出现的点数不大于4\}$,$C=\{出现的点数小于6大于3\}$.

【解】 掷一颗质地均匀的骰子,共有6个基本事件.由于骰子是一正方体,由对称性可知,各点出现的可能性是一样的,这样就保证了基本事件的等可能性.$A=\{1,3,5\}$,$B=\{1,2,3,4\}$,$C=\{4,5\}$.则$P(A)=\frac{3}{6}=\frac{1}{2}$,$P(B)=\frac{4}{6}=\frac{2}{3}$,$P(C)=\frac{2}{6}=\frac{1}{3}$.

【例7.5】 掷三次硬币,设A表示恰有一次出现正面,B表示三次都出现正面,C表示至少出现一次正面,求:(1)$P(A)$;(2)$P(B)$;(3)$P(C)$.

【解】 样本空间$\Omega=\{$正正正,正正反,正反正,正反反,反正正,反正反,反反正,反反

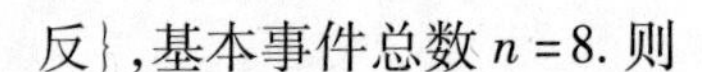

反},基本事件总数 $n=8$. 则

(1) $r=3, P(A)=\frac{3}{8}$

(2) $r=1, P(A)=\frac{1}{8}$

(3) $r=7, P(A)=\frac{7}{8}$

【例 7.6】 从 0,1,2,3,4,5,6,7,8,9 这 10 个数码中,取出三个不同的数码,求所取 3 个数码不含 0 和 5 的事件 A 的概率.

【解】 因为 $n=C_{10}^{3}=\frac{10\times9\times8}{1\times2\times3}=10\times3\times4, r=C_{8}^{3}=\frac{8\times7\times6}{1\times2\times3}=8\times7$

所以 $P(A)=\frac{r}{n}=\frac{8\times7}{10\times3\times4}=\frac{7}{15}$

随机事件的概率具有如下性质:

(1)对于任何事件 A 的概率,都有 $0\leqslant P(A)\leqslant1, P(\Omega)=1, P(\Phi)=0$.

(2)若 A 与 B 互不相容,即 $AB=\Phi$,则有 $P(A+B)=P(A)+P(B)$.

一般地,若 $A_1,\cdots,A_n$ 两两互不相容,则

$$P(A_1+A_2+\cdots+A_n)=P(A_1)+\cdots+P(A_n)$$

(3)设 A,B 为任意两个事件,则有 $P(A+B)=P(A)+P(B)-P(AB)$. 此公式称为概率的加法公式,可以推广到任意有限个事件和的情形.

(4)设 A 为任意事件,则 $P(\bar{A})=1-P(A)$.

(5)若 $B\subset A$,则 $P(A-B)=P(A)-P(B), P(B)\leqslant P(A)$.

【例 7.7】 已知 $P(\bar{A})=0.5, P(\bar{A}B)=0.2, P(B)=0.4$,求:

(1) $P(AB)$; (2) $P(A-B)$; (3) $P(A+B)$; (4) $P(\overline{A}\overline{B})$.

【解】 (1)由于 $AB\cup\bar{A}B=B$,且 $(AB)(\bar{A}B)=\varnothing$,则 $P(AB)+P(\bar{A}B)=P(B)$,于是 $P(AB)=P(B)-P(\bar{A}B)=0.4-0.2=0.2$.

(2) $P(\bar{A})=0.5$,故 $P(A)=1-P(\bar{A})=0.5$,由于 $A=(AB)\cup(A-B)$,且 AB 与 $A-B$ 互不相容,故 $P(A)=P(AB)+P(A-B)$,则 $P(A-B)=P(A)-P(AB)=0.5-0.2=0.3$.

(3) $P(A+B)=P(A)+P(B)-P(AB)=0.5+0.4-0.2=0.7$.

(4) $P(\overline{A}\overline{B})=P(\overline{A\cup B})=1-P(A\cup B)=1-0.7=0.3$.

【例 7.8】 袋中有 10 件产品,其中有 6 件正品,4 件次品,从只任取 3 件,求所取 3 件中有次品的事件 A 的概率.

【解】 A 表示有次品,它包含有 1 件次品、有 2 件次品、有 3 件次品三类事件,计算较为复杂. 而对立事件 $\bar{A}$ 则表示没有次品,即都是正品的事件,计算比较简单.

因为 $P(\bar{A})=\frac{C_6^3}{C_{10}^3}=\frac{1}{6}$,所以 $P(A)=1-P(\bar{A})=\frac{5}{6}$.

7.2.2 条件概率与乘法公式

在实际问题中,常常会遇到在某个事件 B 已经发生的条件下,求另一个事件 A 发生的

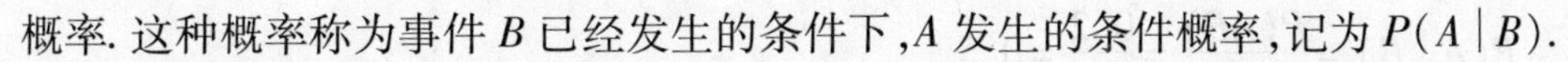

概率. 这种概率称为事件 B 已经发生的条件下, A 发生的条件概率, 记为 $P(A|B)$.

由于增加了"事件 B 已经发生"的条件, 一般说来 $P(A|B) \neq P(A)$.

【例 7.9】 某厂有 200 名职工, 男、女各占一半, 男职工中有 10 人是优秀职工, 女职工中有 20 人是优秀职工, 从中任选一名职工. 用 A 表示所选职工优秀, B 表示所选职工是男职工. 求: (1) $P(A)$; (2) $P(B)$; (3) $P(AB)$; (4) $P(A|B)$.

【解】 (1) $P(A) = \dfrac{10+20}{200} = \dfrac{3}{20}$　　(2) $P(B) = \dfrac{100}{200} = \dfrac{1}{2}$

(3) AB 表示所选职工既是优秀职工又是男职工, 则

$$P(AB) = \frac{10}{200} = \frac{1}{20}$$

(4) $A|B$ 表示在已知所选职工是男职工的条件下, 该职工是优秀职工, 则

$$P(A|B) = \frac{10}{100} = \frac{1}{10}$$

由本例可以看出事件 A 与事件 $(A|B)$ 不是同一事件.

事件 AB 与事件 $(A|B)$ 也不相同, 事件 AB 表示所选职工既是男职工又是优秀职工, 这时基本事件总数 $n=200$, AB 所包含的事件数 $r=10$; 而事件 $A|B$ 则表示已知所选职工是男职工的前提条件下该职工为优秀职工, 所以基本事件总数 $n=100$, $A|B$ 所包含基本事件数 $r=10$. 虽然 $P(AB) \neq P(A|B)$, 即 $P(AB)$ 与 $P(A|B)$ 不相同. 但它们有如下关系:

$P(AB) = \dfrac{10}{200} = \dfrac{100}{200} \cdot \dfrac{10}{100} = P(B)P(A|B)$, 并且这一关系具有普遍性.

定义 7.10 设 A, B 是两个事件, 且 $P(A) > 0$, 称 $P(B|A) = \dfrac{P(AB)}{P(A)}$ 为在事件 A 发生的条件下事件 B 发生的条件概率.

定义中的"$P(A) > 0$"与"$P(A) \neq 0$"是等价的, 也就是事件 A 已经发生; 类似地, 若 $P(B) > 0$, 称 $P(A|B) = \dfrac{P(AB)}{P(B)}$ 为在事件 B 发生的条件下事件 A 发生的条件概率.

由条件概率定义可得两个事件同时发生的概率公式, 称为概率的乘法公式:

$$P(AB) = P(A)P(B|A), P(AB) = P(B)P(A|B)$$

对于三个事件 A, B, C, 若 $P(AB) > 0$ 时, 则有

$$P(ABC) = P(A)P(B|A)P(C|AB)$$

【例 7.10】 在 10 件产品中, 有 7 件正品, 3 件次品, 从中每次取出一件(不放回), A 表示第一次取出正品, B 表示第二次取出正品. 求:

(1) $P(A)$; (2) $P(B|A)$; (3) $P(AB)$.

【解】 (1) $P(A) = \dfrac{7}{10}$　　(2) $P(B|A) = \dfrac{6}{9}$

(3) $P(AB) = P(A)P(B|A) = \dfrac{7}{10} \cdot \dfrac{6}{9} = \dfrac{7}{15}$

【例 7.11】 若 $P(A) = 0.8$, $P(B) = 0.4$, $P(B|A) = 0.25$, 求 $P(A|B)$.

【解】 因为 $P(AB) = P(A)P(B|A) = 0.8 \times 0.25 = 0.2$

所以 $P(A|B)=\frac{P(AB)}{P(B)}=\frac{0.2}{0.4}=0.5$

【例 7.12】 设某光学仪器厂制造的透镜，第一次落下时打破的概率为$\frac{1}{2}$；若第一次落下未打破，第二次落下打破的概率为$\frac{7}{10}$；若前两次落下未打破，第三次落下打破的概率为$\frac{9}{10}$. 求透镜落下三次而未打破的概率.

【解】 设 A_i 表示"第 i 次落下透镜打破"（$i=1,2,3$），则所求概率为

$$P(\overline{A_1}\,\overline{A_2}\,\overline{A_3})=P(\overline{A_1})P(\overline{A_2}|\overline{A_1})P(\overline{A_3}|\overline{A_1}\,\overline{A_2})$$
$$=\left(1-\frac{1}{2}\right)\left(1-\frac{7}{10}\right)\left(1-\frac{9}{10}\right)\approx 0.015$$

7.2.3 全概率公式

在概率论中，经常利用已知的简单事件的概率，推算出未知的复杂事件的概率. 为此，常常把一个复杂事件分解为若干个互不相容的简单事件的和，分别计算这些简单事件的概率，再利用概率的可加性得到最后结果.

先看下面的例子：

【例 7.13】 某校实验室购买到一批物品，其中 70% 是甲厂生产的，30% 是乙厂生产的，而甲厂的优质品率为 80%，乙厂的优质品率为 60%，现从中任意抽出一件，求它是优质品的概率.

【解】 设 $B=\{$抽出的产品是优质品$\}$，$A_1=\{$甲厂生产的产品$\}$，$A_2=\{$乙厂生产的产品$\}$.

由题意得 $P(A_1)=0.70$，$P(A_2)=0.30$，$P(B|A_1)=0.80$，$P(B|A_2)=0.60$

而 $B=A_1B\cup A_2B$，且 A_1B 和 A_2B 互不相容，由概率的加法公式和乘法公式有

$$P(B)=P(A_1B)+P(A_2B)=P(A_1)P(B|A_1)+P(A_2)P(B|A_2)$$
$$=0.7\times 0.80+0.30\times 0.60=0.74$$

这种方法具有普遍性，下面给出概率公式.

如果事件满足下列条件：

(1)事件 $A_1,A_2,\cdots,A_n$ 两两互不相容；

(2)$A_1+A_2+\cdots+A_n=\Omega$.

则称事件组 $A_1,A_2,\cdots,A_n$ 为完备事件组.

定理 7.1 如果事件 $A_1,A_2,\cdots,A_n$ 是一个完全备事件组，且 $P(A_i)>0$，则对于任一事件 B，有

$$P(B)=\sum_{i=1}^{n}p(A_i)p(B|A_i)\quad(i=1,2,\cdots,n)$$

此公式称为全概率公式.

使用全概率公式时，关键是要找到一个互不相容的完备事件组 $A_1,A_2,\cdots,A_n$. 一般地，

将 $A_1,A_2,\cdots,A_n$ 看成是事件 B 发生的原因,事件 B 能且只能在原因 $A_1,A_2,\cdots,A_n$ 之一发生下发生. 因此,全概率公式的意思为:事件 B 发生的概率恰好为在各种原因 $A_i(i=1,2,\cdots,n)$ 下,事件 B 发生的条件概率的加权平均,其中 $A_i(i=1,2,\cdots,n)$ 的权重为 $P(A_i)(i=1,2,\cdots,n)$.

【例 7.14】 三个箱子中,第一箱中有 4 个黑球 1 个白球,第二箱中有 3 个黑球 3 个白球,第三箱装有 3 个黑球 5 个白球. 现从这三个箱中任取一箱,再从该箱中任取一球,求取出的球是白球的概率.

【解】 设 $A_1=\{$第一箱中取球$\}$,$A_2=\{$第二箱中取球$\}$,$A_3=\{$第三箱中取球$\}$,$B=\{$取出的球是白球$\}$. 显然,A_1,A_2,A_3 构成一个完备事件组,由题意有

$$P(A_1)=P(A_2)=P(A_3)=\frac{1}{3},P(B\mid A_1)=\frac{1}{5},P(B\mid A_2)=\frac{3}{6},P(B\mid A_3)=\frac{5}{8}$$

则 $$P(B)=\sum_{i=1}^{3}P(A_i)P(B\mid A_i)=\frac{1}{3}\times\left(\frac{1}{5}+\frac{3}{6}+\frac{5}{8}\right)=\frac{53}{120}\approx 0.442$$

习题 7.2

A 组

1. 设 A,B 为两个随机事件,且 $B\subset A$,则下列式子中正确的是(　　).

   A. $P(AB)=P(A)$　　B. $P(A+B)=P(A)+P(B)$

   C. $P(A+B)=P(B)$　　D. $P(A-B)=P(A)-P(B)$

2. 设 A,B 为两个互不相容的随机事件,则(　　).

   A. A,B 对立　　B. $P(A+B)=1$

   C. $P(A+B)=P(A)+P(B)-P(AB)$　　D. $P(AB)=P(A)P(B)$

3. 掷 4 枚硬币,若 $A=\{$掷出两个正面,两个反面$\}$,则 $P(A)=$(　　).

   A. 0.5　　B. 0.25　　C. 0.375　　D. 0.062 5

4. 设 A,B 为两个随机事件,$P(A)=0.4$,$P(A+B)=0.7$,$P(A-B)=0.3$,则$P(B)=$(　　).

   A. 0.2　　B. 0.1　　C. 0.3　　D. 0.4

5. 设 A,B 为两个随机事件,$P(A)=p$,$P(B)=q$,$P(A+B)=r$,则 $P(A\bar{B})=$(　　).

   A. $r-p$　　B. $r-q$　　C. $p+q$　　D. $p+q-r$

6. 一套文集包括第 1 至第 4 卷共 4 本,按任意顺序放到书架上去,问各卷自左向右或自右向左恰成 1,2,3,4 的顺序的概率为(　　).

   A. 1/12　　B. 1/24　　C. 1/6　　D. 1/8

7. 若 $P(A)=P(B)>0$,则(　　).

   A. $A=B$　　B. $P(A\mid B)=1$

   C. $P(A\mid B)=P(B\mid A)$　　D. $P(A\mid B)+P(B\mid A)=1$

8. 袋中装有 7 只球,其中 5 只红球,2 只白球,每次从中任取一球,不放回地连续取 2

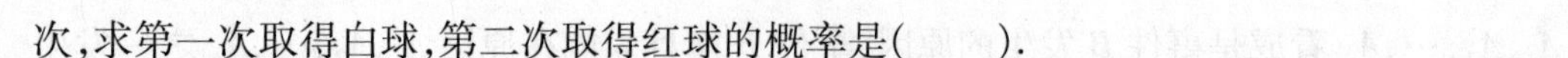

次，求第一次取得白球，第二次取得红球的概率是(　　).

A. 10/211　　B. 11/21　　C. 5/21　　D. 8/21

9. 设四位数中的4个数字都取自6,7,8,9，求所组成的四位数含有重复数字的概率.

10. 甲袋中有白球3只，红球7只，黑球15只；乙袋中有白球10只，红球6只，黑球9只. 现从两袋中各取一球，试求两球颜色相同的概率.

11. 一批灯泡有40只，其中3只是坏的，从中任取5只检查，问：(1)5只都是好的概率是多少？(2)5只中有2只坏的概率是多少？

12. 现有参观卷100张，其中甲票60张，乙票40张，今连续取3次，取后不放回，求：(1)前两次抽票结果为甲票的情况下，第三次抽到甲票的概率；(2)连续抽到三次甲票的概率.

13. 甲袋中有5只白球，7只红球；乙袋中有4只白球，2只红球. 从两个袋子中任取一袋，然后从所取到的袋子中任取一球，求取到的球是白球的概率.

14. 一批晶体管元件，其中一等品占95%，二等品占4%，三等品占1%，它们能工作500 h的概率分别为90%，80%，70%，求任取一个元件能工作500 h以上的概率.

应用与提高

1）贝叶斯公式

定理 7.2　如果事件 $A_1,A_2,\cdots,A_n$ 是一个完备事件组，且 $P(A_i)>0$，则对于任一事件 B，只要 $P(B)>0$，则有

$$P(A_i \mid B) = \frac{P(A_i)P(B \mid A_i)}{\sum_{i=1}^{n} P(A_i)P(B \mid A_i)}(i = 1,\cdots,n)$$

此公式称为贝叶斯公式.

【例7.15】　某地7月份下暴雨的概率为0.7，当下暴雨时，有水灾的概率为0.2；当不下暴雨时，有水灾的概率为0.05，求当该地7月份已发生水灾时，下暴雨的概率.

【解】　用 B 表示该地7月有水灾，A 表示该地7月下暴雨. 由已知可得

$$P(A)=0.7,P(\bar{A})=0.3,P(B \mid A)=0.2,P(B \mid \bar{A})=0.05$$

则　$P(B)=P(AB)+P(\bar{A}B)=0.7\times0.2+0.3\times0.05=0.155$

所以　$P(A \mid B)=\dfrac{P(A)P(B \mid A)}{P(B)}=\dfrac{0.7\times0.2}{0.155}\approx0.9$

2）三个事件的加法公式

$$P(A+B+C)=P(A)+P(B)+P(C)-P(AB)-P(AC)-P(BC)+P(ABC)$$

B　组

1. 设 $P(A)=0.4,P(B)=0.5,P(C)=0.4,P(AB)=0.2,P(AC)=0.24,P(BC)=0,$

求 $P(A+B+C)$.

2. 已知男子有5%是色盲患者,女子有1%是色盲患者,今从男女人数相等的人群中随机地选出一个,恰好是色盲患者,求此人是男性的概率.

3. 设某工厂甲、乙、丙三个车间生产同一种仪表,产量依次占全工厂的40%,50%,10%. 如果各车间的一级品率依次为90%,80%,98%. 现在从待出厂产品中抽查出一个结果为一级品,试判断它是丙车间的概率.

7.3 独立试验概型

7.3.1 事件的独立性

经验告诉人们,在大雾天气中发生车祸的可能性要大一些,大雾的天气与某人买彩票中奖则毫无联系,这就是说有些事件的发生对另一些事件的发生有影响,而有些事件之间则是互不影响的,概率论中对这类问题的探讨导致了事件独立性的提出.

【例7.16】 袋中有6个正品,4个次品,连续2次从袋中抽取产品,第一次抽取1产品观察后放回,第二次再抽取1产品. 求:(1)第一次抽取到正品的条件下,第二次抽取到正品的概率;(2)第二次抽取到正品的概率.

【解】 设 A 表示第一次抽取到正品,B 表示第二次抽取到正品,则

(1) $P(B|A)=\frac{6}{10}=\frac{3}{5}$

(2) $P(B)=P(AB)+P(\overline{A}B)=P(A)P(B|A)+P(\overline{A})P(B|\overline{A})=\frac{3}{5}$

此时 $P(B|A)=P(B)$,说明在抽取产品放回的情形下,第一次抽取产品的事件 A 发生时,产品放回后,第二次再抽取产品时,原样本空间没改变,第二次抽取产品事件 B 发生的概率与第1次抽取产品事件 A 是否发生无关,这时称事件 B 与事件 A 相互独立.

定义7.11 设 A,B 是两个事件,且 $P(B)>0$,若 $P(A|B)=P(A)$,则称事件 A 与 B 相互独立,简称 A 与 B 独立.

关于独立性有如下性质:

(1)事件 A 与事件 B 独立的充分必要条件是 $P(AB)=P(A)P(B)$;

(2)若事件 A 与 B 独立,则 A 与 $\overline{B}$,$\overline{A}$ 与 B,$\overline{A}$ 与 $\overline{B}$ 中的每一对事件都相互独立.

【例7.17】 通常情况下,股市中有些股票的涨跌是相互独立的,而有些股票之间是相互联系的. 根据股市的情况,假设甲乙两种股票上涨的概率分别是0.8和0.7,某位股民决定购买这两种股票,若两种股票的涨跌相互独立. 求:

(1)买入的股票至少有一种涨的概率;(2)两种股票同时涨的概率.

【解】 (1)令 A,B 分别表示股票甲,乙上涨,则所求概率为

$$\begin{aligned}P(A+B)&=P(A)+P(B)-P(AB)\\&=P(A)+P(B)-P(A)P(B)\\&=0.8+0.7-0.8\times0.7=0.94\end{aligned}$$

(2)$P(AB)=P(A)P(B)=0.8\times0.7=0.56$

7.3.2 贝努利概型

在实践中,经常会遇到一种特别的试验,这类试验的结果只有两个:A 及$\bar{A}$. 例如,在抽样检查产品时,抽到的不是正品,就是次品;在抛掷硬币时,不是正面向上,就是反面向上. 这类试验称为贝努利试验.

定义 7.12 在相同的条件下,将试验重复地做 n 次,每次试验可能的结果只有两个:A 及$\bar{A}$,而且每次试验出现 A 的可能性一样大,则称该试验为 n 重贝努利试验.

贝努利试验是一种既重要又常见的数学模型,它有很广泛的实际应用. 在 n 重贝努利试验中,人们感兴趣的是事件 A 发生的次数. 一般地,用 $P_n(k)$ 表示在 n 重贝努利试验中事件 A 发生 k 次的概率.

定理 7.3(贝努利定理) 在 n 重贝努利试验中,设事件 A 每次试验发生的概率为 $p(0<p<1)$,则在 n 次试验中事件 A 恰好发生 k 次的概率为

$$p_n(k)=C_n^k p^k(1-p)^{n-k}\quad(0\leqslant k\leqslant n)(\text{其中 } q=1-p)$$

此公式也称为二项概率公式.

【例 7.18】 枪手对目标进行 8 次独立射击,每次命中目标的概率是 0.4,试求恰好 5 次命中目标的概率.

【解】 由于每射击一次,可看作一次贝努利试验,所以这是一个 8 重贝努利试验,故恰好 5 次命中目标的概率为

$$P_8(5)=C_8^5(0.4)^5(1-0.4)^{8-5}=0.124$$

【例 7.19】 一条自动生产线上产品的一级品率为 0.6,现检查了 10 件,求至少有两件一级品的概率.

【解】 设所求事件的概率为 $P(B)$,各个产品是否为一级品是相互独立的. 所以有

$$P(B)=\sum_{k=2}^{10}P_{10}(k)=1-P_{10}(0)-P_{10}(1)$$

$$=1-0.4^{10}-C_{10}^1\times0.6\times0.4^9\approx0.998.$$

习题 7.3

A 组

1. 设事件 A、B 相互独立,则( ).

A. A,B 互不相容　　B. $\bar{A},\bar{B}$ 互不相容

C. $P(A+B)=P(A)+P(B)$　　D. $P(AB)=P(A)P(B)$

2. 有甲、乙两台机床. 已知甲机床出故障的概率为 0.06,乙机床出故障的概率为 0.07,则甲、乙两台机床至少有一台发生故障的概率是( ).

A. 0.125 8　B. 0.122　C. 0.004 2　D. 0.13

3. 有甲、乙两台机床,已知甲机床出故障的概率为 0.06,乙机床出故障的概率为 0.07,

则甲、乙两台机床都正常工作的概率是(　　).

A. 0.874 2　　B. 0.878　　C. 0.995 8　　D. 0.87

4. 加工某一零件共需要4道工序,设第一、第二、第三、第四道工序的次品率分别为2%,3%,5%,3%,假定各道工序的加工互不影响,求加工出零件的次品率是多少?

5. 面对试卷上的5道4选1的选择题,某考生心存侥幸,试图用抽签的方法答题,试求下列事件的概率.

(1)恰好有两题回答正确;(2)至少有两题回答正确;(3)无一题回答正确;(4)全部回答正确.

6. 在人寿保险事业中是很重视某一年龄的投保人的死亡率的,假如一个投保人能活到75岁的概率为0.6,试求:

(1)三个投保人全部活到75岁的概率;

(2)三个投保人有两个活到75岁的概率;

(3)三个投保人有一个活到75岁的概率;

(4)三个投保人都活到75岁的概率.

7. 假设在学校图书馆中只存放有技术书与数学书,任一读者借技术书的概率为0.2,而借数学书的概率为0.8,设每人只借一本书,有5名读者依次借书,求至多有两人借数学书的概率.

应用与提高——多个事件的独立性

设A,B,C是三个事件,如果同时满足下列4个等式:

$P(AB)=P(A)P(B)$　　$P(AC)=P(A)P(C)$

$P(BC)=P(B)P(C)$　　$P(ABC)=P(A)P(B)P(C)$

则称事件A,B,C相互独立.

若事件A,B,C仅满足前三个等式,则称A,B,C两两独立. 但由此并不能推出第四个等式,即A,B,C不一定相互独立;若A,B,C仅满足第四等式,也不能由此推出前三个等式,因此,A,B,C必然同时满足上述4个等式,才能相互独立.

若从n个事件$A_1,A_2,\cdots,A_n$中任意取出k个事件($2\leqslant k\leqslant n$),都有取出事件积的概率等于事件概率的积,则称$A_1,A_2,\cdots,A_n$相互独立.

对于事件的独立性,在实际应用中,往往不是根据定义,而是根据经验判断.

B 组

1. 三人独立译某一密码,他们能译出的概率分别为$\frac{1}{3},\frac{1}{4},\frac{1}{5}$,求能将密码译出的概率.

2. 用一门大炮对某目标进行三次独立射击,第一、二、三次的命中率分别为0.4,0.5,0.7,若命中此目标一、二、三弹,该目标被摧毁的概率分别为0.2,0.6和0.8,试求此目标被摧毁的概率.

3. 关于事件的独立性,下面结论正确的是(　　).

A. A、B 相互独立,则 $\overline{A}$ 与 $\overline{B}$ 相互独立

B. 若 $P(A+B)=P(A)+P(B)$ 则 A、B 相互独立

C. $A_1,A_2,\cdots,A_n$ 两两独立,则 $A_1,A_2,\cdots,A_n$ 相互独立

D. 若 $P(A_1A_2\cdots A_n)=P(A_1)P(A_2)\cdots P(A_n)$,则 $A_1,A_2,\cdots,A_n$ 相互独立

7.4　随机变量及其分布

为对随机试验进行全面和深入的研究,从中揭示出客观存在的统计规律性,人们常把随机试验的结果与实数对应起来,即把随机试验的结果数量化,引入随机变量的概念.

7.4.1　随机变量与分布函数

1)随机变量

前面学习了随机事件及其概率,可以发现很多随机试验的结果都可以用数量来表示.例如,某一段时间内车间正在工作的车床数目,抽样检查产品质量时出现的废品个数,掷骰子出现的点数,等等.对于那些没有用数量表示的事件,也可以赋予数量表示.例如,某工人"完成工作量"记为1,"没有完成工作量"记为0;生产的产品是"正品"记为2,是"次品"记为1,是"废品"记为0,等等.这样一来,随机试验的结果就都可以用数量来表示.一般来说,把随机试验中那些随着试验结果的变化而变化的量,称为随机变量,其定义如下:

定义7.13　如果对于随机试验的基本事件空间 Ω 中的每一基本事件 ω,都有一个实数 X 与之对应,则称 X 是一个随机变量.常用大写字母 X,Y,Z 等表示随机变量,其取值用小写字母 x,y,z 等表示.

例如,从一批正品为18件,次品为3件的产品中任取3件,其中所含的次品数 X;某本书中的印刷错误的个数 Y;某网站某天被网民点击的次数 Z 等,都是随机变量.

随机变量的分布是随机变量研究中的重要概念,一旦求得了随机变量的分布,那么随机试验中任一事件的概率也就可以确定了.不仅如此,随机变量的更大好处在于能用高等数学这一有力的工具来研究随机现象的统计规律性.

2)随机变量的分布函数

在处理实际问题时,人们经常关心的是一个随机变量 X 落入某个区间 $(a,b]$ 内的概率.为此引入分布函数的概念:

定义7.14　设 X 是一随机变量,对于一个实数 x,函数

$$F(x)=P(X\leqslant x),\ -\infty<x<+\infty$$

称为随机变量 X 的分布函数.

由定义可知,若 $F(x)$ 是 X 的分布函数,则

$$P(a<X\leqslant b)=P(X\leqslant b)-P(X\leqslant a)=F(b)-F(a)$$

该式对 $(-\infty,+\infty)$ 内任意实数 $a,b(a\leqslant b)$ 均成立,常用来计算有关事件的概率.

特别地 $$P(X>a)=1-P(X\leqslant a)=1-F(a)$$

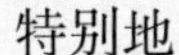

说明

$F(x)$的值不是X取值于x时的概率,而是在$(-\infty,x)$整个区间上X取值的"累积概率"的值;还可以看出,$F(x)$的定义域为整个数轴,值域为区间$[0,1]$的通常函数,它的引入使许多概率问题转化为函数问题而得到简化.

分布函数具有如下性质:

(1)$0\leqslant F(x)\leqslant 1 \quad x\in(-\infty,+\infty)$;

(2)$F(-\infty)=\lim\limits_{x\to-\infty}F(x)=0,\quad F(+\infty)=\lim\limits_{x\to+\infty}F(x)=1$;

(3)$F(x)$是x的单调不减函数,即当$x_1<x_2$时,$F(x_1)\leqslant F(x_2)$;

(4)$F(x)$是右连续函数,即对任意实数x_0,有$\lim\limits_{x\to x_0^+}F(x)=F(x_0)$;

(5)对每个x_0,$P\{X=x_0\}=F(x_0)-\lim\limits_{x\to x_0^-}F(x)$.

【例7.20】 设随机变量X的分布函数为$F(x)=\begin{cases}0 & x<0\\ Ax^2 & 0\leqslant x\leqslant 1\\ 1 & x>1\end{cases}$,求:

(1)常数A;(2)随机变量X落在$(0.3,0.7]$内的概率.

【解】 (1)由分布函数的右连续性,即$\lim\limits_{x\to1^+}F(x)=F(1)=1$,则$A=1$.

(2)$P\{0.3<X\leqslant 0.7\}=F(0.7)-F(0.3)=0.7^2-0.3^2=0.4$

7.4.2 离散型随机变量

定义7.15 若随机变量的一切可能取值为有限个或可列无穷个(指个数无穷多,但可以一个一个列举出来),则称X为离散型随机变量.

要全面描述一个随机变量,仅知道它的全部可能取值是不够的,更重要的是知道它以多大的概率取这些值,为此引入下面的定义:

定义7.16 设X为离散型随机变量,它的一切可能的取值$x_k(k=1,2,\cdots)$所对应概率$p_k=P(X=x_k)(k=1,2,\cdots)$,称为随机变量$X$的概率分布,也叫$X$的分布列或分布律.

由概率的定义知p_k应满足:(1)$0\leqslant p_k\leqslant 1$;(2)$\sum\limits_k p_k=1$.

为了直观地表示离散型随机变量概率分布,常列表表示.

X	x_1	x_2	$\cdots$	x_k	$\cdots$
p_k	p_1	p_2	$\cdots$	p_k	$\cdots$

称此表为随机变量X的概率分布表.

对于离散型随机变量X,其概率分布为$P(X=x_k)=p_k(k=1,2,\cdots,n)$,则分布函数为

$$F(x) = P(X \leqslant x) = \sum_{k:x_k \leqslant x} p_k$$

【例7.21】 设有一批产品10件，其中有3件次品，从中任意抽取2件，抽到的次品数为X，试求：(1)X概率分布；(2)X的分布函数$F(X)$.

【解】 (1)X的可能取值为0,1,2，而取每个值的概率为

$$P\{X=0\}=\frac{C_7^2C_3^0}{C_{10}^2}=\frac{7}{15};P\{X=1\}=\frac{C_7^1C_3^1}{C_{10}^2}=\frac{7}{15};P\{X=2\}=\frac{C_7^0C_3^2}{C_{10}^2}=\frac{1}{15}$$

所以，X的概率分布律为$P\{X=i\}=\dfrac{C_7^{2-i}C_3^i}{C_{10}^2}(i=0,1,2)$，即用下列表格表示为

X	0	1	2
P	$\frac{7}{15}$	$\frac{7}{15}$	$\frac{1}{15}$

(2)当$x<0$时，$\{X\leqslant x\}$为不可能事件，所以$F(x)=P(X\leqslant x)=0$；

当$0\leqslant x<1$时，$\{X\leqslant x\}=\{X=0\}$，所以

$$F(x)=P(X\leqslant x)=\frac{7}{15}$$

当$1\leqslant x<2$时，$\{X\leqslant x\}=\{X=0\}\cup\{X=1\}$，所以

$$F(x)=P(X\leqslant x)=P(X=0)+P(X=1)=\frac{7}{15}+\frac{7}{15}=\frac{14}{15}$$

当$x\geqslant 2$时，$\{X\leqslant x\}=\{X=0\}\cup\{X=1\}\cup\{X=2\}$，所以

$$F(x)=P(X\leqslant x)=P(X=0)+P(X=1)+P(X=2)=1$$

因此其分布函数为 $$F(x)=\begin{cases}0 & x<0\\ \frac{7}{15} & 0\leqslant x<1\\ \frac{14}{15} & 1\leqslant x<2\\ 1 & x\geqslant 2\end{cases}$$

注 意

离散型随机变量X的取值是跳跃式的，其概率分布中含有两个要素，即为X的取法与它的每一个取值所对应的概率，二者不可分割.

下面介绍三种常见的离散型随机变量：

两点分布(0-1分布) 若随机变量X只能取0和1两个值，它们的概率分布是$P\{X=1\}=p,P\{X=0\}=q(p+q=1)$，则称$X$服从两点(0-1)分布或称具有0-1分布.

二项分布 若随机变量X的分布列为$P(X=k)=C_n^kp^k(1-p)^{n-k}(k=0,1,2,\cdots,n)$，其中$0\leqslant p\leqslant 1$，$n$为正整数. 则称$X$服从参数为$n,p$的二项分布，记为$X\sim b(n,p)$.

二项分布实际上就是贝努利概型的概率分布，当 $n=1$ 时，二项分布就是两点分布.

泊松分布 如果一个随机变量 X 的概率分布为

$$P\{X=k\}=\frac{\lambda^k}{k!}e^{-\lambda}(k=0,1,2\cdots)$$

其中 $\lambda>0$ 为参数，则称 X 服从参数为 λ 的泊松分布，记作 $X\sim P(\lambda)$.

泊松分布在管理科学中具有很重要的地位，例如某学校学生生日为国庆节的人数，电话交换台在一给定时间内收到用户的呼叫次数，售票口到达的顾客人数，某地区年龄在百岁以上的人数，到某商店去的顾客人数，某本书中印刷错误的次数等，大都服从泊松分布.

若随机变量 $X\sim P(\lambda)$，X 取各可能值的概率可以通过泊松分布表(附录3)查得. 该表显示的是对不同的 λ，k 由 x 到 $+\infty$ 的概率总和. 泊松分布表适合于查 $P\{X\geqslant k\}=\sum\limits_{n=k}^{\infty}\frac{\lambda^n}{n!}e^{-\lambda}$ 这一类型的概率，因此有

$$P\{X=k\}=P\{X\geqslant k\}-P\{X\geqslant k+1\},P\{X\leqslant k\}=1-P\{X\geqslant k+1\}$$

可以证明，泊松分布是二项分布的极限，即

$$\lim_{n\to\infty}C_n^k p^k(1-p)^{n-k}=\frac{\lambda^k}{k!}e^{-\lambda}(\text{其中 }\lambda=np)$$

定理 7.4(泊松定理) 设 $\lambda>0$ 是常数，n 为任意正整数，记 $np=\lambda$，则对任一固定的非负整数 k，有

$$P\{X=k\}=C_n^k p^k(1-p)^{n-k}\approx\frac{\lambda^k}{k!}e^{-\lambda}$$

在实际应用中，当 $n\geqslant 30$，$p\leqslant 0.1$ 时，一般可用公式来近似计算.

【例 7.22】 设某年龄段的人在正常情形下死亡率为 0.005，现在某保险公司有此年龄段 1 000 人参加了人寿保险. 试求在未来一年中，投保人里恰有 10 人死亡的概率以及不超过 10 人死亡的概率.

【解】 设此年龄段的死亡人数为随机变量 X，因而 $X\sim b(1\,000,0.005)$. 则 1 000 名投保人里恰有 10 人死亡的概率为

$$P(X=10)=C_{1000}^{10}0.005^{10}0.995^{990}$$

而 1 000 名投保人里不超过 10 人死亡的概率：

$$P(X\leqslant 10)=\sum_{k=0}^{10}C_{1000}^{k}0.005^k 0.995^{1000-k}$$

此计算很繁冗，实际上死亡人数 X 也近似地服从参数为 $\lambda=np=1\,000\times 0.005=5$ 泊松分布，因此有

$$P(X=10)\approx\frac{5^{10}}{10!}e^{-5}=0.018\,13$$

$$P(X\leqslant 10)\approx\sum_{k=0}^{10}\frac{5^k}{k!}e^{-5}=e^{-5}\left(1+5+\frac{5^2}{2!}+\frac{5^3}{3!}+\cdots+\frac{5^{10}}{10!}\right)=0.986\,2$$

7.4.3　连续型随机变量

1）连续型随机变量的概念与分布函数

离散型随机变量的主要特征是其可能取值为有限个或可列无穷个. 但是，有些随机变量的取值是某一个区间内的数值. 例如，测量的误差、温度的变化等.

定义 7.15　设 X 是随机变量，如果存在一个非负可积函数 $f(x)$，使对任意实数 a，b $(a<b)$，有 $P\{a<X\leqslant b\}=\int_a^b f(x)\mathrm{d}x$，则称 X 为连续型随机变量，$f(x)$ 称为 X 的概率密度函数，简称为密度函数.

由定义可知，密度函数具有以下性质：

(1) $f(x)\geqslant 0\ (x\in R)$

(2) $\int_{-\infty}^{+\infty} f(x)\mathrm{d}x=1$

对于连续型随机变量 X，有

(1) $P(X=a)=\int_a^a f(x)\mathrm{d}x=0$

(2) $P(a<X\leqslant b)=P(a\leqslant X\leqslant b)=P(a<X<b)=P(a\leqslant X<b)=\int_a^b f(x)\mathrm{d}x$

对于连续型随机变量，其密度函数为 $f(x)$，则 X 的分布函数为

$$F(x)=P(X\leqslant x)=\int_{-\infty}^{x} f(t)\mathrm{d}t\quad(-\infty<x<+\infty)$$

且当 $f(x)$ 在 x 处连续时有 $F'(x)=f(x)$.

【例 7.23】　设连续型随机变量 X 的密度函数为

$$f(x)=\begin{cases} Ax & 0\leqslant x<1 \\ A(2-x) & 1<x\leqslant 2 \\ 0 & \text{其他} \end{cases}.$$

试求：(1) 常数 A；(2) X 的分布函数 $F(x)$；(3) $P\left\{\frac{1}{3}<X\leqslant\frac{1}{2}\right\}$.

【解】　(1) 因为 $\int_{-\infty}^{+\infty} f(x)\mathrm{d}x=\int_0^1 Ax\mathrm{d}x+\int_1^2 A(2-x)\mathrm{d}x$

$$=\frac{A}{2}x^2\Big|_0^1-\frac{A}{2}(2-x)^2\Big|_1^2=\frac{A}{2}+\frac{A}{2}=A$$

由 $\int_{-\infty}^{+\infty} f(x)\mathrm{d}x=1$，得 $A=1$.

(2) 当 $x<0$ 时，

$$F(x)=\int_{-\infty}^{x} f(t)\mathrm{d}t=\int_{-\infty}^{0} 0\mathrm{d}t=0$$

当 $0\leqslant x<1$ 时，

$$F(x)=\int_{-\infty}^{x} f(t)\mathrm{d}t=\int_{-\infty}^{0} 0\mathrm{d}t+\int_0^x t\mathrm{d}t=\frac{x^2}{2}$$

当 $1\leqslant x<2$ 时,

$$F(x)=\int_{-\infty}^{x}f(t)\,\mathrm{d}t=\int_{-\infty}^{0}0\mathrm{d}t+\int_{0}^{1}t\mathrm{d}t+\int_{1}^{x}(2-t)\,\mathrm{d}t$$
$$=0+\frac{t^2}{2}\bigg|_0^1\left(2t-\frac{1}{2}t^2\right)\bigg|^{x_1}$$
$$=-\frac{x^2}{2}+2x-1$$

当 $x\geqslant 2$ 时,

$$F(x)=\int_{-\infty}^{x}f(t)\,\mathrm{d}t=\int_{-\infty}^{0}0\mathrm{d}t+\int_{0}^{1}t\mathrm{d}t+\int_{1}^{2}(2-t)\,\mathrm{d}t+\int_{2}^{x}0\mathrm{d}t$$
$$=0+\frac{t^2}{2}\bigg|_0^1+\left(2t-\frac{t^2}{2}\right)\bigg|_1^2+0=1$$

所以,分布函数为

$$F(x)=\begin{cases}0 & x<0\\ \dfrac{x^2}{2} & 0\leqslant x<1\\ -\dfrac{x^2}{2}+2x-1 & 1\leqslant x<2\\ 1 & x\geqslant 2\end{cases}$$

(3) $P\left\{\frac{1}{3}<X\leqslant\frac{1}{2}\right\}=F\left(\frac{1}{3}\right)-F\left(\frac{1}{2}\right)=\frac{5}{72}\approx 0.069\ 4$

【例7.24】 某线路公共汽车每隔6 min开出一辆,乘客到车站候车时间 X 是一个随机变量,且 X 在 $[0,6]$ 上任一子区间内取值的概率与这区间长度成正比,求 X 的分布函数 $F(x)$ 及密度函数 $f(x)$.

【解】 X 取且仅取 $[0,6]$ 上的实数,即 $0\leqslant X\leqslant 6$ 是必然事件.

因此

$$P(0\leqslant X\leqslant 6)=1$$

若 $[c,d]\subset[0,6]$,有 $P(c\leqslant X\leqslant d)=\lambda(d-c)$,$\lambda$ 为比例系数.

特别地,取 $c=0,d=6$ 时,$P(0\leqslant X\leqslant 6)=\lambda(6-0)=6\lambda$,得 $\lambda=\frac{1}{6}$.

因此

$$F(x)=P(X\leqslant x)=\begin{cases}0 & x<0\\ \dfrac{1}{6}(x-0) & 0\leqslant x<6\\ 1 & x\geqslant 6\end{cases}$$

对 $F(x)$ 求导数得密度函数为

$$f(x)=\begin{cases}\dfrac{1}{6} & 0<x<6\\ 0 & \text{其他}\end{cases}$$

2)几个常见的连续型随机变量的分布

• 均匀分布

定义 7.16 如果连续型随机变量 X 的概率密度函数为 $f(x)=\begin{cases}\dfrac{1}{b-a} & a\leqslant x\leqslant b\\ 0 & 其他\end{cases}$，

则称 X 在区间上 $[a,b]$ 服从均匀分布，记为 $X\sim U[a,b]$. 其分布函数为

$$F(x)=\begin{cases}0 & x<a\\ \dfrac{x-a}{b-a} & a\leqslant x<b\\ 1 & x\geqslant b\end{cases}$$

若 $X\sim U[a,b]$，$[x_1,x_2]$ 为 $[a,b]$ 中的任意子区间，则

$$P\{x_1\leqslant X\leqslant x_2\}=F(x_2)-F(x_1)=\frac{x_2-a}{b-a}-\frac{x_1-a}{b-a}=\frac{1}{b-a}(x_2-x_1)$$

这说明 X 落在子区间 $[x_1,x_2]$ 上的概率只与子区间的长度有关，与子区间的位置无关.

【例 7.25】 某公交车站从上午 7:00 起，每 15 min 来一班车. 某乘客在 7:00 到 7:30 之间随机到达该站，试求他的候车时间不超过 5 min 的概率.

【解】 设该乘客于 7:00 过 X 分到达车站，则 $X\sim U[0,30]$. 事件"候车时间不超过 5 min"可表示为 $\{10\leqslant X\leqslant 15\}$ 或 $\{25\leqslant X\leqslant 30\}$，故所求事件的概率为

$$P\{10\leqslant X\leqslant 15\}+P\{25\leqslant X\leqslant 30\}=\int_{10}^{15}\frac{1}{30}\mathrm{d}x+\int_{25}^{30}\frac{1}{30}\mathrm{d}x=\frac{1}{3}$$

• 指数分布

定义 7.17 如果连续型随机变量 X 的概率密度为 $f(x)=\begin{cases}\lambda \mathrm{e}^{-\lambda x} & x>0\\ 0 & x\leqslant 0\end{cases}$（其中 $\lambda>0$）

则称 X 为服从参数为 λ 的指数分布，记为 $X\sim E(\lambda)$. 其分布函数为

$$F(x)=\begin{cases}1-\mathrm{e}^{-\lambda x} & x>0\\ 0 & x\leqslant 0\end{cases}$$

指数分布的实际背景是各种消耗性产品的"寿命". 正因为如此，指数分布常用来描述各种"寿命问题".

【例 7.26】 电子元件的寿命 X（年）服从参数为 3 的指数分布.

(1)求该电子元件寿命超过 2 年的概率；

(2)已知该电子元件已使用了 1.5 年，求它还能使用两年的概率为多少？

【解】 由已知得密度函数为 $f(x)=\begin{cases}3\mathrm{e}^{-3x} & x>0\\ 0 & x\leqslant 0\end{cases}$

(1) $P\{X>2\}=\int_{2}^{+\infty}3\mathrm{e}^{-3x}\mathrm{d}x=\mathrm{e}^{-6}$.

(2) $p\{X>3.5\mid X>1.5\}=\dfrac{P\{X>3.5,X>1.5\}}{\{X>1.5\}}=\dfrac{\int_{3.5}^{+\infty}3\mathrm{e}^{-3x}\mathrm{d}x}{\int_{1.5}^{+\infty}3\mathrm{e}^{-3x}\mathrm{d}x}=\mathrm{e}^{-6}$.

• 正态分布

正态分布是实践中应用最为广泛,在理论上研究最多的分布之一.在正常情况下各种产品的质量指标,例如零件的尺寸、纤维的长度和强力;某学校男生或女生的体重、身高,农作物的产量,小麦的穗长,测量误差,射击弹着点与靶心的距离等,都服从或近似服从正态分布.这些量可以看成是许多微小的、独立的随机因素作用的结果,而每一种因素都不起压倒一切的主导作用.具有这种特点的随机变量,一般可以认为服从正态分布.故它在概率统计中占有特别重要的地位.

定义 7.18 如果连续型随机变量 X 的概率密度为 $f(x)=\frac{1}{\sqrt{2\pi}\sigma}e^{-\frac{(x-\mu)^2}{2\sigma^2}}(-\infty<x<+\infty)$,其中 μ,σ 为实数,$\sigma>0$,则称 X 服从参数为 μ,σ^2 的正态分布,记为 $X\sim N(\mu,\sigma^2)$.

其分布函数为 $F(x)=\frac{1}{\sqrt{2\pi}\sigma}\int_{-\infty}^{x}e^{-\frac{(t-\mu)^2}{2\sigma^2}}dt \quad (-\infty<x<+\infty)$

正态密度函数 $f(x)$ 的图像称为正态曲线,图形呈钟形,关于直线 $x=\mu$ 对称,在 $x\pm\mu$ 处有拐点,当 $x\to\pm\infty$ 时,曲线以 $y=0$ 为渐进线,如图 7.7 所示;参数 σ 确定图形的形状,σ 大时曲线平缓,σ 小时曲线陡峭,在 $x=\mu$ 处达到最大值,如图 7.8 所示.

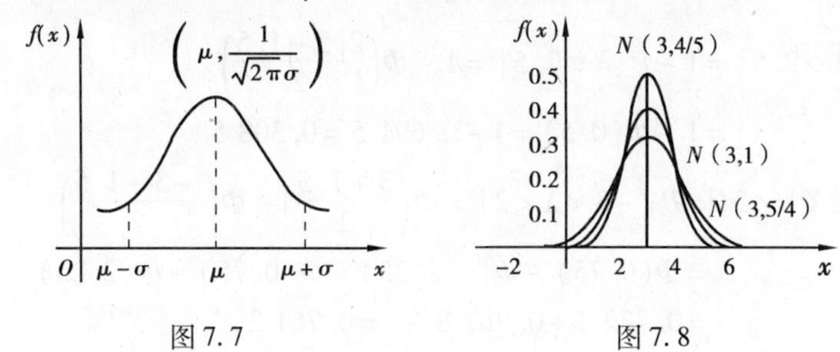

图 7.7　　图 7.8

当参数 $\mu=0,\sigma^2=1$ 时的正态分布称为标准正态分布,记作 $X\sim N(0,1)$.

其密度函数为 $\varphi(x)=\frac{1}{\sqrt{2\pi}}e^{-\frac{x^2}{2}}(-\infty<x<+\infty)$

其分布函数为 $\Phi(x)=\frac{1}{\sqrt{2\pi}}\int_{-\infty}^{x}e^{-\frac{t^2}{2}}dt(-\infty<x<+\infty)$

由于 $\Phi(x)=\frac{1}{\sqrt{2\pi}}\int_{-\infty}^{x}e^{-\frac{t^2}{2}}dt$ 无法用一般的方法计算,因此编制了标准正态分布表(附录4),通过查表可以获得 $\Phi(x)$ 的值.

从标准正态分布的密度函数的图形对称性可得

$$\Phi(-x)=1-\Phi(x)$$

定理 7.5 设 $X\sim N(0,1)$,对任意实数 $a,b,c(a<b)$,则有

(1) $P\{X>x\}=1-P(X\leqslant x)=1-\Phi(x)$

(2) $P\{a<X\leqslant b\}=\Phi(b)-\Phi(a)$

(3) $P\{|X|<c\}=2\Phi(c)-1$

【例 7.27】 设 $X\sim N(0,1)$,试求:$P\{1<X<2\}$,$P\{|X|<1\}$,$P\{X\leqslant -1\}$,$P\{|X|>2\}$.

【解】 $P\{1<X<2\}=\Phi(2)-\Phi(1)=0.977\,2-0.841\,3=0.135\,9$

$P\{|X|<1\}=P\{-1<X<1\}=\Phi(1)-\Phi(-1)$

$=2\Phi(1)-1=2\times0.841\,3-1=0.682\,6$

$P\{X\leqslant-1\}=\Phi(-1)=1-\Phi(1)=1-0.841\,3=0.158\,7$

$P\{|X|>2\}=P\{X>2\}+P\{X<-2\}=1-\Phi(2)+\Phi(-2)$

$=2-2\Phi(2)=2-2\times0.977\,6=0.045\,6$

正态分布与标准正态分布之间有如下定理:

定理 7.6 设 $X\sim N(\mu,\sigma^2)$,则 $Y=\dfrac{X-\mu}{\sigma}\sim N(0,1)$,且

(1) $P(X<x)=\Phi\left(\dfrac{x-\mu}{\sigma}\right)$

(2) $P(a\leqslant X<b)=\Phi\left(\dfrac{b-\mu}{\sigma}\right)-\Phi\left(\dfrac{a-\mu}{\sigma}\right)$

【例 7.28】 $X\sim N(1.5,4)$,计算 $P\{X\leqslant3.5\}$,$P\{X>2.5\}$,$P\{|X|<3\}$.

【解】 $P\{X\leqslant3.5\}=F(3.5)=\Phi\left(\dfrac{3.5-1.5}{2}\right)=\Phi(1)=0.841\,3$

$P\{X>2.5\}=1-P\{X\leqslant2.5\}=1-\Phi\left(\dfrac{2.5-1.5}{2}\right)$

$=1-\Phi(0.5)=1-0.691\,5=0.308\,5$

$P\{|X|<3\}=P\{-3<X<3\}=\Phi\left(\dfrac{3-1.5}{2}\right)-\Phi\left(\dfrac{-3-1.5}{2}\right)$

$=\Phi(0.75)-\Phi(-2.25)=\Phi(0.75)+\Phi(2.25)-1$

$=0.773\,4+0.987\,8-1=0.761\,2$

习题 7.4

A 组

1. 设随机变量 X 服从泊松分布.若 $P(X=1)=P(X=3)$,则 $P(X=4)=($　　$)$.

A. $\dfrac{2}{3}e^{-\sqrt{6}}$　　B. $\dfrac{2}{3}e^{\sqrt{6}}$　　C. $\dfrac{3}{2}e^{-\sqrt{6}}$　　D. $\dfrac{3}{2}e^{\sqrt{6}}$

2. 设随机变量 X 的分布列为

X	-1	0	1
P	0.3	0.2	0.5

则 $F(0.5)=($　　$)$.

A. 0.2　　B. 0.3　　C. 0.7　　D. 0.5

3. 设随机变量 X 的分布律为 $P(X=k)=\dfrac{a}{N}(k=1,2,\cdots,N)$,则 $a=($　　$)$.

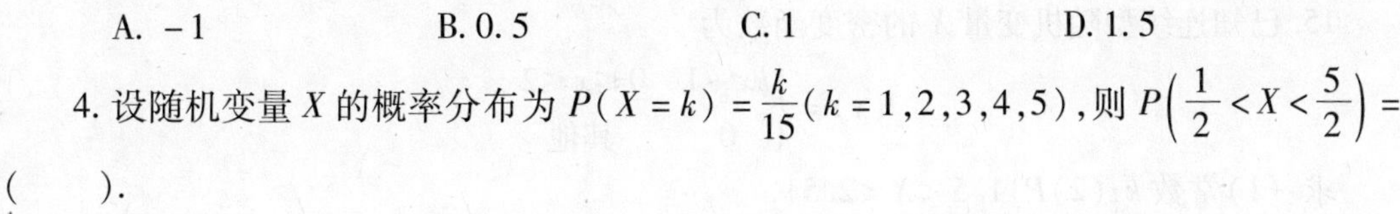

A. -1　　B. 0.5　　C. 1　　D. 1.5

4. 设随机变量 X 的概率分布为 $P(X=k)=\frac{k}{15}(k=1,2,3,4,5)$，则 $P\left(\frac{1}{2}<X<\frac{5}{2}\right)=$ (　　).

A. $\frac{3}{5}$　　B. $\frac{1}{5}$　　C. $\frac{2}{5}$　　D. $\frac{4}{5}$

5. 一部电话交换台每分钟接到的呼唤次数 X 服从 $\lambda=4$ 的泊松分布，那么每分钟接到的呼唤次数大于20 的概率是(　　).

A. $\frac{4^{20}}{20!}e^{-4}$　　B. $\sum\limits_{k=20}^{\infty}\frac{4^k}{k!}e^{-4}$　　C. $\sum\limits_{k=21}^{\infty}\frac{4^k}{k!}e^{-4}$　　D. $\sum\limits_{k=20}^{\infty}\frac{4^k}{20!}e^{-4}$

6. 设 $F(X)$ 为随机变量 X 的分布函数，则对任意的 $X_1, X_2(X_1<X_2)$ 有 $F(X_2)-F(X_1)=$ (　　).

A. $P(X_1<X<X_2)$　　B. $P(X_1<X\leqslant X_2)$　　C. $P(X_1\leqslant X<X_2)$　　D. $P(X_1\leqslant X\leqslant X_2)$

7. 设 $p(x)$ 为连续型随机变量 X 的密度函数，则下列正确的是(　　).

A. $0\leqslant p(x)\leqslant 1$　　B. $P(a<X<b)=p(b)-p(a)$

C. $\lim\limits_{x\to-\infty}p(x)=0$　　D. $\int_{-\infty}^{+\infty}p(x)\,dx=1$

8. 设随机变量 $X\sim N(10,2^2)$，则 $P(10<X<13)=$ (　　)，其中 $\Phi(X)$ 为标准正态分布的分布函数.

A. $\Phi(0)$　　B. $\Phi(1.5)$

C. $1-\Phi(1.5)$　　D. $\Phi(1.5)-\Phi(0)$

9. 设某种零件的合格品率为 0.9，不合格品率为 0.1，现对这种零件逐一有放回地进行测试，直到测得一个合格品为止，求测试次数的分布律.

10. 设随机变量 X 的可能取值为 $-1,0,1$，相应的概率依次为 p_1,p_2,p_3，已知三个概率成等差数列，且 $p_3=2p_1$，求 X 的概率分布.

11. 设随机变量 X 的概率分布为：$P(X=k)=\frac{c}{2+k}(k=0,1,2,3)$，求 c 值和下列概率：(1) $P(X=3)$；(2) $P(X<3)$；(3) $P(X=2$ 或 $X=3)$.

12. 在保险公司里有 2 500 个人参加了同一种人寿保险，在一年里每个人死亡的概率为 0.002，每个参加保险的人在这一年的 1 月 1 日付 12 元保险费，而在死亡时家属可向公司领取 2 000 元，求“保险公司亏本”的概率，已知 $\sum\limits_{k=0}^{15}\frac{5^k}{k!}e^{-5}=0.999\,931$.

13. 设连续型随机变量 X 的概率密度为

$$f(x)=\begin{cases}\frac{2}{\pi(1+x^2)} & a<x<+\infty\\ 0 & \text{其他}\end{cases}$$

(1) 试确定常数 a 的值；(2) 如果概率 $P(a<X<b)=0.5$，确定常数 b 的值.

14. 公共汽车站每隔 5 分钟有一辆汽车通过，乘客到达车站的任一时刻是等可能的，求乘客候车时间不超过 3 分钟的概率.

15. 已知连续型随机变量 X 的密度函数为

$$f(x)=\begin{cases}kx+1 & 0\leqslant x\leqslant 2\\ 0 & \text{其他}\end{cases}$$

求:(1)常数 k;(2)$P\{1.5<X<2.5\}$.

16. 假设某地区成年男子的身高(单位:cm)$X\sim N(170,7.69^2)$,求该地区成年男子的身高超过 175 cm 的概率.

17. 设 $X\sim N(3,3^2)$,求:(1)$P\{2<X<5\}$;(2)$P\{X>0\}$;(3)$P\{|X-3|>6\}$.

18. 测量某一目标的距离时发生的随机误差 $X(m)$,具有密度函数 $f(x)=\frac{1}{40\sqrt{2\pi}}e^{-\frac{(x-20)^2}{3200}}(-\infty<x<+\infty)$,求在三次测量中至少有一次误差的绝对值不超过 30 m 的概率.

应用与提高

1)离散型随机变量函数的分布

【例 7.29】 设 X 的分布列为

X	-2	-1	0	1	2
P	$\frac{1}{5}$	$\frac{1}{6}$	$\frac{1}{5}$	$\frac{1}{15}$	$\frac{11}{30}$

求 $Y=X^2+1$ 的分布列.

【解】 Y 的分布列为

Y	1	2	5
P	$\frac{1}{5}$	$\frac{7}{30}$	$\frac{17}{30}$

2)随机变量的独立性

设 X,Y 是同一概率问题的两个随机变量,则称向量 (X,Y) 为二维随机变量.对任意实数 x,y,函数 $F(x,y)=P(X\leqslant x,Y\leqslant y)(-\infty<x,y<+\infty)$ 称为 (X,Y) 的分布函数;如果 $P(X\leqslant x,Y\leqslant y)=P(X\leqslant x)P(Y\leqslant y)$,则 X,Y 互相独立.

B 组

1. 设 X 的分布列为

X	1	2	…	n
P	$\frac{1}{2}$	$\frac{1}{2^2}$	…	$\frac{1}{2^n}$

求 $Y=\sin\frac{\pi}{2}X$ 的分布列.

2. 测量一个正方形的边长,其结果是一个随机变量 X(视为离散型的),X 的分布如下:

X	9	10	11	12
P	0.2	0.3	0.4	0.1

求周长 Y 与面积 Z 的分布律.

3. 设 X 的分布列为

X	−1	0	1	1.5	3
P	0.2	0.1	0.3	0.3	0.1

求 X^2 的分布.

7.5 随机变量的数字特征

随机变量的概率分布能够完整地表示随机变量的统计规律,但是由于要求的随机变量的概率分布往往比较困难,而在实际问题中,并不需要全面考察随机变量的变化情况,只要知道它的某些数学特征就够了.所谓随机变量的数字特征就是用数字来表示它的某些分布特点,其中最常用的就是数学期望和方差.

7.5.1 随机变量的数学期望

1)离散型随机变量的数学期望

先看下面一个例子:某公司考虑一项投资计划,该计划在市场状况良好时,能获利 100 万元;市场状况一般时,获利 30 万元;市场状况较差时,该项投资将亏损 50 万元.已知明年市场状况良好的概率为 0.5,市场状况一般的概率为 0.3,市场状况较差的概率为 0.2.试问,该投资计划的期望收益是多少?

把投资收益和产品利润视为随机变量,这就是求随机变量平均值的一个案例.

投资收益 X 的分布律见下表:

获利 X 万元	100	30	−50
概率 P_k	0.5	0.3	0.2

由于各市场状况的概率不等，所以要求的期望收益不是各市场状况下投资收益的算术平均，而应该按概率对收益进行加权平均，即期望收益为

$$0.5\times100+0.3\times30+0.2\times(-50)=49 \text{ 万元}$$

一般地，可抽象出离散型随机变量的数学期望的定义：

定义 7.19 设离散型随机变量 X 的概率分布为 $P\{X=x_k\}=p_k(k=1,2,\cdots,n)$，若级数 $\sum_{k=1}^{\infty}x_kp_k$ 绝对收敛，则称级数 $\sum_{k=1}^{\infty}x_kp_k$ 为 X 的数学期望，简称期望或均值，记作 $E(X)$，即

$$E(X)=\sum_{k=1}^{\infty}x_kp_k.$$

离散型随机变量的数学期望是 X 的各可能值与其对应概率乘积之和.

【例 7.30】 为了适应市场需要，某地提出扩大生产的两个方案，一个是建大工厂，另一方案是建小工厂，两个方案的收益值以及市场状态的概率见下表：

概　率	市场状态	建大工厂收益	建小工厂收益
0.7	销路好	200 万元	80 万元
0.3	销路差	-40 万元	60 万元

试问：在不考虑投资成本的情况下应选择哪种投资决策？

【解】 由已知的收益及其概率分别求出两个方案的收益期望值：

建大工厂的收益期望值为：$200\times0.7+(-40)\times0.3=128$ 万元.

建小工厂的收益期望值为：$80\times0.7+60\times0.3=74$ 万元.

显然，建大工厂的预期收益更高，故合理的决策方案是建大工厂.

2）连续型随机变量的数学期望

定义 7.20 设 X 是连续型随机变量，其概率密度函数为 $f(x)$，若积分 $\int_{-\infty}^{+\infty}xf(x)\mathrm{d}x$ 绝对收敛，则称该积分为 X 的数学期望，即

$$E(X)=\int_{-\infty}^{+\infty}xf(x)\mathrm{d}x$$

【例 7.31】 设随机变量 X 服从 $[a,b]$ 上的均匀分布，即 $X\sim U[a,b]$，求 $E(X)$.

【解】 均匀分布的密度函数为

$$f(x)=\begin{cases}\dfrac{1}{b-a} & a\leqslant x\leqslant b\\ 0 & \text{其他}\end{cases}$$

则 X 的数学期望为 $E(X)=\int_{-\infty}^{+\infty}xf(x)\mathrm{d}x=\int_a^b\frac{x}{b-a}\mathrm{d}x=\frac{a+b}{2}$.

3）数学期望的性质

设 C 为常数，X 和 Y 是两个随机变量，且 $E(X)$ 和 $E(Y)$ 都存在. 那么随机变量的数学期望具有以下性质：

性质1 $E(C)=C$;

性质2 $E(CX)=CE(X)$, $E(aX+b)=aE(X)+b$;

性质3 $E(X\pm Y)=E(X)\pm E(Y)$;

性质4 若 X,Y 相互独立,则 $E(XY)=E(X)E(Y)$;

性质5 设 $Y=g(X)$

(1)若 X 是离散型随机变量,其分布列为 $P(X=x_k)=p_k(k=1,2,\cdots)$,则

$$E(Y)=E[g(X)]=\sum_k g(x_k)p_k$$

(2)若 X 为连续型随机变量,并有概率密度函数 $f(x)$,则

$$E(Y)=E[g(X)]=\int_{-\infty}^{+\infty}g(x)f(x)\,\mathrm{d}x$$

说 明

以上性质对离散型和连续型随机变量均成立,这些性质可以根据数学期望的定义去证明.性质3可以推广到有限个随机变量和情况;性质4可以推广到有限个相互独立的随机变量积的情况.

【例7.32】 设 $Y=3X^2+1$,且 X 的分布列如下表,求 $E(X)$ 与 $E(Y)$.

X	-1	0	1	2	3
P	0.3	0.2	0.1	0.3	0.1

【解】 $E(X)=-1\times0.3+0\times0.2+1\times0.1+2\times0.3+3\times0.1=0.7$

$$E(Y)=[3\times(-1)^2+1]\times0.3+[3\times0^2+1]\times0.2+[3\times1^2+1]\times0.1+[3\times2^2+1]\times0.3+[3\times3^2+1]\times0.1=8.5$$

【例7.33】 设 $X\sim B(n,p)$,求 $E(X)$.

【解】 设在贝努利试验中事件 A 发生的概率为 $P(A)=p(0<p<1)$,用 X_i 表示在第 i 次试验中事件 A 发生的次数,有

$$X_i=\begin{cases}1 & A\text{发生}\\0 & A\text{不发生}\end{cases}\quad(i=1,2,3,\cdots,n)$$

$$E(X_i)=1\times p+0\times(1-p)=p$$

在 n 次试验中事件 A 发生的次数 $X=X_1+X_2+\cdots+X_n$,且 $X_1,X_2,\cdots,X_n$ 相互独立,则 $E(X)=E(X_1)+E(X_2)+\cdots+E(X_n)=np$.

7.5.2 随机变量的方差

在实际问题中,数学期望反映了随机变量的集中程度,但仅有数学期望还不能完整地说明随机变量的分布特征,还必须研究它取值的离散程度.通常关心的是随机变量 X 对期望值 $E(X)$ 偏离的程度.

1)随机变量的方差

定义 7.21 设 X 为随机变量,若 $E[X-E(X)]^2$ 存在,则称 $E[X-E(X)]^2$ 为 X 的方差,记为 $D(X)$,即 $D(X)=E[X-E(X)]^2$. 而 $\sqrt{D(X)}$ 称为 X 的标准差或根方差.

$D(X)$反映了 X 的取值与其数学期望 $E(X)$ 的偏离程度;当 X 的取值比较集中时,$D(X)$较小;当 X 的取值比较分散时,$D(X)$较大. 所以 $D(X)$刻画了 X 的取值的分散程度.

当 X 是离散型随机变量,其概率分布为 $P\{X=x_k\}=p_k(k=1,2,\cdots,n)$时,则

$$D(X)=E(X-E(X))^2=\sum_{k=1}^{n}[x_k-E(X)]^2\cdot p_k$$

当 X 是连续型随机变量,其密度函数为 $f(x)$时,则

$$D(X)=E(X-E(X))^2=\int_{-\infty}^{+\infty}[x-E(X)]^2f(x)\mathrm{d}x$$

由方差的定义可得公式:

$$D(X)=E(X^2)-[E(X)]^2$$

【例 7.34】 设随机变量 X 服从 0-1 分布,其分布律为

X	0	1
P	$1-P$	P

求 $D(X)$.

【解】 $E(X)=0\cdot(1-p)+1\cdot p=p$

$E(X^2)=0^2\cdot(1-p)+1^2\cdot p=p$

$D(X)=E(X^2)-[E(X)]^2=p-p^2=p(1-p)$

【例 7.35】 债券 A 的可能收益率分别为 0%,10%,18%和 30%,它们的可能性分别为 0.3,0.2,0.4 和 0.1,其预期收益率为 12.2%;债券 B 的可能收益率分别为 5%,8%,10%,它们的可能性分别为 0.3,0.4,0.3,其预期收益率为 7.7%. 比较哪种债券投资风险比较小.

【解】 债券 A 的风险值为

$$\begin{aligned}D(X_A)&=0.3\times(0\%-12.2\%)^2+0.2\times(10\%-12.2\%)^2+\\&\quad 0.4\times(18\%-12.2\%)^2+0.1\times(30\%-12.2\%)^2\\&=0.907\ 6\%\end{aligned}$$

$$\sqrt{D(X_A)}=9.5\%$$

同理得 $\sqrt{D(X_B)}=1.95\%$

因为标准差越小,债券的风险程度也就越小. 通过上面的计算可得债券 B 的标准差明显比债券 A 小,所以债券 B 投资风险比较小.

2)方差的性质

设 C 为常数,X 和 Y 是两个随机变量,且 $D(X)$和 $D(Y)$都存在.

性质 1 $D(C)=0$;

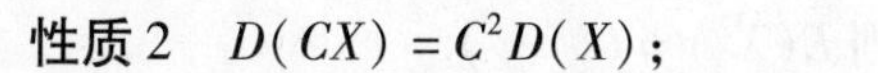

性质 2　$D(CX)=C^2D(X)$；

性质 3　$D(aX+b)=a^2D(X)$；

性质 4　若 X 与 Y 是两个相互独立的随机变量，则有

$$D(X+Y)=D(X)+D(Y)$$

性质 4 可以推广.

3) 几种常见随机变量的期望和方差

下表是几种常用随机变量的分布及其期望和方差.

分布名称	分布列或概率密度	期　望	方　差
0-1 分布	$P(X=1)=p, P(X=0)=1-p$ $0<p<1, p+q=1$	p	pq
二项分布 $X\sim B(n,p)$	$P(X=k)=C_n^k p^k(1-p)^{n-k}$ $(k=0,1,2,\cdots,n)$ $0<p<1, p+q=1$	np	npq
泊松分布 $X\sim P(\lambda)$	$P(X=k)=\dfrac{\lambda^k}{k!}e^{-\lambda}$ $k=1,2,\cdots;\lambda>0$	λ	λ
均匀分布 $X\sim U(a,b)$	$f(x)=\begin{cases}\dfrac{1}{b-a} & a\leqslant x\leqslant b\\ 0 & 其他\end{cases}$	$\dfrac{a+b}{2}$	$\dfrac{(b-a)^2}{12}$
指数分布 $X\sim E(\lambda)$	$f(x)=\begin{cases}\lambda e^{-\lambda x} & x>0\\ 0 & x\leqslant 0\end{cases}$	$\dfrac{1}{\lambda}$	$\dfrac{1}{\lambda^2}$
正态分布 $X\sim N(\mu,\sigma^2)$	$f(x)=\dfrac{1}{\sqrt{2\pi}\sigma}e^{-\frac{(x-\mu)^2}{2\sigma^2}}(-\infty<x<+\infty)$	μ	σ^2
标准正态分布 $X\sim N(0,1)$	$f(x)=\dfrac{1}{\sqrt{2\pi}}e^{-\frac{x^2}{2}}(-\infty<x<+\infty)$	0	1

习题 7.5

A　组

1. 设随机变量 $X\sim B(n,p)$，已知 $E(X)=2, D(X)=1.2$，则 $p=$(　　).

A. 0.3　　B. 0.4　　C. 0.5　　D. 0.6

2. 设随机变量 $X\sim N(\mu,\sigma^2)$，已知 $E(X)=2, D(X)=9$，则 $\sigma=$(　　).

A. 2　　B. 3　　C. -3　　D. 9

3. 设随机变量 $X\sim N(0,1)$，则 $E(X^2)=$(　　).

A. 0　　B. -1　　C. 1　　D. 2

4. 设随机变量 X 服从参数为 2 的泊松分布，则 $E(X^2)=($　　$)$.

A. 0　　B. 2　　C. 4　　D. 6

5. 设随机变量 X 的概率分布为：

X	0	1	2
p	$\frac{1}{2}$	$\frac{3}{8}$	$\frac{1}{8}$

则 $E(X+2)^2=($　　$)$.

A. $\frac{59}{8}$　　B. $\frac{57}{8}$　　C. $\frac{50}{8}$　　D. $\frac{49}{8}$

6. 设 X 为任一随机变量，且 $D(X)<+\infty$，则必有（　　）.

A. $(EX)^2=E(X^2)$　　B. $(EX)^2\geqslant E(X^2)$

C. $(EX)^2>E(X^2)$　　D. $(EX)^2\leqslant E(X^2)$

7. 设随机变量 X 服从 $[a,b]$ 上的均匀分布，则 $D(2X)=($　　$)$.

A. $(b-a)^2/12$　　B. $(b-a)^2/6$　　C. $(b-a)^2/3$　　D. $(b-a)^2/2$

8. 若随机变量 X 的分布密度函数为 $p(x)=\begin{cases}2x & 0<x<1\\0 & 其他\end{cases}$，则 $E(X)=($　　$)$.

A. $\frac{1}{3}$　　B. $\frac{2}{3}$　　C. 1　　D. 2

9. 设随机变量 X 的概率分布为

X	1	2	3	4
p	$\frac{1}{8}$	$\frac{1}{4}$	$\frac{1}{2}$	$\frac{1}{8}$

求 $E(X)$，$E(X^2)$，$E(X+2)^2$.

10. 某种产品共有 10 件，其中有次品 3 件. 现从中任取 3 件，求取出的 3 件产品中次品数 X 的数学期望和方差.

11. 一批零件中有 9 个合格品与 3 个废品，在安装机器时，从这批零件中任取 1 个，如果取出的是废品就不再放回. 求在取得合格品之前，已经取出的废品数的数学期望和方差.

12. 设随机变量 X 服从二项分布 $B(3,0.4)$，求随机变量函数 $Y=X^2-2X$ 的数学期望.

13. 设随机变量 X 服从参数为 μ,σ 的正态分布，即 $X\sim N(\mu,\sigma^2)$，求 $E(X)$.

应用与提高

设 X 是随机变量，若 X^n 的期望 $E(X^n)$ 存在，则称它为随机变量 X 的 n 阶原点矩（$n=1,2,\cdots$）. 若 $[X-E(X)]^n$ 的期望 $E[X-E(X)]^n$ 存在，则称它为 X 的 n 阶中心矩（$n=1,2,\cdots$）.

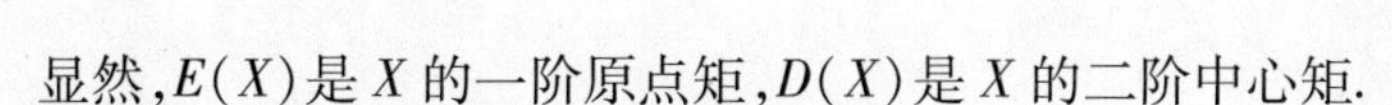

显然,$E(X)$是 X 的一阶原点矩,$D(X)$是 X 的二阶中心矩.

n 阶原点矩与 n 阶中心矩的计算公式:

(1)设离散型随机变量 X 的概率分布列为 $p_k = P(X = x_k)$,则

$$E(X^n) = \sum_k x_k^n p_k, E[X - E(X)]^n = \sum_k [x_k - E(X)]^n p_k$$

(2)设连续型随机变量 X 的概率密度为 $f(x)$,则

$$E(X^n) = \int_{-\infty}^{+\infty} x^n f(x)\,dx, E[X - E(X)]^n = \int_{-\infty}^{+\infty} [x - E(X)]^n f(x)\,dx$$

B 组

若连续型随机变量 X 的概率密度是 $f(x) = \begin{cases} ax^2 + bx + c & 0 < x < 1 \\ 0 & 其他 \end{cases}$,且 $E(X) = 0.5$,$D(X) = 0.15$,求系数 a,b,c.

MATLAB 应用案例 7

1)实验目的

应用 MATLAB 求解概率统计问题.

2)实验举例

MATLAB 自带的一些常用分布的分布律或概率密度

分布名称	matlab 中的函数名	解析表达式
正态分布	normpdf(x,m,s)	$= \dfrac{1}{\sqrt{2\pi}\sigma}\exp\left(-\dfrac{(y-\mu)^2}{2\sigma^2}\right)$
指数分布	exppdf(x,m)	$= \begin{cases} \exp(-x/\mu)/\mu & x > 0 \\ 0 & x \leqslant 0 \end{cases}$
均匀分布	unifpdf(x,a,b)	$= \begin{cases} 1/(b-a) & x \in (a,b \\ 0 & x \notin (a,b) \end{cases}$
gamma 分布	gampdf(x,a,b)	$= \begin{cases} x^{(a-1)}\exp(-x/b)/(b^a \Pi(a)) & x > 0 \\ 0 & x \leqslant 0 \end{cases}$
t 分布	tpdf(x,a)	$= \dfrac{\Gamma((a+1)/2)}{\Gamma(a/2)\sqrt{a\pi}} \cdot \dfrac{1}{(1 + x^2/a)^{(a+1)/1}}$
F 分布	fpdf(x,a,b)	$= \begin{cases} \dfrac{\Gamma((a+b)/2)}{\Gamma(a/2)\Gamma(b/2)} \cdot \left(\dfrac{a}{b}\right)^{a/2} \cdot \dfrac{x^{(a-2)/2}}{(1 + ax/b)^{(a+b)/2}} & x > 0 \\ 0 & x \leqslant 0 \end{cases}$
weibull 分布	weibpdf(x,a,b)	$= \begin{cases} abx^{a-1}\exp(-ax^b) & x > 0 \\ 0 & x \leqslant 0 \end{cases}$

续表

分布名称	matlab 中的函数名	解析表达式
二项分布	binopdf(k,n,p)	$=\binom{n}{k}p^k(1-p)^{n-k}\quad 0<p<1,k=0,1,2,\cdots,n$
poisson 分布	poisspdf(k,l)	$=\frac{\lambda^k}{k!}\exp(-\lambda)\quad k=0,1,2,3,\cdots$
几何分布	geopdf(k,p)	$=p(1-p)^k\quad p(0,1)\quad k=0,1,2,3,\cdots$
超几何分布	hygepdf(k,l,m,n)	$=\frac{\binom{m}{k}\binom{l-m}{n-k}}{\binom{l}{n}}$

【例 7.36】 $x\sim N(0,1),y\sim N(3,5)$,求 x,y 概率密度的图像.

【解】 x,y 的概率密度为

$$f_x(x)=\frac{1}{\sqrt{2\pi}}\exp\left(-\frac{x^2}{2}\right),f_y(y)=\frac{1}{\sqrt{10\pi}}\exp\left(-\frac{(y-3)^2}{10}\right)$$

输入命令:

```
fplot('normpdf(x,0,1)',[ -3,10],'b-')
 >> hold on
 >> fplot('normpdf(x,3,sqrt(5))',[-3,10],'r:')
```

结果:

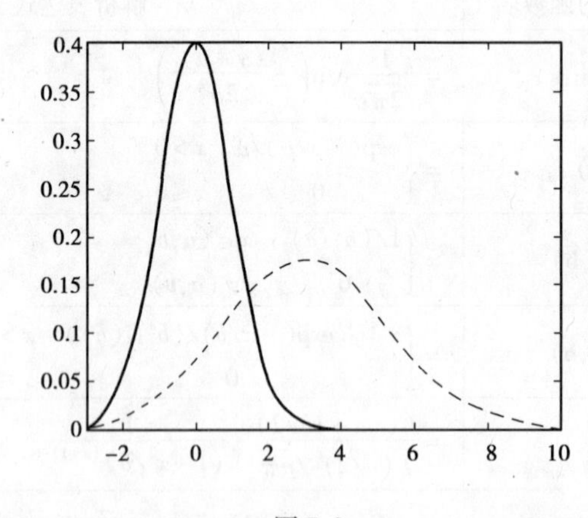

图 7.9

图 7.9 中上半部为 MATLAB 的命令窗口,下半部为相应的图像窗口. 命令窗口中命令行 fplot('normpdf(x,0,1)',[-3,10],'b-'),fplot('normpdf(x,3,sqrt(5))',[-3,10],'r :')分别对应图像窗口中的蓝色实线与红色虚线所表示的函数曲线. 其中 normpdf(x,0,1)是标准正态分布的概率密度函数. fplot 是绘制 m-函数图像的命令.

值得注意的是 MATLAB 所给的一些常见分布律或概率密度的参数表示法与我们教材

中所给的有所不同,MATLAB 中使用这些分布律或概率密度前最好先查阅帮助文件. 获得帮助文件得最快捷的方法是在 MATLAB 的命令窗口键入 help“所查函数名”.

键入回车键后,在命令窗口会显示相应的帮助信息. 图(2)所示为获得正态分布概率密度函数帮助信息的过程.

3)MATLAB 自带的一些常用分布的分布函数及分布函数的反函数

如果把前面所述的各分布律或概率密度函数名的后缀 pdf 改为 cdf 则得到相应分布的分布函数. 图 7.10 所示为随机变量 $X \sim n(0,1)$, $Y \sim (3,5)$ 得分布函数. 注意命令行中表示分布函数的 normcdf(x,0,1), normcdf(x,3,sqrt(5)).

```
help normpdf
 NORMPDF Normal probability density function (pdf).
    Y = NORMPDF(X,MU,SIGMA) returns the pdf of the normal distribution with
    mean MU and standard deviation SIGMA, evaluated at the values in X.
    The size of Y is the common size of the input arguments. A scalar
    input functions as a constant matrix of the same size as the other
    inputs.
    Default values for MU and SIGMA are 0 and 1 respectively.
    See also normcdf, normfit, norminv, normlike, normrnd, normstat.
    Reference page in Help browser
        doc normpdf
```

输入命令:

```
fplot('normcdf(x,0,1)',[-3,10],'b-')
>> hold on
>> fplot('normcdf(x,3,sqrt(5))',[-3,10],'r:')
>> axis([-3,10,0.1,1])
```

结果:

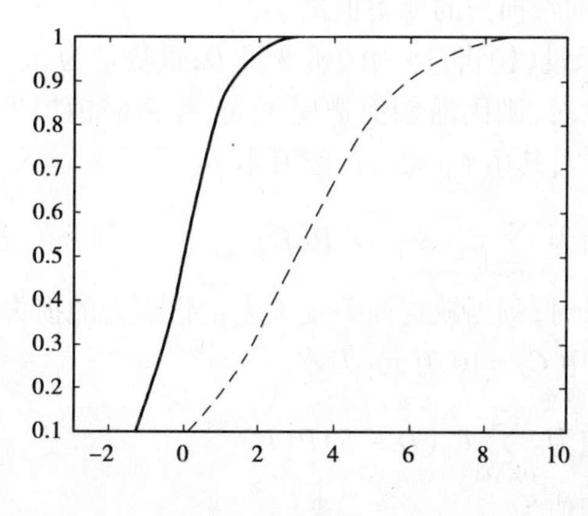

图 7.10

如果把分布函数名的后缀 cdf 改为 inv,便得到了相应分布函数的反函数. 这些常用分

布的分布函数及其反函数对于实际应用很方便，至少可以免除我们去查分布表的工作.

【例 7.37】 计算例 7.37 中有关随机变量 y 的概率

(1)$p(y<3.5)$；(2)$p(y<x)=0.91$，求 x.

【解】 (1)在命令窗口中键入

```
normcdf(3.5,3,sqrt(5))
```

在命令行下方立刻会显示出：

```
ans =
   0.58846836312094
```

(2)在命令窗口中键入

```
norminv(0.91,3,sqrt(5))
```

在命令行下方立刻会显示出：

```
ans =
   5.99801939650634
```

显然，各分布函数的反函数使得获取各种分布的上分位数(点)变得极为方便.

数学实践 6——概率在随机型存贮问题中的应用

【问题提出】 某日历经销商，假设经营(进货与销售)日历的最小单位为 1 万本，每售出 1 万本可获利 10 万元，如果在新年期间不能售出，必须削价处理，这时每 1 万本将损失 5 万元，根据以往的统计和主观估计，市场需求量的概率分布如下表：

需求量/万本	0	1	2	3	4	5
概　率	0.05	0.10	0.25	0.35	0.15	0.10

试求日历的定货量为多少时，损失的期望值最小？

【问题解决】 设需求量(销售量)为随机变量 D，进货量为 S.

当进货量大于需求量时，则因滞销而遭受损失，称为滞销损失费(相当于库存费用)，记作 C_h. 则 $C_h=(S-D)C_1$，其中 $C_1=5$ 万元/万本.

滞销损失费的期望值为 $\sum\limits_{D=0}^{S} C_1(S-D)P(D)$

当进货量小于需求量时，则因缺货而蒙受失去销售机会的损失，称为缺货损失费，记作 C_b. 则 $C_b=(D-S)C_2$，其中 $C_2=10$ 万元/万本.

缺货损失费的期望值为 $\sum\limits_{D=S+1}^{\infty} C_2(D-S)P(D)$

于是总损失费的期望值为

$$\sum_{D=0}^{S} C_1(S-D)P(D)+\sum_{D=S+1}^{\infty} C_2(D-S)P(D)$$

例如,当进货量 $S=2$ 万本时,由于需求量是随机的,所以损失费也是事先不能确定的,因而也是随机的.

滞销损失费 $C_h=(S-D)C_1$,当 $S=2,D=0,1,2$ 时的取值分别为 10,5,0;

缺货损失费 $C_b=(D-S)C_2$,当 $S=2,D=3,4,5$ 的取值分别为 10,20,30.

于是总损失费的期望值为

$$\sum_{D=0}^{2}5(2-D)P(D)+\sum_{D=3}^{5}10(D-2)P(D)=5\times2\times0.05+5\times1\times0.10+5\times0\times0.25+10\times1\times0.35+10\times2\times0.15+10\times3\times0.10=10.5(\text{万元})$$

根据上述算法可列表如下:

损失费计算表

S	D						损失费的期望值/万元
	0	1	2	3	4	5	
	损失费/万元						
0	0	10	20	30	40	50	27.5
1	5	0	10	20	30	40	18.25
2	10	5	0	10	20	30	10.5
3	15	10	5	0	10	20	6.5
4	20	15	10	5	0	10	7.75
5	25	20	15	10	5	0	11.25

可以看出进货量为 3 万本时,损失费的期望值最小,为 6.5 万元.

数学人文知识 7——概率论的产生和发展

概率论产生于 17 世纪,本来是因保险事业的发展而产生的,后因来自于赌博者的请求:如何在赌博中解决定输赢的问题,却成了数学家们思考概率论中问题的源泉.

早在 1654 年,有一个赌徒梅累向当时的数学家帕斯卡提出一个使他苦恼了很久的问题:“两个赌徒相约赌若干局,谁先赢 m 局就算赢,全部赌本就归谁. 但是当其中一个人赢了 $a(a<m)$ 局,另一个人赢了 $b\ (b<m)$ 局的时候,赌博中止. 问:赌本应该如何分法才合理?”帕斯卡曾在 1642 年发明了世界上第一台机械加法计算机.

3 年后,也就是 1657 年,荷兰著名的天文、物理兼数学家惠更斯企图自己解决这一问题,结果写成了《论机会游戏的计算》一书,这就是最早的概率论著作.

近几十年来,随着科技的蓬勃发展,概率论大量应用到国民经济、工农业生产及各学科

领域.许多兴起的应用数学,如信息论、对策论、排队论、控制论等,都是以概率论作为基础的.概率论是根据大量同类随机现象的统计规律,对随机现象出现某一结果的可能性作出一种客观的科学判断,对这种出现的可能性大小做出数量上的描述;比较这些可能性的大小、研究它们之间的联系,从而形成一整套数学理论和方法.

概率论的研究方法和其他数学学科的主要不同点有:

(1)由于随机现象的统计规律是一种集体规律,必须在大量同类随机现象中才能呈现出来.所以,观察、试验、调查就是概率统计这门学科研究方法的基石.但是,作为数学学科的一个分支,它依然具有本学科的定义、公理、定理的,这些定义、公理、定理是来源于自然界的随机规律,但这些定义、公理、定理是确定的,不存在任何随机性.

(2)随机现象的随机性是针对试验、调查之前说的.而真正得出结果后,对于每一次试验,它只可能得到这些不确定结果中的某一种确定结果.人们在研究这一现象时,应当注意在试验前能不能对这一现象找出它本身的内在规律.

数理统计基础

数理统计是经济数据分析的重要工具，在经济领域中有着非常广泛的应用. 由概率论可知，随机现象可以用随机变量及其分布来全面描述，由此可以作出决策. 然而，实际情况中往往是随机变量服从什么分布还不知道；另外，有些随机现象根据它的特征知道其分布，但其中的参数未知，仍然无法把握这个随机现象的规律. 解决这种问题的主要思想是：从研究对象的总体中抽取一小部分个体（即样本）来观察和研究，根据其结果并利用一些数学方法推断出整体具有的某种性质，这种局部论及总体的方法就是数理统计的主要内容.

8.1 基本概念

8.1.1 总体与样本

【例 8.1】 某工厂为了检测一批出厂的 10 万只灯泡的寿命，出厂时随机抽取了1 000 只灯泡进行检测.

【例 8.2】 为了统计全国的人均消费，规定每个地区随机抽取 1/1 000 的人口进行统计调查.

在数理统计中，将所研究对象的全体称为总体，而组成总体的基本单位称为个体. 从总体中抽取出来的个体称为样品，若干个样品组成的集合称为样本，一个样本中所含样品的个数称为样本容量（或大小）. 一个容量为 n 的样本用随机变量 $X_1, X_2, \cdots, X_n$ 来表示，由 n 个样品组成的样本的观测值用 $x_1, x_2, \cdots, x_n$ 表示.

例 8.1 中的 10 万只灯泡就是总体，其中每一个灯泡就是一个个体，被抽取到的 1 000 只灯泡就是样本，样本容量就是 1 000. 例 8.2 中的全国人口就是总体，其中每一个人就是一个个体，按 1/1 000 比例抽取到的人口构成了调查的样本，抽取的数额就是样本容量.

再如，为检验一批钢筋的质量是否合格，从中任意抽取 5 根钢筋，进行拉力和冷弯试验. 在此例中要检验的那批钢筋的质量就构成一个总体，其中每一根钢筋的质量就是个体. 从总体中随机抽取出来的一根钢筋的质量就是样品，所抽取出来的 5 根钢筋的质量就组成了一个样本，样本容量为 5.

由于样品所表示的是某些特性的数量指标以及样品抽取的随机性，因此，样品是一个变量，所看到的都是样品的取值. 将样品的取值称为样品值，样本的取值称为样本值，也称为样本数据.

在进行统计抽样时，由于调查具有破坏性（如检测灯泡寿命、检验炸弹的威力等）或者

总体所包含的个体数量非常庞大(如调查全国的人均消费水平、股票指数的变化等)等原因,不可能对所有个体进行观测,而只能抽取其中一部分样本进行观测.从总体中抽取样本时,为了使抽取的样本具有代表性,通常要求:

(1)抽取方法要统一,应使总体中每一个个体被抽到的机会是均等的;

(2)每次抽取是独立的,即每次抽样结果不影响其他各次抽样结果,也不受其他各次抽样结果的影响.

满足以上两点的抽样方法称为简单随机抽样,由简单随机抽样得到的样本叫做简单随机样本.今后,凡提到抽样及样本都是指简单随机抽样和简单随机样本.

8.1.2 统计量

样本能反映总体的性质,因此,可以利用样本提供的信息对总体某方面的规律性进行统计推断.但在取得样本后,并不是直接利用样本进行推断,而是先对样本进行一定的加工、提炼,把样本中反映总体某方面的信息集中起来,构造出适当的样本函数,然后才去做统计推断.

定义 8.1 设 $X_1,X_2,\cdots,X_n$ 为总体 X 的一个样本,$g(X_1,X_2,\cdots,X_n)$ 为一连续函数,且不包含任何未知参数,则称 $g(X_1,X_2,\cdots,X_n)$ 为样本 $X_1,X_2,\cdots,X_n$ 的一个统计量.

显然,统计量也是一个随机变量,如果 $x_1,x_2,\cdots,x_n$ 是 $X_1,X_2,\cdots,X_n$ 的一组观测值.则 $g(x_1,x_2,\cdots,x_n)$ 就是 $g(X_1,X_2,\cdots,X_n)$ 的一个观测值.

定义 8.2 设 $X_1,X_2,\cdots,X_n$ 是总体 X 的一个样本,则统计量

$\overline{X} = \frac{1}{n}\sum_{i=1}^{n} X_i$,称为样本均值;

$S^2 = \frac{1}{n-1}\sum_{i=1}^{n}(X_i - \overline{X})^2$,称为样本方差;

$S = \sqrt{\frac{1}{n-1}\sum_{i=1}^{n}(X_i - \overline{X})^2}$,称为样本标准差;

$A_k = \frac{1}{n}\sum_{i=1}^{n} X_i^k, k = 1,2,\cdots$,称为 k 阶原点矩;

$B_k = \frac{1}{n}\sum_{i=1}^{n}(X_i - \overline{X})^k, k = 1,2,\cdots$,称为 k 阶中心矩.

它们的观测值用相应的小写字母表示,这些观测值仍分别称为样本均值、样本方差、样本标准差.样本均值$\overline{X}$反映的是总体 X 的平均取值,样本方差 S^2 反映的是总体 X 取值的离散程度.$\overline{X}$,S^2 统称为样本的数字特征.

8.1.3 统计量的分布

统计量是样本的函数,它仍然是随机变量,统计量的分布通常称为抽样分布.在使用统计量进行统计推断时需要先知道它的分布,然而讨论的样本都是简单随机样本.所以,统计量的分布是由总体的分布所确定.下面介绍常用的几个正态总体的抽样分布.

1) U 分布

定理 8.1 设 $X_1, X_2, \cdots, X_n$ 是来自总体 $X \sim N(\mu, \sigma^2)$，容量为 n 的样本，则有统计量

$$\overline{X} = \frac{1}{n}\sum_{i=1}^{n} X_i \sim N\left(\mu, \frac{\sigma^2}{n}\right)$$

或

$$U = \frac{\overline{X} - \mu}{\sigma / \sqrt{n}} \sim N(0,1)$$

【例 8.3】 设总体 $X \sim N(0,1)$，$X_1, X_2, \cdots, X_9$ 为来自总体 X 的样本，求：

(1) $\overline{X} = \frac{1}{9}\sum_{i=1}^{9} X_i$ 的分布；

(2) X 和 $\overline{X}$ 在 $[-1,1]$ 中取值的概率.

【解】 (1) 因为 $X \sim N(0,1)$，$\mu = 0$，$\sigma^2 = 1$，$n = 9$

所以 $E(\overline{X}) = \mu = 0$，$D(\overline{X}) = \frac{\sigma^2}{n} = \frac{1}{9}$，即 $\overline{X} \sim N\left(0, \frac{1}{9}\right)$.

(2) 因为 $X \sim N(0,1)$

所以 $P\{-1 \leqslant X \leqslant 1\} = \Phi(1) - \Phi(-1) = 2\Phi(1) - 1 = 2 \times 0.84134 - 1 = 0.68268$

由 $\overline{X} \sim N\left(0, \frac{1}{9}\right)$，得 $\frac{\overline{X}}{1/3} = 3\overline{X} \sim N(0,1)$

所以 $P\{-1 \leqslant \overline{X} \leqslant 1\} = P\{-3 \leqslant 3\overline{X} \leqslant 3\} = \Phi(3) - \Phi(-3)$

$= 2\Phi(3) - 1 = 2 \times 0.998\ 65 - 1 = 0.99730.$

2) χ^2 分布

定义 8.3 设 $X_1, X_2, \cdots, X_n$ 为来自正态总体 $X \sim N(0,1)$ 的一个样本，则称统计量 $\chi^2 = X_1^2 + X_2^2 + \cdots + X_n^2$ 为服从自由度为 n 的 χ^2 分布，记作 $\chi^2 \sim \chi^2(n)$. $\chi^2(n)$ 分布的密度函数为

$$f(x) = \begin{cases} \dfrac{1}{2^{\frac{n}{2}}\Gamma\left(\frac{n}{2}\right)} x^{\frac{n}{2}-1} \mathrm{e}^{-\frac{x}{2}} & x \geqslant 0 \\ 0 & x < 0 \end{cases}$$

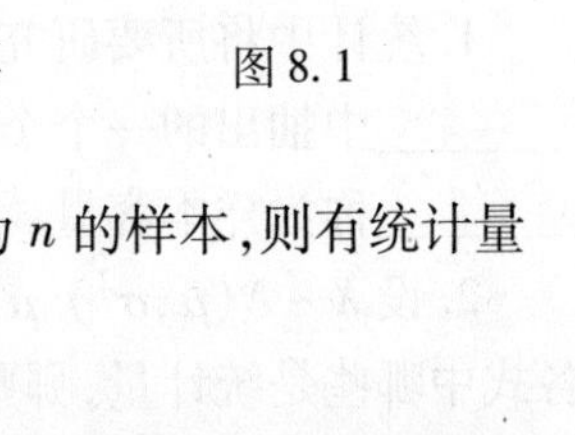

上式中 $\Gamma\left(\frac{n}{2}\right)$ 为函数 $\Gamma(x) = \int_0^{+\infty} t^{x-1}\mathrm{e}^{-t}\mathrm{d}t\ (x > 0)$ 在 $x = \frac{n}{2}$ 的函数值.

图 8.1

如图 8.1 所示，从图形上可以看出，当 n 较大（$n > 30$）时，其图形接近于正态分布密度函数的图形.

定理 8.2 设 $X_1, X_2, \cdots, X_n$ 是来自总体 $X \sim N(\mu, \sigma^2)$，容量为 n 的样本，则有统计量

$$\chi^2 = \frac{(n-1)S^2}{\sigma^2} \sim \chi^2(n-1)$$

由于 χ^2 分布的密度函数表达式较为烦琐，直接用它来计算比较困难，为了使用方便，对不同的自由度 n 按 $P\{\chi^2(n) > \chi^2_\alpha(n)\} = \alpha\ (0 < \alpha < 1)$ 编制了 χ^2 分布表（见附录 5），供查阅.

【例 8.4】 若 $P\{\chi^2(9) > \lambda\} = 0.025$，求临界值 λ.

【解】 查χ^2分布表可得临界值$\lambda=\chi^2_{0.025}(9)=19.023$.

3)t分布

定义 8.4 设$X\sim N(0,1)$,$Y\sim\chi^2(n)$,且X与Y相互独立,则称随机变量

$$T=\frac{X}{\sqrt{\frac{Y}{n}}}$$

为服从自由度为n的t分布,记作$T\sim t(n)$.

t分布的密度函数为

$$f(x)=\frac{\Gamma\left(\frac{n+1}{2}\right)}{\sqrt{n\pi}\,\Gamma\left(\frac{n}{2}\right)}\left(1+\frac{x^2}{n}\right)^{-\frac{n+1}{2}}\quad(-\infty<x<+\infty)$$

如图 8.2 所示,图形关于纵轴对称,当n较大时,t分布近似于标准正态分布. 为了方便,同样编制了t分布临界值表(见附录 6),供查阅.

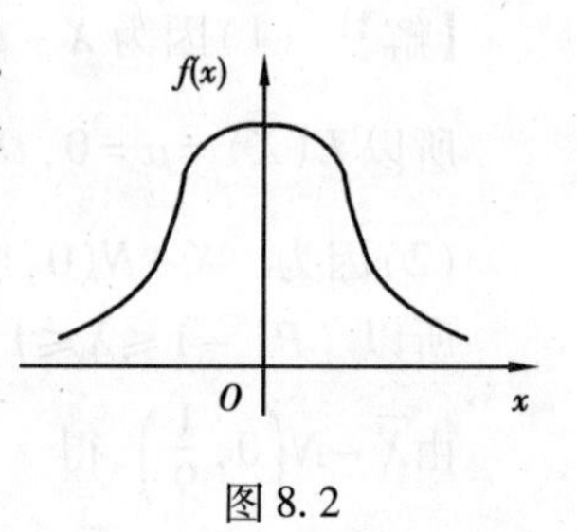

图 8.2

定理 8.3 设$X_1,X_2,\cdots,X_n$是来自总体$X\sim N(\mu,\sigma^2)$容量为n的样本,则有统计量

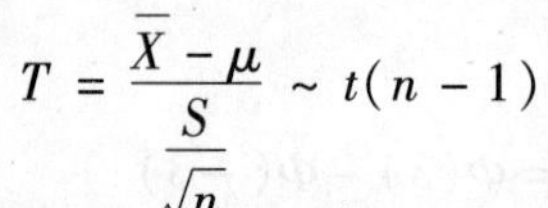

$$T=\frac{\overline{X}-\mu}{\frac{S}{\sqrt{n}}}\sim t(n-1)$$

当利用U变量作推断时,参数μ,σ必为已知;当σ未知时,变量U不能作统计量,此时可用样本方差S^2来代替σ^2,从而得到统计量T.

【例 8.5】 若$P\{|t|>\lambda\}=0.05$,求自由度为 7 时的λ值.

【解】 由$P\{|t|>\lambda\}=0.05$,得$P\{t>\lambda\}=0.025$,当自由度$n=7$时,$P\{t(7)>\lambda\}=0.025$,查t分布表得$\lambda=t_{0.025}(7)=2.365$.

习题 8.1

A 组

1. 统计中将所要研究对象的全体称为________,________中的基本单位称为个体,从________中抽出的一个个体称为________,一组样品组成________,________称为样本值,________称为样本容量.

2. 设$X\sim N(\mu,\sigma^2)$,μ未知,且σ^2已知,$X_1,\cdots,X_n$为取自此总体的一个样本,指出下列各式中哪些是统计量,哪些不是,为什么?

(1)$X_1+X_2+X_n-\mu$ (2)X_n-X_{n-1} (3)$\dfrac{\overline{X}-\mu}{\sigma}$ (4)$\sum\limits_{i=1}^{n}\dfrac{(X_i-\mu)^2}{\sigma^2}$

3. 在总体$X\sim N(52.6,3^2)$中随机抽取一容量为 36 的样本,求样本均值$\overline{X}$落在

[50.8,53.8]之间的概率.

4. 在总体 $X \sim N(80,20^2)$ 中随机抽取一容量为 100 的样本,求样本均值与总体均值的差的绝对值大于3 的概率.

5. $X_1,X_2,\cdots,X_{10}$是来自总体 $X \sim N(0,0.3^2)$ 的样本,求 $P\{\sum_{i=1}^{10} X_i^2 > 1.44\}$.

6. 查表计算

(1)$\chi^2_{0.05}(9)$ (2)$\chi^2_{0.99}(21)$ (3)$t_{0.05}(30)$ (4)$t_{0.025}(16)$

应用与提高

1)F 分布

定义 8.5 设 $V_1 \sim \chi^2(n_1)$,$V_2 \sim \chi^2(n_2)$,则称随机变量

$$F = \frac{V_1/n_1}{V_2/n_2}$$

服从第一自由度为 n_1、第二自由度为 n_2 的 F 分布,记做 $F \sim F(n_1,n_2)$.

F 分布的概率密度函数为

$$f(y) = \begin{cases} Ay^{\frac{n_1}{2}-1}\left(1+\frac{n_1}{n_2}y\right)^{-\frac{n_1+n_2}{2}} & y \geqslant 0 \\ 0 & y < 0 \end{cases}$$

其中

$$A = \frac{\Gamma\left(\frac{n_1+n_2}{2}\right)}{\Gamma\left(\frac{n_1}{2}\right)\Gamma\left(\frac{n_2}{2}\right)}\left(\frac{n_1}{n_2}\right)^{\frac{n_1}{2}}$$

2)关于分布的几个性质

性质 1 χ^2 分布具有可加性

设 $x_1^2 \sim \chi^2(n_1)$,$x_2^2 \sim \chi^2(n_2)$,且相互独立,则

$$x_1^2 + x_2^2 \sim \chi^2(n_1+n_2)$$

性质 2 设$(X_1,X_2,\cdots,X_n)$为来自总体 $X \sim N(\mu,\sigma^2)$ 的样本,则

(1)样本均值$\overline{X}$与样本方差 S^2 相互独立;

(2)$\frac{(n-1)S^2}{\sigma^2} = \frac{\sum_{i=1}^{n}(X_i-\overline{X})^2}{\sigma^2} \sim x^2(n-1)$.

性质 3 设$(X_1,X_2,\cdots,X_n)$为来自总体 $X \sim N(\mu,\sigma^2)$ 的样本,则统计量

$$\frac{\overline{X}-\mu}{\frac{S}{\sqrt{n}}} \sim t(n-1)$$

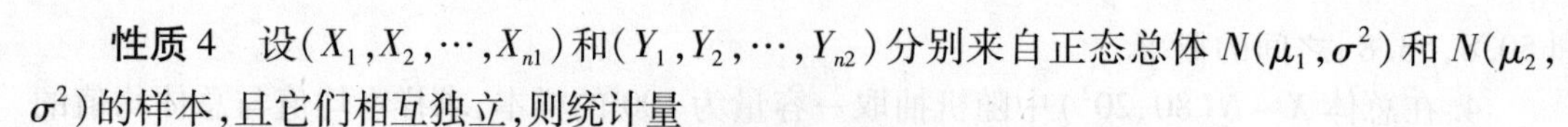

性质4 设$(X_1,X_2,\cdots,X_{n1})$和$(Y_1,Y_2,\cdots,Y_{n2})$分别来自正态总体$N(\mu_1,\sigma^2)$和$N(\mu_2,\sigma^2)$的样本,且它们相互独立,则统计量

$$\frac{\overline{X}-\overline{Y}-(\mu_1-\mu_2)}{S_w\sqrt{\frac{1}{n_1}+\frac{1}{n_2}}}\sim t(n_1+n_2-2)$$

其中,$S_w=\sqrt{\frac{(n_1-1)S_1^2+(n_2-1)S_2^2}{n_1+n_2-2}}$,$S_1^2,S_2^2$分别为两总体的样本方差.

性质5 设n_1,S_1^2为正态总体$N(\mu,\sigma_1^2)$的样本容量和样本方差;n_2,S_2^2为正态总体$N(\mu_2,\sigma_2^2)$的样本容量和样本方差,且两个样本相互独立,则统计量

$$\frac{S_1^2/S_2^2}{\sigma_1^2/\sigma_2^2}\sim F(n_1-1,n_2-1)$$

B 组

1. 设总体X服从标准正态分布,$X_1,X_2,\cdots,X_n$是来自总体X的一个简单随机样本,试问统计量

$$Y=\frac{\left(\frac{n}{5}-1\right)\sum_{i=1}^{5}X_i^2}{\sum_{i=6}^{n}X_i^2},n>5$$

服从何种分布?

8.2 参数估计

数理统计学的主要内容是统计推断,从样本出发推断总体分布或总体的某些数字特征,称这个过程为统计推断.统计推断主要包括两类问题:参数估计和假设检验.参数估计问题又分两个子问题:点估计和区间估计.

8.2.1 点估计

【例8.6】 假如要估计某班女生的平均身高(假定身高服从正态分布$N(\mu,0.1^2)$).现从该总体选取容量为5的样本,本问题的任务是要根据选出的样本(5个数)求出总体均值μ的估计.而全部信息就由这5个数组成.设5个数是:1.56,1.60,1.68,1.52,1.64.估计μ为1.60,这是点估计.

定义8.6 设总体X的分布函数为$F(x,\theta)$,其中θ为未知参数.从总体X中抽取样本$X_1,X_2,\cdots,X_n$,其观测值为$x_1,x_2,\cdots,x_n$.构造一个样本函数,即统计量$\hat{\theta}=\hat{\theta}(X_1,X_2,\cdots,X_n)$,用它的观测值$\hat{\theta}=\hat{\theta}(x_1,x_2,\cdots,x_n)$来估计参数$\theta$,则称$\hat{\theta}(X_1,X_2,\cdots,X_n)$为$\theta$的估计量,$\hat{\theta}(x_1,x_2,\cdots,x_n)$为$\theta$的估计值.估计量和估计值统称为点估计.

点估计的主要问题是如何来构造这种合适的统计量,常用的方法有矩法估计法和极大似然估计法. 本节重点介绍点估计中用替换原理的矩法估计.

1900 年英国统计学家 K. Pearson 提出了一个替换原则,后来人们称此方法为矩法.

替换原理常指如下两句话:

(1)用样本矩去替换总体矩,这里的矩可以是原点矩也可以是中心矩;

(2)用样本矩的函数去替换相应的总体矩的函数.

根据这个替换原理,在总体分布形式未知场合也可对各种参数作出估计. 例如,用样本均值$\overline{X}$作为总体均值μ的点估计量,即

$$\hat{\mu}=\overline{X}=\frac{1}{n}\sum_{i=1}^{n}X_i$$

而

$$\hat{\mu}=\overline{x}=\frac{1}{n}\sum_{i=1}^{n}x_i$$

用样本方差 S^2 作为总体方差 σ^2 的点估计量,即

$$\hat{\sigma}^2=S^2=\frac{1}{n-1}\sum_{i=1}^{n}(X_i-\overline{X})^2$$

而

$$\hat{\sigma}^2=S^2=\frac{1}{n-1}\sum_{i=1}^{n}(x_i-\overline{x})^2$$

用事件 A 出现的频率估计事件 A 发生的概率.

【例 8.7】 某种清漆的 9 个样品,经测其干燥时间(以小时记)分别为

6.0 5.7 5.8 6.5 7.0 6.3 5.6 6.1 5.0

试求总体均值μ及方差σ^2的矩估计值.

【解】 μ和σ^2的估计值如下

$$\hat{\mu}=\overline{x}=\frac{1}{n}\sum_{i=1}^{n}x_i$$

$$=\frac{1}{9}(6.0+5.7+5.8+6.5+7.0+6.3+5.6+6.1+5.0)=6$$

$$\hat{\sigma}^2=S^2=\frac{1}{n-1}\sum_{i=1}^{n}(x_i-\overline{x})^2=\frac{1}{8}\sum_{i=1}^{9}(x_i-6)^2=0.34$$

【例 8.8】 总体 $X\sim P(\lambda)$,其中 λ 为未知参数,$X_1,X_2,\cdots,X_n$ 为来自于总体 X 的一个样本,求 λ 的估计量.

【解】 由 $X\sim P(\lambda)$,知 $E(X)=D(X)=\lambda$.

由替换原理得 $\hat{\lambda}=\overline{X}$,$\hat{\lambda}=S^2$.

8.2.2 区间估计

对于总体的未知参数,不仅需要求出它的估计值,往往还需要按给定的可靠程度(置信度)估计出它的误差范围,也就是估计参数 θ 值所在的范围,这个范围通常用区间形式表示,所以又称为参数的区间估计.

定义 8.7 设 θ 是总体的一个参数,$X_1,X_2,\cdots,X_n$ 是来自总体 X 的一个样本,对给定的

数 $\alpha(0<\alpha<1)$,若存在两个统计量 $\hat{\theta}_1=\hat{\theta}_1(X_1,X_2,\cdots,X_n)$ 与 $\hat{\theta}_2=\hat{\theta}_2(X_1,X_2,\cdots,X_n)$,有 $P\{\hat{\theta}_1<\theta<\hat{\theta}_2\}=1-\alpha$,则称$(\hat{\theta}_1,\hat{\theta}_2)$为 θ 的 $1-\alpha$ 置信区间,称 $1-\alpha$ 为置信水平(或置信度),称 $\hat{\theta}_1,\hat{\theta}_2$ 分别为 θ 的置信下限和置信上限.

该定义的含义在于有 $100(1-\alpha)\%$ 的把握断定 θ 的真值落在区间$(\hat{\theta}_1,\hat{\theta}_2)$内,$\alpha$ 是事先给定的一个小正数(称为显著性水平),$1-\alpha$ 就是估计区间$(\hat{\theta}_1,\hat{\theta}_2)$包含 θ 值的概率. 例如,$1-\alpha=0.95$ 可解释为从总体中抽取 100 个容量为 n 的样本,由这 100 个样本的观测值,就得 100 个置信区间,则其中大约有 95 个包含未知参数 θ,约有 5 个不包含 θ.

事实上,置信区间$(\hat{\theta}_1,\hat{\theta}_2)$也是对未知参数的一种估计,区间的长度意味着误差. 因此,可以说区间估计与点估计是互补的两种参数估计.

由于正态分布是最常见的一种随机现象,所以这里仅讨论正态总体均值和方差的区间估计.

1)正态总体均值的区间估计

(1)σ^2 已知时,μ 的 $1-\alpha$ 置信区间:由于 σ^2 已知,含有 μ,σ 及估计量$\overline{X}$的统计量$\dfrac{\overline{X}-\mu}{\sigma/\sqrt{n}}\sim N(0,1)$,对给定的置信水平 $1-\alpha$,由标准正态分布图(图 8.3),有$P\{|U|<Z_{\alpha/2}\}=1-\alpha$,于是得$\mu$ 的 $1-\alpha$ 置信区间为

$$\left(\overline{X}-Z_{\alpha/2}\frac{\sigma}{\sqrt{n}},\overline{X}+Z_{\alpha/2}\frac{\sigma}{\sqrt{n}}\right)$$

【例 8.9】 车间生产一种零件,从长期实践知道,该零件直径服从正态分布,且方差为 0.06. 现从某日生产的产品中随机取 6 件,测其直径为 14.6,15.1,14.9,15.2,15.1. 试求该零件平均直径的置信区间($\alpha=0.05$).

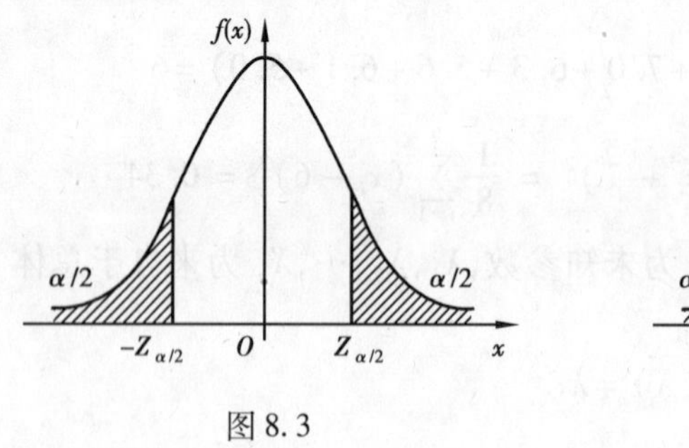

图 8.3

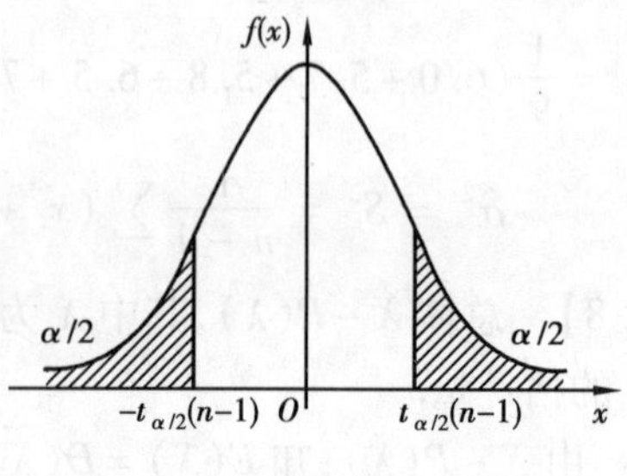

图 8.4

【解】 $\alpha=0.05$,查标准正态表知 $Z_{0.025}=1.96$,经计算知$\overline{X}=14.95$.

又因为 $\sigma^2=0.06,\overline{X}-1.96\dfrac{\sigma}{\sqrt{n}}=14.96-1.96\sqrt{\dfrac{0.06}{6}}=14.75$

则有 $\overline{X}+1.96\dfrac{\sigma}{\sqrt{n}}=14.96+1.96\sqrt{\dfrac{0.06}{6}}=15.15$

即得μ 的 $\alpha=0.05$ 的置信区间为(14.75,15.15).

(2)σ^2 未知时,μ 的 $1-\alpha$ 置信区间:由于 σ 未知时,用样本均方差 S 代替它,统计量 $\dfrac{\overline{X}-\mu}{S/\sqrt{n}} \sim t(n-1)$,对给定的置信水平$1-\alpha$,由 t 分布图(图 8.4),有 $P\{|t|<t_{\alpha/2}(n-1)\}=1-\alpha$,于是得 μ 的$1-\alpha$置信区间为

$$\left(\overline{X}-t_{\alpha/2}(n-1)\frac{S}{\sqrt{n}},\overline{X}+t_{\alpha/2}(n-1)\frac{S}{\sqrt{n}}\right)$$

【例 8.10】 已知某工厂生产的洗衣粉每袋的质量 $X \sim N(\mu,\sigma^2)$,现随机抽取了 20 袋测得它们的质量(单位:g),经计算得样本均值$\overline{X}=501.25$ g,样本标准差 $S=3.17$ g. 试求总体均值 μ 的置信度为 0.99 的置信区间.

【解】 已知 $n=20,\overline{X}=501.25,S=3.17$.

由 $1-\alpha=0.99$,经查 t 分布表得 $t_{\alpha/2}(n-1)=t_{0.005}(19)=2.8609$.

又 $t_{\alpha/2}(n-1)\dfrac{S}{\sqrt{n}}=2.8609\times\dfrac{3.17}{\sqrt{20}}=2.03$,代入公式即得 μ 的 0.99 置信区间为 (499.22,503.28).

2)正态总体方差 σ^2 的区间估计

虽然也可以就 μ 是否已知分两种情况讨论 σ^2 的置信区间,但在实际问题中 σ^2 未知时 μ 已知的情况是极为罕见的,所以只在 μ 未知的条件下讨论 σ^2 的置信区间.

因为统计量$\dfrac{(n-1)S^2}{\sigma^2} \sim \chi^2(n-1)$,对给定的置信水平 $1-\alpha$,由χ^2 分布图(图 8.5),有 $P\{\chi^2_{1-\frac{\alpha}{2}}(n-1)<\chi^2<\chi^2_{\frac{\alpha}{2}}(n-1)\}=1-\alpha$,即得 σ^2 的 $1-\alpha$ 置信区间为

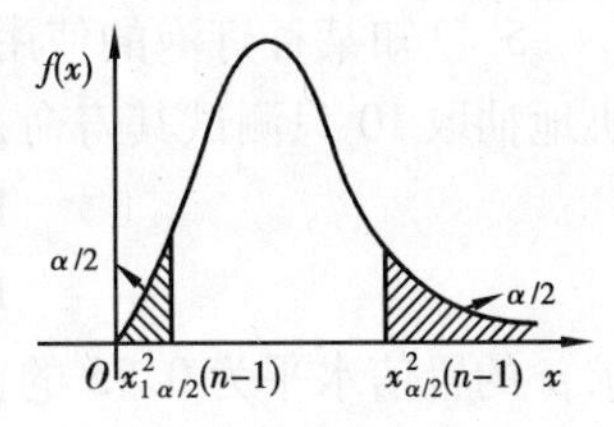

图 8.5

$$\left(\frac{(n-1)S^2}{\chi^2_{\frac{\alpha}{2}}(n-1)},\frac{(n-1)S^2}{\chi^2_{1-\frac{\alpha}{2}}(n-1)}\right)$$

【例 8.11】 已知某工厂生产的洗衣粉每袋的质量 $X \sim N(\mu,\sigma^2)$,现随机抽取了 16 袋测得它们的质量(单位:g),样本标准差 $S=6.2022$ g. 试求 σ^2 的置信水平为 0.95 的置信区间.

【解】 $1-\alpha=0.95,\alpha/2=0.025,n-1=15$. 查表得

$$\chi^2_{0.025}(15)=27.488,\chi^2_{0.975}(15)=6.262$$

又由于 $S=6.2022$,故 σ^2 的置信水平为 0.95 的置信区间为(20.976,92.16).

习题 8.2

A 组

1. 填空.

(1)以样本均值$\overline{X}$作为总体均值 μ 的点估计值 $\hat{\mu}=$________,以样本方差 S^2 作为总体

方差 σ^2 的点估计值 $\hat{\sigma}^2=$ ________.

(2)总体方差 σ^2 已知时，μ 的 $1-\alpha$ 置信区间为________，总体方差 σ^2 未知时，μ 的 $1-\alpha$置信区间为________，正态总体方差的置信区间为________.

2. 设总体的一组样本观测值为 0.3，0.8，0.27，0.35，0.62，0.55，试用矩法求出总体均值 μ 和方差 σ^2 的估计值.

3. 已知某种电视的使用寿命服从正态分布. 在某一周所生产的该种电视中随机抽取 10 台，测得其寿命(以小时计)为

$$1\,067 \quad 919 \quad 1\,196 \quad 785 \quad 1\,126$$
$$936 \quad 918 \quad 1\,156 \quad 920 \quad 948$$

试用矩法求出寿命总体的均值 μ 和方差 σ^2 的估计值，并估计这种电视的寿命大于1 300 h 的概率.

4. 以 X 表示某工厂制造的某种器件的寿命(以小时计)，设 $X\sim N(\mu,129\,6)$，今取得一容量为 $n=27$ 的样本，测得其样本均值为 $\overline{X}=1\,478$. 求：

(1)μ 的置信水平为 0.95 的置信区间；

(2)μ 的置信水平为 0.90 的置信区间.

5. 已知某种灯泡的使用寿命 X(单位：h)服从正态分布 $N(\mu,325)$，现从这些灯泡中随机地抽取 10 只测试其寿命，所得数据如下：

$$1\,632 \quad 1\,657 \quad 1\,600 \quad 1\,593 \quad 1\,621$$
$$1\,611 \quad 1\,642 \quad 1\,623 \quad 1\,608 \quad 1\,605$$

求 μ 的置信水平为 0.95 的置信区间.

6. 一油漆商希望知道某种新的内墙油漆的干燥时间. 在面积相同的 12 块内墙上做试验，记录干燥时间(单位：min)，得样本均值 $\overline{X}=66.3$ 分，样本标准差 $S=9.4$ 分. 设样本来自正态总体 $N(\mu,\sigma^2)$，μ,σ^2 均未知. 求干燥时间的数学期望的置信水平为 0.95 的置信区间.

7. 从正态总体中抽取容量为 5 的样本，其观测值为

$$1.86 \quad 3.22 \quad 1.46 \quad 4.01 \quad 2.64$$

试求 σ^2 的 0.95 置信区间.

8. 设 X 是春天捕到的某种鱼的长度(单位：cm)，设 $X\sim N(\mu,\sigma^2)$，μ,σ^2 均未知. 下面是 X 的一个容量为 $n=13$ 的样本：

$$13.1 \quad 5.1 \quad 18.0 \quad 8.7 \quad 16.5 \quad 9.8 \quad 6.8 \quad 12.0 \quad 17.8 \quad 25.4 \quad 19.2 \quad 15.8 \quad 23.0$$

求 σ 的置信水平为 0.95 的置信区间.

应用与提高

1)点估计法

对于不同的样本值，θ 的估计值一般是不相同的. 参数点估计的方法很多，两种常用的点估计方法是矩估计法和极大似然估计法.

(1)矩估计法. 设总体 X 的分布中包含未知参数 $\theta_1,\theta_2,\cdots,\theta_m$,则其分布函数可以表示成 $F(x;\theta_1,\theta_2,\cdots,\theta_m)$. 显然,它的 k 阶原点矩 $v_k=E(x^k)(k=1,2,\cdots,m)$ 中也包含了未知参数 $\theta_1,\theta_2,\cdots,\theta_m$,即 $v_k=v_k(\theta_1,\theta_2,\cdots,\theta_m)$. 又设 $x_1,x_2,\cdots,x_n$ 为总体 X 的 n 个样本值,样本的 k 阶原点矩为 $\frac{1}{n}\sum_{i=1}^{n}x_i^k(k=1,2,\cdots,m)$,按照"当参数等于其估计量时,总体矩等于相应的样本矩"的原则建立方程,即有

$$\begin{cases} v_1(\hat{\theta}_1,\hat{\theta}_2,\cdots,\hat{\theta}_m)=\frac{1}{n}\sum_{i=1}^{n}x_i \\ v_2(\hat{\theta}_1,\hat{\theta}_2,\cdots,\hat{\theta}_m)=\frac{1}{n}\sum_{i=1}^{n}x_i^2 \\ \vdots \\ v_m(\hat{\theta}_1,\hat{\theta}_2,\cdots,\hat{\theta}_m)=\frac{1}{n}\sum_{i=1}^{n}x_i^m \end{cases}.$$

由上面 m 个方程,解出 m 个未知参数 $(\hat{\theta}_1,\hat{\theta}_2,\cdots,\hat{\theta}_m)$,就是参数 $(\theta_1,\theta_2,\cdots,\theta_m)$ 的矩估计量.

【例 8.12】 设总体 $X\sim B(n,P)$,n 为正整数,$0<p<1$,两者都是未知参数. $(X_1,X_2,\cdots,X_n)$ 是总体 X 的一个样本,试求 n 和 p 的矩估计.

【解】 因为 $X\sim B(n,p)$,所以 $E(X)=np,D(X)=np(1-p)$.

由 $\begin{cases}EX=\overline{X}\\DX=B_2\end{cases}$,即 $\begin{cases}np=\overline{X}\\np(1-p)=B_2\end{cases}$

解得 n,p 的矩估计量为 $\hat{n}=\left[\frac{\overline{X}^2}{\overline{X}-B_2}\right],\hat{p}=1-\frac{B_2}{\overline{X}}$.

(2)极大似然估计. 设 $x_1,x_2,\cdots,x_n$ 是来自密度为 $f(x;\theta)$ 的一个样本,θ 是未知参数,称 $f(x_1;\theta)f(x_2;\theta)\cdots f(x_n;\theta)$ 为 θ 的似然函数,记作 $L(\theta;x_1,x_2,\cdots,x_n)$,即

$$L(\theta;x_1,x_2,\cdots,x_n)=f(x_1;\theta)f(x_2;\theta)\cdots f(x_n;\theta)$$

最大似然估计法的直观想法就是:既然随机试验的结果得到样本观测值 $x_1,x_2,\cdots,x_n$,说明这组样本观测值出现的可能性(概率)最大. 因此,所选取的参数 θ 的估计量 $\hat{\theta}$ 应使似然函数 $L(\theta;x_1,x_2,\cdots,x_n)$ 达到极大值,即当参数 θ 用 $\hat{\theta}$ 作估计量时

$$L(\hat{\theta};x_1,x_2,\cdots,x_n)=\max$$

使似然函数 $L(\theta;x_1,x_2,\cdots,x_n)$ 达到极大值的 $\hat{\theta}$ 称为参数 θ 的最大似然估计量,记作 $\hat{\theta}=\hat{\theta}(x_1,x_2,\cdots,x_n)$. 如果似然函数 $L(\theta;x_1,x_2,\cdots,x_n)$ 关于参数 θ 是可微的,求 $L(\theta;x_1,x_2,\cdots,x_n)$ 的极大值时,解方程 $\frac{\mathrm{d}L}{\mathrm{d}\theta}=0$,从中得到 θ,经过适当检验,便可得到 θ 的最大似然估计量 $\hat{\theta}$. 实际计算时,往往先对 L 取对数,然后再解方程

$$\frac{\mathrm{d}\ln L}{\mathrm{d}\theta}=0$$

从中得到使 $\ln L$ 取得极大值的 $\hat{\theta}$,$\hat{\theta}$ 就是参数 θ 的最大似然估计量.

【例 8.13】 设总体 X 的分布为指数分布,其密度为

$$f(x,\lambda) = \begin{cases} \lambda e^{-\lambda x} & x > 0 \\ 0 & x \leqslant 0 \end{cases}$$

其中 λ 为未知参数. 设 $x_1,x_2,\cdots,x_n$ 是来自总体 X 的一个样本,求参数 λ 的最大似然估计.

【解】 似然函数为

$$L(\lambda;x_1,x_2,\cdots,x_n) = f(x_1;\lambda)f(x_2;\lambda)\cdots f(x_n;\lambda) = \begin{cases} \lambda^n e^{-\lambda \sum\limits_{i=1}^{n} x_i} & x > 0 \\ 0 & x \leqslant 0 \end{cases}$$

取对数,得

$$\ln L = n \ln \lambda - \lambda \sum_{i=1}^{n} x_i$$

解方程

$$\frac{d \ln L}{d\lambda} = \frac{n}{\lambda} - \sum_{i=1}^{n} x_i = 0$$

故参数 λ 的最大似然估计量为

$$\hat{\lambda} = \frac{n}{\sum\limits_{i=1}^{n} x_i} = \frac{1}{\bar{x}}$$

总体分布 X 中含有两个未知参数 θ_1,θ_2 时,最大似然估计法仍然适用,这时似然函数是二元函数 $L(\theta_1,\theta_2;x_1,x_2,\cdots,x_n)$. 由二元函数极值原理

$$\begin{cases} \dfrac{\partial \ln L}{\partial \theta_1} = 0 \\ \dfrac{\partial \ln L}{\partial \theta_2} = 0 \end{cases}$$

从中解出使 $\ln L$ 取得极大值的 $\hat{\theta}_1,\hat{\theta}_2$,就是参数 θ_1,θ_2 的最大似然估计量.

【例 8.14】 设 $x_1,x_2,\cdots,x_n$ 是正态总体 $N(\mu,\sigma^2)$ 的一个样本,试求 μ 和 σ^2 的最大似然估计.

【解】 似然函数为

$$L(\mu,\sigma^2;x_1,x_2,\cdots,x_n) = \prod_{i=1}^{n}\left(\frac{1}{\sigma\sqrt{2\pi}} e^{-\frac{1}{2\sigma^2}(x_i-\mu)^2}\right) = \left(\frac{1}{\sigma\sqrt{2\pi}}\right)^n e^{-\frac{1}{2\sigma^2}\sum\limits_{i=1}^{n}(x_i-\mu)^2}$$

取对数

$$\ln L = n \ln\left(\frac{1}{\sigma\sqrt{2\pi}}\right) - \frac{1}{2\sigma^2}\sum_{i=1}^{n}(x_i-\mu)^2 = -n \ln \sqrt{2\pi} - \frac{n}{2}\ln \sigma^2 - \frac{1}{2\sigma^2}\sum_{i=1}^{n}(x_i-\mu)^2$$

解方程组

$$\begin{cases}\dfrac{\partial \ln L}{\partial\mu} = -\dfrac{1}{2\sigma^2}2(-1)\sum_{i=1}^{n}(x_i-\mu) = 0\\[2ex] \dfrac{\sigma \ln L}{\partial\sigma^2} = -\dfrac{n}{2\sigma^2}+\dfrac{1}{2(\sigma^2)^2}\sum_{i=1}^{n}(x_i-\mu)^2 = 0\end{cases}$$

得到

$$\begin{cases}\mu = \dfrac{1}{n}\sum_{i=1}^{n}x_i\\[2ex] \sigma^2 = \dfrac{1}{n}\sum_{i=1}^{n}(x_i-\bar{x})^2\end{cases}$$

于是得到 μ 和 σ^2 的最大似然估计是

$$\begin{cases}\hat{\mu} = \dfrac{1}{n}\sum_{i=1}^{n}x_i = \bar{x}\\[2ex] \hat{\sigma}^2 = \dfrac{1}{n}\sum_{i=1}^{n}(x_i-\bar{x})^2\end{cases}$$

2)点估计的评价标准

点估计有各种不同的求法,为了在不同的点估计间进行比较选择,就必须对各种点估计的好坏给出评价标准.

数理统计中给出了众多的会计量评价标准,对同一估计量使用不同的评价标准可能会得到完全不同的结论. 因此,在评价某一估计好坏时首先要说明是在哪一个标准下,否则所论好坏毫无意义.

(1)无偏性:估计量是随机变量,对于不同的样本值会得到不同的估计值. 希望估计值在未知参数真值附近波动,而它的期望值等于未知参数的真值.

定义 8.8　设 $\hat{\theta}_2=\hat{\theta}_2(X_1,X_2,\cdots,X_n)$ 是 θ 的一个估计,θ 的参数空间为 Θ,若对任意的 $\theta\in\Theta$,有

$$E(\hat{\theta}) = \theta$$

则称 $\hat{\theta}$ 是 θ 的无偏估计,否则称为有偏估计.

无偏性要求可以改写为 $E(\hat{\theta}-\theta)=0$,这表示无偏估计没有系统偏差. 当使用 $\hat{\theta}$ 估计 θ 时,由于样本的随机性,$\hat{\theta}$ 和 θ 总是有偏差的,这种偏差时而(对某些样本观测值)为正,时而(对另一些样本观测值)为负,时而大,时而小. 无偏性表示把这些偏差平均起来其值为0,这就是无偏估计的含义. 而若估计不具有无偏性,则无论使用多少次,其平均值也会与参数真值有一定的距离,这个距离就是系统误差.

【例 8.15】　对任一总体而言,样本均值是总体均值的无偏估计. 当总体 k 阶矩存在时,样本 k 阶原点矩 a_k 是总体 k 阶原点矩 u_k 的无偏估计,但对 k 阶中心矩则不一样. 例如,二阶样本中心矩 S_n^2 就不是总体方差 σ^2 的无偏估计,事实上

$$E(S_n^2) = \frac{n-1}{n}\sigma^2$$

对此,有如下两点说明:

①当样本量趋于无穷时,有 $E(S_n^2) \to \sigma^2$,称 S_n^2 为 σ^2 的渐近无偏估计,这表明当样本量较大时,S_n^2 近似看做 σ^2 的无偏估计.

②若对 S_n^2 作如下修正:

$$S_n^2 = \frac{1}{n-1}\sum_{i=1}^{n}(x_i - \bar{x})^2$$

则 S_n^2 是总体方差的无偏估计.这种简单的修正方法在一些场合常被采用.

无偏性不具有不变性,即若 $\hat{\theta}$ 是 θ 的无偏估计,一般而言,$g(\hat{\theta})$ 不是 $g(\theta)$ 的无偏估计,除非 $g(\theta)$ 是 θ 的线性函数.例如,S^2 是 σ^2 的无偏估计,但 S 不是 σ 的无偏估计.

(2)有效性:参数的无偏估计可以有很多,那么如何在无偏估计中进行选择?直观的想法是希望该估计围绕参数真值的波动越小越好,波动的大小可以用方差来衡量.因此,人们常用无偏估计的方差的大小作为无偏估计优劣的标准,这就是有效性.

定义 8.9 设 $\hat{\theta}_1, \hat{\theta}_2$ 是 θ 的两个无偏估计,如果对任意的 $\theta \in \Theta$ 有

$$D(\hat{\theta}_1) \leqslant D(\hat{\theta}_2)$$

且至少有一个 $\theta \in \Theta$ 使得上述不等号严格成立,则称 $\hat{\theta}_1$ 比 $\hat{\theta}_2$ 有效.

【例 8.16】 设 $x_1, \cdots, x_n$ 是取自某总体的样本,记总体均值为 μ,总体方差为 σ^2,则 $\hat{\mu}_1 = x_1, \hat{\mu}_2 = \bar{x}$ 都是 μ 的无偏估计,但

$$D(\hat{\mu}_1) = \sigma^2, D(\hat{\mu}_2) = \frac{\sigma^2}{n}$$

显然,只要 $n > 1$,$\hat{\mu}_1$ 比 $\hat{\mu}_2$ 有效.这表明用全部数据的平均估计总体均值要比只使用部分数据更有效.

B 组

1.设总体 ζ 服从 0—1 分布,概率分布为 $P\{\zeta = k\} = p^k(1-p)^{1-k}, k = 0, 1, 0 < p < 1$ 是未知参数,$(X_1, X_2, \cdots X_n)$ 是 ζ 的样本,求 p 的极大似然估计.

2.从一批电子元件中随机抽得 10 只,分别测得其使用寿命(单位:h)为 1 052,1 123,1 081,1 001,1 016,1 121,989,1 120,992,996,试用矩估计法估计总体的均值 μ 及方差 σ^2.

3.设总体 $\zeta \sim N(\mu, \sigma^2)$,前面已求得 μ 的估计 $\hat{\mu} = \bar{X}$,σ^2 的估计 $\hat{\sigma}^2 = S^2$,问 $\hat{\mu} = \bar{X}$ 和 $\hat{\sigma}^2 = S^2$ 是不是 μ 和 σ^2 无偏估计?

4.设总体 $\zeta \sim N(\mu, \sigma^2)$,$(X_1, X_2)$ 是 ζ 的一个样本,证明 $\hat{\mu}_1 = \frac{2}{3}X_1 + \frac{1}{3}X_2$,$\hat{\mu}_2 = \frac{1}{2}X_1 + \frac{1}{2}X_2$ 都是 μ 的无偏估计,并比较哪一个估计更有效.

8.3 假设检验

8.3.1 基本概念

1)问题的提出

所谓假设检验就是对总体的分布形式(类型)或分布中的某些参数提出假设,并利用样本观测值对假设的正确性作出检验和判断.为了说明假设检验的基本思想和做法,先举一个实例.

【例8.17】 用一台包装机包装袋装小食品,包得的小食品的质量(单位:g)是一个随机变量,它服从正态分布.当机器运行正常时,其均值为50 g,标准差为1.5 g.某日开工后为检验包装机是否运行正常,随机地抽取小食品9袋,称得净重为49.7,50.6,51.8,52.4,49.8,51.1,52.0,51.5,51.2.问机器是否工作正常?

【解】 由题意知,若每袋小食品质量用X表示,则$X \sim N(\mu,1.5^2)$.机器工作是否正常,就是指X是否服从$N(50,1.5^2)$.换句话说,就是要回答"$\mu=50$"是否成立.为此,提出假设

$$H_0: \mu = \mu_0 = 50$$

称H_0为原假设或零假设.与这个原假设相对立的假设是

$$H_1: \mu \neq \mu_0$$

称H_1为备择假设或对立假设.需要根据样本值作出接受H_0或拒绝H_0的判断.若接受H_0,认为$\mu=50$,即认为包装机工作正常,否则包装机工作不正常.

2)假设检验的基本思想

以上介绍了针对具体问题如何提出假设,那么如何对假设进行判断呢?也就是需要给出一个判别的规则,当然这个规则的给出还是要依赖于样本观测值.

为了给出这个判别规则,结合例8.19进行分析.由于是关于总体均值的假设检验,当然要借助样本平均数$\overline{X}$.若H_0正确,$\overline{X}$与μ_0的值应该相差不大.因此,若$|\overline{X}-\mu_0|$过大,就有理由拒绝H_0.由于当H_0成立时,$U=\dfrac{\overline{X}-\mu}{\sigma/\sqrt{N}} \sim N(0,1)$.因此,为了判别接受$H_0$还是拒绝$H_0$,把对$|\overline{X}-\mu_0|$大小的衡量转化成对$|U|$大小的衡量.当然要想判别其大小,需要有一个衡量的标准,一般事先给定一个较小的正数α,考虑$P\{|U|>Z_{\alpha/2}\}=\alpha$是否成立.若成立,则拒绝$H_0$,否则接受$H_0$.之所以作出这样的判断,是因为$\alpha$值很小,而认为"小概率事件在一次试验中实际是不会发生的",$\{|U|>Z_{\alpha/2}\}$是一个小概率事件,若H_0正确,一次试验中$\{|U|>Z_{\alpha/2}\}$是不可能发生的.取$\alpha=0.05$,$Z_{\alpha/2}=1.96$,$n=9$,$\bar{x}=51.1$,$\sigma=1.5$,有$\left|\dfrac{\bar{x}-\mu_0}{\sigma/\sqrt{n}}\right|=2.2>1.96$,于是拒绝$H_0$,认为该天包装机工作不正常.称$\alpha$为显著性水平,拒绝$H_0$成立的区域称为拒绝域,拒绝域的边界值为临界值.

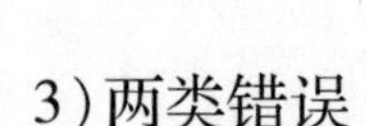

3)两类错误

由于假设检验中是拒绝还接受 H_0 完全取决于样本值.样本的随机性及局限性导致不可避免地犯错误,这时可能犯的错误有两类:一类是 H_0 的结论本身是正确的,可抽取的样本值却落入了拒绝域,这样就犯了“拒真”的错误,称此类错误为第一类错误.另一类是 H_0 本身不成立,样本观测值却落入接受域,从而接受了 H_0,犯了“取伪”的错误,称这类错误为第二类错误.

当然希望在一次假设检验中,犯两类错误的概率都尽量小,当样本容量 n 一定时,这是不可能做到的.因为,只有增大 n 值才可能使两类错误均变小.在实际问题中无限地增大样本容量是不可取的,所以一般是事先给定犯第一类错误的概率 α,力求使犯第二类错误的概率 β 尽量小.可以看出,犯第一类错误的概率 α 恰好是检验的显著性水平,通常情况下 α 取 0.05,0.01,0.001 或 0.10.

4)假设检验步骤

根据以上讨论,假设检验的步骤为:

(1)提出原假设 H_0 和备择假设 H_1;

(2)选择一个适当的统计量,给定显著性水平 $\alpha(0<\alpha<1)$,构造小概率事件,确定 H_0 的拒绝域和接受域;

(3)根据实际观测值,计算统计量的值;

(4)作出判断:若统计量的值落入拒绝域则作出拒绝 H_0 的判断,否则接受 H_0.

5)假设检验与区间估计的关系

假设检验与参数区间估计有密切联系.首先,参数区间估计中假设参数是未知的,要用子样对它进行估计;而假设检验对参数值作了假设,将其看作已知的,用子样对假设作检验.从某种意义上讲假设检验是参数区间估计的逆过程.另外,导出假设检验方法的第二步中所用统计量,与导出参数置信区间所用随机变量函数在形式上完全相同,而且它们的分布是相同的.例如,检验正态总体均值及对正态总体均值作区间估计均是利用

$$\frac{\overline{X}-\mu}{\frac{\sigma_0}{\sqrt{n}}} \sim N(0,1)$$

正态分布是最常见的一种随机现象,因此下面介绍正态分布均值和方差的假设检验.

8.3.2 几种常用的检测法则

1)方差 σ^2 已知,总体均值 μ 的检验——U 检验

检验步骤如下:

(1)提出原假设 $H_0:\mu=\mu_0$,备择假设 $H_1:\mu\neq\mu_0$.

(2)选取适当的检验统计量 $U=\dfrac{\overline{X}-\mu}{\sigma/\sqrt{n}}$,并给定显著性水平 $\alpha(0<\alpha<1)$,构造小概率事件 $P\{|U|>Z_{\alpha/2}\}=\alpha$,得拒绝域为 $(-\infty,-Z_{\alpha/2})\cup(Z_{\alpha/2},+\infty)$,接受域为 $[-Z_{\alpha/2},Z_{\alpha/2}]$.

(3)计算检验统计量 U 的观测值 $u=\dfrac{\bar{x}-\mu_0}{\sigma/\sqrt{n}}$.

(4)作出判断:当 u 落入接受域,则可接受原假设 $H_0:\mu=\mu_0$;当 u 落入拒绝域,则可否定原假设 $H_0:\mu=\mu_0$,而接受备择假设 $H_1:\mu\neq\mu_0$.

这种以 U 为检验统计量的假设检验称为 U 检验法. 例 8.17 就是这种类型.

2)方差 σ^2 未知,总体均值 μ 的检验——t 检验

由于 σ^2 未知,则 $U=\dfrac{\overline{X}-\mu}{\sigma/\sqrt{n}}$不是统计量. 因此,选用 $T=\dfrac{\overline{X}-\mu}{S/\sqrt{n}}$为检验统计量,其检验步骤与 U 检验法类似,这种以 T 为检验统计量的假设检验称为 t 检验法.

【例 8.18】 对一批新的液体存储进行耐裂测试,随机抽测了 8 个,得其爆破压力值(单位:$\mathrm{kg/cm^2}$)如下:56.3,54.5,55.4,54.9,54.8,56.9,54.5,56.1. 根据经验可以认为存储罐的爆破压力是服从正态分布的,而过去该种存储罐的平均爆破压力为 55 $\mathrm{kg/cm^2}$. 问当 $\alpha=0.05$时这批新罐的平均爆破压力与过去的有无显著差异?

【解】 设 X 表示存储罐的爆破压力值. 由已知 $X\sim N(\mu,\sigma^2)$. 现有一个容量 $n=8$ 的样本,经计算得 $\bar{x}=55.425$,$s=0.908$.

由题意提出检验假设 $H_0:\mu=55$,$H_1:\mu\neq 55$.

又 σ^2 未知,选用 t 检验法. 当 $\alpha=0.05$ 时,查 t 分布表得

$$t_{\alpha/2}(n-1)=t_{0.025}(7)=2.3646$$

T 的观测值为

$$t=\frac{\bar{x}-\mu_0}{\frac{s}{\sqrt{n}}}=\frac{55.425-55}{\frac{0.908}{\sqrt{8}}}=1.324$$

显然 $|t|\leqslant t_{0.025}(7)$,所以接受 H_0,即认为新罐的爆破压力值与过去的没有显著差异.

3)正态总体方差 χ^2 的检验——χ^2 检验

检验步骤如下:

(1)提出原假设 $H_0:\sigma^2=\sigma_0^2$,备择假设 $H_1:\sigma^2\neq\sigma_0^2$.

(2)选取统计量 $\chi^2=\dfrac{(n-1)S^2}{\sigma^2}$,并给出显著性水平 $\alpha(0<\alpha<1)$,查 χ^2 分布表得 $\chi^2_{1-\alpha/2}(n-1)$,$\chi^2_{\alpha/2}(n-1)$,从而构造小概率事件

$$P\{\chi^2<\chi^2_{1-\alpha/2}(n-1)\}=P\{\chi^2>\chi^2_{\alpha/2}(n-1)\}=\frac{\alpha}{2}$$

得拒绝域为 $(0,\chi^2_{1-\alpha/2}(n-1))\cup(\chi^2_{\alpha/2}(n-1),+\infty)$

接受域为 $[\chi^2_{1-\alpha/2}(n-1),\chi^2_{\alpha/2}(n-1)]$

(3)根据样本值计算 χ^2 的观测值 $\chi_0^2=\dfrac{(n-1)s^2}{\sigma_0^2}$.

(4)作出判断:当 χ_0^2 值落入接受域,则可接受原假设 $H_0:\sigma^2=\sigma_0^2$;当 χ_0^2 值落入拒绝域,则可否定原假设 $H_0:\sigma^2=\sigma_0^2$,而接受备择假设 $H_1:\sigma^2\neq\sigma_0^2$.

这种以μ未知,χ^2为检验统计量的假设检验称为χ^2检验法.

【例8.19】 某炼铁厂水中碳的质量分数X(单位:%)服从正态分布$N(\mu,0.112^2)$.现对工艺进行改进,从中抽取7炉铁水,测得碳的质量分数为4.411,4.062,4.337,4.394,4.346,4.277,4.693.试问当$\alpha=0.05$时新工艺炼出的铁水质量分数的方差是否有明显改变?

【解】 作假设$H_0:\sigma^2=0.112^2$;$H_1:\sigma^2\neq 0.112^2$.由$n=7,\alpha=0.05$,查表得

$$\chi^2_{0.975}(6)=1.237,\chi^2_{0.025}(6)=14.449$$

经计算知$\bar{x}=4.36,s^2=0.0351,\chi^2=\dfrac{(n-1)s^2}{\sigma_0^2}=16.789$.

由于$\chi^2>\chi^2_{0.025}(6)$,故拒绝H_0,即认为铁水中碳的质量分数的方差有明显变化.

习题8.3

A 组

1.某车间用一台包装机包装葡萄糖,规定标准为每袋装0.5 kg,设包装机称得每袋糖的质量$X\sim N(\mu,\sigma_0^2)$,已知$\sigma_0=0.015$.某天开工后,为检查包装机的工作是否正常,随机抽取9袋,称得质量为0.497,0.506,0.518,0.524,0.488,0.511,0.510,0.515,0.512,检验水平为$\alpha=0.10$.问包装机工作是否正常?

2.一种电子元件要求其寿命不得低于1 000 h,现抽测25件,得其均值为$\bar{x}=950$ h.已知该种元件寿命$X\sim N(\mu,100)$,问这批元件是否合格($\alpha=0.05$)?

3.正常人的脉博平均为72次/min,现某医生测得10例慢性4乙基铅中毒患者的脉搏(单位:次/min)为54,67,68,78,70,66,67,70,65,69.问4乙基铅中毒者和正常人的脉搏有无显著性差异?(假设4乙基铅中毒者的脉搏服从正态分布,$\alpha=0.05$)

4.一工厂的经理主张一新来的雇员在参加某项工作之前至少需要培训200 h才能成为独立工作者,为了检验这一主张的合理性,随机选取10个雇员询问他们独立工作之前所经历的培训时间(h)记录如下

208 180 232 168 212 208 254 229 230 181

设样本来自正态总体$N(\mu,\sigma^2)$,μ,σ^2均未知.试取$\alpha=0.05$检验假设:$H_0:\mu\leqslant 200$,$H_1:\mu>200$.

5.由某个正态总体抽出一个容量为21的随机样本,样本方差为10,试检验原假设$\sigma^2=15$是否成立($\alpha=0.05$)?

6.一台自动车床加工零件的长度$X\sim N(\mu,\sigma^2)$,原来的加工精度为$\sigma_0^2=0.163$.在生产了一段时间后,需要检验一下该车床是否还保持原来的加工精度.为此抽取了该车床加工的45个零件,测得其长度,经计算得样本均值$\bar{x}=11.251$ cm,样本方差$s^2=0.229$.在显著性水平$\alpha=0.05$之下,问该车床在工作一段时间后的加工精度与原来有无显著差异?

7.以X表示耶路撒冷新生儿的体重(以克计),设$X\sim N(\mu,\sigma^2)$,μ,σ^2均未知.现测得一容量为30的样本,得样本均值为3 189,样本标准差为488.试检验假设($\alpha=0.1$):

(1) $H_0:\mu\geqslant 3\ 315, H_1:\mu<3\ 315$;

(2) $H_0':\sigma\leqslant 525, H'_1:\sigma>525$.

应用与提高

1)小概率原理

将概率小于5%的事件称为小概率事件,它具有以下两个方面的特性:在一次试验中发生的可能性极小,可以认为几乎是不发生的,这个原理称为小概率原理;在大量的独立重复试验中,小概率事件几乎必然发生.

假设检验依据的就是小概率原理. 如果在一次试验中,小概率事件没有发生,则接受零假设;否则,就拒绝零假设.

2)显著性水平 α 的统计意义

假如 H_0 本来是真的,因为一次抽样,发生小概率事件,而拒绝 H_0,这就犯了所谓的“弃真”错误(又称第一类错误),犯这种错误的概率记作 α,即

$$P\{\text{拒绝 } H_0 | H_0 \text{ 为真}\}=\alpha$$

自然希望把 α 取得比较小,把它控制在一定限度以内. 例如,取 $\alpha=0.05$ 或 0.01 等,使得犯这种错误成为一个小概率事件,且遵从小概率原理. 同样,假如 H_0 本来是假的,因为一次抽样没有发生小概率事件而接受 H_0,这就犯了所谓的“存伪错误”(或称第二类错误),犯这种错误的概率记作,即

$$P\{\text{接受 } H_0 | H_0 \text{ 为伪}\}=\beta$$

B 组

1. 已知某炼铁厂生产的铁水的含碳量在正常情况下服从正态分布 $N(4.55, 0.108^2)$. 现在测定了9炉铁水,测得其平均含碳量为4.484, 若方差没有变化,可否认为现在生产的铁水的平均含碳量仍为4.55(取 $\alpha=0.05$)?

2. 有一批枪弹,出厂时测得枪弹射出枪口的初速度 V 服从 $N(950,\sigma^2)$(单位:m/s). 在储存较长时间后取出9发进行测试,得样本值:914,920,910,934,953,945,912,924,940. 假设储存后的枪弹射出枪口的初速度 V 仍服从正态分布,可否认为储存后的枪弹射出枪口的初速度 V 已经显著降低(取 $\alpha=0.05$)?

MATLAB 应用案例 8

1)实验目的

正态总体方差、均值的综合假设检验实验

2)实验举例

【例8.20】 市质监局接到投诉后,对某金店进行质量调查. 现从其出售的标志18 K

的项链中抽取 9 件进行检测，检测标准为平均值 18 K 且标准差不得超过 0.3 K，检测结果如下：

17.3　16.6　17.9　18.2　17.4　16.3　18.5　17.2　18.1

假定项链的含金量服从正态分布，试问检测结果能否认定金店出售的产品存在质量问题？($\alpha=0.01$)

【分析】 若金店的产品不存在质量问题，则其平均值应为 18 K，均方差不超过 0.3 K. 因而需要对正态总体的均值和方差进行假设检验，其中任何一个检验的原假设被拒绝则可认为金店的产品存在质量问题.

对均值μ 的检验：原假设 $H_0:\mu=18$，备择假设 $H_1:\mu\neq18$，标准差 σ 未知，调用 ttest( ) 格式；

对方差 σ^2 的检验：原假设 $H_0:\sigma^2\leqslant 0.3^2$，备择假设 $H_1:\sigma^2>0.3^2$，这是当均值未知时，对方差的右侧假设检验. 检验统计量为：$\chi^2=\dfrac{(n-1)s^2}{\sigma_0^2}\sim\chi^2(n-1)$，右侧检验拒绝域为 $\chi^2\geqslant\chi_\alpha^2(n-1)$.

Matlab 求解：

```
>>clear
>>x=[17.3 16.6 17.9 18.2 17.4 16.3 18.5 17.2 18.1];
>>alpha=0.01;
>>[h1,sig1]=ttest(x,18,alpha)
>>n=length(x);
>>s2=var(x);
>>sigma=0.3;
>>chi=(n-1)*s2/(sigma^2);
>>right=chi2inv(1-alpha,n-1);
>>sig2=1-chi2cdf(chi,n-1);
>>if(chi<right)
h2=0
sig2
else
h2=1
sig2
end
h1 =
    0
sig1 =
    0.0777
h2 =
    1
```

sig2 =

6.6773e -008

结果表明:尽管接受了均值的原假设,即金店的产品均值为 18 K,但由 h2 =1,以及 sig 远小于0.01,说明拒绝方差的原假设,因而可以认为金店的产品存在质量问题.

数学实践 7——方差分析在进煤决策中的运用

某气化厂在制定进煤决策时运用了"方差分析"的统计技术对数据进行分析,确保占工厂原材料成本一大半的原煤质量可靠,同时为工厂及时调整矿进原煤的量与质提供了充分的决策依据.

某气化厂主要原煤供方是某煤炭工业公司的一、二、三采区,分别供应该厂从6~37级的原煤.其中一、二、三采区的37级煤量较大,且影响总的入场煤的灰分.因此,技术人员连续抽取了××××年7月10—19日共10天的三个采区的37级煤的灰分进行"方差分析".在该厂的《检验和试验计划》中规定37级煤的灰分 A_d 应小于60%,虽然抽取的30个数据均未超过,但是哪个采区的煤质更好呢?

分析过程大致如下:

(1)这是单因子试验问题.因子的三个水平分别是一、二、三采区.

(2)抽取的数据如下表所示:

区别	灰分										和	均值
日期	10	11	12	13	14	15	16	17	18	19		
一区	34.22	43.98	44.94	44.93	45.69	55.54	50.96	32.06	48.7	47.89	448.91	44.89
二区	35.71	45.69	54.82	37.5	49.07	44.86	48.2	36.88	35.38	47.62	435.73	43.57
三区	50.32	52.38	54.52	54.01	59.21	51.5	53.15	46.01	53.03	38.98	513.11	51.31

(3)引起数据差异的原因:

①因子(各采区)的水平不同,可用组间平方和 S_A 来表示.

②存在随机误差,即使在同一水平(某一采区)下获得的数据间也有差异,可用组内平方和 S_E 来表示.

③由于以上两个因素所包含的误差的量有差别,因此为了进行比较,需要将每个平方和除以各自的自由度.

(4)计算步骤:

①计算因子每一水平下的数据和 T_1,T_2,T_3 及总和 T:

$$T_1 = 448.91, T_2 = 435.73, T_3 = 513.11, T = 1\ 397.75$$

②计算各类数据的平方和:

$$\sum\sum x_{ij}^2 = 66\ 599.87, \sum T_i^2 = 654\ 662.69, T^2 = 1\ 953\ 705.06$$

③计算各离差平方和S_A, S_E, S_T及各自由度,如下表(方差分析)所示:

方差来源	平方和	自由度	均方	F值
组间	$S_A = 342.77$	$r-1=2$	$\frac{S_A}{r-1}=171.39$	4.08
组内	$S_E = 1\ 133.6$	$n-r=27$	$\frac{S_E}{n-r}=41.99$	
总和	$S_T = 1\ 476.37$	$n-1=29$		

(5)结论:

①α为允许犯错误的概率,又称为显著性水平. 给定$\alpha=0.05$,则置信区间:$1-\alpha=0.95$,查F分布表得$F_{0.05}(2,27)=3.35$,由于$F=4.08>3.35$,所以在$\alpha=0.05$水平下的结论是:三个采区的同级煤质(37级)有显著差异.

②三个采区的差异,可以用每个采区的煤质的平均灰分值来估计,以找出最好水平. 由各采区不同日期的灰分值表数据可知:$U_1=44.891, U_2=43.573, U_3=51.311$. 因为灰分越小越好,所以$U_2=43.573$为最佳.

③综上,通过分析可知二采区煤质最好,一采区其次,三采区煤质较差.

数学人文知识8——近代统计学之父凯特勒

凯特勒出身于比利时甘特市的一个小商人家庭,他对数学有着特殊的爱好,对统计学有着重要的贡献,被尊称为"国际统计会议之父"和"近代统计学之父".

人类的统计实践活动在原始社会就有了,自文艺复兴以后,人们注意到在诸如玩纸牌、掷骰子的赌博活动大量进行之后,会有某种类型的规律出现. 在凯特勒的研究中,发现以往被人们认为从个体来说具有偶然性、从整体来说具有杂乱无章性的社会犯罪现象,也具有一定的规律性. 他认为,统计学不仅要反映各国的国情,研究社会现象,而且要研究社会现象背后的规律性,凯特勒的这一思想为近代统计学的科学化奠定了基础. 他还认为,社会现象背后的这种规律性是社会内在固有的,而不是"神定秩序",人们可以通过计算统计指标来提示这些规律. 凯特勒的这些思想给后世统计学家以深刻的影响.

凯特勒还从实际出发,不顾当时统治阶级的偏见,提出犯罪与贫穷之间并不存在必然联系. 他根据统计资料得出结论:鉴于最贫穷地区的犯罪数目不及经济发达地区的犯罪数目大. 因此,犯罪反而与富裕有关,在凯特勒的工作中处处闪烁着社会统计规律性思想的光辉,给后人以极大的启迪.

凯特勒在自己的研究工作中,把统计学的方法引入到天文学、气象学、地理学、动物学、植物学等自然科学领域. 他的这种数学统计的方法是应用于任何事物数量研究的最一般方法,对以后统计学的发展具有重大意义.

附　录

附录 1　初等数学常用公式

1)代数公式

(1)绝对值

$|a|=\begin{cases}a,a\geqslant 0\\ -a,a<0\end{cases}$　　$|x|\leqslant a\Leftrightarrow -a\leqslant x\leqslant a$

$|x|\geqslant a\Leftrightarrow x\geqslant a$ 或 $x\leqslant -a$　　$|a|-|b|\leqslant|a\pm b|\leqslant|a|+|b|$

(2)指数公式

$a^m\cdot a^n=a^{m+n}$　　$a^m\div a^n=a^{m-n}$　　$(ab)^m=a^m\cdot b^m$

$a^0=1(a\neq 0)$　　$a^{-p}=\dfrac{1}{a^p}$　　$a^{\frac{n}{m}}=\sqrt[m]{a^n}$

(3)对数公式(设 $a>0$ 且 $a\neq 1$)

$a^x=b\Leftrightarrow x=\log_a b$　　$\log_a 1=0$　　$\log_a a=1$

$a^{\log_a N}=N$　　$\log_a b=\dfrac{\log_c b}{\log_c a}(c>0,c\neq 1)$

$\log_a MN=\log_a M+\log_a N$　　$\log_a \dfrac{M}{N}=\log_a M-\log_a N$　　$\log_a M^n=n\log_a M$

(4)乘法公式及因式分解公式

$(a+b)^n=C_n^0a^n+C_n^1ab^{n-1}+\cdots+C_n^ra^rb^{n-r}+\cdots+C_n^nb^n$

$(a\pm b)^2=a^2\pm 2ab+b^2$　$(a\pm b)^3=a^3\pm 3a^2b+3ab^2\pm b^3$

$a^n-b^n=(a-b)(a^{n-1}+a^{n-2}b+a^{n-3}b^2+\cdots+ab^{n-2}+b^{n-1})$

$a^2-b^2=(a+b)(a-b)$　$a^3\pm b^3=(a\pm b)(a^2\mp ab+b^2)$

(5)数列公式

首项为 a_1,公差为 d 的等差数列　$a_n=a_1+(n-1)d,S_n=\dfrac{n(a_1+a_n)}{2}$

首项为 a_1,公比为 q 的等比数列　$a_n=a_1q^{n-1},S_n=\dfrac{a_1(1-q^n)}{1-q}$

$1+2+\cdots+n=\dfrac{n(n+1)}{2}$　　$1+3+5+\cdots+(2n-1)=n^2$

$1^2+2^2+3^2+\cdots+n^2=\dfrac{n(n+1)(2n+1)}{6}$　　$1^3+2^3+3^3+\cdots+n^3=\left[\dfrac{n(n+1)}{2}\right]^2$

2)三角公式

(1)同角三角函数间的关系

$\sin^2 x+\cos^2 x=1$　　$1+\tan^2 x=\sec^2 x$　　$1+\cot^2 x=\csc^2 x$

$\sin x\csc x=1$　　$\cos x\sec x=1$　　$\tan x\cot x=1$

$\tan x=\dfrac{\sin x}{\cos x}$　　$\cot x=\dfrac{\cos x}{\sin x}$

(2)倍角公式

$\sin 2x=2\sin x\cos x$　　$\cos 2x=\cos^2 x-\sin^2 x=2\cos^2 x-1=1-2\sin^2 x$

$\tan 2x=\dfrac{2\tan x}{1-\tan^2 x}$　　$\sin^2 x=\dfrac{1-\cos 2x}{2}$　　$\cos^2 x=\dfrac{1+\cos 2x}{2}$

积化和差与和差化积：

$\sin\alpha\cos\beta=\dfrac{1}{2}[\sin(\alpha+\beta)+\sin(\alpha-\beta)]$　　$\cos\alpha\sin\beta=\dfrac{1}{2}[\sin(\alpha+\beta)-\sin(\alpha-\beta)]$

$\cos\alpha\cos\beta=\dfrac{1}{2}[\cos(\alpha+\beta)+\cos(\alpha-\beta)]$　　$\sin\alpha\sin\beta=-\dfrac{1}{2}[\cos(\alpha+\beta)-\cos(\alpha-\beta)]$

$\sin\alpha+\sin\beta=2\sin\dfrac{\alpha+\beta}{2}\cos\dfrac{\alpha-\beta}{2}$　　$\sin\alpha-\sin\beta=2\cos\dfrac{\alpha+\beta}{2}\sin\dfrac{\alpha-\beta}{2}$

$\cos\alpha+\cos\beta=2\cos\dfrac{\alpha+\beta}{2}\cos\dfrac{\alpha-\beta}{2}$　　$\cos\alpha-\cos\beta=-2\sin\dfrac{\alpha+\beta}{2}\sin\dfrac{\alpha-\beta}{2}$

正余弦定理及面积公式：

$\dfrac{a}{\sin A}=\dfrac{b}{\sin B}=\dfrac{c}{\sin C}=2R$

$a^2=b^2+c^2-2bc\cos A$　　$b^2=a^2+c^2-2ac\cos B$　　$c^2=a^2+b^2-2ab\cos C$

$S=\dfrac{1}{2}ab\sin C=\dfrac{1}{2}bc\sin A=\dfrac{1}{2}ac\sin B$

$S=\sqrt{p(p-a)(p-b)(p-c)}$，其中 $p=\dfrac{1}{2}(a+b+c)$

3)解析几何公式

两点 $P_1(x_1,y_1)$ 与 $P_2(x_2,y_2)$ 的距离公式　$d=\sqrt{(x_2-x_1)^2+(y_2-y_1)^2}$

经过两点 $P_1(x_1,y_1)$ 与 $P_2(x_2,y_2)$ 的直线的斜率公式　$k=\dfrac{y_2-y_1}{x_2-x_1}$

经过点 $P(x_0,y_0)$，斜率为 k 直线方程为　$y-y_0=k(x-x_0)$

斜率为 k，纵截距为 b 的直线方程为　$y=kx+b$

点 $P(x_0,y_0)$ 到直线 $Ax+By+C=0$ 的距离为　$d=\dfrac{|Ax_0+By_0+C|}{\sqrt{A^2+B^2}}$

附录2 积分表

1)含有 $ax+b$ 的积分($a\neq 0$)

(1) $\int \frac{\mathrm{d}x}{ax+b}=\frac{1}{a}\ln|ax+b|+c$

(2) $\int (ax+b)^{\mu}\mathrm{d}x=\frac{1}{a(\mu+1)}(ax+b)^{\mu+1}+c \quad (\mu\neq -1)$

(3) $\int \frac{x}{ax+b}\mathrm{d}x=\frac{1}{a^2}(ax+b-b\ln|ax+b|)+c$

(4) $\int \frac{x^2}{ax+b}\mathrm{d}x=\frac{1}{a^3}\left[\frac{1}{2}(ax+b)^2-2b(ax+b)+b^2\ln|ax+b|\right]+c$

(5) $\int \frac{\mathrm{d}x}{x(ax+b)}=-\frac{1}{b}\ln\left|\frac{ax+b}{x}\right|+c$

(6) $\int \frac{\mathrm{d}x}{x^2(ax+b)}=-\frac{1}{bx}+\frac{a}{b^2}\ln\left|\frac{ax+b}{x}\right|+c$

(7) $\int \frac{x}{(ax+b)^2}\mathrm{d}x=\frac{1}{a^2}(\ln|ax+b|+\frac{b}{ax+b})+c$

(8) $\int \frac{x^2}{(ax+b)^2}\mathrm{d}x=\frac{1}{a^3}(ax+b-2b\ln|ax+b|-\frac{b^2}{ax+b})+c$

(9) $\int \frac{\mathrm{d}x}{x(ax+b)^2}=\frac{1}{b(ax+b)}-\frac{1}{b^2}\ln\left|\frac{ax+b}{x}\right|+c$

2)含有 $\sqrt{ax+b}$ 的积分

(10) $\int \sqrt{ax+b}\,\mathrm{d}x=\frac{2}{3a}\sqrt{(ax+b)^3}+c$

(11) $\int x\sqrt{ax+b}\,\mathrm{d}x=\frac{2}{15a^2}(3ax-2b)\sqrt{(ax+b)^3}+c$

(12) $\int x^2\sqrt{ax+b}\,\mathrm{d}x=\frac{2}{105a^3}(15a^2x^2-12abx+8b^2)\sqrt{(ax+b)^3}+c$

(13) $\int \frac{x}{\sqrt{ax+b}}\mathrm{d}x=\frac{2}{3a^2}(ax-2b)\sqrt{ax+b}+c$

(14) $\int \frac{x^2}{\sqrt{ax+b}}\mathrm{d}x=\frac{2}{15a^3}(3a^2x^2-4abx+8b^2)\sqrt{ax+b}+c$

(15) $\int \frac{\mathrm{d}x}{x\sqrt{ax+b}}=\begin{cases}\frac{1}{\sqrt{b}}\ln\left|\frac{\sqrt{ax+b}-\sqrt{b}}{\sqrt{ax+b}+\sqrt{b}}\right|+c & (b>0)\\ \frac{2}{\sqrt{-b}}\arctan\sqrt{\frac{ax+b}{-b}}+c & (b<0)\end{cases}$

(16) $\int \frac{dx}{x^2\sqrt{ax+b}} = -\frac{\sqrt{ax+b}}{bx} - \frac{a}{2b}\int \frac{dx}{x\sqrt{ax+b}}$

(17) $\int \frac{\sqrt{ax+b}}{x}dx = 2\sqrt{ax+b} + b\int \frac{dx}{x\sqrt{ax+b}}$

(18) $\int \frac{\sqrt{ax+b}}{x^2}dx = -\frac{\sqrt{ax+b}}{x} + \frac{a}{2}\int \frac{dx}{x\sqrt{ax+b}}$

3)含有 $x^2 \pm a^2$ 的积分

(19) $\int \frac{dx}{x^2+a^2} = \frac{1}{a}\arctan\frac{x}{a} + c$

(20) $\int \frac{dx}{(x^2+a^2)^n} = \frac{x}{2(n-1)a^2(x^2+a^2)^{n-1}} + \frac{2n-3}{2(n-1)a^2}\int \frac{dx}{(x^2+a^2)^{n-1}}$

(21) $\int \frac{dx}{x^2-a^2} = \frac{1}{2a}\ln\left|\frac{x-a}{x+a}\right| + c$

4)含有 $ax^2+b(a>0)$ 的积分

(22) $\int \frac{dx}{ax^2+b} = \begin{cases} \frac{1}{\sqrt{ab}}\arctan\sqrt{\frac{a}{b}}x + c & (b>0) \\ \frac{1}{2\sqrt{-ab}}\ln\left|\frac{\sqrt{a}x-\sqrt{-b}}{\sqrt{a}x+\sqrt{-b}}\right| + c & (b<0) \end{cases}$

(23) $\int \frac{x}{ax^2+b}dx = \frac{1}{2a}\ln|ax^2+b| + c$

(24) $\int \frac{x^2}{ax^2+b}dx = \frac{x}{a} - \frac{b}{a}\int \frac{dx}{ax^2+b}$

(25) $\int \frac{dx}{x(ax^2+b)} = \frac{1}{2b}\ln\frac{x^2}{|ax^2+b|} + c$

(26) $\int \frac{dx}{x^2(ax^2+b)} = -\frac{1}{bx} - \frac{a}{b}\int \frac{dx}{ax^2+b}$

(27) $\int \frac{dx}{x^3(ax^2+b)} = \frac{a}{2b^2}\ln\frac{|ax^2+b|}{x^2} - \frac{1}{2bx^2} + c$

(28) $\int \frac{dx}{(ax^2+b)^2} = \frac{x}{2b(ax^2+b)} + \frac{1}{2b}\int \frac{dx}{ax^2+b}$

5)含有 $ax^2+bx+c(a>0)$ 的积分

(29) $\int \frac{dx}{ax^2+bx+c} = \begin{cases} \frac{2}{\sqrt{4ac-b^2}}\arctan\frac{2ax+b}{\sqrt{4ac-b^2}} + c & (b^2<4ac) \\ \frac{1}{\sqrt{b^2-4ac}}\ln\left|\frac{2ax+b-\sqrt{b^2-4ac}}{2ax+b+\sqrt{b^2-4ac}}\right| + c & (b^2>4ac) \end{cases}$

(30) $\int \frac{x}{ax^2+bx+c}dx = \frac{1}{2a}\ln|ax^2+bx+c| - \frac{b}{2a}\int \frac{dx}{ax^2+bx+c}$

6)含有$\sqrt{x^2+a^2}\,(a>0)$的积分

(31) $\int \frac{dx}{\sqrt{x^2+a^2}} = \ln(x+\sqrt{x^2+a^2})+c$

(32) $\int \frac{dx}{\sqrt{(x^2+a^2)^3}} = \frac{x}{a^2\sqrt{x^2+a^2}}+c$

(33) $\int \frac{x}{\sqrt{x^2+a^2}}dx = \sqrt{x^2+a^2}+c$

(34) $\int \frac{x}{\sqrt{(x^2+a^2)^3}}dx = -\frac{1}{\sqrt{x^2+a^2}}+c$

(35) $\int \frac{x^2}{\sqrt{x^2+a^2}}dx = \frac{x}{2}\sqrt{x^2+a^2}-\frac{a^2}{2}\ln(x+\sqrt{x^2+a^2})+c$

(36) $\int \frac{x^2}{\sqrt{(x^2+a^2)^3}}dx = -\frac{x}{\sqrt{x^2+a^2}}+\ln(x+\sqrt{x^2+a^2})+c$

(37) $\int \frac{dx}{x\sqrt{x^2+a^2}} = \frac{1}{a}\ln\frac{\sqrt{x^2+a^2}-a}{|x|}+c$

(38) $\int \frac{dx}{x^2\sqrt{x^2+a^2}} = -\frac{\sqrt{x^2+a^2}}{a^2x}+c$

(39) $\int \sqrt{x^2+a^2}\,dx = \frac{x}{2}\sqrt{x^2+a^2}+\frac{a^2}{2}\ln(x+\sqrt{x^2+a^2})+c$

(40) $\int \sqrt{(x^2+a^2)^3}\,dx = \frac{x}{8}(2x^2+5a^2)\sqrt{x^2+a^2}+\frac{3}{8}a^4\ln(x+\sqrt{x^2+a^2})+c$

(41) $\int x\sqrt{x^2+a^2}\,dx = \frac{1}{3}\sqrt{(x^2+a^2)^3}+c$

(42) $\int x^2\sqrt{x^2+a^2}\,dx = \frac{x}{8}(2x^2+a^2)\sqrt{x^2+a^2}-\frac{a^4}{8}\ln(x+\sqrt{x^2+a^2})+c$

(43) $\int \frac{\sqrt{x^2+a^2}}{x}dx = \sqrt{x^2+a^2}+a\ln\frac{\sqrt{x^2+a^2}-a}{|x|}+c$

(44) $\int \frac{\sqrt{x^2+a^2}}{x^2}dx = -\frac{\sqrt{x^2+a^2}}{x}+\ln(x+\sqrt{x^2+a^2})+c$

7)含有$\sqrt{x^2-a^2}\,(a>0)$的积分

(45) $\int \frac{dx}{\sqrt{x^2-a^2}} = \frac{x}{|x|}\operatorname{arch}\frac{|x|}{a}+c_1 = \ln\left|x+\sqrt{x^2-a^2}\right|+c$

(46) $\int \frac{dx}{\sqrt{(x^2-a^2)^3}} = -\frac{x}{a^2\sqrt{x^2-a^2}}+c$

(47) $\int \frac{x}{\sqrt{x^2-a^2}}dx = \sqrt{x^2-a^2}+c$

(48) $\int \frac{x}{\sqrt{(x^2 - a^2)^3}}\mathrm{d}x = -\frac{1}{\sqrt{x^2 - a^2}} + c$

(49) $\int \frac{x^2}{\sqrt{x^2 - a^2}}\mathrm{d}x = \frac{x}{2}\sqrt{x^2 - a^2} + \frac{a^2}{2}\ln\left|x + \sqrt{x^2 - a^2}\right| + c$

(50) $\int \frac{x^2}{\sqrt{(x^2 - a^2)^3}}\mathrm{d}x = -\frac{x}{\sqrt{x^2 - a^2}} + \ln\left|x + \sqrt{x^2 - a^2}\right| + c$

(51) $\int \frac{\mathrm{d}x}{x\sqrt{x^2 - a^2}} = \frac{1}{a}\arccos\frac{a}{|x|} + c$

(52) $\int \frac{\mathrm{d}x}{x^2\sqrt{x^2 - a^2}} = \frac{\sqrt{x^2 - a^2}}{a^2 x} + c$

(53) $\int \sqrt{x^2 - a^2}\,\mathrm{d}x = \frac{x}{2}\sqrt{x^2 - a^2} - \frac{a^2}{2}\ln\left|x + \sqrt{x^2 - a^2}\right| + c$

(54) $\int \sqrt{(x^2 - a^2)^3}\,\mathrm{d}x = \frac{x}{8}(2x^2 - 5a^2)\sqrt{x^2 - a^2} + \frac{3}{8}a^4\ln\left|x + \sqrt{x^2 - a^2}\right| + c$

(55) $\int x\sqrt{x^2 - a^2}\,\mathrm{d}x = \frac{1}{3}\sqrt{(x^2 - a^2)^3} + c$

(56) $\int x^2\sqrt{x^2 - a^2}\,\mathrm{d}x = \frac{x}{8}(2x^2 - a^2)\sqrt{x^2 - a^2} - \frac{a^4}{8}\ln\left|x + \sqrt{x^2 - a^2}\right| + c$

(57) $\int \frac{\sqrt{x^2 - a^2}}{x}\mathrm{d}x = \sqrt{x^2 - a^2} - a\arccos\frac{a}{|x|} + c$

(58) $\int \frac{\sqrt{x^2 - a^2}}{x^2}\mathrm{d}x = -\frac{\sqrt{x^2 - a^2}}{x} + \ln\left|x + \sqrt{x^2 - a^2}\right| + c$

8)含有$\sqrt{a^2 - x^2}\ (a > 0)$的积分

(59) $\int \frac{\mathrm{d}x}{\sqrt{a^2 - x^2}} = \arcsin\frac{x}{a} + c$

(60) $\int \frac{\mathrm{d}x}{\sqrt{(a^2 - x^2)^3}} = \frac{x}{a^2\sqrt{a^2 - x^2}} + c$

(61) $\int \frac{x}{\sqrt{a^2 - x^2}}\mathrm{d}x = -\sqrt{a^2 - x^2} + c$

(62) $\int \frac{x}{\sqrt{(a^2 - x^2)^3}}\mathrm{d}x = \frac{1}{\sqrt{a^2 - x^2}} + c$

(63) $\int \frac{x^2}{\sqrt{a^2 - x^2}}\mathrm{d}x = -\frac{x}{2}\sqrt{a^2 - x^2} + \frac{a^2}{2}\arcsin\frac{x}{a} + c$

(64) $\int \frac{x^2}{\sqrt{(a^2 - x^2)^3}}\mathrm{d}x = \frac{x}{\sqrt{a^2 - x^2}} - \arcsin\frac{x}{a} + c$

(65) $\int \frac{\mathrm{d}x}{x\sqrt{a^2 - x^2}} = \frac{1}{a}\ln\frac{a - \sqrt{a^2 - x^2}}{|x|} + c$

(66) $\int \frac{dx}{x^2\sqrt{a^2-x^2}} = -\frac{\sqrt{a^2-x^2}}{a^2x}+c$

(67) $\int \sqrt{a^2-x^2}dx = \frac{x}{2}\sqrt{a^2-x^2}+\frac{a^2}{2}\arcsin\frac{x}{a}+c$

(68) $\int \sqrt{(a^2-x^2)^3}dx = \frac{x}{8}(5a^2-2x^2)\sqrt{a^2-x^2}+\frac{3}{8}a^4\arcsin\frac{x}{a}+c$

(69) $\int x\sqrt{a^2-x^2}dx = -\frac{1}{3}\sqrt{(a^2-x^2)^3}+c$

(70) $\int x^2\sqrt{a^2-x^2}dx = \frac{x}{8}(2x^2-a^2)\sqrt{a^2-x^2}+\frac{a^4}{8}\arcsin\frac{x}{a}+c$

(71) $\int \frac{\sqrt{a^2-x^2}}{x}dx = \sqrt{a^2-x^2}+a\ln\frac{a-\sqrt{a^2-x^2}}{|x|}+c$

(72) $\int \frac{\sqrt{a^2-x^2}}{x^2}dx = -\frac{\sqrt{a^2-x^2}}{x}-\arcsin\frac{x}{a}+c$

9)含有$\sqrt{\pm ax^2+bx+c}\,(a>0)$的积分

(73) $\int \frac{dx}{\sqrt{ax^2+bx+c}} = \frac{1}{\sqrt{a}}\ln\left|2ax+b+2\sqrt{a}\sqrt{ax^2+bx+c}\right|+c$

(74) $\int \sqrt{ax^2+bx+c}\,dx = \frac{2ax+b}{4a}\sqrt{ax^2+bx+c}+$

$\frac{4ac-b^2}{8\sqrt{a^3}}\ln\left|2ax+b+2\sqrt{a}\sqrt{ax^2+bx+c}\right|+c$

(75) $\int \frac{x}{\sqrt{ax^2+bx+c}}dx = \frac{1}{a}\sqrt{ax^2+bx+c}-$

$\frac{b}{2\sqrt{a^3}}\ln\left|2ax+b+2\sqrt{a}\sqrt{ax^2+bx+c}\right|+c$

(76) $\int \frac{dx}{\sqrt{c+bx-ax^2}} = -\frac{1}{\sqrt{a}}\arcsin\frac{2ax-b}{\sqrt{b^2+4ac}}+c$

(77) $\int \sqrt{c+bx-ax^2}\,dx = \frac{2ax-b}{4a}\sqrt{c+bx-ax^2}+\frac{b^2+4ac}{8\sqrt{a^3}}\arcsin\frac{2ax-b}{\sqrt{b^2+4ac}}+c$

(78) $\int \frac{x}{\sqrt{c+bx-ax^2}}dx = -\frac{1}{a}\sqrt{c+bx-ax^2}+\frac{b}{2\sqrt{a^3}}\arcsin\frac{2ax-b}{\sqrt{b^2+4ac}}+c$

10)含有$\sqrt{\pm\frac{x-a}{x-b}}$或$\sqrt{(x-a)(b-x)}$的积分

(79) $\int \sqrt{\frac{x-a}{x-b}}dx = (x-b)\sqrt{\frac{x-a}{x-b}}+(b-a)\ln(\sqrt{|x-a|}+\sqrt{|x-b|})+c$

(80) $\int \sqrt{\frac{x-a}{b-x}}dx = (x-b)\sqrt{\frac{x-a}{b-x}}+(b-a)\arcsin\sqrt{\frac{x-a}{b-x}}+c$

(81) $\int \frac{dx}{\sqrt{(x-a)(b-x)}} = 2\arcsin\sqrt{\frac{x-a}{b-x}} + c \quad (a < b)$

(82) $\int \sqrt{(x-a)(b-x)}\,dx =$

$$\frac{2x-a-b}{4}\sqrt{(x-a)(b-x)} + \frac{(b-a)^2}{4}\arcsin\sqrt{\frac{x-a}{b-x}} + c \quad (a < b)$$

11)含有三角函数的积分

(83) $\int \sin x dx = -\cos x + c$

(84) $\int \cos x dx = \sin x + c$

(85) $\int \tan x dx = -\ln|\cos x| + c$

(86) $\int \cot x dx = \ln|\sin x| + c$

(87) $\int \sec x dx = \ln\left|\tan\left(\frac{\pi}{4}+\frac{x}{2}\right)\right| + c = \ln|\sec x + \tan x| + c$

(88) $\int \csc x dx = \ln\left|\tan\frac{x}{2}\right| + c = \ln\left|\csc x - \cot x\right| + c$

(89) $\int \sec^2 x dx = \tan x + c$

(90) $\int \csc^2 x dx = -\cot x + c$

(91) $\int \sec x \tan x dx = \sec x + c$

(92) $\int \csc x \cot x dx = -\csc x + c$

(93) $\int \sin^2 x dx = \frac{x}{2} - \frac{1}{4}\sin 2x + c$

(94) $\int \cos^2 x dx = \frac{x}{2} + \frac{1}{4}\sin 2x + c$

(95) $\int \sin^n x dx = -\frac{1}{n}\sin^{n-1}x\cos x + \frac{n-1}{n}\int \sin^{n-2}x dx$

(96) $\int \cos^n x dx = \frac{1}{n}\cos^{n-1}x\sin x + \frac{n-1}{n}\int \cos^{n-2}x dx$

(97) $\int \frac{dx}{\sin^n x} = -\frac{1}{n-1}\cdot\frac{\cos x}{\sin^{n-1}x} + \frac{n-2}{n-1}\int\frac{dx}{\sin^{n-2}x}$

(98) $\int \frac{dx}{\cos^n x} = \frac{1}{n-1}\cdot\frac{\sin x}{\cos^{n-1}x} + \frac{n-2}{n-1}\int\frac{dx}{\cos^{n-2}x}$

(99) $\int \cos^m x \sin^n x dx = \frac{1}{m+n}\cos^{m-1}x\sin^{n+1}x + \frac{m-1}{m+n}\int\cos^{m-2}x\sin^n x dx$

$$= -\frac{1}{m+n}\cos^{m+1}x\sin^{n-1}x + \frac{n-1}{m+n}\int\cos^m x\sin^{n-2}x dx$$

(100) $\int \sin ax \cos bx\mathrm{d}x = -\frac{1}{2(a+b)}\cos(a+b)x - \frac{1}{2(a-b)}\cos(a-b)x + c$

(101) $\int \sin ax \sin bx\mathrm{d}x = -\frac{1}{2(a+b)}\sin(a+b)x + \frac{1}{2(a-b)}\sin(a-b)x + c$

(102) $\int \cos ax \cos bx\mathrm{d}x = \frac{1}{2(a+b)}\sin(a+b)x + \frac{1}{2(a-b)}\sin(a-b)x + c$

(103) $\int \frac{\mathrm{d}x}{a+b\sin x} = \frac{2}{\sqrt{a^2-b^2}}\arctan\frac{a\tan\frac{x}{2}+b}{\sqrt{a^2-b^2}} + c \quad (a^2 > b^2)$

(104) $\int \frac{\mathrm{d}x}{a+b\sin x} = \frac{1}{\sqrt{b^2-a^2}}\ln\left|\frac{a\tan\frac{x}{2}+b-\sqrt{b^2-a^2}}{a\tan\frac{x}{2}+b+\sqrt{b^2-a^2}}\right| + c \quad (a^2 < b^2)$

(105) $\int \frac{\mathrm{d}x}{a+b\cos x} = \frac{2}{a+b}\sqrt{\frac{a+b}{a-b}}\arctan\left(\sqrt{\frac{a-b}{a+b}}\tan\frac{x}{2}\right) + c \quad (a^2 > b^2)$

(106) $\int \frac{\mathrm{d}x}{a+b\cos x} = \frac{1}{a+b}\sqrt{\frac{a+b}{b-a}}\ln\left|\frac{\tan\frac{x}{2}+\sqrt{\frac{a+b}{b-a}}}{\tan\frac{x}{2}-\sqrt{\frac{a+b}{b-a}}}\right| + c \quad (a^2 < b^2)$

(107) $\int \frac{\mathrm{d}x}{a^2\cos^2 x + b^2\sin^2 x} = \frac{1}{ab}\arctan\left(\frac{b}{a}\tan x\right) + c$

(108) $\int \frac{\mathrm{d}x}{a^2\cos^2 x - b^2\sin^2 x} = \frac{1}{2ab}\ln\left|\frac{b\tan x + a}{b\tan x - a}\right| + c$

(109) $\int x\sin ax\mathrm{d}x = \frac{1}{a^2}\sin ax - \frac{1}{a}x\cos ax + c$

(110) $\int x^2\sin ax\mathrm{d}x = -\frac{1}{a}x^2\cos ax + \frac{2}{a^2}x\sin ax + \frac{2}{a^3}\cos ax + c$

(111) $\int x\cos ax\mathrm{d}x = \frac{1}{a^2}\cos ax + \frac{1}{a}x\sin ax + c$

(112) $\int x^2\cos ax\mathrm{d}x = \frac{1}{a}x^2\sin ax + \frac{2}{a^2}x\cos ax - \frac{2}{a^3}\sin ax + c$

12)含有反三角函数的积分(其中 $a>0$)

(113) $\int \arcsin\frac{x}{a}\mathrm{d}x = x\arcsin\frac{x}{a} + \sqrt{a^2-x^2} + c$

(114) $\int x\arcsin\frac{x}{a}\mathrm{d}x = \left(\frac{x^2}{2}-\frac{a^2}{4}\right)\arcsin\frac{x}{a} + \frac{x}{4}\sqrt{a^2-x^2} + c$

(115) $\int x^2\arcsin\frac{x}{a}\mathrm{d}x = \frac{x^3}{3}\arcsin\frac{x}{a} + \frac{1}{9}(x^2+2a^2)\sqrt{a^2-x^2} + c$

(116) $\int \arccos\frac{x}{a}\mathrm{d}x = x\arccos\frac{x}{a} - \sqrt{a^2-x^2} + c$

(117) $\int x \arccos \frac{x}{a} dx = \left(\frac{x^2}{2} - \frac{a^2}{4}\right) \arccos \frac{x}{a} - \frac{x}{4}\sqrt{a^2 - x^2} + c$

(118) $\int x^2 \arccos \frac{x}{a} dx = \frac{x^3}{3} \arccos \frac{x}{a} - \frac{1}{9}(x^2 + 2a^2)\sqrt{a^2 - x^2} + c$

(119) $\int \arctan \frac{x}{a} dx = x \arctan \frac{x}{a} - \frac{a}{2}\ln(a^2 + x^2) + c$

(120) $\int x \arctan \frac{x}{a} dx = \frac{1}{2}(a^2 + x^2) \arctan \frac{x}{a} - \frac{a}{2}x + c$

(121) $\int x^2 \arctan \frac{x}{a} dx = \frac{x^3}{3} \arctan \frac{x}{a} - \frac{a}{6}x^2 + \frac{a^3}{6}\ln(a^2 + x^2) + c$

13)含有指数函数的积分

(122) $\int a^x dx = \frac{1}{\ln a}a^x + c$

(123) $\int e^{ax} dx = \frac{1}{a}e^{ax} + c$

(124) $\int x e^{ax} dx = \frac{1}{a^2}(ax - 1)e^{ax} + c$

(125) $\int x^n e^{ax} dx = \frac{1}{a}x^n e^{ax} - \frac{n}{a}\int x^{n-1} e^{ax} dx$

(126) $\int x a^x dx = \frac{x}{\ln a}a^x - \frac{1}{(\ln a)^2}a^x + c$

(127) $\int x^n a^x dx = \frac{1}{\ln a}x^n a^x - \frac{n}{\ln a}\int x^{n-1} a^x dx$

(128) $\int e^{ax} \sin bx dx = \frac{1}{a^2 + b^2}e^{ax}(a \sin bx - b \cos bx) + c$

(129) $\int e^{ax} \cos bx dx = \frac{1}{a^2 + b^2}e^{ax}(b \sin bx + a \cos bx) + c$

(130) $\int e^{ax} \sin^n bx dx = \frac{1}{a^2 + b^2 n^2}e^{ax} \sin^{n-1} bx(a \sin bx - nb \cos bx) +$

$\frac{n(n-1)b^2}{a^2 + b^2 n^2}\int e^{ax} \sin^{n-2} bx dx$

(131) $\int e^{ax} \cos^n bx dx = \frac{1}{a^2 + b^2 n^2}e^{ax} \cos^{n-1} bx(a \cos bx + nb \sin bx) +$

$\frac{n(n-1)b^2}{a^2 + b^2 n^2}\int e^{ax} \cos^{n-2} bx dx$

14)含有对数函数的积分

(132) $\int \ln x dx = x\ln x - x + c$

(133) $\int \frac{dx}{x \ln x} = \ln|\ln x| + c$

(134) $\int x^n \ln x dx = \frac{1}{n+1} x^{n+1} \left(\ln x - \frac{1}{n+1} \right) + c$

(135) $\int (\ln x)^n dx = x (\ln x)^n - n \int (\ln x)^{n-1} dx$

(136) $\int x^m (\ln x)^n dx = \frac{1}{m+1} x^{m+1} (\ln x)^n - \frac{n}{m+1} \int x^m (\ln x)^{n-1} dx$

15)含有双曲函数的积分

(137) $\int \mathrm{sh}\, x dx = \mathrm{ch}\, x + c$

(138) $\int \mathrm{ch}\, x dx = \mathrm{sh}\, x + c$

(139) $\int \mathrm{th}\, x dx = \ln \mathrm{ch}\, x + c$

(140) $\int \mathrm{sh}^2 x dx = -\frac{x}{2} + \frac{1}{4} \mathrm{sh}\, 2x + c$

(141) $\int \mathrm{ch}^2 x dx = \frac{x}{2} + \frac{1}{4} \mathrm{sh}\, 2x + c$

16)定积分

(142) $\int_{-\pi}^{\pi} \cos nx dx = \int_{-\pi}^{\pi} \sin nx dx = 0$

(143) $\int_{-\pi}^{\pi} \cos mx \sin nx dx = 0$

(144) $\int_{-\pi}^{\pi} \cos mx \cos nx dx = \begin{cases} 0 & m \neq n \\ \pi & m = n \end{cases}$

(145) $\int_{-\pi}^{\pi} \sin mx \sin nx dx = \begin{cases} 0 & m \neq n \\ \pi & m = n \end{cases}$

(146) $\int_{0}^{\pi} \sin mx \sin nx dx = \int_{0}^{\pi} \cos mx \cos nx dx = \begin{cases} 0 & m \neq n \\ \frac{\pi}{2} & m = n \end{cases}$

(147) $I_n = \int_0^{\frac{\pi}{2}} \sin^n x dx = \int_0^{\frac{\pi}{2}} \cos^n x dx$

$I_n = \frac{n-1}{n} I_{n-2}$

$I_n = \frac{n-1}{n} \cdot \frac{n-3}{n-2} \cdot \cdots \cdot \frac{4}{5} \cdot \frac{2}{3}$ (n 为大于 1 的正奇数),$I_1 = 1$

$I_n = \frac{n-1}{n} \cdot \frac{n-3}{n-2} \cdot \cdots \cdot \frac{3}{4} \cdot \frac{1}{2} \cdot \frac{\pi}{2}$ (n 为正偶数),$I_0 = \frac{\pi}{2}$

附录3　泊松分布表

$$1 - F(x-1) = \sum_{k=x}^{\infty} \frac{\lambda^k}{k!} e^{-\lambda}$$

x	$\lambda=0.2$	$\lambda=0.3$	$\lambda=0.4$	$\lambda=0.5$	$\lambda=0.6$
0	1.000 000 0	1.000 000 0	1.000 000 0	1.000 000 0	1.000 000 0
1	0.181 269 2	0.259 181 8	0.329 680 0	0.393 469	0.451 188
2	0.017 523 1	0.036 936 3	0.061 551 9	0.090 204	0.121 901
3	0.001 148 5	0.003 599 5	0.007 926 3	0.014 388	0.023 115
4	0.000 056 8	0.000 265 8	0.000 776 3	0.001 752	0.003 358
5	0.000 002 3	0.000 015 8	0.000 061 2	0.000 172	0.000 394
6	0.000 000 1	0.000 000 8	0.000 004 0	0.000 014	0.000 039
7			0.000 000 2	0.000 001	0.000 003

x	$\lambda=0.7$	$\lambda=0.8$	$\lambda=0.9$	$\lambda=1.0$	$\lambda=1.2$
0	1.000 000 0	1.000 000 0	1.000 000 0	1.000 000 0	1.000 000 0
1	0.503 415	0.550 671	0.593 430	0.632 121	0.698 806
2	0.155 805	0.191 208	0.227 518	0.264 241	0.337 373
3	0.034 142	0.047 423	0.062 857	0.080 301	0.120 513
4	0.005 753	0.009 080	0.013 459	0.018 988	0.033 769
5	0.000 786	0.001 411	0.002 344	0.003 660	0.007 746
6	0.000 090	0.000 184	0.000 343	0.000 594	0.001 500
7	0.000 009	0.000 021	0.000 043	0.000 083	0.000 251
8	0.000 001	0.000 002	0.000 005	0.000 010	0.000 037
9				0.000 001	0.000 005
10					0.000 001

x	$\lambda=1.4$	$\lambda=1.6$	$\lambda=1.8$		
0	1.000 000	1.000 000	1.000 000		
1	0.753 403	0.798 103	0.834 701		
2	0.408 167	0.475 069	0.537 163		
3	0.166 502	0.216 642	0.269 379		
4	0.053 725	0.078 313	0.108 708		
5	0.014 253	0.023 682	0.036 407		
6	0.003 201	0.006 040	0.010 378		
7	0.000 622	0.001 336	0.002 569		
8	0.000 107	0.000 260	0.000 562		
9	0.000 016	0.000 045	0.000 110		
10	0.000 002	0.000 007	0.000 019		
11		0.000 001	0.000 003		

续表

x	λ = 2.5	λ = 3.0	λ = 3.5	λ = 4.0	λ = 4.5	λ = 5.0
0	1.000 000	1.000 000	1.000 000	1.000 000	1.000 000	1.000 000
1	0.917 915	0.950 213	0.969 803	0.981 684	0.988 891	0.993 262
2	0.712 703	0.800 852	0.864 112	0.908 422	0.938 901	0.959 572
3	0.456 187	0.576 810	0.679 153	0.761 897	0.826 422	0.875 348
4	0.242 424	0.352 768	0.463 367	0.566 530	0.657 704	0.734 974
5	0.108 822	0.184 737	0.274 555	0.371 163	0.467 896	0.559 507
6	0.042 021	0.083 918	0.142 386	0.214 870	0.297 070	0.384 039
7	0.014 187	0.033 509	0.065 288	0.110 674	0.168 949	0.237 817
8	0.004 247	0.011 905	0.026 739	0.051 134	0.086 586	0.133 372
9	0.001 140	0.003 803	0.009 874	0.021 363	0.040 257	0.068 094
10	0.000 277	0.001 102	0.003 315	0.008 132	0.017 093	0.031 828
11	0.000 062	0.000 292	0.001 019	0.002 840	0.000 669	0.013 695
12	0.000 013	0.000 071	0.000 289	0.000 915	0.002 404	0.005 453
13	0.000 002	0.000 016	0.000 076	0.000 274	0.000 805	0.002 019
14		0.000 003	0.000 019	0.000 076	0.000 252	0.000 698
15		0.000 001	0.000 004	0.000 020	0.000 074	0.000 226
16			0.000 001	0.000 005	0.000 020	0.000 069
17				0.000 001	0.000 005	0.000 020
18					0.000 001	0.000 005
19						0.000 001

附录4　标准正态分布表

$$\Phi(x)=\int_{-\infty}^{x}\frac{1}{\sqrt{2\pi}}\mathrm{e}^{-\frac{t^2}{2}}\mathrm{d}t=P\{X\leqslant x\}\ (x\geqslant 0)$$

x	0	1	2	3	4	5	6	7	8	9
0.0	0.500 0	0.504 0	0.508 0	0.512 0	0.516 0	0.519 9	0.523 9	0.527 9	0.531 9	0.535 9
0.1	0.539 8	0.543 8	0.547 8	0.551 7	0.555 7	0.559 6	0.563 6	0.567 5	0.571 4	0.575 3
0.2	0.579 3	0.583 2	0.587 1	0.591 0	0.594 8	0.598 7	0.602 6	0.606 4	0.610 3	0.614 1
0.3	0.617 9	0.621 7	0.625 5	0.629 3	0.633 1	0.636 8	0.640 6	0.644 3	0.648 0	0.651 7
0.4	0.655 4	0.659 1	0.662 8	0.666 4	0.670 0	0.673 6	0.677 2	0.680 8	0.684 4	0.687 9
0.5	0.691 5	0.695 0	0.698 5	0.701 9	0.705 4	0.708 8	0.712 3	0.715 7	0.719 0	0.722 4
0.6	0.725 7	0.729 1	0.732 4	0.735 7	0.738 9	0.742 2	0.745 4	0.748 6	0.751 7	0.754 9
0.7	0.758 0	0.761 1	0.764 2	0.767 3	0.770 3	0.773 4	0.776 4	0.779 4	0.782 3	0.785 2
0.8	0.788 1	0.791 0	0.793 9	0.796 7	0.799 5	0.802 3	0.805 1	0.807 8	0.810 6	0.813 3
0.9	0.815 9	0.818 6	0.821 2	0.823 8	0.826 4	0.828 9	0.831 5	0.834 0	0.836 5	0.838 9
1.0	0.841 3	0.843 8	0.846 1	0.848 5	0.850 8	0.853 1	0.855 4	0.857 7	0.859 9	0.862 1
1.1	0.864 3	0.866 5	0.868 6	0.870 8	0.872 9	0.874 9	0.877 0	0.879 0	0.881 0	0.883 0
1.2	0.884 9	0.886 9	0.888 8	0.890 7	0.892 5	0.894 4	0.896 2	0.898 0	0.899 7	0.901 5
1.3	0.903 2	0.904 9	0.906 6	0.908 2	0.909 9	0.911 5	0.913 1	0.914 7	0.916 2	0.917 7
1.4	0.919 2	0.920 7	0.922 2	0.923 6	0.925 1	0.926 5	0.927 8	0.929 2	0.930 6	0.931 9
1.5	0.933 2	0.934 5	0.935 7	0.937 0	0.938 2	0.939 4	0.940 6	0.941 8	0.943 0	0.944 1
1.6	0.945 2	0.946 3	0.947 4	0.948 4	0.949 5	0.950 5	0.951 5	0.952 5	0.953 5	0.954 5
1.7	0.955 4	0.956 4	0.957 3	0.958 2	0.959 1	0.959 9	0.960 8	0.961 6	0.962 5	0.963 3
1.8	0.964 1	0.964 8	0.965 6	0.966 4	0.967 1	0.967 8	0.968 6	0.969 3	0.970 0	0.970 6
1.9	0.971 3	0.971 9	0.972 6	0.973 2	0.973 8	0.974 4	0.975 0	0.975 6	0.976 2	0.976 7
2.0	0.977 2	0.977 8	0.978 3	0.978 8	0.979 3	0.979 8	0.980 3	0.980 8	0.981 2	0.981 7
2.1	0.982 1	0.982 6	0.983 0	0.983 4	0.983 8	0.984 2	0.984 6	0.985 0	0.985 4	0.985 7
2.2	0.986 1	0.986 4	0.986 8	0.987 1	0.987 4	0.987 8	0.988 1	0.988 4	0.988 7	0.989 0
2.3	0.989 3	0.989 6	0.989 8	0.990 1	0.990 4	0.990 6	0.990 9	0.991 1	0.991 3	0.991 6
2.4	0.991 8	0.992 0	0.992 2	0.992 5	0.992 7	0.992 9	0.993 1	0.993 2	0.993 4	0.993 6
2.5	0.993 8	0.994 0	0.994 1	0.994 3	0.994 5	0.994 6	0.994 8	0.994 9	0.995 1	0.995 2
2.6	0.995 3	0.995 5	0.995 6	0.995 7	0.995 9	0.996 0	0.996 1	0.996 2	0.996 3	0.996 4
2.7	0.996 5	0.996 6	0.996 7	0.996 8	0.996 9	0.997 0	0.997 1	0.997 2	0.997 3	0.997 4
2.8	0.997 4	0.997 5	0.997 6	0997 7	0.997 7	0.997 8	0.997 9	0.997 9	0.998 0	0.998 1
2.9	0.998 1	0.998 2	0.998 2	0.998 3	0.998 4	0.998 4	0.998 5	0.998 5	0.998 6	0.998 6
3.0	0.998 7	0.999 0	0.999 3	0.999 5	0.999 7	0.999 8	0.999 8	0.999 9	0.999 9	1.000 0

附录5 χ^2 分布表

$$P\{\chi^2(n) > \chi^2_\alpha(n)\} = \alpha$$

x	α=0.995	0.99	0.975	0.95	0.90	0.75
1	—	—	0.001	0.004	0.016	0.102
2	0.010	0.020	0.051	0.103	0.211	0.575
3	0.072	0.115	0.216	0.352	0.584	1.213
4	0.207	0.297	0.484	0.711	1.064	1.923
5	0.412	0.554	0.831	1.145	1.610	2.675
6	0.676	0.872	1.237	1.635	2.204	3.455
7	0.989	1.239	1.690	2.167	2.833	4.255
8	1.344	1.646	2.180	2.733	3.490	5.071
9	1.735	2.088	2.700	3.325	4.168	5.899
10	2.156	2.558	3.247	3.940	4.865	6.737
11	2.603	3.053	3.816	4.575	5.578	7.584
12	3.074	3.571	4.404	5.226	6.304	8.438
13	3.565	4.107	5.009	5.892	7.042	9.299
14	4.075	4.660	5.629	6.571	7.790	10.165
15	4.601	5.229	6.262	7.261	8.547	11.037
16	5.142	5.812	6.908	7.962	9.312	11.912
17	5.697	6.408	7.564	8.672	10.085	12.792
18	6.265	7.015	8.231	9.390	10.865	13.675
19	6.884	7.633	8.907	10.117	11.651	14.562
20	7.434	8.260	9.591	10.851	12.443	15.452
21	8.034	8.897	10.283	11.591	13.240	16.344
22	8.643	9.542	10.982	12.338	14.042	17.240
23	9.260	10.196	11.689	13.091	14.848	18.137
24	9.886	10.856	12.401	13.848	15.659	19.037
25	10.520	11.524	13.120	14.611	16.473	19.939
26	11.160	12.198	13.844	15.379	17.292	20.843
27	11.808	12.879	14.573	16.151	18.114	21.749
28	12.461	13.565	15.308	16.928	18.939	22.657
29	13.121	14.257	16.047	17.708	19.768	23.567
30	13.787	14.954	16.791	18.493	20.599	24.478
31	14.458	15.655	17.539	19.281	21.431	25.390
32	15.131	16.362	18.291	20.072	22.271	26.304
33	15.815	17.074	19.047	20.867	23.110	27.219
34	16.501	17.789	19.806	21.664	23.952	27.136
35	17.192	18.509	20.569	22.465	24.797	29.054

续表

x	$\alpha=0.995$	0.99	0.975	0.95	0.90	0.75
36	17.887	19.233	21.336	23.269	25.643	29.973
37	18.586	19.960	22.106	24.075	26.492	30.893
38	19.289	20.691	22.878	24.884	27.343	31.815
39	19.996	21.426	23.654	25.695	28.196	32.737
40	20.707	22.164	24.433	26.509	29.051	33.660
41	21.421	22.906	25.215	27.326	29.907	34.585
42	22.138	23.650	25.999	28.144	30.765	35.510
43	22.859	24.398	26.785	28.965	31.625	36.436
44	23.584	25.148	27.575	29.787	32.487	37.363
45	24.311	25.901	28.366	30.612	33.350	38.291
n	$\alpha=0.25$	0.10	0.05	0.025	0.01	0.005
1	1.323	2.706	3.841	5.024	6.635	7.879
2	2.773	4.605	5.991	7.378	9.210	10.597
3	4.108	6.251	7.815	9.348	11.345	12.838
4	5.385	7.779	9.488	11.143	13.277	14.860
5	6.626	9.236	11.071	12.833	15.086	16.750
6	7.841	10.645	12.592	14.449	16.812	18.548
7	9.037	12.017	14.067	16.013	18.475	20.278
8	10.219	13.362	15.507	17.535	20.090	21.995
9	11.389	14.684	16.919	19.023	21.666	23.589
10	12.549	15.987	18.307	20.483	23.209	25.188
11	13.701	17.275	19.675	21.920	24.725	26.757
12	14.845	18.549	21.026	23.337	26.217	28.299
13	15.984	19.812	22.362	24.736	27.688	29.819
14	17.117	21.064	23.685	26.119	29.141	31.319
15	18.245	22.307	24.996	27.488	30.578	32.801
16	19.369	23.542	26.296	28.845	32.000	34.267
17	20.489	24.769	27.587	30.191	33.409	35.718
18	21.605	25.989	28.869	31.526	34.805	37.156
19	22.718	27.204	30.144	32.852	36.191	38.582
20	23.828	28.412	31.410	34.170	37.566	39.997
21	24.935	29.615	32.671	35.479	38.932	41.401
22	26.039	30.813	33.924	36.781	40.289	42.796
23	27.141	32.007	35.172	38.076	41.638	44.181
24	28.241	33.196	36.415	39.364	42.980	45.559
25	29.339	34.382	37.652	40.646	44.314	46.928

续表

n	$\alpha=0.25$	0.10	0.05	0.025	0.01	0.005
26	30.435	35.563	38.885	41.923	45.642	48.290
27	31.528	36.741	40.113	43.194	46.963	49.645
28	32.620	37.916	41.337	44.461	48.273	50.993
29	33.711	39.087	42.557	45.722	49.588	52.336
30	34.800	40.256	43.773	46.979	50.892	53.672
31	35.887	41.422	44.985	48.232	52.191	55.003
32	36.973	42.585	46.194	49.480	53.486	56.328
33	38.058	43.745	47.400	50.725	54.776	57.648
34	39.141	44.903	48.602	51.966	56.061	58.964
35	40.223	46.059	49.802	53.203	57.342	60.275
36	41.304	47.212	50.998	54.437	58.619	64.581
37	42.383	48.363	52.192	55.668	59.892	62.883
38	43.462	49.513	53.384	56.896	61.162	64.181
39	44.539	50.660	54.572	58.120	62.428	65.476
40	45.616	51.805	55.758	59.342	63.691	66.766
41	46.692	52.949	56.942	60.561	64.950	68.053
42	47.766	54.090	58.124	61.777	66.206	69.336
43	48.840	55.230	59.304	62.990	67.459	70.616
44	49.913	56.369	60.481	64.201	68.710	71.393
45	50.985	57.505	64.656	65.410	69.957	73.166

附录6　t分布表

$$P\{t(n)>t_{\alpha}(n)\}=\alpha$$

n	α=0.25	0.10	0.05	0.025	0.01	0.005
1	1.000 0	3.077 7	6.313 8	12.706 2	31.820 7	63.657 4
2	0.816 5	1.885 6	2.920 0	4.303 7	6.964 6	9.924 8
3	0.764 9	1.637 7	2.353 4	3.182 4	4.540 7	5.840 9
4	0.740 7	1.533 2	2.131 8	2.776 4	3.746 9	4.604 1
5	0.726 7	1.475 9	2.015 0	2.570 6	3.364 9	4.032 2
6	0.717 6	1.439 8	1.943 2	2.446 9	3.142 7	3.707 4
7	0.711 1	1.414 9	1.894 6	2.364 6	2.998 0	3.499 5
8	0.706 4	1.396 8	1.859 5	2.306 0	2.896 5	3.355 4
9	0.702 7	1.383 0	1.833 1	2.262 2	2.821 4	3.249 8
10	0.699 8	1.372 2	1.812 5	2.228 1	2.763 8	3.169 3
11	0.697 4	1.363 4	1.795 9	2.201 0	2.718 1	3.105 8
12	0.695 5	1.356 2	1.782 3	2.178 8	2.681 0	3.045 5
13	0.693 8	1.350 2	1.770 9	2.160 4	2.650 3	3.012 3
14	0.692 4	1.345 0	1.761 3	2.144 8	2.624 5	2.976 8
15	0.691 2	1.340 6	1.753 1	2.131 5	2.602 5	2.946 7
16	0.690 1	1.336 8	1.745 9	2.119 9	2.583 5	2.920 8
17	0.689 2	1.333 4	1.739 6	2.109 8	2.566 9	2.898 2
18	0.688 4	1.330 4	1.734 1	2.100 9	2.552 4	2.878 4
19	0.687 6	1.327 7	1.729 1	2.093 0	2.539 5	2.860 9
20	0.687 0	1.325 3	1.724 7	2.086 0	2.528 0	2.845 3
21	0.686 4	1.323 2	1.720 7	2.079 6	2.517 7	2.831 4
22	0.685 8	1.321 2	1.717 1	2.073 9	2.508 3	2.818 8
23	0.685 3	1.319 5	1.713 9	2.068 7	2.499 9	2.807 3
24	0.684 8	1.317 8	1.710 9	2.063 9	2.492 2	2.796 9
25	0.684 4	1.316 3	1.710 8	2.059 5	2.485 1	2.787 4
26	0.684 0	1.315 0	1.705 6	2.055 5	2.478 6	2.778 7
27	0.683 7	1.313 7	1.703 3	2.051 8	2.472 7	2.770 7
28	0.683 4	1.312 5	1.701 1	2.048 4	2.467 1	2.763 3
29	0.683 0	1.311 4	1.699 1	2.045 2	2.462 0	2.756 4
30	0.682 8	1.310 4	1.697 3	2.042 3	2.457 3	2.750 0
31	0.682 5	1.309 5	1.695 5	2.039 5	2.452 8	2.744 0
32	0.682 2	1.308 6	1.693 9	2.036 9	2.448 7	2.738 5
33	0.682 0	1.307 7	1.692 4	2.034 5	2.444 8	2.733 3
34	0.681 8	1.307 0	1.690 9	2.032 2	2.441 1	2.728 4
35	0.681 6	1.306 2	1.689 6	2.030 1	2.437 7	2.723 8

续表

n	$\alpha=0.25$	0.10	0.05	0.025	0.01	0.005
36	0.681 4	1.305 5	1.688 3	2.028 1	2.434 5	2.719 5
37	0.681 2	1.304 9	1.687 1	2.026 2	2.431 4	2.715 4
38	0.681 0	1.304 2	1.686 0	2.024 4	2.428 6	2.711 6
39	0.680 8	1.303 6	1.684 9	2.022 7	2.425 8	2.707 9
40	0.680 7	1.303 1	1.683 9	2.021 1	2.423 3	2.704 5
41	0.680 5	1.302 5	1.682 9	2.019 5	2.420 8	2.701 2
42	1.680 4	1.302 0	1.682 0	2.018 1	2.418 5	2.698 1
43	1.680 2	1.301 6	1.681 1	2.016 7	2.416 3	2.695 1
44	1.680 1	1.301 1	1.680 2	2.015 4	2.414 1	2.692 3
45	0.680 0	1.300 6	1.679 4	2.014 1	2.412 1	2.689 6

主要参考文献

[1] 胡先富. 高等数学(文经管类)[M]. 重庆:重庆出版社,2007.
[2] 陈铭. 杨桂芹. 微积分[M]. 北京:科学出版社,2007.
[3] 韩田君. 郑丽. 高等数学[M]. 北京:科学出版社,2007.
[4] 张圣勤. 高等数学(上下册)[M]. 北京:机械工业出版社,2010.
[5] 侯风波. 经济数学[M]. 上海:上海大学出版社,2009.
[6] 侯风波,蔡谋全. 经济数学[M]. 辽宁:辽宁大学出版社,2006.
[7] 华东师范大学数学系. 数学分析(上册)[M]. 2 版. 北京:高等教育出版社,1991.
[8] 同济大学数学研究室. 高等数学(上、下册)[M]. 4 版. 北京:高等教育出版社,1999.
[9] 赵树嫄. 微积分[M]. 2 版. 北京:中国人民大学出版社,1988.
[10] 赵树嫄. 线性代数[M]. 3 版. 北京:中国人民大学出版社,1997.
[11] 盛祥耀. 高等数学(上、下册)[M]. 2 版. 北京:高等教育出版社,1996.
[12] 刘树利,王家玉. 计算机数学基础[M]. 2 版. 北京:高等教育出版社,2004.
[13] 居余马,等. 线性代数[M]. 北京:清华大学出版社,1995.
[14] 魏宗舒,等. 概率论与数理统计教程[M]. 北京:高等教育出版社,1983.
[15] 车荣强. 概率论与数理统计[M]. 上海:复旦大学出版社, 2007.